ONCOLOGIA PARA FISIOTERAPEUTAS

Editor **George Jerre Vieira Sarmento**
Editora associada **Thalissa Maniaes**

ONCOLOGIA PARA FISIOTERAPEUTAS

2ª EDIÇÃO
revisada e atualizada

manole
editora

Produção Editorial: Retroflexo Serviços Editoriais
Projeto gráfico: Departamento Editorial da Editora Manole
Diagramação: Elisabeth Miyuki Fucuda
Ilustrações: Elisabeth Miyuki Fucuda e Luargraf Serviços Gráficos
Capa: Ricardo Yoshiaki Nitta Rodrigues

CIP-BRASIL. CATALOGAÇÃO NA PUBLICAÇÃO
SINDICATO NACIONAL DOS EDITORES DE LIVROS, RJ

O67
2. ed.

Oncologia para fisioterapeutas / editor: George Jerre Vieira Sarmento; editora associada: Thalissa Maniaes. - 2. ed. - Santana de Parnaíba [SP] : Manole, 2022.

Inclui bibliografia
ISBN 9786555767971

1. Oncologia. 2. Câncer - Exercícios terapêuticos. 3. Câncer - Fisioterapia. 4. Câncer - Pacientes - Reabilitação. I. Sarmento, George Jerre Vieira. II. Maniaes, Thalissa.

22-76867 CDD: 616.99406
CDU: 616-006:615.8

Gabriela Faray Ferreira Lopes - Bibliotecária - CRB-7/6643

1ª edição – 2021
2ª edição – 2022

Editora Manole Ltda.
Alameda América, 876
Tamboré – Santana de Parnaíba – SP – Brasil
CEP: 06543-315
Fone: (11) 4196-6000
www.manole.com.br | https://atendimento.manole.com.br/

Impresso no Brasil
Printed in Brazil

Editor

George Jerre Vieira Sarmento

Fisioterapeuta Especialista em Fisioterapia Respiratória pela Universidade Cidade de São Paulo (Unicid). MBA em Gestão da Qualidade em Segurança do Paciente pelo Instituto D'Or de Pesquisa e Ensino (IDOR). Membro do Departamento de Fisioterapia da Associação de Medicina Intensiva Brasileira (AMIB). Coordenador do Serviço de Fisioterapia do Hospital Rede D'Or São Luiz (Unidade Jabaquara, São Paulo). Autor de 16 livros publicados na área de Fisioterapia, com mais de 200 cursos ministrados no Brasil.

Editora associada

Thalissa Maniaes

Fisioterapeuta Mestra em Ciências da Saúde pela Fundação Antônio Prudente – A.C. Camargo Cancer Center. Título de Especialista em Fisioterapia em Oncologia e Terapia Intensiva Adulto pelo Conselho Federal de Fisioterapia e Terapia Ocupacional (COFFITO). Pós-graduada pelo Programa de Residência Multiprofissional em Oncologia Hospitalar e Ambulatorial da Fundação Antônio Prudente – A.C. Camargo Cancer Center. *Observership* no Hospital MD Anderson Cancer Center – The University of Texas/EUA. MBA em Gestão de Pessoas pelo Centro Universitário das Faculdades Metropolitanas Unidas (FMU). Coordenadora da Câmara Técnica de Fisioterapia em Oncologia do Crefito-3. Membro do Comitê Diretivo do Grupo INOVA da Associação de Medicina Intensiva Brasileira (AMIB – Gestão 2022/2023). Docente do curso de Pós-graduação de Fisioterapia em Terapia Intensiva Pediátrica e Neonatal da PhysioCursos e da Pós-graduação de Fisioterapia em Terapia Intensiva da Faculdade Inspirar.

Lista de autores

Adriana Naomi Hamamoto

Mestre em Ciências da Reabilitação pela Faculdade de Medicina da Universidade de São Paulo (FMUSP). Fisioterapeuta do Instituto do Câncer do Estado de São Paulo Octavio Frias de Oliveira (Icesp).

Alessandra Franzeck Barbosa

Mestra em Ciências da Reabilitação pela Universidade Federal de Ciências da Saúde de Porto Alegre (UFCSPA). Especializada em Urgência e Trauma pelo PPG-REMIS Universidade Feevale. Graduada em Fisioterapia pela Universidade Feevale. Pesquisadora do Grupo de Pesquisa em Reabilitação Oncológica (GPRO). Possui mais de nove anos de experiência clínica em Terapia Intensiva Adulto. Atuou quatro anos na reabilitação do Centro de Hematologia do Hospital Regina/RS. Atualmente é rotineira na Unidade de Terapia Intensiva Covid, no Hospital Municipal de Novo Hamburgo/RS.

Aline Costa de Paulo

Fisioterapeuta Especialista em Fisioterapia Cardiorrespiratória pelo Hospital Nossa Senhora de Lourdes – São Paulo. MBA em Gestão da Qualidade e Segurança do Paciente pelo Instituto D'Or de Pesquisa e Ensino. Coordenadora de Fisioterapia do Hospital São Luiz – Rede D'Or São Luiz Jabaquara e Hospital da Criança.

Alinne Martins dos Santos Carvalho

Pós-graduada em Fisioterapia em Oncologia, em Insuficiência Respiratória e Cardiovascular em UTI pelo A.C. Camargo Cancer Center. Fisioterapeuta na UTI Pediátrica do Hospital A.C. Camargo Cancer Center.

Amanda Estevão da Silva

Residência Multiprofissional de Fisioterapia na Atenção ao Câncer pela Faculdade de Medicina do ABC (FMABC). Especialista em Fisioterapia em Oncologia pelo Conselho Federal de Fisioterapia e Terapia Ocupacional (COFFITO) e Associação Brasileira de Fisioterapia em Oncologia (ABFO). Especializada em Fisioterapia na Saúde da Mulher pela FMUSP. Mestre em Ciências da Saúde pelo Departamento de Ginecologia da Universidade Federal de São Paulo (Unifesp). Supervisora do Estágio de Fisioterapia em Oncologia da FMABC. Fisioterapeuta do Ambulatório de Mastologia da Unifesp. Supervisora da Pós-graduação de Fisioterapia em Ginecologia (Oncologia Mamária) da Unifesp. Fisioterapeuta da Unidade de Terapia Intensiva Adulto do Grupo Santa Joana.

Ana Cristhina de Oliveira Brasil de Araújo

Fisioterapeuta Mestra em Saúde Pública pela Faculdade de Medicina da Universidade Federal do Ceará (UFC) – Área de Concentração: Epidemiologia. Graduada e Especialista em Tecnologia Educacional pela Universidade de Fortaleza (Unifor). Especialista em Fisioterapia Traumato-ortopédica Funcional pelo COFFITO. Docente de Pós-graduação em Fisioterapia. Fisioterapeuta servidora pública municipal do Instituto Dr. José Frota – IJF. Coordenadora-executiva da Coordenadoria Especial de Políticas Públicas para Mulheres da Secretaria de Direitos Humanos e Desenvolvimento Social (SDHDS) da Prefeitura de Fortaleza. Conselheira Efetiva do Crefito-6, Membro da Comissão de Assuntos Parlamentares e Comissão de Educação e Coordenadora da Comissão Técnica da Fisioterapia. Diretora da Associação de Fisioterapeutas do Brasil – AFB. Representante da AFB no Fórum das Entidades Nacionais de Trabalhadores de Saúde (Fentas). Multiplicadora licenciada pelo Grupo CIF Brasil. Vice-presidente da Mesa Diretora do Conselho Municipal de Saúde de Fortaleza, representando a Secretaria de Saúde no segmento da Gestão Municipal, e Coordenadora da Comissão de Planos, Projetos e Programas. Conselheira Estadual de Saúde titular no segmento da Gestão, representando a Macrorregião de Fortaleza e Membro efetivo da Câmara Técnica de Orçamento e Finanças – CTOF do Cesau. Vice-presidente da Mesa Diretora do Conselho Municipal de Mulheres de Fortaleza, representando a Coordenadoria de Mulheres da SDHDS no segmento do Governo. Conselheira Titular do Conselho Municipal de Promoção de Igualdade Racial de Fortaleza, representando a Coordenadoria de Mulheres da SDHDS no segmento do Governo. Conselheira suplente do Conselho Municipal dos direitos da Criança e do Adolescente (COMDICA), representando a Coordenadoria de Mulheres da SDHDS no segmento do Governo.

Ana Paula Ribeiro

Pós-doutorado e Doutorado em Ciências pela Faculdade de Medicina da Universidade de São Paulo (FMUSP). Mestre em Ciências da Reabilitação pelo Departamento de Fisioterapia, Fonoaudiologia e Terapia Ocupacional da FMUSP. Coordenadora de Pesquisa e Professora do Programa de Pós-graduação em Ciências da Saúde da Universidade Santo Amaro. Coordenadora do Laboratório de Biomecânica e Reabilitação Musculoesquelética da Unisa. Professora dos cursos de Fisioterapia e Medicina da Universidade Santo Amaro. Professora do curso de especialização em Traumato-ortopedia pelo Centro Universitário UniRedentor, Salvador e Faculdades Metropolitanas Unidas/SP. Editora associada da *Revista Brasileira de Saúde Global* e do *International Journal of Orthopedics and Rehabilitation*, da *Austin Sports Medicine*, da *Health Sciences Research* e da *Austin Journal of Women's Health*.

Ângela Gonçalves Marx

Mestre em Ciências, Área de Concentração Oncologia, pela Fundação Antônio Prudente – A.C. Camargo Cancer Center. Doutora em Ciências, Área de Concentração Oncologia, pela FMUSP.

Anuana Lohn Lavrini

Especialização em Fisioterapia em Oncologia pelo A.C. Camargo Cancer Center. Fisioterapeuta na UTI Adulto do Hospital A.C. Camargo Cancer Center.

Brenda Aparecida da Silva Ferreira

Aprimorada em Atenção ao Câncer pela FMABC. Especializada em Atenção ao Câncer pelo Programa de Residência Multiprofissional em Saúde da FMABC.

Carolina Werndl Trevizan

Especialização em Fisioterapia Hospitalar pelo Hospital das Clínicas (HC) da FMUSP e em Fisioterapia em Oncologia pela Faculdade de Ciências da Saúde (Facis). Título de Especialista em Fisioterapia em Oncologia pelo COFFITO/ABFO. Mestranda em Fisioterapia pela Universidade Cidade de São Paulo (Unicid).

Cíntia Freire Carniel

Fisioterapeuta Intensivista pelo COFFITO. Doutoranda e Mestra em Ciências da Saúde pela Faculdade de Medicina do ABC (FMABC). Docente da disciplina de Oncologia e Supervisora de estágio em Pronto-socorro e Enfermaria da Graduação em Fisioterapia da FMABC. Coordenadora da Pós-graduação em Fisioterapia Hospitalar da PhysioCursos Santos.

Daniel Cordeiro Gurgel

Nutricionista. Pós-graduado em Nutrição Clínica Funcional pela UnicSul/VP. Mestre em Patologia pela UFC. Doutor em Oncologia pelo A.C. Camargo Cancer Center. Professor do Instituto Federal do Ceará (IFCE).

Débora Driemeyer Wilbert

Fisioterapeuta Especialista em Educação Especial pela Universidade do Estado de Santa Catarina (Udesc). Mestra em Neurociências pela Universidade Federal de Santa Catarina (UFSC). Doutora em Psicologia pela Universidade Federal de Santa Catarina (UFSC). Docente do Departamento de Medicina e da Residência Multiprofissional da Universidade Santo Amaro (Unisa).

Emília Cardoso Martinez

Fisioterapeuta Pós-graduada em Fisioterapia Musculoesquelética pela Santa Casa de Misericórdia de São Paulo. Mestre em Ciências da Saúde pela Faculdade de Ciências Médicas da Santa Casa de São Paulo (FCMSCSP). Membro do Núcleo de Estudos e Pesquisas em Fisioterapia CNPq/FCMSCSP. Membro da ABFO. Professora Convidada da FCMSCSP e Professora-assistente e Supervisora de Estágio da FMU.

Fabrício Edler Macagnan

Pós-doutor em Ciências da Saúde pela Universidade Federal de Ciências da Saúde de Porto Alegre (UFCSPA). Doutor em Ciências da Saúde pela Pontifícia Universidade Católica do Rio Grande do Sul (PUCRS). Mestre em Fisiologia pela Universidade Federal do Rio Grande do Sul (UFRGS). Especialista em Fisioterapia Musculoesquelética pela Universidade de Cruz Alta (Unicruz). Graduado em Fisioterapia pela Universidade de Cruz Alta (Unicruz). Professor Adjunto do Departamento de Fisioterapia da UFCSPA. Professor e Orientador Permanente de Mestrado e Doutorado no PPG Ciências da Reabilitação da UFCSPA. Professor, Tutor, Orientador e Coordenador do Programa de Residência Multiprofissional Integrada em Saúde em Onco-hematologia da UFCSPA e Irmandade Santa Casa de Misericórdia de Porto Alegre (ISCMPA).

Fernanda Antico Benetti

Doutora em Fisiopatologia Experimental pela Faculdade de Medicina da Universidade de São Paulo (FMUSP). Mestra em Biodinâmica do Movimento Humano pela Faculdade de Educação Física da Universidade Estadual de Campinas. Graduação em Fisioterapia pela Pontifícia Universidade Católica de Campinas (PUC-Campinas). Experiência em obesidade, saúde do adolescente e do idoso. Docente do curso de Fisioterapia, Tutora do Programa de Residência Multiprofissional em Saúde do Idoso e Pró-reitora Adjunta da Extensão do Centro Universitário FMABC.

Flávia Maria Ribeiro Vital

Doutora em Ciências pela Universidade Federal de São Paulo (Unifesp), com ênfase em Saúde Baseada em Evidências. Especializada em Fisioterapia Cardiorrespiratória pela Universidade de São Paulo (USP) e em Avaliação Tecnológica em Saúde pela Universidade Federal do Rio Grande do Sul (UFRGS). Especialista em Fisioterapia Oncológica. Graduada em Fisioterapia pela UFJF. Professora Orientadora da Pós-graduação *stricto sensu* na Unifesp, USP e UFV. Diretora do Centro Afiliado de Minas Gerais ao Centro Cochrane do Brasil. Diretora da Vital Knowledge. Coordenadora das Pós-graduações *lato sensu* de Oncologia Multidisciplinar da PUC-Rio de Janeiro.

Flaviany Custódio Faria

Enfermeira Oncologista. Especialização em Oncologia – A.C. Camargo Cancer Center. Especialização em Cuidados Paliativos – Hospital Israelita Albert Einstein. Mestrado em Oncologia e Ciências da

Saúde - A.C. Camargo Cancer Center. Doutoranda em Qualidade e Segurança do Paciente - Hospital Sírio-Libanês. Observatório - MD Anderson Cancer Center - The University of Texas - Houston/EUA. Psicanálise Clínica - Instituto Brasileiro de Psicanálise Clínica (IBPC). Professora Universitária na Faculdade de Medicina de Barbacena/MG (Fame).

George Jerre Vieira Sarmento

Fisioterapeuta Especialista em Fisioterapia Respiratória pela Universidade Cidade de São Paulo (Unicid). MBA em Gestão da Qualidade em Segurança do Paciente pelo Instituto D'Or de Pesquisa e Ensino (IDOR). Membro do Departamento de Fisioterapia da Associação de Medicina Intensiva Brasileira (AMIB). Coordenador do Serviço de Fisioterapia do Hospital Rede D'Or São Luiz (Unidade Jabaquara, São Paulo). Autor de 16 livros publicados na área de Fisioterapia, com mais de 200 cursos ministrados no Brasil.

Giesse Albeche Duarte

Fonoaudióloga. Residência em Atenção ao Paciente Crítico no Grupo Hospitalar Conceição. Mestre em Ciências da Reabilitação - Fundamentação da Reabilitação Musculoesquelética - pela Universidade Federal de Ciências da Saúde de Porto Alegre.

Giovana Domingues Nunes

Fisioterapeuta Mestra em Ciências da Saúde pelo Hospital A.C. Camargo Cancer Center. Pós-graduada pelo Programa de Residência Multiprofissional em Oncologia Pediátrica da Unifesp/GRAACC. Título de Especialista em Fisioterapia em Oncologia pelo COFFITO/ABFO. *Observership* nos Hospitais MD Anderson Cancer Center, NewYork-Presbyterian e Shirley Ryan AbilityLab, EUA. *Internship* pelo Programa de Bolsas Santander no Hospital Clínico San Carlos, Espanha. Fisioterapeuta na Unidade Crítica Geral do Hospital Sírio-Libanês.

Indiara Soares Oliveira Ferrari

Fisioterapeuta Doutora e Mestra em Fisioterapia pela Unicid. Pós-graduada em Fisioterapia Oncológica e Hospitalar pela Fundação Antônio Prudente/Hospital A.C. Camargo Cancer Center. Fisioterapeuta/Preceptora do A.C. Camargo Cancer Center. Docente da Universidade Nove de Julho (Uninove).

Ingrid Correia Nogueira

Fisioterapeuta, Doutora em Ciências Médicas pela Universidade Federal do Ceará (UFC). Mestra em Saúde Coletiva pela Universidade de Fortaleza (Unifor). Pós-graduada em Fisioterapia Cardiorrespiratória e em Fisioterapia em Terapia Intensiva pela Faculdade Inspirar. Docente do Curso de Fisioterapia e Coordenadora Adjunta do Mestrado em Tecnologia Minimamente Invasiva e Simulação em Saúde da Unichristus.

Ivan Peres Costa

Especialista em Fisioterapia Cardiorrespiratória Hospitalar e Ambulatorial pela Uninove. Mestre em Ciências da Reabilitação nos Distúrbios Cardiorrespiratórios pela Uninove. Doutor em Ciências da Reabilitação nos Distúrbios Cardiorrespiratórios pela Uninove. *Sandwich* PhD Program na Universidade de Miami, Miller School of Medicine, EUA. Docente dos Cursos de Fisioterapia e Medicina na Universidade Nove de Julho – Uninove.

Jaqueline dos Santos Custódio

Especialização em Fisioterapia Oncológica e Hospitalar pela Fundação Antônio Prudente/A.C. Camargo Cancer Center. Título de Especialista em Fisioterapia em Oncologia pelo COFFITO. Fisioterapeuta do A.C. Camargo Cancer Center.

Jaqueline Munaretto Timm Baiocchi

Doutora em Oncologia pelo Hospital A.C. Camargo Cancer Center. Título de Especialista em Fisioterapia em Oncologia COFFITO/ ABFO. Título de Especialista em Fisioterapia em Saúde da Mulher COFFITO/ABRAFISM. Presidente do Instituto Oncoexperts. Vice-presidente da ABFO – Associação Brasileira de Fisioterapia em Oncologia (gestão 2017-2021). Coordenadora Adjunta do ambulatório de linfedema na Universidade Federal de São Paulo (Unifesp). Especialização em Saúde da Mulher no Climatério pela Faculdade de Saúde Pública da Universidade de São Paulo (USP). Especialização em Acupuntura e Auriculoterapia pela Faculdade CBES. Especialização em Insuficiência Respiratória e Cardiovascular em UTI: monitorização e tratamento pelo Centro de Tratamento e Pesquisa A.C. Camargo Cancer Center. Residência em Fisioterapia Hospitalar e Oncológica pelo Centro de Tratamento e Pesquisa A.C. Camargo Cancer Center. Graduação em Fisioterapia pela Pontifícia Universidade Católica do Paraná PUCPR. Coordenadora da pós-graduação de Fisioterapia em Oncologia – Faculdade Redentor/Interfisio.

Juliana Lenzi

Fisioterapeuta Pós-graduada em Saúde da Mulher e Fisioterapia Dermatofuncional. Título de Especialista em Fisioterapia em Oncologia pelo COFFITO/ABFO. Pós-graduanda em Bioquímica e Fisiologia do Exercício na Unicamp. Mestranda em Clínica Médica na Unicamp.

Laura Rezende

Fisioterapeuta Especialista em Saúde da Mulher pela Unicamp. Mestre e Doutora em Tocoginecologia pela Unicamp. Pós-doutorado pelo Departamento de Ginecologia, Obstetrícia e Mastologia da Universidade Estadual Paulista (Unesp). Docente dos Cursos de Fisioterapia, Medicina e Mestrado Acadêmico da Centro Universitário das Faculdades Associadas de Ensino (Unifae).

Letícia Zumpano Cardenas

Doutora em Ciências/Pneumologia – Faculdade de Medicina da USP. Pós-graduada em Insuficiência Respiratória e Cardiovascular em UTI pelo Hospital A.C. Camargo Cancer Center. Pós-graduada em Fisiologia (IOT/HC/USP). Fisioterapeuta titular da Unidade de Terapia Intensiva do Hospital A.C. Camargo Cancer Center. Docente da Pós-graduação *stricto sensu* do Hospital A.C. Camargo Cancer Center. Docente de cursos de Pós-graduação *lato sensu*/Especialização – PUC-Rio de Janeiro, BioOnco – São Paulo, Instituto Oncofisio – São Paulo, Liga da Fisio Intensiva – São Paulo, Unit – Maceió, Faculdade Inspirar – Porto Velho, Nacional Fisio – Fortaleza.

Liliana Yu Tsai

Fisioterapeuta Especializada em Fisiologia do Exercício pela Unifesp. Especialização em Fisioterapia Motora aplicada à Ortopedia pela Unifesp. Coordenadora de Fisioterapia do Grupo de Apoio ao Adolescente e à Criança com Câncer (GRAACC). Tutora do Programa de Residência Multiprofissional em Oncologia Pediátrica pela Unifesp. Mestre em Reabilitação pela Unifesp.

Luana de Oliveira Dutra

Fisioterapeuta Especialista em Fisioterapia Cardiorrespiratória e Mobilização Precoce pelo Hospital Nossa Senhora de Lourdes – São Paulo. MBA Executivo em Administração: Gestão de Clínicas, Hospitais e Indústrias da Saúde pela Fundação Getúlio Vargas. Graduada pela Universidade Paulista – Unip. Coordenadora da equipe de Fisioterapia da Rede D'Or São Luiz – Unidade Jabaquara e Hospital da Criança.

Luciana Nakaya

Especialização em Fisioterapia Neurológica pela Universidade Metodista de São Paulo. Especialização Multiprofissional em Oncologia

Pediátrica pelo Instituto de Oncologia Pediátrica. Fisioterapeuta no Instituto de Oncologia Pediátrica do GRAACC/Unifesp.

Luiz Alberto Forgiarini Junior

Doutor em Pneumologia pela UFRGS e Pós-doutor pela FMUSP. Docente no Programa de Pós-graduação em Saúde e Desenvolvimento Humano e Curso de Fisioterapia na Universidade La Salle. Diretor-presidente Regional Rio Grande do Sul da ASSOBRAFIR.

Mayara Gonçalves

Pós-graduada em Fisioterapia Oncológica e Hospitalar pelo A.C. Camargo Cancer Center. Título de Especialista em Fisioterapia em Oncologia pelo COFFITO. Mestre em Oncologia pela FMUSP. Fisioterapeuta na Prevent Sênior – Unidade Alto da Mooca e na Oncofisio.

Mônica Martins de Sousa Daniel

Mestranda no Programa de Pós-graduação da Fundação Antônio Prudente – Hospital A.C. Camargo Cancer Center. Especialista em Fisioterapia em Oncologia pela Residência Multiprofissional do Hospital A.C. Camargo Cancer Center. Graduada pela Faculdade de Medicina do ABC. Fisioterapeuta na Unidade de Terapia Intensiva do Hospital A.C. Camargo Cancer Center. Possui experiência profissional em reabilitação adulta e pediátrica, vivência em projetos de extensão universitária, além de diversos cursos e eventos de atualização profissional.

Patrícia Vieira Guedes Figueira

Título de Especialista em Fisioterapia em Oncologia pela ABFO/COFFITO. Mestre e Doutoranda em Ciências (Mastologia) pela Unifesp. Presidente da ABFO na gestão 2013-2017. Preceptora da Especialização em Ginecologia da Unifesp.

Priscila Barros Capeleiro

Fisioterapeuta com Especialização em Saúde da Mulher e do Homem pela FSMSCSP. Residência Multiprofissional em Oncologia pela Fundação Antônio Prudente/A.C. Camargo Cancer Center. Título de Especialista em Fisioterapia em Oncologia pelo COFFITO.

Rachel Jarrouge

Fisioterapeuta Doutora em Fisioterapia pela State University of New York em Stony Brook. Graduada em Ciências do Exercício pela State University of New York em Buffalo. Atualmente fisioterapeuta sênior e instrutora clínica com certificado e um histórico de experiência profissional demonstrada, iniciando sua carreira em um consultório particular de ortopedia em Nova York e fazendo a transição para cuidados oncológicos hospitalares em Houston, Texas, no MD Anderson Cancer Center até o presente momento. Atuação em Reabilitação Oncológica, Pediátrica, Neurológica, Ortopédica e Pós-cirúrgica. Iniciou, liderou e coordenou com sucesso um crescente Programa de Estudantes em Reabilitação Ambulatorial no MD Anderson Cancer Center. A experiência educacional adicional inclui a instrução de uma palestra anual para estudantes de Doutorado em Fisioterapia intitulada Efeitos Tardios em Sobreviventes de Câncer. Uma defensora da profissão de Fisioterapeuta e uma aspirante a educadora na área.

Raynara Rozo do Amaral

Fisioterapeuta graduada no Complexo Educacional das Faculdades Metropolitanas Unidas – FMU. Especializada em Fisioterapia em Gerontologia pelo Hospital das Clínicas da Faculdade de Medicina da USP. Fisioterapeuta no Hospital Premier e Preceptora no Ambulatório de Fisioterapia Cardiorrespiratória da FMU.

Rodrigo Daminello Raimundo

Mestre e Doutor em Ciências da Saúde pela FMABC. Pós-doutorado na Faculdade de Saúde Pública (FSP) da USP junto à Harvard School of Public Health (Estágio Sênior no Exterior). Professor e Pesquisador da FMABC. Tutor da Residência Multiprofissional da FMABC. Orientador permanente de Doutorado e Mestrado da FMABC. Editor Executivo do *Journal of Human Growth and Development*. Membro do Corpo Editorial da *ABCS Health Sciences*. Coordenador do site www.reabilitacaometabolica.com.br.

Suzan Alves de Oliveira

Enfermeira Especialista em Excelência Operacional em Saúde pela Faculdade Israelita de Ciências da Saúde Albert Einstein. MBA em Gestão de Projetos pela USP/Esalq. MBA em Administração Hospitalar e Gestão dos Sistemas de Saúde pela FMABC. Especialista em Enfermagem Oncológica pela Fundação Antônio Prudente – Hospital A.C. Camargo Cancer Center. Graduada em Enfermagem pela Universidade Nove de Julho. Especialista de Processos na BP.

Telma Ribeiro Rodrigues

Título de Especialista em Fisioterapia em Oncologia pelo COFFITO. Especialização em Insuficiência Respiratória e Cardiovascular em UTI pela Fundação Antônio Prudente/A.C. Camargo Cancer Center. Fisioterapeuta e Preceptora da Residência Multiprofissional da Fundação Antônio Prudente/A.C. Camargo Cancer Center.

Thais Manfrinato Miola

Doutora e Mestra em Ciências da Saúde na área de Oncologia pela Fundação Antônio Prudente/A.C. Camargo Cancer Center. Nutricionista Especialista em Nutrição Clínica pela Faculdade CBES. Especialista em Nutrição Oncológica pela Fundação Antônio Prudente/A.C. Camargo Cancer Center. Supervisora de Nutrição Clínica do

A.C. Camargo Cancer Center. Coordenadora da Residência Multiprofissional de Nutrição em Oncologia do A.C. Camargo Cancer Center.

Thalissa Maniaes

Fisioterapeuta Mestra em Ciências da Saúde pela Fundação Antônio Prudente – A.C. Camargo Cancer Center. Título de Especialista em Fisioterapia em Oncologia e Terapia Intensiva Adulto pelo Conselho Federal de Fisioterapia e Terapia Ocupacional (COFFITO). Pós-graduada pelo Programa de Residência Multiprofissional em Oncologia Hospitalar e Ambulatorial da Fundação Antônio Prudente – A.C. Camargo Cancer Center. *Observership* no Hospital MD Anderson Cancer Center – The University of Texas/EUA. MBA em Gestão de Pessoas pelo Centro Universitário das Faculdades Metropolitanas Unidas (FMU). Coordenadora da Câmara Técnica de Fisioterapia em Oncologia do Crefito-3. Membro do Comitê Diretivo do Grupo INOVA da Associação de Medicina Intensiva Brasileira (AMIB – Gestão 2022/2023). Docente do curso de Pós-graduação de Fisioterapia em Terapia Intensiva Pediátrica e Neonatal da PhysioCursos e da Pós-graduação de Fisioterapia em Terapia Intensiva da Faculdade Inspirar.

Valéria Ferreira dos Santos Lino

Fisioterapeuta Pós-graduada em Fisioterapia Pélvica Internacional – Uroginecologia e sexualidade funcional – Faculdade Inspirar. Pós-graduada em Fisioterapia Oncológica e Hospitalar da Fundação Antônio Prudente – Hospital A.C. Camargo Cancer Center. Graduada pela Universidade de Mogi das Cruzes. Fisiologia do exercício e treinamento resistido na saúde, na doença e no envelhecimento – Cecafi – Disciplina de Geriatria da FMUSP e Divisão de Medicina e Reabilitação do Hospital das Clínicas da FMUSP. Atualmente mantém atuação na área da Oncologia, Ortopedia e Respiratória.

Victor Figueiredo Leite

Fisiatra Oncológico e Intervencionista. Doutorando no Instituto do Câncer do Estado de São Paulo (Icesp). Residência em Fisiatria no HCFMUSP. *Fellowship* Clínico em *Cancer Rehabilitation* no Memorial Sloan Kettering Cancer Center, EUA. Certificação em Procedimentos Guiados por Ultrassom pela American Academy of Physical Medicine and Rehabilitation (AAPM&R). Pesquisador do Cancer Rehabilitation Physician Committee da AAPM&R. Instrutor do Curso de Procedimentos Guiados por Ultrassom do Instituto de Ortopedia do HCFMUSP. Criador do Serviço de Fisiatria do Hospital A.C. Camargo Cancer Center. Fisiatra do A.C. Camargo Cancer Center. Fisiatra Oncológico e Intervencionista na Prevent Sênior.

Vinícius Cavalheri

Pós-doutorado pelo Cancer Council Western Australia, Perth, Austrália. Doutorado em Fisioterapia pela Curtin University, Perth, Austrália. Mestrado em Fisioterapia pela Universidade Estadual Paulista Júlio de Mesquita Filho, Unesp. Residência em Fisioterapia Pulmonar no HU-UEL, graduado em Fisioterapia pela Universidade Estadual de Londrina. Diretor de pesquisa em *Allied Health* no South Metropolitan Health Service em Perth, Austrália. Professor-associado na Curtin School of Allied Health da Curtin University, Perth, Austrália e membro do corpo editorial do *Journal of Physiotherapy*. Atua principalmente na promoção de atividade física para pessoas com câncer de pulmão e doença pulmonar crônica, e já publicou mais de 85 artigos em revistas internacionais.

Sumário

Prefácio

O composto morfológico resultante da associação de palavras de origem grega, *fisio* – de natureza ou de função orgânica – e *terapia* – correspondente ao tratamento de doenças –, vai muito além de uma simples compreensão etimológica.

A fisioterapia, profissão surgida em meados do século XX diante da necessidade humana de reabilitação e tratamento de agravos sofridos pelas inúmeras vítimas do embate causado por duas guerras mundiais, foi transformada, por meio das diversas terapias e estudos descritos desde a antiguidade, por nada mais e nada menos que ele, Hipócrates, em 460 a.C.

Em um processo constante e evolutivo, a fisioterapia agrega em si diversos saberes e técnicas que dão ao indivíduo acometido por quaisquer que sejam suas incapacidades temporárias ou permanentes a oportunidade de recuperar o equilíbrio e de reestruturar suas funções, respeitando seus limites e valorizando os resultados esperados de cada pessoa.

É por isso que este livro, *Oncologia para fisioterapeutas*, em sua 2ª edição, que compõe a grande obra do autor George Jerre Vieira Sarmento e colaboradores, agrega um diferencial à carreira do leitor: o conhecimento sobre um dos maiores problemas de saúde pública no mundo, considerado uma das quatro principais causas de desfechos desfavoráveis prematuros em indivíduos de faixa etária abaixo dos 70 anos, com um declínio notório das neoplasias de focos infecciosos e um aumento dos casos associados a condições socioeconômicas (como o sedentarismo e a alimentação inadequada, entre outros). Independentemente da causa ou explicação, o diagnóstico oncológico pode proporcionar ao profissional da saúde elementos para tratar uma série de incapacidades e limitações que, com o apoio desta obra, serão desmistificadas por você.

Ao todo são 36 capítulos que tratam de diversas abordagens sistêmicas sobre o assunto, incluindo desde a fisiopatologia até os grandes aprendizados obtidos sobre mundos jamais explorados até o momento, como o cenário oncológico e a pandemia de Covid-19 – esta última um dos temas mais atuais, destacando-se no âmbito dos cuidados no fim de vida. O livro explora ainda conceitos como cuidados paliativos e a valorização do bem-estar, bem como a qualidade no cuidado. Discute também o tema da extubação paliativa: afinal, essa seria uma opção? Sob quais condições? E que impactos teria?

Do diagnóstico ao tratamento, o leitor agregará à sua vida profissional o conhecimento, e associando a ele a valorização do cuidado individualizado e integral, para que nunca se esqueça de que a prática clínica é fundamental para sua atuação, e que o relacionamento terapêutico associado ao conhecimento técnico é imprescindível. Você será muitas vezes o meio e o instrumento indispensável na vida de alguém que está resgatando sua própria essência – lembre-se: você poderá sempre ser considerado o tripé de sustentação na vida de alguém.

Saiba agregar valor a sua profissão ou serviço fazendo o melhor com a ferramenta que tem em mãos. Multiplique seu saber, visando sempre obter frutos com base na essência do profissional da fisioterapia: a reabilitação e o bem-estar da saúde humana.

Seu papel será fundamental não somente para o paciente, mas para toda a equipe multidisciplinar da qual faz ou fará parte. Por isso é importante buscar continuamente a ressignificação de sua prática profissional. Fazer a diferença dependerá exclusivamente de você.

É por valores como esses que George Sarmento é considerado por toda a sociedade acadêmica um dos mais respeitados nomes da fisioterapia em território nacional, que contribui diretamente, com sua grande experiência, para a prática clínica, coordenando um serviço impecável, repleto de talentos e de resultados. Muitos desses talentos ainda serão desbravados e reconhecidos, afinal a qualidade é um processo sem fim. Tive o privilégio e a oportunidade de ver muitos deles crescerem e se transformarem, em uma relação de respeito, carinho, admiração, superação e aprendizado.

Ser um agente da mudança não é tarefa fácil, mas a leitura deste livro pode ser o começo de uma linda jornada. Busque inspiração e faça o melhor dentro de suas condições. Agora é com você!

Com carinho, **Thamara Petrella**

Supervisora da Qualidade da Rede D'Or São Luiz –
Hospital São Luiz Jabaquara e Hospital da Criança

(Por você sou considerada parte do tripé. Para mim, no entanto, você e seu time foram e sempre serão a minha base de sustentação.)

Comentários sobre este livro

"O livro *Oncologia para fisioterapeutas* tem sido o meu *pocket book* que trago sempre comigo, o meu guia onde consulto, onde me informo e onde vou buscar conselhos práticos."

Maria da Conceição Rebelo de Andrade,
Fisioterapeuta, Portugal

"Tive o prazer de receber a primeira edição em uma fase delicada da minha vida. Como fisioterapeuta com diagnóstico de Linfoma de Hodgkin, pude absorver e praticar novas técnicas para amenizar meus sintomas com a estimulação elétrica nervosa transcutânea (TENS). Recomendo a leitura aos colegas fisioterapeutas e a todos que atuam na área da saúde."

Larissa Brandani Custodio Neves,
Fisioterapeuta, Brasil

O câncer 1

Thalissa Maniaes
Carolina Werndl Trevizan

CONCEITO

O câncer, também conhecido como neoplasia maligna, é considerado o principal problema de saúde pública no mundo, é uma doença crônica não transmissível (DCNT) e engloba um conjunto de mais de 100 doenças que têm em comum o crescimento celular desordenado e o potencial de gerar metástases, ou seja, invadir outros órgãos e tecidos distantes através do sistema circulatório e linfático.

INCIDÊNCIA

O câncer representa a segunda principal causa de morte no mundo, sendo o câncer metastático a principal causa de morte. Até 2030 os maiores aumentos dessa estimativa serão vistos em países que não detêm recursos adequados para atender as necessidades do paciente oncológico, como África, Ásia e América Latina.

No Brasil, a estimativa do Instituto Nacional de Câncer (INCA) para os anos de 2020-2022, é de 625 mil novos casos de câncer para cada ano, sendo o câncer de próstata o mais incidente para os homens (29,2%), seguido pelo câncer de cólon e reto (9,1%); e para as mulheres o câncer de mama (29,7%), seguido pelo câncer de cólon e reto (9,2%). O câncer de mama acontece com maior frequência em 140 países do mundo, e o câncer de colo do útero é o mais comum em 39 países. Já na China, o câncer mais comum em mulheres é o câncer de pulmão, na Mongólia o câncer de fígado e na Coreia do Sul o câncer de tireoide. O câncer diagnosticado nos homens com maior frequência no mundo é o câncer de próstata, com 87 países, incluindo os países da América, a maior parte dos países da Europa, Austrália e parte da África. Na Rússia e na China o câncer de pulmão é o mais comum entre os homens.

Essa variação da ocorrência de tipos de câncer em diversas partes do mundo indica que muitos cânceres poderiam ser prevenidos por meio de modificações dos fatores ambientais e do estilo de vida não saudável.

PROCESSO DE CARCINOGÊNESE

O corpo humano é composto por trilhões de células que crescem e se multiplicam por divisão celular. Durante esse processo a divisão ordenada das células pode ser interrompida, e células anormais e danificadas se multiplicam, formando os tumores. O câncer, portanto, é uma doença genética e para a sua ocorrência é necessário que aconteçam mutações no DNA da célula.

Acredita-se que uma única mutação na célula seja suficiente para induzir o processo de carcinogênese, mas para essa célula se tornar maligna é preciso que ela acumule uma série de mutações genéticas. As alterações que ocasionam as neoplasias acontecem em genes especiais conhecidos como proto-oncogenes, que a princípio estão inativos em células normais, genes supressores de tumor (como o TP53, BRCA1 e 2 e P16) e genes de reparo do DNA. Quando ativados, os proto-oncogenes transformam-se em oncogenes, responsáveis pela malignização (transformação) das células normais.

Com o acúmulo de mutações, a célula adquire algumas características que a diferenciam das demais, seriam elas: a autossuficiência de sinais proliferativos, insensibilidade aos sinais antiproliferativos e de morte celular, potencial de angiogênese sustentada, reprogramação do metabolismo energético e capacidade de escapar do sistema imune. E assim as células cancerígenas vão substituindo as células normais e os tecidos e órgãos invadidos perdem suas funções. Algumas células cancerígenas podem ter o dobro do número normal de cromossomos.

Em condições normais o corpo humano elimina as células com o DNA danificado antes de se tornarem células malignas, mas à medida que o indivíduo envelhece a capacidade de reconhecer a célula danificada diminui, fator este que justifica o câncer estar relacionado ao processo de envelhecimento.

Esse processo de formação do câncer é lento e pode levar anos até que uma célula cancerígena seja detectável.

A metástase ocorre quando as células cancerígenas se espalham para outras partes do corpo. O câncer metastático tem o mesmo nome e o mesmo tipo de células cancerígenas do câncer original ou primário, ou seja, um câncer de mama metastático para pulmão é denominado câncer de mama metastático e não câncer de pulmão. Microscopicamente, as células metastáticas em geral são parecidas com as células do câncer original.

O tratamento do câncer metastático pode ajudar a prolongar a vida, mas em outros casos o objetivo do tratamento é controlar o crescimento do câncer ou aliviar os sintomas que ele está causando.

Alterações teciduais que não são câncer

Nem toda alteração no tecido é câncer, porém toda alteração precisa ser acompanhada para não se tornar um câncer.

- **Hiperplasia:** ocorre quando as células de um tecido se multiplicam mais rápido do que o normal e se acumulam, no entanto, as células e a forma como o tecido está organizado ainda parecem normais ao microscópio. A hiperplasia pode ser causada por vários fatores ou condições, como irritação crônica.
- **Displasia:** é uma condição mais avançada do que a hiperplasia, em que também há um acúmulo de células, mas as células parecem anormais e há mudanças na organização do tecido. Em geral, quanto mais anormais as células e os tecidos parecem, maior a chance de formação de câncer. Alguns tipos de displasia podem precisar ser monitorados ou tratados, mas outros não. Um exemplo de displasia é uma mancha anormal, chamada de nevo displásico, que se forma na pele e pode se transformar em melanoma, embora não aconteça na maioria dos casos.
- **Carcinoma *in situ*:** é uma condição ainda mais avançada. Embora às vezes seja chamado de câncer em estágio 0, não é câncer porque as células anormais não invadem os tecidos próximos da mesma forma que as células cancerosas, mas como alguns carcinomas *in situ* podem se tornar câncer, eles geralmente são tratados.

CLASSIFICAÇÃO

O câncer é classificado de acordo com a célula em que se originou:

- **Carcinomas:** os tipos mais comuns de câncer, formados por células epiteliais, têm origem em células que revestem o corpo humano que incluem a pele e os revestimentos internos da boca, garganta, brônquios, esôfago, estômago, intestino, bexiga, útero, ovários, ductos mamários, próstata e pâncreas.

- **Sarcomas:** têm origem em tecidos de sustentação como ossos, tecido adiposo, músculo e tecido fibroso (tendões e ligamentos). Os tipos mais comuns de sarcomas são: leiomiossarcoma, sarcoma de Kaposi e lipossarcoma. O osteossarcoma é o câncer ósseo mais comum.
- **Linfomas:** têm origem em células denominadas linfócitos (células T ou células B) encontradas em todo o organismo. Os linfomas são divididos em Hodgkin e não Hodgkin de acordo com a célula afetada. Os linfócitos anormais se acumulam nos gânglios e vasos linfáticos, bem como em outros órgãos do corpo.
- **Leucemia:** tem origem em células da medula óssea (glóbulos brancos) e não forma tumor sólido. Na forma aguda da leucemia as células crescem rapidamente, e na forma crônica as células crescem de forma mais lenta.
- **Mieloma múltiplo:** tem origem nas células plasmáticas, outro tipo de célula imunológica. As células anormais se acumulam na medula óssea e formam tumores nos ossos por todo o corpo.
- **Tumores de células germinativas:** têm origem em células dos testículos e/ou ovários responsáveis pela produção de esperma e óvulos.
- **Tumores neuroendócrinos:** formam-se a partir das células que liberam hormônios no sangue em resposta a um sinal do sistema nervoso. Esses tumores podem produzir quantidades de hormônios acima do normal e podem causar muitos sintomas diferentes. Exemplos: tumores carcinoides, câncer medular da tireoide, câncer de células de Merkel.
- **Melanomas:** têm origem nos melanócitos, células que produzem a pigmentação da pele.
- **Gliomas:** têm origem em células de sustentação do sistema nervoso central ou da medula espinal.
- **Neuroblastomas:** têm origem em células nervosas embrionárias e são tumores de característica pediátrica.

FATORES DE RISCO

As mudanças genéticas que causam o câncer ocorrem à medida que as células se dividem e podem acontecer em virtude de fatores extrínsecos, ou seja, exposição a substâncias nocivas no meio ambiente (p. ex., produtos químicos como o tabaco e o raio ultravioleta) e a fatores intrínsecos herdados pelos pais.

A maior parte dos fatores de risco para o câncer está relacionada a poluentes ambientais, tabagismo, obesidade, carcinógenos ocupacionais, infecções e hábitos reprodutivos. Apenas 5 a 10% dos tumores têm origem hereditária; um exemplo da síndrome de predisposição hereditária ao câncer (SPHC) é o câncer de mama e ovário, em que há a mutação do gene BRCA1 e BRCA2 (atuam na manutenção do genoma e como supressores de tumor).

Os principais agentes infecciosos causadores de câncer no mundo são: *Helicobacter pylori*, papilomavírus humano (HPV) e os vírus das hepatites B e C. Infecções causadas pelo HPV, principalmente do tipo 16 e 18, correspondem a mais de 70% de todos os casos de câncer de colo do útero no mundo e cerca de 90% dos outros cânceres relacionados ao HPV, como: vulva, vagina, ânus, pênis e orofaringe. O câncer de colo do útero ainda é a principal causa de morte por câncer entre as mulheres, principalmente em países menos desenvolvidos, onde o rastreamento e o tratamento ainda são limitados. Outras infecções menos comuns podem provocar câncer, como o vírus Epstein-Barr, o herpes-vírus associado ao sarcoma de Kaposi, e infecção pelo vírus da imunodeficiência humana (HIV) que pode causar indiretamente alguns cânceres relacionados a infecções.

Os fatores de risco reprodutivos para câncer de mama e de endométrio estão relacionados aos níveis de estrógeno no organismo que podem ocorrer com a menarca precoce e a menopausa tardia, pois aumentam a duração da exposição da mama ao hormônio estrogênio. O risco de desenvolver câncer de mama diminui em mulheres que têm sua primeira gravidez mais jovens, de acordo com o número de partos e com a amamentação por pelo menos um ano, já o uso de contraceptivos orais e terapia de reposição hormonal aumentam os riscos de câncer de mama.

Uma grande maioria dos cânceres tem sua origem proveniente de fatores ambientais e do estilo de vida, como a exposição excessiva à radiação ultravioleta (UV), principalmente ao sol ou como resultado de exposição ao bronzeamento artificial. Um dos principais fatores de risco de melanoma de pele é a exposição à radiação UV. Em sua maioria esses fatores são preveníveis e modificáveis, como no caso do tabagismo, em que estima-se que o hábito de fumar esteja relacionado a pelo menos 30% de todos os tumores malignos, ou seja, o tabagismo associa-se a pelo menos 16 tipos de câncer e responde por um quinto das mortes por câncer no mundo. Há uma estimativa de que o tabaco matará 8 milhões de pessoas por ano até o ano de 2030.

O cigarro contém mais de 20 substâncias cancerígenas, dentre elas podemos citar como principais os hidrocarbonetos policíclicos aromáticos (HPA) e as N-nitrosaminas. Essas substâncias pertencem à classe dos carcinógenos químicos, elas podem causar tanto dano direto ao DNA como indireto, mediante ativação de outras vias mutagênicas ou por meio de seus metabólitos.

O principal câncer associado ao tabagismo é o de pulmão (80% dos casos são decorrentes desse hábito), com alta taxa de mortalidade, e está muito associado também aos cânceres de orofaringe, laringe e esôfago. Por meio de seus metabólitos, o consumo de tabaco também está relacionado ao câncer de bexiga e rim. Os não fumantes que se expõem em ambientes com fumaça de tabaco também têm risco de desenvolver câncer de pulmão. No câncer de estômago o efeito carcinógeno do tabaco está associado à bactéria *Helicobacter Pylori*.

Outros fatores de risco preveníveis incluem a obesidade, a baixa ingestão de frutas, verduras e legumes, o consumo de álcool e a inatividade física. Cerca de 18% de todos os cânceres e 16% de todas as mortes por câncer nos Estados Unidos estão relacionados a esses fatores que podem ser potencialmente evitados se a população adquirir hábitos saudáveis.

A obesidade exerce seu efeito carcinogênico ao interferir na regulação de hormônios, por exemplo, aumentando a produção de estrógeno em mulheres pós-menopausa (fator de risco para câncer de mama) e a insulina (que é um fator determinante para o crescimento celular). O tecido adiposo favorece também a produção de citocinas, que é um fator pró-inflamatório, favorecendo assim a carcinogênese e sendo um importante fator de risco para o câncer colorretal e para outros tumores como os de mama, endométrio, rim, esôfago e pâncreas. Atualmente, mais da metade da população brasileira encontra-se com sobrepeso ou obesidade e estima-se que as doenças não transmissíveis (DNT) associadas à supernutrição ultrapassem a subnutrição como as principais causas de morte nos países de baixa renda.

As carnes vermelhas e os alimentos embutidos são fatores de risco conhecidos para o câncer colorretal, já o aumento no consumo de frutas, legumes e verduras parece ter um efeito protetor em alguns tipos de neoplasias, pelos seus efeitos antioxidantes e também por promover o fortalecimento do sistema imunológico, como ocorre, por exemplo, no câncer de próstata, pulmão e colo do útero.

O processo carcinogênico associado ao consumo de álcool ainda não foi totalmente elucidado, mas acredita-se que esteja relacionado ao acetaldeído, que é um metabólito da sua degradação que induz a cirrose hepática (inflamação crônica), aumenta a produção de radicais livres e o nível de estrogênio. O álcool parece potencializar a ação carcinogênica do tabaco, funcionando como um solvente, favorecendo assim a penetração de carcinógenos nas células.

A inatividade física é considerada o segundo grande fator de risco ao qual a população brasileira está exposta. A inatividade física, além de favorecer o surgimento do câncer, é um fator de risco independente para sua morbidade e mortalidade. Ainda não está claro qual o exato mecanismo da inatividade física como fator de risco para o câncer, mas acredita-se que seja pelo aumento dos hormônios sexuais circulantes, inflamação crônica, vigilância imunológica prejudicada, regulação deficiente de insulina e outros fatores de crescimento semelhantes a ela, aumento do peso corporal e desregulação das adipocitocinas. Se a inatividade física fosse eliminada poderiam ser evitadas 47 mil mortes por câncer de mama anualmente.

Os carcinógenos ocupacionais envolvem as exposições ocupacionais no meio ambiente e no local de trabalho, que incluem profissões de alto risco em razão da exposição a produtos como amianto, óleos minerais, emissões de diesel, arsênico, vapores inorgânicos fortes, entre outros. O amianto é um risco ocupacional e ambiental em muitos países e é responsável pela causa de um tipo raro de câncer de pulmão, conhecido como mesotelioma. Indivíduos que consomem altos níveis de arsênico na água potável, encontrados em alguns países da América Central e da América do Sul, têm riscos de desenvolver câncer de pele, pulmão e bexiga. Segundo a International Agency for Research on Cancer (IARC), a poluição atmosférica do ar não é apenas um risco para a saúde em geral mas também uma das principais causas ambientais de mortes por câncer.

Diante desses cenários há um grande desafio, principalmente no Brasil, para implementação de programas de prevenção do câncer.

PREVENÇÃO

Com base no conhecimento dos inúmeros fatores de risco para o desenvolvimento do câncer, a prevenção tem diversas vantagens, podendo também prevenir outras doenças não transmissíveis (DNT).

Para isso uma maior conscientização da população em conjunto com práticas de detecção precoce são componentes essenciais para o controle do câncer. O rastreamento bienal do câncer colorretal utilizando o teste do sangue oculto nas fezes, considerado de baixo custo, pode resultar em uma redução de 15 a 20% na mortalidade por esse tipo de câncer; e programas de rastreamento com exame de papanicolau reduzem significativamente a incidência e mortalidade do câncer de colo de útero. A taxa de sobrevida tende a ser mais alta em países desenvolvidos, onde o rastreamento, diagnóstico e tratamento adequado são mais acessíveis, mas vale reforçar que a implementação do rastreamento deve ser feita com elevada qualidade e critérios para que as melhores práticas sejam realizadas, evitando *overdiagnosis*, ou seja, diagnósticos falso-positivos e tratamentos excessivos.

O tabagismo é a causa mais evitável de todos os cânceres do mundo e pode ser prevenido por meio do aumento de impostos de consumo sobre os cigarros, leis de proibição do fumo e restrições à sua promoção nas mídias sociais. A proibição de fumar em locais públicos exerce um efeito positivo não somente aos fumantes passivos, mas também sobre os fumantes ativos que tendem a fumar menos ou a parar de fumar.

A American Cancer Society (ACS) recomenda a manutenção do peso dentro de uma faixa saudável e a prática de atividade física regular.

Para os adultos a ACS recomenda a prática de 150 a 300 minutos de atividade física de intensidade moderada ou 75 a 150 minutos de atividade física vigorosa por semana (ou combinar os dois), ou seja, 10 minutos diários de atividade vigorosa são suficientes para manter-se saudável. Ultrapassar os 300 minutos semanais é o ideal (> de 20 minutos diários de atividade física de intensidade moderada a vigorosa). Para crianças e adolescentes recomenda-se pelo menos 1 hora de atividade de intensidade moderada ou vigorosa por dia. Limitar o comportamento sedentário tanto de adultos como de crianças é essencial, como: sentar, deitar e assistir TV.

Seguir um padrão alimentar saudável em todas as idades, incluindo alimentos que são ricos em nutrientes em quantidades que ajudam a obter e manter um peso corporal saudável também é recomendado pela ACS:

- ingestão de vegetais: verde-escuro, vermelho e laranja, leguminosas ricas em fibras (feijão e ervilha), entre outros; e
- frutas, especialmente frutas inteiras em uma variedade de cores.

Uma alimentação saudável NÃO inclui: carnes vermelhas e processadas, bebidas adoçadas com açúcar, alimentos altamente processados, produtos de grãos refinados e recomenda-se a não ingestão de álcool. Pessoas que optam por beber álcool não devem beber mais do que 1 bebida por dia para mulheres ou 2 doses por dia para homens.

Outro fator importante para a prevenção é o investimento em saneamento básico, principalmente nos países menos desenvolvidos, e o incentivo a programas de vacinações contra os vírus do HPV e da hepatite B, diminuindo o índice de câncer associado a infecções. Um grande avanço na prevenção do câncer de colo de útero na última década foi a implementação da vacinação contra o HPV, mas ainda existem barreiras socioculturais para a sua adesão.

Em relação ao câncer de pele é necessário adotar medidas protetoras, como a utilização de protetor solar, óculos de sol com fator de proteção UV, uso de chapéus e roupas protetoras ao se expor ao sol, bem como a disposição de estruturas cobertas em espaços ao ar livre. As exposições ocupacionais podem ser prevenidas por meio de melhorias na segurança do trabalho.

Sendo assim, a promoção de saúde é a chave para a redução do câncer no mundo e inclui estratégias de educação em saúde em todos os setores da sociedade, inclusive os governos. Em muitos países a educação sobre todos os fatores de risco faz parte do currículo escolar, visto que educar o jovem é mais fácil do que mudar um comportamento durante a idade adulta. Atualmente, algumas empresas privadas têm programas de promoção de saúde para os seus trabalhadores, resultando em maior produtividade e redução de custos. O treinamento de profissionais de saúde e o incentivo de especializações na área da oncologia também são estratégias necessárias para uma abordagem com maior qualidade desses pacientes.

O câncer, portanto, como uma doença global e crescente, precisa de estratégias de prevenção com visão, liderança e compromisso com a sociedade atual e as próximas gerações. Organizações públicas, privadas e comunitárias devem trabalhar juntas nos níveis nacional, estadual e municipal para desenvolver, defender e aplicar políticas e mudanças ambientais que aumentem o acesso a alimentos saudáveis e baratos, além de fornecer oportunidades seguras, agradáveis e acessíveis para a prática de atividade física, por exemplo.

BIBLIOGRAFIA RECOMENDADA

1. Almeida VL, Leitão A, Reina LCB. Câncer e agentes antineoplásicos ciclo-celular específicos e ciclo-celular não específicos que interagem com o DNA: uma introdução. Quím Nova. 2005;28(1):118-29.
2. Cannioto RA, Etter JL, La Monte MJ, Ray AD, Joseph JM, Qassim EA, et al. Lifetime physical inactivity is associated with lung cancer risk and mortality. Cancer Treat Res Commun. 2018;14:37-45.
3. Cannioto RA, La Monte MJ, Kelemen LE, Risch HA, Eng KH, Minlikeeva NA, et al. Recreational physical inactivity and mortality in women with invasive epitelial ovarian cancer: evidence from the Ovarian Cancer Association Consortium. Br J Cancer, 2016 Jun 28;115(1):95-101.
4. Instituto Nacional de Câncer José Alencar Gomes da Silva (Inca). ABC do câncer: abordagens básicas para o controle do câncer. 4.ed. Rio de Janeiro: Inca; 2018.

5. Instituto Nacional de Câncer José Alencar Gomes da Silva (Inca). Estatísticas de Câncer. Disponível em: https://www.inca.gov.br/numeros-de-cancer. Acesso em: 08 jan. 2022.
6. Jemal A, Vineis P, Bray F, Torre LA, Forman D (eds.). The Cancer Atlas. 2.ed. Atlanta, GA: American Cancer Society; 2014. Disponível também no endereço: www.cancer.org/canceratlas.
7. Lopes A, Chammas R, Iyeyasu H. Oncologia para a graduação. 3.ed. São Paulo: Lemar; 2013.
8. Malta DC, Felisbino-Mendes MS, Machado IE, Passos VMA, Abreu DMX, Ishitani LH et al. Fatores de risco relacionados à carga global de doenças do Brasil e Unidades Federadas, 2015. Rev. Bras. Epidemiol. 2017;20(supl. 1):217-32.
9. National Cancer Institute. What is Cancer? Disponível em: https://www.cancer.gov/about-cancer/understanding/what-is-cancer. Acesso em: 08 jan. 2022.
10. Rock CL, Thomson C, Gansler T, Gapstur SM, McCullough ML, Patel AV, et al. American Cancer Society guideline for diet and physical activity for cancer prevention. CA Cancer J Clin. 2020;70(4):245-71.
11. Silva DAS, Tremblay MS, Souza MFM, Mooney M, Naghavi M, Malta DC. Mortality and years of life lost by colorectal cancer attributable to physical inactivity in Brazil (1990-2015) findings from the Global Burden of Disease study. PloS One. 2018;13(2):e0190943.
12. Torre LA, Bray F, Siegel RL, Ferlay J, Lortet-Tieulent J, Jemal A. Global Cancer statistics, 2012. CA Cancer J Clin. 2015;65(2):87-108.
13. Vineis P, Wild CP. Global cancer patterns: causes and prevention. The Lancet. 2014;383(9916):549-57.

2 A importância da fisioterapia em oncologia

Patrícia Vieira Guedes Figueira

O câncer é hoje, sem sombra de dúvida, um problema de saúde pública mundial. Apesar das diversas ações e campanhas para sua prevenção, diagnóstico precoce e tratamento adequado, ainda se carece de muitas informações e cuidados, principalmente em países com baixos recursos e baixa renda.

A despeito das dificuldades, uma equipe interdisciplinar coesa, congruente e integrada produz resultados excepcionais aos pacientes de câncer.

Os diversos profissionais da área da saúde envolvidos no tratamento do câncer, com suas *expertises*, complementam e enriquecem discussões, compartilham experiências e determinam qual a melhor intervenção, inicialmente objetivando a cura, mas em muitos casos uma melhor qualidade na sobrevida, em busca de independência, autonomia e conforto para os pacientes.

A atuação de fisioterapeutas no tratamento de pacientes com câncer acontece há várias décadas em todo o mundo, principalmente em relatos no tratamento do pós-operatório de câncer de mama, mas seu reconhecimento como uma especialidade da fisioterapia no Brasil aconteceu no ano de 2009.

A especialidade cresce a cada dia, dado o número de cursos, pós-graduações e eventos na área disponíveis para melhor conhecimento acadêmico e atendimento clínico, mas ainda há um número insuficiente de profissionais diante da grande demanda de pacientes com câncer.

O fisioterapeuta que decide por essa especialidade terá diante de si um grande e apaixonante desafio. Conhecer não só a doença, mas também todas as alterações que ela e seu tratamento podem causar nos diversos sistemas do organismo. Deve ser considerado um dos profissionais mais completos, pois o paciente de câncer pode apresentar, além das particularidades da doença, alterações ortopédicas, neurológicas, vasculares, pulmonares, entre outras.

A atuação do fisioterapeuta especialista em oncologia se dará nos diversos níveis de atenção: primário, secundário e terciário (Tabela 1).

A atuação na atenção primária tem por objetivo prevenir o aparecimento do câncer. Alguns fatores de risco para essa doença não

TABELA 1 Atuação da fisioterapia em oncologia nos níveis primário, secundário e terciário

Níveis de atenção	Primário	Secundário	Terciário
O que é?	Promoção de saúde Proteção específica	Diagnóstico precoce Prevenir complicações (controle de danos)	Reabilitação Tratamento de complicações instaladas
Quando?	Antes do diagnóstico	No diagnóstico e durante o tratamento	Acompanhamento durante todo o tratamento e acompanhamento
Meio	Palestras, atividades práticas, orientações	Orientações, intervenções fisioterapêuticas precoces	Diversas técnicas de fisioterapia aplicadas ao paciente de câncer
Público	Individual ou em grupo	Individual ou em grupo	Individual

são modificáveis, como a idade, o gênero, o histórico familiar e genético, mas muitos outros podem ser modificados com informação adequada e mudanças de hábitos de vida. Os principais exemplos da atuação primária do fisioterapeuta em oncologia são as participações junto à população em campanhas relativas a fatores que possam prevenir o aparecimento do câncer, como ações antitabagismo, controle do uso de bebidas alcoólicas, estímulo à prática de atividade física, alimentação adequada, prevenção com vacinas, educação sexual, estímulo à prática de exames e consultas periódicas e boas condições de higiene.

Na atenção secundária pode-se incluir o diagnóstico precoce do câncer, o que compreende a realização de exames de *screening* e rastreamento da doença, principalmente para grupos de alto risco, mas também se incluem as atuações nas orientações no pós-operatório imediato e logo após cada tratamento específico para o câncer, quanto à realização de exercícios adequados, prevenção do linfedema, alterações posturais, controle do surgimento de fibroses e aderências, hidratação adequada da pele e, também, estímulo à prática de atividade física.

Uma vez instaladas as complicações, cabe ao fisioterapeuta especialista em oncologia conhecer e dominar técnicas específicas para escolher o melhor tratamento e a melhor intervenção individual ou conjunta para cada caso. Essa é a prevenção terciária.

Não existe técnica soberana; o que existe são recursos que, somados, alcançam o melhor resultado.

O que devemos levar em consideração é a saúde baseada em evidências, que compreende não só as evidências científicas mas também experiência do profissional, o perfil da população e a opinião do paciente (Figura 1).

As complicações dos pacientes de câncer são advindas da própria doença, mas principalmente do seu tratamento, seja pela cirurgia,

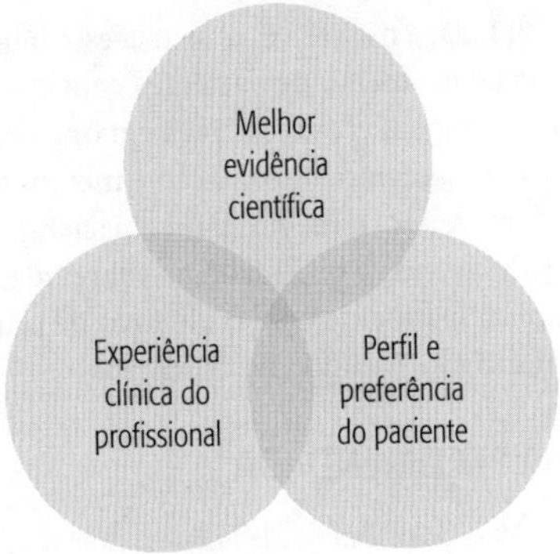

FIGURA 1 Saúde baseada em evidências.

quimioterapia (neoadjuvante ou adjuvante), radioterapia, endocrinoterapia, entre outros.

Cada paciente, a depender do tipo de câncer, do órgão-alvo e do tipo de tratamento, apresentará complicações e efeitos adversos específicos.

A dor, a limitação da amplitude de movimentos, a perda de funcionalidade e independência, as lesões nervosas, as alterações linfáticas e vasculares, as alterações pulmonares, as amputações e desarticulações, bem como as alterações posturais, são algumas das inúmeras alterações em que o fisioterapeuta em oncologia necessitará intervir.

O ideal é que o paciente seja acompanhado desde o diagnóstico e até após o término do tratamento, pois sabemos que há complicações que surgem de forma tardia, principalmente após a realização da radioterapia. O prognóstico pode ser mudado e favorecido quanto mais precoces forem a avaliação e a intervenção fisioterapêutica.

Sabe-se que essa não é uma realidade em nosso país; os pacientes normalmente são encaminhados para a fisioterapia quando a complicação está instalada, e muitas vezes sem acesso a um fisioterapeuta especialista no atendimento de pacientes com câncer.

Cabe aos fisioterapeutas especialistas em oncologia mudar esse cenário com posicionamento, informação e melhor formação.

O objetivo sempre será o melhor para o paciente, na busca constante de qualidade de vida e qualidade na sobrevida, na redução de recidivas, mas principalmente com o objetivo de transformá-lo em um paciente informado, incluído e participativo.

BIBLIOGRAFIA RECOMENDADA

1. Figueira PVG, Marx AG, Paim N. Manual de condutas e práticas de fisioterapia em oncologia da ABFO: câncer de pulmão. São Paulo: Manole; 2017.
2. Figueira PVG, Marx AG, Paim Nair. Manual de condutas e práticas de fisioterapia em oncologia da ABFO: neoplasias de cabeça e pescoço. São Paulo: Manole; 2017.
3. Figueira PVG, Marx AG, Paim N. Manual de condutas e práticas de fisioterapia em Oncologia da ABFO: oncologia ginecológica. São Paulo: Manole; 2017.
4. Marx AG, Figueira PVG. Fisioterapia no câncer de mama. São Paulo: Manole; 2017.
5. Shiwa RS, Costa LOP, et al. PEDro: a base de dados de evidências em fisioterapia. Fisioter Mov. 2011 jul/set;24(3):523-33.
6. Silva MPP, Marques AA, Amaral MTP, et al. Tratado de saúde da mulher. 2. ed. São Paulo: Roca; 2019.
7. Thuler LC. Considerações sobre a prevenção do câncer de mama feminino. Revista Brasileira de Cancerologia. 2003;49(4):227-38.

A fisioterapia oncológica ambulatorial | 3

Adriana Naomi Hamamoto

O câncer constitui um problema de saúde pública para o mundo desenvolvido e também para nações em desenvolvimento.

O Sistema Único de Saúde (SUS) registrou 423 mil internações por neoplasias malignas em 2005, além de 1,6 milhão de consultas ambulatoriais em oncologia. Mensalmente são tratados cerca de 128 mil pacientes em quimioterapia e 98 mil em radioterapia ambulatorial. Nos últimos 5 anos ocorreu um aumento expressivo no número de pacientes oncológicos atendidos pelas unidades de alta complexidade do SUS, o que pode estar refletindo uma melhora na capacidade do sistema em aumentar o acesso aos recursos de tratamento especializado. Tal especialização se dá em diferentes esferas, contando com o atendimento multidisciplinar ao paciente oncológico, para melhor acolhimento deste nessa fase tão frágil e delicada de sua saúde física, psicológica e emocional.

As equipes multidisciplinares que devem realizar os atendimentos são: enfermagem, farmácia, serviço social, nutrição, fisioterapia, terapia ocupacional, odontologia, psicologia clínica e neuropsicologia, estomaterapia, profissionais de educação física, além de diferentes equipes médicas (psiquiatria, fisiatria, clínicos e cirurgiões oncológicos). Embora cada área tenha papel bem estabelecido, sabe-se que a abordagem multidisciplinar integrada é mais efetiva do que uma sucessão de intervenções isoladas no manejo do paciente.

TRATAMENTOS DO CÂNCER

O tratamento é um dos componentes do programa nacional de controle do câncer. As metas são, principalmente, a cura e o prolongamento da vida útil com qualidade de vida. As principais modalidades de tratamento são a cirurgia, a radioterapia e a quimioterapia.

Radioterapia

A radioterapia é conhecida por ser um tratamento localizado, no qual a radiação incide sobre o tumor. Entretanto, ela traz diversos efeitos colaterais, tratáveis, ao paciente, entre eles a substituição do tecido normal por tecido fibroso. Isso pode resultar em dor e, geralmente, na diminuição da amplitude de movimento (ADM) da área irradiada: pacientes com câncer de mama, por exemplo, têm, muitas vezes, restrição de amplitude de movimento (ADM) do ombro homolateral à radioterapia; pacientes com câncer de cabeça e pescoço têm, frequentemente, diminuição da ADM da região cervical. A dor, por sua vez, pode ser resultado de feridas provenientes da radioterapia (queimaduras) ou devidas ao encurtamento tecidual ou muscular. Além disso, a radioterapia apresenta também como efeito colateral a fadiga oncológica. De acordo com diversos estudos, a fadiga oncológica pode ser tratada, respondendo muito bem ao exercício físico. Entretanto, ela pode levar o paciente a diminuir suas atividades físicas, de lazer e, inclusive, suas atividades de vida diária (AVD). Esse efeito colateral tem consequências diretas na qualidade de vida dos pacientes, que entram em um ciclo vicioso no qual a fadiga leva o paciente ao repouso, que o leva a maiores níveis de cansaço, aumentando a fadiga. Nesse momento, a reabilitação com uma equipe multidisciplinar se mostra, novamente, de extrema importância (ver Capítulo 4).

Quimioterapia

A quimioterapia é uma modalidade de tratamento sistêmico em que a medicação atua nas células do câncer e em outras células do corpo que estão em constante crescimento. Por essa razão, diversos quimioterápicos levam à queda de cabelo, diarreias, alteração nas unhas e mucosas (p. ex., mucosite) em geral. Além disso, outro efeito da quimioterapia é a mielodepressão, devido à qual as células sanguíneas tornam-se escassas, podendo levar a anemia, leucopenia e plaquetopenia. Essas alterações têm influência direta sobre o processo de reabilitação desses pacientes (ver Capítulo 6).

Há ainda outros efeitos colaterais advindos do tratamento dessa doença, como a diminuição da massa muscular e a dor. Elas podem ser consequência do tratamento quimioterápico e também do tratamento cirúrgico e/ou radioterápico, e passam a interferir diretamente na qualidade de vida dos pacientes, muitas vezes por acarretar alterações motoras que exigem adaptações em suas AVD e no modo como a executam. Por essa razão, os pacientes devem ser avaliados frequentemente por profissionais que visem à manutenção de suas habilidades motoras, bem como ao seu processo de reabilitação.

A dor, como referido anteriormente, poderá estar presente em diferentes momentos nesse processo: desde o início do tratamento oncológico até a fase de reabilitação. Suas causas mais comuns são: invasão de nervos, infiltração e oclusão de vasos, necrose, infecção e/ou inflamação de tecido neoplásico, obstrução de vísceras, fraturas ou alterações estruturais. Outro fator que influencia na dor e no seu tratamento são as questões psicológicas, como depressão e diminuição da qualidade de vida.

O paciente oncológico muitas vezes adota uma postura mais "protetora", ou seja, o próprio paciente e/ou seus familiares e cuidadores acreditam que, quanto menor o esforço ao qual o paciente for submetido, melhor será para ele e para seu tratamento.

Entretanto, a imobilidade do paciente com câncer está associada a mudanças metabólicas e funcionais, como a perda de massa muscular, contraturas e encurtamentos, compressões nervosas e trombose. Todas elas podem ser facilmente detectadas e necessitam de controle urgente a fim de manter o mínimo bem-estar do paciente, objetivando sua melhora lenta e gradual.

Reabilitação do paciente oncológico

O câncer e o seu tratamento podem, como visto anteriormente, debilitar o paciente, exigindo uma avaliação inicial mais criteriosa e cuidadosa: anamnese, avaliação física, verificação de exames laboratoriais e de imagem. Uma equipe de reabilitação deve ser formada por inúmeros profissionais, como já referido, que têm um objetivo em comum: devolver a máxima funcionalidade e independência que o paciente consiga.

A participação da família e dos cuidadores durante todo o processo de reabilitação é de extrema importância, seja para estimular o paciente em domicílio, seja para ajudar a reproduzir as orientações dadas pelos terapeutas.

Reabilitação ambulatorial

O paciente encaminhando para a reabilitação em âmbito ambulatorial é, geralmente, aquele que já iniciou o tratamento da doença e que necessita ser habilitado para nova cirurgia ou então que precisa ser habilitado de novo para as funções que exercia anteriormente, mas de forma adaptada.

A reabilitação deve levar em conta cada caso, cada indivíduo e cada tratamento. Os centros de reabilitação em oncologia têm diversos protocolos que englobam todos os tipos de tumores assistidos; entretanto, mais importante do que os protocolos é conhecer a fundo o seu paciente e a patologia que o acomete, pois dessa forma pode-se garantir um atendimento humano e de qualidade a eles.

A reabilitação deve ser multidisciplinar, como dito anteriormente, e interdisciplinar, sendo composta por profissionais da fisioterapia, terapia ocupacional, psicólogos que trabalhem em diferentes frentes (como a neuropsicologia), fonoaudiologia, profissionais de educação física e médicos fisiatras. Cada equipe deve realizar uma avaliação cuidadosa e detalhada para que o objetivo da terapia seja traçado. Ademais, é necessário que o terapeuta esteja ciente da expectativa do seu paciente e do familiar/acompanhante/cuidador com determinada terapia. A ciência e a medicina já permitem muitas suposições acerca da doença baseada em evidências, e é dever do profissional não alimentar falsas esperanças, mas sem destruir a fé de cada indivíduo.

Em qualquer tipo de câncer, os exercícios devem ser individualizados para cada paciente, cada caso e cada dor. Na Figura 1, alguns exemplos de exercícios serão mostrados. Os exercícios podem seguir um protocolo, mas devem ser dados conforme a necessidade do paciente. Muitas vezes a ilustração é necessária para melhor entendimento e compreensão do paciente; em outras, apenas a orientação fornecida pelo terapeuta é o suficiente. De qualquer forma, o foco deve ser sempre o paciente, para que este consiga reproduzir os exercícios de maneira correta em domicílio, o que o ajudará e otimizará o seu processo de reabilitação.

CÂNCER DE MAMA

O câncer de mama, juntamente com o de pulmão, é o tipo de câncer mais comum nas mulheres em todo o mundo, considerando o número de novos casos ao ano. O tratamento cirúrgico do câncer de mama, dependendo da técnica cirúrgica utilizada, da localização da cicatriz, da extensão da cirurgia, da retirada ou não de linfonodos, quantidade de linfonodos retirados e do próprio processo de cicatrização da paciente, pode apresentar diferentes formas de acometimento motor:

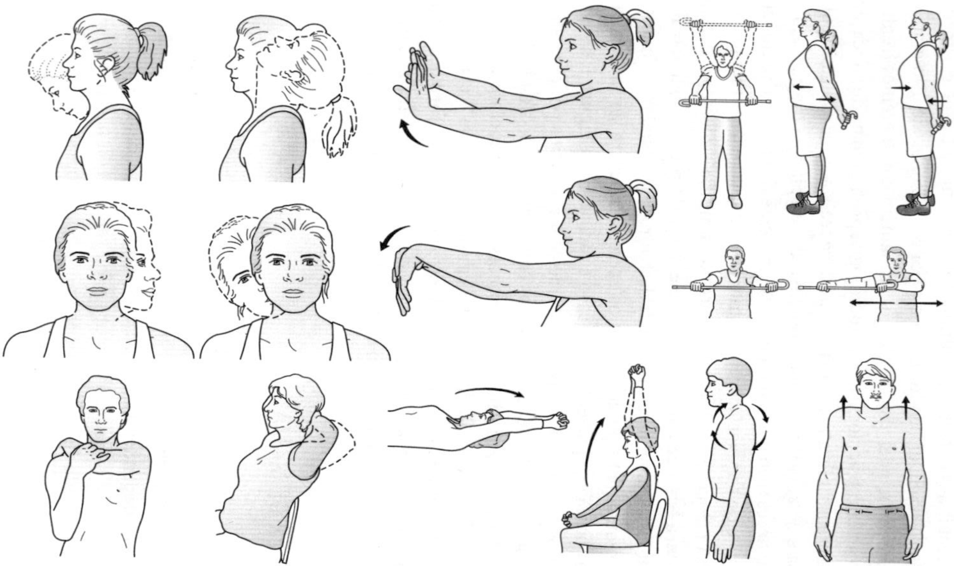

FIGURA 1 Exemplos de exercícios ativos. Exemplos de figuras disponíveis no *software* VHI Kits® usadas para visualização dos pacientes. As fotos podem ser configuradas para tamanhos maiores com orientações escritas pelo próprio terapeuta.

- restrição de ADM de ombro homolateral à cirurgia;
- redução da ADM de ombro homolateral à cirurgia;
- alterações posturais;
- dor;
- alteração da sensibilidade em região de mama, membro superior homolateral à cirurgia;
- fraqueza do membro superior homolateral à cirurgia;
- linfedema.

Além das alterações físicas, as pacientes enfrentam diversas e diferentes questões psicológicas e emocionais que influenciam diretamente, na maioria das vezes, a reabilitação física. A fisioterapia conta com diversas modalidades para tratar as afecções físicas: cinesioterapia (exercícios ativos, assistidos, autoassistidos, passivos e resistidos), alongamentos (ativo e passivo), meios físicos (ultrassom, TENS, FES, infravermelho), além da manipulação e da liberação miofascial para desativação de pontos-gatilho (ver Capítulo 25).

O linfedema é uma afecção que pode atingir qualquer paciente que tenha realizado a retirada total ou parcial dos linfonodos axilares, podendo ser desencadeado por fatores intrínsecos (extensão e agressividade da cirurgia, quantidade de linfonodos retirados) ou extrínsecos; esses fatores podem ser prevenidos, e a equipe de reabilitação tem o dever de orientar seus pacientes.

A seguir estão enumerados os cuidados que as pacientes devem ter com o membro superior homolateral à cirurgia:

- não carregar peso: objetos, bolsas, livros etc.;
- evitar esforço repetitivo, mesmo que seja leve, como fazer crochê;
- evitar banhos quentes;
- evitar calor externo ou, pelo menos, manter o membro superior afastado da fonte de calor, como fogão, forno, ferro de passar roupa;
- não tirar cutículas (para evitar ferimentos);

- ter cuidado para não se machucar: cortes, escoriações, queimaduras;
- usar braçadeira compressiva (conversar com o médico sobre essa indicação).

A braçadeira é utilizada na prevenção e também no tratamento do linfedema, dependendo do nível de compressão que ela oferece. Em alguns centros oncológicos, atualmente se usam duas medidas de compressão da braçadeira: 20-30 mmHg, indicada para pacientes que têm linfedema subclínico; e 30-40 mmHg, indicada para o tratamento do linfedema, junto com a terapia complexa (drenagem linfática manual e enfaixamento compressivo manual - realizados após a liberação médica). Existe também a braçadeira de compressão 40-50 mmHg, mas esta não é amplamente usada nos dias de hoje.

CÂNCER DE CABEÇA E PESCOÇO

O câncer considerado de cabeça e pescoço inclui todas as áreas da cavidade oral, laringe, faringe, seios paranasais, cavidades nasais e glândulas salivares. São registrados aproximadamente 700 mil casos novos a cada ano. O tratamento cirúrgico do câncer de cabeça e pescoço, dependendo da extensão da dissecção cervical, pode apresentar também diferentes formas de acometimento motor. A dissecção cervical é associada a maior prevalência de dor e disfunção de cintura escapular, devido ao envolvimento (prejuízo) do nervo acessório. A cirurgia torna-se responsável pelas alterações motoras, tais como:

- restrição ou redução de ADM de ombro homolateral à cirurgia;
- dor, de caráter neuropático ou não;
- alteração da sensibilidade em região da cirurgia, em partes da face e em parte do membro superior homolateral à cirurgia;

- fraqueza do membro superior homolateral à cirurgia.

Além dos acometimentos físicos, os pacientes referem redução da qualidade de vida e diferentes questões psicológicas e emocionais que influenciam diretamente, na maioria das vezes, a reabilitação física. A fisioterapia, especificamente, conta com diversas modalidades para tratar as afecções físicas: cinesioterapia (exercícios ativos, assistidos, autoassistidos, passivos e resistidos), alongamentos (ativo e passivo) etc. (ver Capítulo 33).

TUMORES ÓSSEOS E SARCOMAS DE PARTES MOLES

Os tumores malignos ósseos primários são aqueles que se formam nas células dos ossos. São pouco frequentes e constituem menos de 1% do total de casos novos de câncer. Avanços importantes nos protocolos de quimioterapia, na qualidade dos exames diagnósticos, no estadiamento da doença e das técnicas cirúrgicas mudaram os resultados do tratamento dos pacientes com tumores musculoesqueléticos.

O procedimento cirúrgico oncológico consiste na retirada do tumor em conjunto com tecidos saudáveis (margem segura), como ossos, músculos, superfícies articulares, estruturas vasculares e nervosas, podendo gerar grandes limitações, como dor, encurtamento do membro, desvios posturais, rigidez articular, diminuição de força muscular, infecções, fraturas, luxações e soltura de próteses. Apesar do intuito curativo da cirurgia, ela traz inúmeros prejuízos, pois se trata de um trauma controlado, produzido por um profissional treinado para corrigir um trauma não controlado.

Os pacientes com câncer ósseo ou metástases ósseas, de outros tipos de tumores, podem ter os esqueletos axial ou apendicular acometidos em diferentes graus. Os cuidados se referem à cicatrização e recuperação do tecido mole, à consolidação óssea e biomecânica do tecido conectivo manipulado para que o paciente alcance os objetivos, dentro de suas possibilidades, de maneira mais eficaz (ver Capítulo 29).

A literatura prevê, para a reabilitação pós-operatória de doentes oncológicos, que a equipe multidisciplinar seja responsável pela(s):

- intervenções de reabilitação no pós-operatório (PO) de pacientes ortopédicos, com exercícios e orientações;
- mobilização precoce da articulação, de maneira suave, no limite da dor, já no primeiro dia do PO, de acordo com a liberação da equipe médica cirúrgica;
- sedestação, ortostatismo e marcha com carga parcial (ao critério médico);
- continuidade e reforço dos cuidados e orientações anteriores quando o paciente tiver alta da enfermaria ou do atendimento ambulatorial.

A equipe deve ser, como dito anteriormente, multidisciplinar, formada pelo médico fisiatra, fisioterapeuta, terapeuta ocupacional, psicólogos e profissionais de educação física, contando ainda com as equipes já citadas, se necessário; deve haver uma interface entre as equipes médicas clínica e cirúrgica.

TUMORES DO SISTEMA NERVOSO CENTRAL

Os pacientes com tumor no sistema nervoso central (SNC) chegam cada vez mais aos centros oncológicos de tratamento ambulatorial, devido aos avanços no diagnóstico e no tratamento. Esse grupo de tumores apresenta efeitos bastante heterogêneos, nos quais se misturam afecções físicas, psicológicas e cognitivas, dependendo da localização do tumor e da extensão de seu tratamento cirúrgico.

A atuação multidisciplinar é, novamente, de extrema importância, e em diversos casos, o atendimento conjunto desse paciente é necessário, desde que seja observado benefício para o paciente ao ser abordado de forma mais ampla. A abordagem fisioterapêutica pode ser realizada em qualquer postura, desde a mais baixa (decúbitos) até a mais alta (ortostatismo), obedecendo aos limites do paciente e aos que são impostos pela própria doença.

Um ponto importante a ser observado é que, em PO de tumores do SNC, o paciente deve ser monitorado devido ao risco de apresentar hipertensão craniana, que pode resultar em rebaixamento do nível de consciência, entre outros efeitos. Nesses casos é necessário manter o paciente em decúbito elevado (ver Capítulo 32).

TÓRAX E ABDOME

As cirurgias abdominais e torácicas também se beneficiam com a atuação da equipe de reabilitação para que o paciente se restabeleça de forma otimizada. Os maiores objetivos da fisioterapia são a reexpansão pulmonar e a prevenção do acúmulo de secreções, do imobilismo e seus efeitos deletérios. Diversas técnicas podem ser empregadas para alcançar esses objetivos, mas deve-se sempre discutir as condutas com os médicos cirurgiões.

METÁSTASES

A metástase é a doença que se espalha por meio dos vasos sanguíneos ou linfáticos para locais distantes da região do tumor primário. Pode aparecer em diferentes órgãos e estruturas do corpo, a depender de seu tumor primário. É necessário que os profissionais que atendam pacientes que já apresentem metástases tenham em mente a incurabilidade da doença de base na maioria dos casos, uma vez que o câncer se espalhou. Entretanto, apesar da gravidade do caso quando ocorrem as metástases, é importante lembrar que o tratamento não termina com a progressão da doença. O paciente continuará com os cuidados médicos, por vezes iniciará novo tipo de tratamento, como a quimioterapia ou a radioterapia paliativa, para controle de sintomas ou melhora da qualidade de vida.

Os objetivos da reabilitação poderão ser alterados muitas vezes, a fim de orientar o paciente sobre adaptações nessa fase paliativa do tratamento – por exemplo, com técnicas de conservação de energia, exercícios para manutenção da força e trofismo muscular, manutenção das AVD e da autonomia para a realização destas. Os pacientes e familiares necessitarão do apoio e suporte profissional para lidar com novas demandas físicas ou psicológicas que poderão surgir.

CUIDADOS PALIATIVOS

Atualmente, falar em cuidado paliativo já não remete ao paciente em seu leito de morte, mas, sim, à qualidade de vida do paciente que não apresenta objetivo de cura, em uma fase em que a doença é grave e que ameaça a continuidade da vida. Os cuidados paliativos devem ser iniciados o mais precocemente possível, mesmo durante o tratamento curativo da doença, a fim de auxiliar no manejo de sintomas de difícil controle. Nessa fase, o paciente deverá ter seus sintomas controlados por medicamentos ou por outros tipos de terapêutica, como a reabilitação. O paciente deve ser conduzido e desafiado a atingir toda a capacidade funcional que seu corpo é capaz de fornecer. Porém, cabe aos terapeutas identificar o momento em que a reabilitação não traz mais tantos benefícios ao paciente. Muitas vezes este e seus familiares não permitem a alta da reabilitação, acreditando na piora mais rápida; entretanto, com base nas avaliações clínicas que devem ser realizadas periodicamente, o terapeuta deve estar apto a discutir tal ação (ver Capítulo 23).

O paciente é a força principal da reabilitação, com o terapeuta agindo como um comunicador informado e eficaz, coordenador eficiente e motivador, tornando-se responsável por nortear o paciente em busca de seus objetivos, não importando o momento da doença em que ele se encontra e, principalmente, sabendo a exata hora de parar.

BIBLIOGRAFIA RECOMENDADA

1. Bennett S, Pigott A, Beller EM, Haines T, Meredith P, Delaney C. Educational interventions for the management of cancer-related fatigue in adults. Cochrane Database Syst Rev. 2016;11:CD008144.
2. Bourgeois JF, Gourgou S, Kramar A, Lagarde JM, Gall Y, Guillot B. Radiation--induced skin fibrosis after treatment of breast cancer: profilometric analysis. Skin Res Technol. 2003;9(1):39-42.
3. Brito CMMd, Bazan M, Pinto CA, Baia WRM, Battistella LR, eds. Manual de reabilitação em oncologia do Icesp. São Paulo: Manole; 2014.
4. Carayol M, Delpierre C, Bernard P, Ninot G. Population-, intervention- and methodology-related characteristics of clinical trials impact exercise efficacy during adjuvant therapy for breast cancer: a meta-regression analysis. Psychooncology. 2015;24(7):737-47.
5. Cramp F, Byron-Daniel J. Exercise for the management of cancer-related fatigue in adults. Cochrane Database Syst Rev. 2012;11:CD006145.
6. De Groef A, Van Kampen M, Verlvoesem N, Dieltjens E, Vos L, De Vrieze T, et al. Effect of myofascial techniques for treatment of upper limb dysfunctions in breast cancer survivors: randomized controlled trial. Support Care Cancer. 2017;25(7):2119-27.
7. Gane EM, Michaleff ZA, Cottrell MA, McPhail SM, Hatton AL, Panizza BJ, et al. Prevalence, incidence, and risk factors for shoulder and neck dysfunction after neck dissection: a systematic review. Eur J Surg Oncol. 2017;43(7):1199-218.
8. Inca MdS. Disponível em: http://bvsms.saude.gov.br/bvs/publicacoes/situaçao_cancer_brasil.pdf.
9. Instituto Nacional de Câncer (Inca). Disponível em: www.inca.gov.br.
10. Kisner C, Colby LA. Exercícios terapêuticos: fundamentos e técnicas. 2005.
11. Kowalski LP, Anelli A, Salvajoli JV, Lopes Lf. Manual de condutas diagnósticas e terapêuticas em oncologia. 2.ed. 2002.
12. Maxey L, Magnusson J. Reabilitação pós-cirúrgica para o paciente ortopédico. 2003.
13. McNeely ML, Campbell KL, Rowe BH, Klassen TP, Mackey JR, Courneya KS. Effects of exercise on breast cancer patients and survivors: a systematic review and meta-analysis. CMAJ. 2006;175(1):34-41.

14. Mustian KM, Sprod LK, Janelsins M, Peppone LJ, Mohile S. Exercise recommendations for cancer-related fatigue, cognitive impairment, sleep problems, depression, pain, anxiety, and physical dysfunction: a review. Oncol Hematol Rev. 2012;8(2):81-8.
15. Ng AH, Gupta E, Fontillas RC, Bansal S, Williams JL, Park M, et al. Patient-reported usefulness of acute cancer rehabilitation. PM R. 2017;9(11):1135-43.
16. Pfazer L. Oncology: examination, diagnosis, and treatment: physical therapy considerations. In: Myers RS e, ed. Philadelphia: W.B. Saunders; 1997. p.149-89.
17. Pidgeon T, Johnson CE, Currow D, Yates P, Banfield M, Lester L, et al. A survey of patients' experience of pain and other symptoms while receiving care from palliative care services. BMJ Support Palliat Care. 2016;6(3):315-22.
18. Prue G, Rankin J, Allen J, Gracey J, Cramp F. Cancer-related fatigue: a critical appraisal. Eur J Cancer. 2006;42(7):846-63.
19. Velthuis MJ, Agasi-Idenburg SC, Aufdemkampe G, Wittink HM. The effect of physical exercise on cancer-related fatigue during cancer treatment: a meta-analysis of randomised controlled trials. Clin Oncol (R Coll Radiol). 2010;22(3):208-21.
20. Wang XS, Woodruff JF. Cancer-related and treatment-related fatigue. Gynecol Oncol. 2015;136(3):446-52.
21. World Health Organization. Disponível em: https://www.who.int/cancer/PRGlobocanFinal.pdf.

Radioterapia 4

Mayara Gonçalves

INTRODUÇÃO

A radioterapia é o uso de radiação ionizante para fins terapêuticos, ou seja, usa-se uma dose de radiação em um volume doente específico, poupando ao máximo os tecidos saudáveis ao redor. A medida da dose de radiação transferida a um tecido é feita em Grays (1 Gy ou Gray = 1 Joule/kg), e cada tecido biológico tem uma sensibilidade a esse tipo de energia, que irá causar a morte celular.

A aplicação clínica da radioterapia é feita principalmente por braquiterapia ou teleterapia (radioterapia externa), como descrito na Tabela 1.

TABELA 1 Descrição da aplicação clínica da radioterapia

Braquiterapia	Teleterapia
Fontes radioativas na forma de agulhas, sementes ou fios colocados em contato direto com o tecido a ser tratado, poupando os tecidos saudáveis ao redor. A aplicação pode ser feita em dias ou minutos.	A fonte emissora fica a certa distância do paciente e é emitida uma dose diária de radiação. Diversas máquinas (aceleradores lineares, unidade de Co-60) e técnicas (convencional, 3D, IMRT) podem ser usadas.

A radioterapia pode ser realizada de forma isolada ou associada a outro tratamento oncológico. Ela é neoadjuvante quando realizada antes das cirurgias para diminuir a margem cirúrgica, por exemplo, e nesses casos pode-se interferir no processo de cicatrização do tecido, e é adjuvante quando visa aumentar a chance de erradicar a doença no campo operatório. Já a quimioterapia é um tratamento oncológico que pode ser concomitante à radioterapia para aumentar os índices terapêuticos; no entanto, requer cuidados devido à maior toxicidade do tratamento (ver Capítulo 5).

O paciente submetido a radioterapia normalmente passará por avaliação clínica multidisciplinar (cirurgião, oncologista clínico e radioterapeuta). Com base na identificação de necessidade desse tipo de conduta se define o objetivo do tratamento (curativo ou paliativo), tipo de aplicação, técnica adequada de administração, dose ótima de radiação no tecido-alvo considerando estruturas saudáveis ao redor e condição clínica do paciente.

EFEITOS BIOLÓGICOS DA RADIAÇÃO

A radioterapia atua por meio de dano celular que leva à inabilidade da célula para se reproduzir. Uma célula saudável consegue se recuperar dessa lesão, no entanto um bom planejamento de tratamento é necessário para que se atinjam os objetivos de morte da célula tumoral que leva à cura da doença, e de diminuição de seus efeitos adversos no tecido saudável, o que melhora a qualidade de vida do paciente.

Os efeitos adversos da radioterapia dependem da toxicidade aos diferentes tecidos atingidos. Atualmente, com as modernas técnicas de radioterapia, a dose e o volume irradiado são mais precisos, porém ainda são comuns os efeitos agudos e tardios do tratamento radioterápico (Tabela 2).

TABELA 2 Efeitos adversos da radioterapia

Efeitos agudos	Efeitos tardios
Ocorrem durante ou logo após a conclusão da radioterapia, e são resolvidos em 4-6 semanas.	Ocorrem meses ou até mesmo anos após concluído o tratamento da radioterapia, e podem ser permanentes.

O tecido biológico saudável atingido pela radioterapia possui uma radiossensibilidade que indica o quanto ele é suscetível ao dano celular. Como a composição tecidual de cada órgão é diferente, eles apresentarão diferentes respostas à radiação, conforme mostrado na Tabela 3.

TABELA 3 Tecidos biológicos comumente afetados pela radiação

Tecidos biológicos	Efeito	Alteração
Ossos	Osteorradionecrose Fratura	Danos na função dos osteoblastos, resultando em diminuição na produção da matriz óssea e maior risco de fraturas patológicas.
Mucosas	Mucosite Ulcerações	Danos em células epiteliais com desnudação e subsequente formação de pseudomembranas compostas por células inflamatórias, exsudato intersticial, fibrina e restos celulares.
Músculo e tecido conjuntivo	Fibrose	Efeito tardio que se inicia no estroma com uma fibrose progressiva (exsudato fibrinoso intersticial torna rígido o revestimento de estroma) que tardiamente apresenta perda da elasticidade e pode ser acompanhado por fibrose da derme e do tecido subcutâneo.
Articulações	Rigidez articular Dor	Diminuição da lubrificação articular e formação de fibrose, que podem levar inclusive a necrose tecidual.

Ao se observar a composição das estruturas que fazem parte do corpo humano, nota-se diferente distribuição desses tecidos. Ao irradiar a mama de uma mulher, deve-se estar atento às alterações na pele, glândula mamária, músculo peitoral, costelas, além de pulmão e pleura, e consequentemente a todas as partes do nosso corpo.

A fisioterapia poderá atuar para minimizar esses efeitos adversos agudos e tardios da radioterapia, prevenir complicações, garantir funcionalidade e melhorar a qualidade de vida dos pacientes submetidos a radiação de forma terapêutica.

EFEITOS ADVERSOS DA RADIOTERAPIA E ATUAÇÃO DA FISIOTERAPIA

Fadiga

A fadiga relacionada a radioterapia pode ocorrer em até 80% dos casos de forma aguda e em 30% dos pacientes de forma crônica, sendo um dos efeitos mais frequentes e severos. Assim, a realização de exercícios é altamente recomendada durante a radioterapia.

Os mecanismos biológicos que explicam os benefícios do exercício na fadiga oncológica ainda não estão bem estabelecidos, porém o exercício aeróbico supervisionado é o que mostra melhores resultados, o que está diretamente ligado à duração e frequência, além da persistência na realização do exercício, mesmo durante o tratamento oncológico, e sua realização é considerada segura. Além disso, essa atividade pode ser complementada pelo exercício resistido, que é importante para ganho de força muscular e melhora na composição corporal.

Os benefícios dos exercícios são físicos e psicológicos, podendo inclusive reduzir níveis de ansiedade e estresse, além de aumentar a adesão desses pacientes à prática de atividade física e autocuidados após o tratamento, o que melhora a qualidade de vida.

Dor e fibrose

A etiologia da dor crônica em pacientes oncológicos não é bem definida, mas a neurotoxicidade, alterações na pele, músculos e ossos parecem estar relacionados; sendo assim, a avaliação da dor deve ser realizada a cada sessão de fisioterapia. Entre os casos de dor decorrente de radioterapia, há as plexopatias braquial e lombossacral, dor pélvica, fraturas e osteorradionecrose, que podem ocorrer dependendo da área irradiada (mama, pelve, cabeça e pescoço).

Ao contrário da dor, a fisiopatologia da fibrose pós-radioterapia é bem descrita na literatura científica, e tanto a fibrose do tecido subcutâneo quanto a do tecido muscular podem levar a alterações funcionais dependendo da região afetada. No caso da mama irradiada, pode agravar a limitação de amplitude de movimento do ombro, lesionar linfonodos linfáticos, acarretando linfedema, e reduzir a força muscular do braço. Nos pacientes com câncer de cabeça e pescoço que têm região de articulação temporomandibular e músculos mastigatórios irradiados, pode causar ou piorar casos de trismo (limitação na abertura da boca). Já a osteorradionecrose e as fraturas devido à radioterapia podem chegar ao fisioterapeuta tardiamente, e então o profissional terá de cuidar das complicações desses achados.

Muitas dessas condições podem demandar atendimentos por longo tempo e em alguns casos a alta pode não significar resolução completa da queixa.

Alterações na pele

A radiodermite é um efeito adverso comum em pacientes que têm câncer na mama, cabeça e pescoço, próstata e períneo. As alterações iniciais envolvem eritema, descamação seca e descamação úmida, e os efeitos tardios incluem mudanças de pigmentação, teleangectasias, perda de pelos, atrofia, fibrose e ulceração.

Além das alterações na aparência (cor, textura), há que se considerar os efeitos nociceptivos. Outra preocupação dos pacientes e da equipe multidisciplinar envolve a necessidade de interromper a radioterapia por causa de problemas na pele.

A fisioterapia terá um papel importante na orientação dos pacientes para melhor adesão ao tratamento tópico com cremes e pomadas prescritos pela equipe multidisciplinar, orientado quanto à mitos e dúvidas do dia a dia e incentivar a cessação do tabagismo, já que são conhecidos os seus efeitos na cicatrização de feridas.

Efeitos cardiovasculares e pulmonares

A pericardite pode ser um efeito pós-radioterapia em pacientes irradiados por linfoma de Hodgkin, e pneumonites são encontradas em 5-15% dos pacientes que realizam radioterapia por câncer de mama, pulmão e tumores de mediastino. Este último está diretamente relacionado com o volume de pulmão irradiado e o uso concomitante de quimioterapia, e normalmente se manifesta por febre baixa, congestão, tosse seca e dor torácica pleurítica em 1-3 meses após o término da radioterapia. A fibrose por radiação normalmente se desenvolve entre 6-12 meses e pode ser progressiva até a estabilidade do quadro em até 2 anos.

O conhecimento das manifestações radiológicas da doença pulmonar pós-radioterapia é importante para diferenciá-la de outras condições patológicas do pulmão, como infecções e até mesmo recorrência da doença oncológica. Então, na fase aguda pode se manifestar por opacidades em vidro fosco e consolidações, e na fase tardia por bronquiectasias, perda de volume e fibrose. Com esses conhecimentos, o fisioterapeuta poderá propor o programa de reabilitação pulmonar mais indicado.

Um programa de reabilitação pulmonar tem mostrado benefícios físicos (melhora na composição corporal, melhora da sintomatologia, ganho de força muscular), diminuição da exacerbação da doença pulmonar obstrutiva crônica (DPOC), diminuição nos dias de internação hospitalar e melhora na capacidade do exercício e da qualidade de vida. A reabilitação pulmonar pode acontecer concomitantemente à quimiorradioterapia ou após o tratamento oncológico; as atividades podem ser de alta intensidade, de acordo com as condições clínicas de cada paciente, unidas a orientações educacionais.

Efeitos gastrointestinais

Os efeitos gastrointestinais envolvem desde xerostomia e mucosite, comuns nos pacientes irradiados por câncer de cabeça e pescoço, até as esofagites, enterites e prostatites.

A mucosite é uma inflamação da mucosa oral que pode ser aliviada com o uso de medicação, e a xerostomia é a diminuição da saliva na boca que pode ser compensada por saliva artificial, porém ambas podem vir acompanhadas de dor, disfagia, dificuldade de falar e de realizar higiene oral; assim, é essencial o acompanhamento multidisciplinar do paciente com estomatologista, fonoaudiólogo e fisioterapeuta.

A radioterapia para tratamento do câncer de próstata tem mostrado como grande problema as disfunções intestinais. O fisioterapeuta pode ou não ter uma atuação direta, mas deve sempre estar atento quando o paciente está em tratamento por incontinência urinária pós-prostatectomia, por exemplo. Se o paciente apresenta sangramento ou diarreia, a eletroestimulação endocavitária deve ser interrompida; se o paciente está em vigência de radioterapia não deve ser realizada em um período de pelo menos 6 meses.

Os sintomas intestinais decorrentes da irradiação por câncer colorretal, próstata e tumores ginecológicos podem ser dor abdominal, constipação, diarreia, incontinência fecal, prostatite e dor retal. A proximidade do câncer do esfíncter anal, a realização de quimioterapia e a necessidade de colostomia temporária ou permanente influenciam fortemente a intensidade desses sintomas. Muitas vezes será necessário o encaminhamento a um nutricionista para ajuste de dieta a fim de obter melhores resultados na reabilitação.

Incontinência urinária e fecal

A irritação e a obstrução urinária estão fortemente associadas à realização da radioterapia por câncer de próstata; já a urgência e incontinência urinária estão relacionadas a altas doses de radiação e realização de prostatectomia, que pode acontecer até mesmo 3-5 anos após o tratamento. A incontinência fecal pode vir acompanhada por outros problemas intestinais, o que torna complexo o tratamento desses pacientes.

Disfunção sexual

A disfunção sexual masculina inclui basicamente a impotência, muito comum em pacientes irradiados por câncer de próstata e menos comum naqueles por câncer colorretal. Os sintomas aparecerão normalmente após um ano do tratamento radioterápico, e podem ser piores em casos de tratamento com inibidores totais de andrógenos. A disfunção sexual na mulher é comum em casos irradiados por câncer cervical e de endométrio, e seus efeitos incluem diminuição do interesse sexual, secura vaginal e estenose, dispareunia (dor durante o ato sexual) e insatisfação sexual.

Além do tratamento padrão, o incentivo na realização de exercícios aeróbicos e resistidos tem mostrado eficácia na melhora na libido, qualidade de vida, ganho de massa muscular, redução da fadiga e ganho de força muscular e função física. Além disso, a educação sobre autoconhecimento corporal e a realização de exercícios de assoalho pélvico podem auxiliar e melhorar a qualidade de vida desses indivíduos.

CONCLUSÕES

Os efeitos adversos da radioterapia aqui apresentados muitas vezes são multifatoriais, e o tratamento fisioterapêutico deverá preservar, manter ou recuperar as condições cinético-funcionais desses pacientes oncológicos, que passam por diversas etapas de um processo de doença e cura que muitas vezes se apresentam de forma desgastante física e emocionalmente. A seguir se verifica um resumo da atuação da fisioterapia nos efeitos adversos e as principais orientações a serem fornecidas aos pacientes irradiados (Tabela 4).

TABELA 4 Efeitos adversos da radioterapia e a atuação da fisioterapia

Efeitos adversos	Localização do câncer	Fisioterapia	Orientações gerais
Fadiga	Cabeça e pescoço, mama, pélvicos, pulmão, sistema nervoso	▪ Exercícios aeróbicos: 40-60 min, 3x/sem, intensidade submáxima ▪ Exercícios resistidos ▪ Técnicas de relaxamento	Checar exames laboratoriais. Evitar treinar 1-2 horas após a radioterapia ou antes do almoço. Não realizar treino aeróbico em piscina. *Orientações ao paciente*: qualidade do sono, diminuição do estresse, técnicas de relaxamento.
Dor e fibrose	Cabeça e pescoço, mama, pélvicos	▪ Exercícios ativos e ativoassistidos ▪ Alongamentos ▪ Exercícios resistidos ▪ Mobilização articular ▪ Liberação miofascial ▪ Fotoeletroterapia (*laser*, TENS) ▪ Reeducação neuromuscular ▪ Correção postural ▪ Técnicas de relaxamento	Checar condição da pele para realização de manobras manuais. Fortalecimento: aumento de carga progressivo. *Orientações ao paciente*: realizar os exercícios em casa, manter o alinhamento postural, informar características da dor durante todas as etapas do tratamento.

(continua)

TABELA 4 Efeitos adversos da radioterapia e a atuação da fisioterapia *(continuação)*

Efeitos adversos	Localização do câncer	Fisioterapia	Orientações gerais
Alterações na pele	Cabeça e pescoço, mama, próstata	▪ Exercícios e alongamentos (interromper apenas se surgir ulceração e dor local) ▪ Posicionamento (usar almofada para diminuir o atrito com a pele) e uso de roupas adequadas (retirar o sutiã durante a realização dos exercícios) ▪ Técnicas de relaxamento ▪ Encaminhar para equipe de enfermagem (curativos), se necessário	É seguro realizar a fisioterapia durante a radioterapia, desde que a pele esteja íntegra. Facilitar a adesão ao tratamento tópico. *Orientações ao paciente*: realizar higiene local com sabão sem cheiro, usar desodorante recomendado pela equipe, fazer limpeza da pele e não usar nenhum produto 2 horas antes da radioterapia, evitar nadar em piscinas e realizar banhos em ofurôs, proteger a pele do sol.
Linfedema e edema	Cabeça e pescoço, mama	▪ Terapia complexa descongestiva ▪ *Laser* ▪ Liberação cicatricial e tecidual ▪ Posicionamento	Pacientes em radioterapia que apresentem pele friável, não realizar manobras manuais na região alterada. Enfaixamento compressivo: pacientes em radioterapia, atentar para hidratação com creme e a área do enfaixamento, que não deve ultrapassar área irradiada. *Orientações ao paciente*: realizar hidratação e cuidados com a pele, automassagem, exercícios, evitar deitar sob área edemaciada.

(continua)

TABELA 4 Efeitos adversos da radioterapia e a atuação da fisioterapia *(continuação)*

Efeitos adversos	Localização do câncer	Fisioterapia	Orientações gerais
Alterações cardiopulmonares (pneumonite, fibrose pulmonar)	Mama, pulmão, mediastino	▪ Reabilitação pulmonar ▪ Exercício aeróbico: 30-60 min, 1-3x/sem, alta intensidade (80% pico de resistência) ▪ Exercícios resistidos ▪ Exercícios respiratórios ▪ Encaminhar ao nutricionista, se necessário	Checar exames laboratoriais. Evitar treinar 1-2 horas após a radioterapia ou antes do almoço. *Orientações ao paciente*: importância da cessação do fumo, educação sobre alterações comuns da doença e do tratamento oncológico, benefícios da nutrição adequada e dos exercícios, exercícios respiratórios.
Efeitos orais (xerostomia, mucosite, alteração paladar)	Cabeça e pescoço	▪ *Laser*: 633-685 nm ou 780-830 nm; dose = 2 J/cm² como dose preventiva e 4 J/cm² como dose curativa; 2-3x/semana ou diariamente ▪ TENS: na região das glândulas parótidas e submandibulares, F = 50 Hz, LP = 250 ms, limiar sensorial, T = 5-20 min ▪ Encaminhar para estomatologia, fonoaudiologia e nutricionista, se necessário	No Brasil, ainda não há consenso entre médicos, fisioterapeutas e dentistas sobre quem pode ou não aplicar *laser* na cavidade oral dos pacientes; sendo assim, orienta-se entrar em concordância dentro de cada serviço e com cada equipe de saúde. *Orientações ao paciente*: utilizar saliva artificial ou estratégias conforme orientação médica e de nutricionistas para aumentar o fluxo salivar, manter a higiene oral.

(continua)

TABELA 4 Efeitos adversos da radioterapia e a atuação da fisioterapia *(continuação)*

Efeitos adversos	Localização do câncer	Fisioterapia	Orientações gerais
Efeitos intestinais/ inconti-nências urinária e fecal	Bexiga, colorretal, próstata, ginecológi-cos	▪ Treino de músculos do assoalho pélvico ▪ EE endocavitária: F = 50-70 Hz, LP = 500-700 us, por 20 min ▪ EENTP e EE sacral: F = 10 Hz, LP = 230 us, por 20 min ▪ *Biofeedback* ▪ Terapia manual ▪ Encaminhar para nutricionista, se necessário	Deve-se ter atenção para casos de sangramento, sinais de infecção e lesão cutânea, e nesses casos não realizar EE endocavitária. Não realizar EE endocavitária em paciente com menos de 6 meses do término da radioterapia. *Orientações ao paciente*: posicionamento correto e massagem para constipação, educação de hábitos intestinais, educação de hábitos urinários, sinais de alerta para comunicar a equipe.
Disfunção sexual/ estenose e resseca-mento vaginal	Colorretal e próstata, endométrio, vaginal	▪ Cinesioterapia para fortalecimento e propriocepção de assoalho pélvico ▪ *Biofeedback* ▪ Exercício aeróbico e resistido ▪ Terapia manual ▪ Dilatadores vaginais ▪ Encaminhar para psicoterapia, se necessário	Educar o paciente sobre o assoalho pélvico e incentivar a participação do (a) parceiro(a) na reabilitação. Incentivar o paciente para a prática de atividade física para ganhos cardiovasculares e musculares. *Orientações ao paciente*: uso de lubrificante vaginal; pode ser interessante a terapia sexual para o paciente ou casal.

BIBLIOGRAFIA RECOMENDADA

1. Berkey FJ. Managing the adverse effects of radiation therapy. Am Fam Physician. 2010 Aug 15;82(4):381-8, 394. Review.
2. Cormie P, Chambers SK, Newton RU, Gardiner RA, Spry N, Taaffe DR, et al. Improving sexual health in men with prostate cancer: randomised controlled trial of exercise and psychosexual therapies. BMC Cancer. 2014 Mar 18;14:199.
3. Hickok JT, Morrow GR, Roscoe JA, Mustian K, Okunieff P. Occurrence, severity, and longitudinal course of twelve common symptoms in 1129 consecutive patients during radiotherapy for cancer. J Pain Symptom Manage. 2005 Nov;30(5):433-42.
4. Lehnert S. Radiobiologia. In: Salvajoli JV, Souhami L, Faria SL. Radioterapia em oncologia. Rio de Janeiro: MEDSI Editora Médica e Científica Ltda; 1999. p.91-118.
5. Leysen L, Beckwée D, Nijs J, Pas R, Bilterys T, Vermeir S, et al. Risk factors of pain in breast cancer survivors: a systematic review and meta-analysis. Support Care Cancer. 2017 Dec;25(12):3607-43.
6. Martins J, Vaz AF, Grion RC, Esteves SCB, Costa-Paiva L, Baccaro LF. Factors associated with changes in vaginal length and diameter during pelvic radiotherapy for cervical cancer. Arch Gynecol Obstet. 2017 Dec;296(6):1125-33.
7. Meneses-Echávez JF, González-Jiménez E, Ramírez-Vélez R. Effects of supervised exercise on cancer-related fatigue in breast cancer survivors: a systematic review and meta-analysis. BMC Cancer. 2015 Feb 21;15:77. Review.
8. Nam RK, Cheung P, Herschorn S, Saskin R, Su J, Klotz LH, et al. Incidence of complications other than urinary incontinence or erectile dysfunction after radical prostatectomy or radiotherapy for prostate cancer: a population-based cohort study. Lancet Oncol. 2014 Feb;15(2):223-31.
9. O'Sullivan B, Levin W. Late radiation-related fibrosis: pathogenesis, manifestations, and current management. Semin Radiat Oncol. 2003;13(3):274-89.
10. Rivas-Perez H, Nana-Sinkam P. Integrating pulmonary rehabilitation into the multidisciplinary management of lung cancer: a review. Respir Med. 2015 Apr;109(4):437-42.
11. Sciubba JJ, Goldenberg D. Oral complications of radiotherapy. Lancet Oncol. 2006 Feb;7(2):175-83. Review.
12. Stubblefield MD. Clinical evaluation and management of radiation fibrosis syndrome. Phys Med Rehabil Clin N Am. 2017 Feb;28(1):89-100.
13. Thomas GP, Bradshaw E, Vaizey CJ. A review of sacral nerve stimulation for faecal incontinence following rectal surgery and radiotherapy. Colorectal Dis. 2015 Nov;17(11):939-42.

5 Quimioterapia, hormonioterapia e imuno-oncologia

Fabrício Edler Macagnan
Thalissa Maniaes

QUIMIOTERAPIA

Das três linhas clássicas de tratamentos antineoplásicos disponíveis para o tratamento oncológico (cirurgia, radioterapia e quimioterapia), a quimioterapia é o recurso terapêutico que chegou por último, porém, esta é a linha terapêutica que mais avançou desde a descrição dos efeitos mieloablativos induzidos pelo "gás mostarda" nos poucos sobreviventes do bombardeio da pequena cidade belga de Ypres, em 1917, durante a Primeira Guerra Mundial, realizada pelo casal Edward e Helen Krumbhaar em 1919 (para uma revisão histórica ver "O imperador de todos os males: uma biografia do câncer", escrita por Siddhartha Mukherjee, 2012).

A era da quimioterapia iniciou em 1940 com Goodman e Gilman, que realizaram experimentos em camundongos portadores de um tumor linfoide transplantado. Quando observaram um nível acentuado de regressão do tumor, eles convenceram Lindskog a injetar o composto intimamente relacionado ao "gás mostarda de nitrogênio" na corrente sanguínea de um paciente com Linfoma Não Hodgkin avançado com obstrução de vias aéreas. A massa mediastinal e linfática regrediram, mas por pouco tempo (apenas algumas semanas) e a doença voltou a progredir. No entanto, foi estabelecido o princípio de que os tumores podem ser mais suscetíveis a toxinas do que os tecidos normais, embora as razões para isso não tenham sido compreendidas. A descoberta de que o reagente formava uma ligação covalente com o DNA em sítios específicos de alquilação e indução de apoptose fortaleceu a justificativa de novos estudos, mas infelizmente Goodman e seus colaboradores observaram em seus primeiros experimentos que os tumores se tornaram resistentes aos medicamentos muito rápido. Sydney Farber investigou os efeitos da ametopterina (metotrexato) em crianças com leucemia linfoide aguda (LLA), no final da década de 1940, bloqueando a função das enzimas que requerem folato. Esses agentes se tornaram os primeiros medicamentos a induzir com sucesso a remissão em crianças com LLA. As remissões foram breves, mas o princípio era claro, os antifolatos podem suprimir a proliferação de células malignas e, assim, restabelecer a função normal da medula óssea.

Em 1956, o coriocarcinoma se tornou o primeiro tumor sólido a ser curado pela quimioterapia. Atualmente se explora ao máximo o efeito combinado da cirurgia, radioterapia e quimioterapia sobre a contenção do avanço neoplásico. Com o avanço acelerado da tecnologia e o crescente acúmulo de informações clínicas, inúmeras possibilidades de manejo clínico foram sendo desenvolvidas. Um exemplo disso são os tratamentos direcionados para os cânceres hematológicos (leucemias e linfomas), que após a ablação da medula óssea induzida pela quimioterapia de alta dose associada ou não à radioterapia de corpo inteiro preparam o paciente para receber células sadias por meio do transplante de células-tronco hematopoiéticas (TCTH). A combinação dessas técnicas, trouxe inegáveis vantagens ao prognóstico da doença (ver Capítulo 12).

Ocorreram vários avanços importantes na quimioterapia, incluindo o desenvolvimento de novos antimetabólitos, agentes alquilantes, análogos de nucleosídeos, análogos da platina, antraciclinas, taxanos, interferons, interleucinas e antagonistas hormonais. As combinações dessas drogas (quimioterapia sozinha ou como adjuvante à cirurgia, radioterapia ou TCTH) melhoraram os resultados em pacientes com malignidades sólidas e hematológicas.

O efeito citotóxico da quimioterapia tem como alvo primário as células neoplásicas, mas infelizmente a difusão sistêmica expõe praticamente todas as células ao princípio ativo e induz efeitos colaterais indesejados. De forma inespecífica, células de diferentes tecidos acabam sendo acometidas, principalmente as de crescimento rápido, em que a taxa de renovação celular é alta (*high cell turnover rate*), por exemplo, nos tecidos de revestimento epitelial (pele e mucosas de revestimento) e células hematopoiéticas, o que explica os vários efeitos adversos da quimioterapia como náuseas, vômitos, queda de cabelo e predisposição à fadiga (anemia), sangramento (plaquetopenia) e infecções (neutropenia e leucopenia).

Seguindo o princípio cunhado por Paracelso no século XVI, uma substância venenosa, quando administrada em doses corretas, pode ser utilizada como remédio, pois a diferença entre veneno e remédio está na dose. Ao longo de muitos anos, a análise de curvas dose-resposta combinada à análise do efeito de ciclos de infusão vêm sendo realizadas. Desde os primeiros ensaios observou-se que existe uma grande possibilidade das células cancerígenas adquirirem resistência aos fármacos. Com o passar do tempo, a combinação de drogas que atuam em diferentes sítios da bioquímica celular está sendo infundida de maneira combinada com o objetivo de reduzir a chance de manifestação de resistência tumoral. Porém, o uso combinado permite também a utilização de doses menores, reduzindo assim as repercussões indesejáveis atribuídas a cada um dos fármacos do composto. A utilização de compostos que atuam em diferentes etapas da reprodução celular aumenta o poder citotóxico. Há resultados surpreendentes com índices de cura de 75 até 90% em diversos tipos de câncer. O diagnóstico precoce é um dos fatores mais importantes para o prognóstico, pois favorece sensivelmente o sucesso do tratamento antineoplásico. Os benefícios dessas combinações farmacológicas dentro de esquemas de ciclos que se repetem estão baseados no ciclo de reprodução celular, e a escolha do medicamento está intimamente ligada ao perfil histopatológico das células tumorais.

A quimioterapia é uma das modalidades de tratamento que possui maior chance de cura que chega praticamente a todos os tecidos, pois pode ser administrada por via intravesical, parenteral endovenosa, parenteral intramuscular, parenteral subcutânea, parenteral interarterial, parenteral intrapleural, parenteral intratecal e via enteral oral. A difusão tecidual local e/ou sistêmica é um aspecto importante no combate à disseminação neoplásica (metástase).

A maior parte das drogas quimioterápicas utilizadas no combate ao câncer interfere na divisão celular. Conhecer os detalhes das alterações do ciclo celular envolvidos com a etiologia do câncer, bem como a sensibilidade tumoral aos agentes farmacológicos disponíveis, é crucial para a elaboração do plano terapêutico. Os agentes antineoplásicos são classificados como ciclo celular específico e ciclo celular não específico. Este último tem a capacidade de atingir as células tumorais independentemente de estarem no ciclo de divisão celular ou estarem em repouso.

Modalidades de quimioterapia

Com base nos conceitos elaborados ao longo da jornada em busca do tratamento do câncer, diferentes estratégias de infusão da quimioterapia foram sendo descritas. Conhecer e reconhecer esses conceitos pode auxiliar o entendimento clínico e a tomada de decisão fisioterapêutica (para mais informações acesse o site do Instituto Nacional de Câncer e leia o ABC do câncer: abordagens básicas para o controle do Câncer). Entre as modalidades de quimioterapia estão:

A. **Quimioterapia prévia/neoadjuvante/citorredutora:** indicada para a redução de tumores locais e regionalmente avançados que, no momento, são irressecáveis ou não. Tem por finalidade tornar os tumores ressecáveis e/ou melhorar o prognóstico.
B. **Quimioterapia adjuvante ou profilática:** indicada após o tratamento cirúrgico curativo, quando o paciente não apresenta qualquer evidência de neoplasia maligna detectável por exame físico e exames complementares.
C. **Quimioterapia curativa:** tem a finalidade de curar pacientes com neoplasias malignas para os quais a quimioterapia representa o principal tratamento (podendo ou não estar associada à cirurgia e à radioterapia).
D. **Quimioterapia para controle temporário de doença:** indicada para o tratamento de tumores sólidos, avançados ou recidivados, ou neoplasias hematopoiéticas de evolução crônica. Permite longa sobrevida (meses ou anos), mas sem possibilidade de cura, sendo, porém, possível obter-se o aumento da sobrevida global do doente.
E. **Quimioterapia paliativa:** indicada para a paliação de sinais e sintomas que comprometem a capacidade funcional do paciente, mas não repercute, obrigatoriamente, na sua sobrevida. Independentemente da via de administração, é de duração limitada, tendo em vista a incurabilidade do tumor (doença avançada, recidivada ou metastática).

Agentes hormonais antineoplásicos: hormonioterapia

Entre as diferentes abordagens quimioterápicas utilizadas para o tratamento do câncer está a hormonioterapia ou terapia por meio de agentes hormonais antineoplásicos. A base teórica que justifica o emprego dessa estratégia está intimamente ligada às neoplasias originadas em tecidos hormônio-sensíveis, que podem responder melhor ao tratamento citotóxico mediante o bloqueio farmacológico dos hormônios que estimulam o crescimento celular do tecido em questão. Tumores hormônio-sensíveis podem ser hormônio-dependentes, hormônio-responsivos ou ambos. Um tumor hormônio-dependente regride com a remoção do estímulo hormonal, pela cirurgia ou pelo bloqueio farmacológico. Quanto maior for o número de receptores hormonais no tecido neoplásico, maior é a resposta à hormonioterapia; nessa perspectiva, a indicação terapêutica depende da presença desses receptores avaliada por meio da imuno-histoquímica da biópsia tumoral. Os tipos de câncer que melhor respondem a essa abordagem são: câncer de mama, câncer de próstata, câncer de endométrio, linfomas e certos tipos de leucemias.

A terapia hormonal pode contribuir para o aumento da taxa de sobrevida de pacientes com câncer de mama por reduzir o risco de recidiva local e metástases a distância. O tamoxifeno foi o primeiro medicamento endócrino eficaz no tratamento do câncer de mama e com menos efeitos colaterais. Na década de 1990, foi desenvolvida a terapia com inibidores de aromatase, como o anastrozol, que são medicações responsáveis pela diminuição do nível de estrogênio circulante, porém esses resultados trazem consigo uma série de alterações que comprometem a qualidade de vida. A combinação do exercício físico aeróbico e o resistido de intensidade moderada ameniza os sintomas provocados pelos inibidores de aromatase, melhorando a função física, o estado psicológico e a integração social. Em conjunto, os efeitos do exercício físico devem ser fortemente considerados no plano terapêutico, pois propiciam benefícios importantes sobre a qualidade de vida e contribuem com o abrandamento dos efeitos adversos que tendem a perdurar por muito tempo após o tratamento.

Os principais efeitos adversos provocados por essa modalidade terapêutica que afetam negativamente, em maior ou em menor grau, a qualidade de vida são, de um modo geral, para o uso de agentes hormonais antineoplásicos de combate ao câncer de mama (tamoxifeno, antiaromatase e análogos de LH-RH):

A. dislipidemia;
B. aumento de peso;
C. fogachos;
D. secura vaginal;
E. distúrbios vaginais (dispareunia) com baixa libido;
F. sintomas musculoesqueléticos (dor e/ou rigidez em articulações e músculos);
G. redução de massa óssea;
H. desordens relacionadas à ansiedade e depressão;
I. depreciação da imagem corporal; e
J. dificuldades de reintegração profissional.

Nos homens os sintomas mais frequentemente encontrados no tratamento de câncer de próstata são:

A. rubor vasomotor;
B. disfunção sexual;
C. fadiga;
D. prejuízo da função cognitiva;
E. redução da qualidade do sono;
F. anemia; e
G. ginecomastia.

Terapia biológica: imuno-oncologia

Mais recentemente, a descoberta de que as defesas imunológicas do hospedeiro podem ser moduladas para eliminar as células cancerosas levou a uma série de modalidades de imuno-oncologia, incluindo inibidores de *checkpoint* e terapias de células citotóxicas. Por consequência, os tumores tradicionalmente resistentes a drogas citotóxicas, como melanoma avançado ou câncer de pulmão de células não pequenas, agora podem ser controlados ou mesmo curados, embora com taxas modestas de sobrevivência livre de doença em 3 anos (20 a 50%). A terapia com células T acopladas ao receptor de antígeno quimérico (CAR-T), produzida por bioengenharia, obteve resposta completa em 80% dos pacientes com leucemia linfocítica aguda refratária. Nos últimos 30 anos, foram aprovados pelo menos 37 anticorpos monoclonais (33 agentes terapêuticos e 4 agentes de diagnóstico) e 37 inibidores da proteína quinase para indicações relacionadas ao câncer. Em 2011, 6 inibidores de checkpoint (ipilimumabe, nivolumabe, pembrolizumabe, atezolizumabe, avelumabe e durvalumabe) foram aprovados para 25 indicações em 11 tipos de cânceres. No final de 2017, as primeiras terapias com células CAR-T foram postas em testes clínicos para tratar leucemia linfocítica aguda recorrente/refratária e linfomas recorrentes/refratários.

O ponto-chave desse método terapêutico é que o sistema imunológico evita atacar o corpo, mantendo assim a integridade sistêmica e, além de tudo, ainda retém a memória de defesas bem-sucedidas. Como consequência, essa modalidade terapêutica evita os efeitos colaterais sistêmicos induzidas pela quimioterapia citotóxica inespecífica. Porém, nem tudo está resolvido ainda. No caso de defeitos parciais de tolerância, as respostas das células T contra autoantígenos com distribuição tecidual restrita ao tecido-alvo, podem levar a doenças autoimunes específicas, como miastenia *gravis*, diabetes tipo 1 e esclerose múltipla.

Mudar a direção da terapia do câncer não é uma tarefa fácil. Atualmente, produtos imunológicos como os inibidores de *checkpoint* entraram com sucesso no mercado; entretanto, essa é apenas uma pequena parte do potencial da imunoterapia. No futuro, a imunoterapia pode ser uma disciplina em si mesma, incluindo diagnóstico imunológico, imunoterapia e monitoramento imunológico. Vacinas contra o câncer seguem sendo estudadas e podem se tornar populares em breve.

Portanto, os pacientes que realizam quimioterapia, hormonioterapia e imunoterapia devem ser monitorados de forma constante em função das alterações sistêmicas que inevitavelmente irão se manifestar mais cedo ou mais tarde e em maior ou menor grau.

O acompanhamento dos marcadores sanguíneos é fundamental para a tomada de decisão clínica do fisioterapeuta, devendo ser revisados desde o início do tratamento, ou seja, desde o diagnóstico com o objetivo de identificar a evolução clínica, que pode ser de 1) piora; 2) estabilidade ou 3) progresso manifestado pelo alívio dos sintomas. Com base nesse comportamento, os objetivos fisioterapêuticos poderão ser traçados em linha com as condições clínicas vigentes, permitindo o manejo adequado dos principais efeitos adversos que interferem negativamente no processo de reabilitação, bem como no plano de tratamento quimioterápico. Determinados regimes antineoplásicos são tão agressivos, que pacientes com baixa capacidade física não toleram os efeitos adversos e, portanto, não são considerados aptos. Isso reforça a importância da atuação do fisioterapeuta na equipe multiprofissional de atenção ao paciente oncológico antes mesmo do início do tratamento quimioterápico para uma detalhada avaliação funcional.

Entre os efeitos adversos induzidos pela quimioterapia estão:

1. mucosite e estomatite causando dor e ulcerações;
2. fadiga relacionada ao câncer (FRC);
3. dor;
4. náuseas e vômitos;
5. complicações (fragilidade) ósseas;
6. cardiotoxicidade; e
7. neuropatia periférica, expressada por dor associada a:

A. parestesia;
B. hiporreflexia (com ou sem perda de sensibilidade); e
C. disfunção neurovegetativa.

Podemos citar também a síndrome mielodisplásica secundária à quimioterapia, que é uma reação adversa ao tratamento intensivo antineoplásico e apresenta alta incidência para o desenvolvimento da leucemia mieloide aguda, podendo se desenvolver de 4 a 5 anos após o tratamento quimioterápico e radioterápico, acometendo principalmente pacientes jovens.

Capacidade física e desempenho funcional

Avaliar sintomas, qualidade de vida e efeitos colaterais relacionados ao tratamento antineoplásico ajuda na determinação da eficácia do tratamento, porém, a capacidade física dada pelo desempenho funcional indica de maneira muito objetiva o impacto sistêmico causado, tanto pelo próprio avanço tumoral como pelas amplas repercussões impostas pelas diferentes linhas de tratamento oncológico. Além disso, já está fortemente consolidada a noção de que a prescrição do tratamento citotóxico depende da competência físico-funcional do paciente. Em outras palavras, pacientes com baixa capacidade física esboçam maior intolerância à quimioterapia. Essa questão é fundamental, pois está diretamente atrelada ao abandono ou descontinuidade do tratamento.

Em estados de maior fragilidade física é comum a presença de sarcopenia. Em pacientes com câncer a sarcopenia exerce um efeito negativo sobre o prognóstico. O fato relevante que precisa ser considerado sobre esse aspecto é que a sarcopenia foi considerada um preditor de toxicidade no tratamento de câncer de mama metastático; 50% dos pacientes com sarcopenia sofriam de toxicidade, em comparação com apenas 20% dos pacientes não sarcopênicos. A diminuição da massa muscular também foi associada ao aumento do risco de toxicidade no tratamento adjuvante e metastático do câncer de cólon, assim como ocorreu em pacientes com sarcoma, em que a presença de sarcopenia foi associada à toxicidade mais aguda e grave; incluindo neutropenia febril.

Dois métodos principais são utilizados para avaliar o *status* de desempenho funcional avaliado pelo médico (FPS – *functional performance status*) e os resultados relatados pelo paciente (PRO – *patient-report outcome*). O FPS refere-se à capacidade do paciente de realizar atividades e funções que atendam às necessidades físicas básicas em face da doença. Embora existam várias medidas FPS, as duas mais amplamente utilizadas em ambientes clínicos e de pesquisa são o *Eastern Cooperative Oncology Group* (ECOG PS) e a *Karnofsky Performance Scale* (KPS). O ECOG PS (Tabela 1) é usado por médicos para relatar a gravidade da toxicidade experimentada por pacientes em estudos de tratamento oncológico. O ECOG mede os efeitos da toxicidade em uma escala de cinco pontos, em que 0 é utilizado para descrever uma condição na qual o paciente encontra-se "totalmente ativo, capaz de realizar todo o desempenho pré-doença sem restrição" e 5 indica que o paciente faleceu. Da mesma forma, o KPS (Tabela 2) é um indicador da capacidade do paciente de se envolver em atividades diárias normais, bem como a dependência de cuidados médicos. O KPS está estruturado em uma escala de 0 a 100, em que 100 significa que o paciente "não tem queixas; sem evidência de doença" e 0 significa que o paciente faleceu.

Nesse contexto, é fundamental que o fisioterapeuta conheça as escalas de avaliação da capacidade física e do desempenho funcional utilizadas pelos médicos de um modo geral. Conhecer e reconhecer a linguagem utilizada para comunicação deste aspecto clínico (capacidade física) é crucial, tanto para o detalhamento do quadro clínico com vistas ao prognóstico quanto para o correto dimensionamento dos objetivos da fisioterapia dentro do programa de reabilitação.

TABELA 1 *Eastern Cooperative Oncology Group* (ECOG PS)

PS 0 – Atividade normal
PS 1 – Sintomas da doença, mas deambula e leva seu dia a dia normal
PS 2 – Fora do leito mais de 50% do tempo
PS 3 – No leito mais de 50% do tempo, carente de cuidados mais intensivos
PS 4 – Restrito ao leito

Fonte: INCA; 2021.

TABELA 2 *Karnofsky Performance Scale* – KPS (%)

100% – Nenhuma queixa: ausência de evidência de doença
90% – Capaz de levar vida normal; sinais menores ou sintoma de doença
80% – Alguns sinais ou sintomas da doença com o esforço
70% – Capaz de cuidar de si mesmo; incapaz de levar suas atividades normais ou exercer trabalho ativo
60% – Necessidade de assistência ocasional, mas ainda é capaz de prover a maioria de suas atividades
50% – Requer assistência considerável e cuidados médicos frequentes
40% – Incapaz; requer cuidados especiais e assistência
30% – Muito incapaz; indicada hospitalização, apesar de a morte não ser iminente
20% – Muito debilitado; necessita de hospitalização e tratamento de apoio ativo
10% – Moribundo, processos letais progredindo rapidamente para a morte

Fonte: INCA; 2021.

BIBLIOGRAFIA RECOMENDADA

1. Atkinson TM, Andreotti CF, Roberts KE, Saracino RM, Hernandez M, Basch E. The level of association between functional performance status measures and patient-reported outcomes in cancer patients: a systematic review. Support care cancer Off J Multinatl Assoc Support Care Cancer. 2015;23(12):3645-52.
2. Chabner BA, Roberts TGJ. Timeline: Chemotherapy and the war on cancer. Nat Rev Cancer. 2005;5(1):65-72.
3. Chindapasirt J. Sarcopenia in Cancer Patients. Asian Pac J Cancer Prev. 2015; 16(18):8075-7.

4. Chiravuri S, De Jesus O. Pancytopenia. In: Treasure Island (FL): StatPearls Publishing; 2021.
5. Hanahan D, Weinberg RA. Hallmarks of cancer: the next generation. Cell. 2011;144(5):646-74.
6. Inca. ABC do câncer: abordagens básicas para o controle do câncer. Disponível em: https://www.inca.gov.br/sites/ufu.sti.inca.local/files/media/document/livro-abc-6-edicao-2020.pdf. Acesso em: 06 fev. 2022.
7. Inca. Estadiamento do câncer. 2021. Disponível em: https://incariopreto.com.br/estadiamento-do-cancer/. Acesso em: 06 fev. 2022.
8. Kantarjian HM, Prat F, Steensma DP, Kurzrock R, Stewart DJ, Sekeres MA, et al. Cancer research in the United States: A critical review of current status and proposal for alternative models. Cancer. 2018;124(14):2881-9.
9. Mukherjee S. O imperador de todos os males: uma biografia do câncer. 1.ed. São Paulo: Companhia das Letras; 2012.
10. Palucka AK, Coussens LM. The Basis of Oncoimmunology. Cell. 2016; 164(6): 1233-47.
11. Paulo TRS, Rossi FE, Viezel J, Tosello GT, Seidinger SC, Simões RR, et al. The impact of an exercise program on quality of life in older breast cancer survivors undergoing aromatase inhibitor therapy: a randomized controlled trial. Health Qual Life Outcomes. 2019;17(1):17.
12. Pavlova NN, Thompson CB. The Emerging Hallmarks of Cancer Metabolism. Cell Metab. 2016;23(1):27-47.
13. Saghatchian M, Lesur A. Management of side effects related to adjuvant hormone therapy in young women with breast cancer. Bull Cancer. 2019; 106(12S1):S37-S42.
14. Schirrmacher V. From chemotherapy to biological therapy: A review of novel concepts to reduce the side effects of systemic cancer treatment (Review). Int J Oncol. 2019;54(2):407-19.
15. Tucci M, Leone G, Buttigliero C, Zichi C, Di Stefano RF, Pignataro D, et al. Hormonal treatment and quality of life of prostate cancer patients: new evidence. Minerva Urol Nefrol. 2018;70(2):144-51.

Fisioterapia no manejo dos efeitos adversos associados à quimioterapia

6

Alessandra Franzeck Barbosa
Fabrício Edler Macagnan
Thalissa Maniaes

INTRODUÇÃO

O cenário oncológico apresenta uma enorme variedade de disfunções orgânicas, uma vez que as neoplasias podem afetar praticamente todos os órgãos, sistemas e tecidos. Além das repercussões oriundas do próprio tumor, o paciente ainda enfrenta os efeitos colaterais provocados pelo emprego isolado ou combinado dos tratamentos cirúrgico, radioterápico e quimioterápico.

A contenção medicamentosa dos efeitos colaterais é predominante, mas dia após dia o fisioterapeuta conta com diferentes recursos físicos para intervir em muitas dessas disfunções. Nos próximos parágrafos iremos nos deter no manejo dos efeitos comumente manifestados pelos pacientes em tratamento quimioterápico, o que não afasta a possibilidade do uso das técnicas em outras situações.

FADIGA

É o sintoma mais comum em oncologia. Cerca de 80 a 90% dos pacientes experimentam essa sensação, desde o diagnóstico até o fim da vida, caracterizada como uma sensação angustiante e persistente de cansaço ou exaustão física, emocional e/ou cognitiva, que não alivia com sono ou com o repouso e que não é proporcional à atividade física recente, impactando diretamente a capacidade funcional e a qualidade de vida do indivíduo. A fadiga relacionada ao câncer (FRC) difere dos outros tipos de fadiga por sua gravidade e persistência, podendo variar em duração e intensidade.

A etiologia da FRC ainda não está bem elucidada, mas envolve vários sistemas fisiológicos e bioquímicos que sofrem influência direta do tipo de tumor, estágio da doença e tratamento. Outros fatores podem potencializar a sensação da FRC como: uso de sedoanalgesia, presença de dor de difícil manejo, alterações nutricionais ocasionadas por inapetência, mucosites, náusea e vômito, déficits metabólicos, desequilíbrios hormonais, comorbidades associadas, sofrimento emocional, alterações do humor e distúrbios do sono.

É muito provável que a FRC comece nos músculos esqueléticos em decorrência da redução progressiva da atividade física, mas o sistema nervoso central (SNC) também participa da gênese dessa sensação por meio do mecanismo de fadiga central, no qual as alterações do *input* neural, que chegam ao músculo, reduzem o recrutamento de unidades motoras. A cronicidade da FRC está implicada em possíveis adaptações metabólicas e fisiológicas, como o descondicionamento físico e a caquexia.

O diagnóstico da FRC é realizado pela exclusão de causas reversíveis que podem ser tratadas e investigadas, sendo complementado com informações da história clínica, exame físico e laboratorial e aplicação de instrumentos de avaliação pela equipe multidisciplinar. Os critérios diagnósticos, descritos na 10ª edição da Classificação Estatística Internacional de Doenças e Problemas Relacionados à Saúde (CID-10) são: diminuição da energia, aumento da necessidade de repouso (desproporcional às mudanças no nível de atividade) e sintomas relacionados nos domínios físico, emocional e cognitivo, com persistência ou ocorrência a ponto de causar sofrimento significativo ou comprometimento social e ocupacional.

Pelo fato da FRC ser uma experiência subjetiva, a literatura recomenda a avaliação por meio do autorrelato, porém, na prática clínica, a medida de forma mais eficiente experimentada é a utilização da escala numérica de classificação de 10 pontos, em que as pontuações de 1 a 3 se referem a uma intensidade leve de fadiga; pontuações de 4 a 6, intensidade moderada; e pontuações de 7 a 10, intensidade grave. Atualmente, mais de 20 instrumentos foram publicados em todo o mundo para a avaliação da fadiga, sendo 8 instrumentos validados de forma definitiva no Brasil e 4 direcionados a pacientes com câncer:

- **Pictograma de fadiga:** um método rápido, simples, válido no Brasil, confiável e aplicável, elaborado para a avaliação da intensidade e do impacto da fadiga nas AVD (atividades da vida diária) de pacientes com câncer, por meio de 10 imagens ilustradas que refletem a intensidade e as atividades que o paciente percebe que consegue fazer.
- **Escala de fadiga de Piper revisada:** um instrumento bem extenso com 27 itens, distribuídos em 4 dimensões (sensorial, afetiva, comportamental e cognitiva/emocional), com pontuações que variam de 0 a 10.
- **Escala *Functional Assessment of Cancer Therapy* (FACT):** composta por 40 itens, com graduação em escala de Likert de 0 a 4 e que engloba os aspectos de bem-estar físico, bem-estar familiar/ social, bem-estar emocional, bem-estar funcional, e subescala

com 13 itens para avaliação da fadiga que englobam, basicamente, aspectos físicos de impacto desta.

- **O instrumento FA13 da EORTC:** composto por 13 perguntas que abarcam três dimensões (física, psicológica e cognitiva), com resposta em graduação de Likert que varia de 1 a 4.

Todos os pacientes identificados com intensidade moderada a grave de FRC devem ser submetidos a uma avaliação rigorosa e investigativa para condições contribuintes como: dor, estresse emocional, anemia, infecção ativa, desnutrição, doenças da tireoide, disfunção renal, cardiovascular e pulmonar e comorbidades (efeitos do tratamento, diabetes *mellitus* descompensado, infecção, distúrbios do padrão do sono, disfunções orgânicas crônicas, distúrbios neurológicos, entre outros) que requerem tratamento.

A gestão da fadiga pode incluir medidas farmacológicas e não farmacológicas, bem como suplementação alimentar e de vitaminas nos pacientes em tratamento e pós-tratamento.

Intervenções psicossociais e abordagens alternativas, chamadas de práticas integrativas e complementares (PICS) e que incluem relaxamento, reflexologia e musicoterapia, podem reduzir a FRC, demonstrando benefícios por tratar o indivíduo de forma biopsicossocial e permitir que o paciente tenha um papel ativo no cuidado de sua saúde, ao utilizar práticas toleráveis, baratas e de fácil acesso. Os exercícios de relaxamento muscular progressivo e a reflexologia, durante a quimioterapia, diminuem a dor e a fadiga, aumentando a qualidade de vida dos pacientes. A reflexologia pode, ainda, auxiliar na diminuição dos sintomas adversos (dor, fadiga, ansiedade, pressão alta, insônia e depressão). É importante ressaltar que no Brasil, as PICS são regulamentadas desde o ano de 2006 e estão disponíveis no Sistema Único de Saúde (SUS) para todos os brasileiros.

As Diretrizes de Prática Clínica, publicadas pela European Society for Medical Oncology – ESMO (2020), apontam as evidências crescentes de que o exercício físico pode atenuar a inflamação sistêmica e melhorar a FRC (grau de recomendação 1B), permitindo que pacientes, caquéticos ou não, se tornem mais capazes de realizar suas AVD por meio da melhora da força física, muscular, níveis de atividade e aptidão aeróbica, melhorando sua qualidade de vida funcional. Apesar disso, prescrições de exercícios exatos para o manejo da FRC ainda são inexistentes. As diretrizes atuais de prescrição de exercícios concentram-se amplamente no período pós-tratamento, incentivando 150 minutos por semana de exercícios, alternando entre aeróbicos, treinamento de força e exercícios de flexibilidade. Para mais informações sobre exercícios durante o tratamento quimioterápico, no período intra-hospitalar, ver o Capítulo 13.

CARDIOTOXICIDADE

Os avanços do tratamento oncológico propiciam maior exposição dos pacientes a efeitos adversos como a cardiotoxicidade induzida por quimioterapia e/ou radioterapia mediastinal. O paciente oncológico passou então a ser considerado um portador de doenças crônicas, principalmente os sobreviventes de câncer infantil, apresentando, por exemplo, manifestações clínicas cardiovasculares ao longo da sua vida. Além disso, em conjunto com o tratamento oncológico, a falta de atividade física e o aumento da atividade inflamatória levam ao maior risco de complicações cardiovasculares como: hipertensão arterial sistêmica (HAS), hipertensão pulmonar, insuficiência cardíaca (IC), disfunção do miocárdio, doença arterial coronariana, doença valvular, doença vascular periférica e central (AVC), arritmias, complicações no pericárdio e tromboembolismo, sendo a disfunção miocárdica e a insuficiência cardíaca as complicações mais preocupantes durante o tratamento do câncer, aumentando assim os índices de morbidade e mortalidade.

A cardiotoxicidade baseia-se na redução da fração de ejeção do ventrículo esquerdo (FEVE). Segundo o National Institute of Health Sciences (NIHS), a cardiotoxicidade pode ser classificada em grau I, II e III, em que no grau I a redução é assintomática e gira em torno de 10 e 20% da FEVE; no grau II a redução da FEVE é superior a 20% ou quando cai abaixo do normal, mas ainda assintomática; o grau III é definido pela instalação da insuficiência cardíaca sintomática e pode apresentar-se nas formas aguda, subaguda ou crônica. As formas aguda e subaguda podem ser observadas desde o início até o 14º dia após o término do tratamento quimioterápico. Na forma crônica, o início dos sintomas clínicos pode ser observado em dois momentos: 1) dentro do primeiro ano após o término da quimioterapia e 2) após um ano do término do tratamento quimioterápico. A cardiotoxicidade crônica leva a manifestações clínicas de insuficiência cardíaca congestiva por disfunção ventricular.

Os agentes quimioterápicos geram agressão miocárdica, levando à disfunção ventricular sistólica e, consequentemente, à insuficiência cardíaca grave o suficiente para levar à interrupção do tratamento, comprometendo assim a cura e/ou o controle do câncer. Entre os agentes quimioterápicos que mais causam disfunção ventricular esquerda estão as antraciclinas, 5 a 35% dos casos (doxorrubicina, epirrubicina e idarrubicina); os agentes alquilantes, 5 a 25% dos casos (ciclofosfamida, ifosfamida); os antimetabólitos, 27% dos casos (clofarabina); os agentes antimicrotúbulos, 2,3 a 13% dos casos (docetaxel); a classe dos anticorpos monoclonais em que se destaca o trastuzumabe (1,7 a 20,1% dos casos); e a classe dos inibidores de moléculas pequenas de tirosina-quinase, destacando o sunitinibe (2,7 a 19% dos casos). Os efeitos da antraciclina ocorrem nas primeiras doses. Doses cumulativas levam a lesões miocárdicas irreversíveis. O uso do trastuzumabe tem melhor prognóstico, pois a disfunção é transitória (reversível) e não cumulativa.

Durante o acompanhamento clínico desses pacientes é importante atentar-se a alguns fatores de risco para ocorrência da disfunção ventricular como: dose cumulativa, idade avançada (> 65 anos), população pediátrica (< 18 anos), sexo feminino, disfunção ventricular prévia, hipertensão arterial, diabetes, radioterapia mediastinal, insuficiência renal e predisposição genética.

A insuficiência cardíaca (IC), considerada uma síndrome clínica complexa, é uma das principais complicações no tratamento oncológico pelo inadequado suprimento sanguíneo para atender as necessidades metabólicas, e pode ser classificada em estágios evolutivos.

A cardiotoxicidade no tratamento quimioterápico pode ocorrer nas primeiras semanas, ou de forma tardia, ou seja, anos após o tratamento. A principal apresentação clínica que leva o paciente a procurar uma unidade de pronto atendimento é a dispneia, e sintomas como ortopneia (falta de ar ao deitar) e dispneia paroxística noturna (dificuldade de respirar durante o sono) podem estar presentes. Sintomas como cansaço, fadiga, sintomas digestivos (anorexia, distensão abdominal e diarreia) também podem favorecer o diagnóstico de IC.

Durante o exame físico, o profissional da saúde deve atentar-se aos seguintes sinais considerados de maior especificidade: turgência jugular e presença de terceira bulha durante a ausculta cardíaca, porém, a ausência desses sinais não exclui o diagnóstico de IC. Outros sinais clínicos podem ser observados, como edemas em membros inferiores, hepatomegalias, ascite e taquicardia. Sinais de complicações na IC por baixo débito cardíaco incluem: hipotensão arterial, confusão mental, oligúria, pulso de baixa amplitude e extremidades frias.

Todo paciente submetido à quimioterapia deve realizar uma avaliação cardiológica, e o monitoramento dos sinais vitais e sintomas de insuficiência cardíaca é fundamental para o adequado manejo desses pacientes. Uma vigilância contínua das manifestações clínicas como: fadiga, cansaço e limitação funcional para as AVD são importantes também no período tardio pós-tratamento.

O monitoramento cardíaco envolve: 1) consulta cardiológica, 2) avaliação da fração de ejeção do ventrículo esquerdo (FEVE) e 3) dosagem de biomarcadores (Pró-BNP e Troponina). O biomarcador Pró-BNP é uma proteína circulante secretada pelos ventrículos em resposta a um aumento no volume e pressão ventriculares e é amplamente utilizado no cenário clínico como um sinal precoce de insuficiência cardíaca.

Prevenção e tratamento

Sabe-se, a partir de estudos de coorte observacionais, que os sobreviventes de câncer têm baixos níveis de atividade física, gerando imobilidade, perda muscular, ganho de peso, anemia e, assim, um comprometimento do sistema cardiovascular/pulmonar.

O treinamento físico, com exercício resistido associado ao exercício aeróbico, melhora o sistema imunológico, reduz a atividade inflamatória, reduz o índice de massa corpórea (IMC), aumenta o consumo de oxigênio (VO_2), melhora a força muscular, a fadiga, a qualidade de vida e os sintomas psicológicos como depressão, prevenindo os efeitos da cardiotoxicidade (nível de evidência B).

Uma questão importante se refere à duração e à intensidade do treinamento físico. Um estudo americano de 2011, realizado com animais, demonstrou que quanto mais longa a duração do treinamento mais longo será o período de cardioproteção, constatando que 10 semanas de exercício aeróbico pré-tratamento (corrida ou caminhada progressiva) minimizaram o efeito deletério da antraciclina nos cardiomiócitos e que esse efeito perdurou por 4 semanas após o término do tratamento quimioterápico. Mais estudos voltados a essa população são necessários, porém os benefícios do exercício físico são amplamente conhecidos, sendo a melhor indicação realizada mediante uma minuciosa avaliação fisioterapêutica e discussão de cada caso com a equipe médica e multiprofissional.

NÁUSEA E VÔMITO INDUZIDOS POR QUIMIOTERAPIA

Esse é um efeito colateral comum, não somente nos tratamentos baseados em quimioterapia, mas também nos que incluem radioterapia e no período pós-operatório. Nos casos mais intensos pode causar grande impacto negativo no seguimento do tratamento oncológico, uma vez que a gravidade, frequência e permanência dos sintomas induzem alto risco de desistência/abandono, normalmente justificados pela ampla deterioração da qualidade de vida dos pacientes. Os agentes quimioterápicos podem ser classificados em níveis de intensidade emetogênica, de acordo com a frequência dos episódios de vômito: alto (> 90%), moderado (30 a 90%) e baixo (10 a 30%).

A náusea é entendida como uma sensação desagradável, que provoca mal-estar e pode levar à necessidade de vomitar. O vômito é o resultado de um estímulo, ou evento complexo, que se caracteriza pela saída de conteúdo gástrico do organismo. Ambos os sintomas podem se manifestar de forma antecipatória (antes da infusão da droga), aguda (nas primeiras 24 horas) e tardia (a partir de 24 horas, podendo prolongar-se por alguns dias). Infelizmente, esses sintomas também contribuem para o abandono dos programas de reabilitação física, ou redução da adesão, especialmente durante o período de infusão da quimioterapia.

Fatores psicológicos e comportamentais estão associados ao aumento do risco de desenvolver os sintomas/eventos, mas o sexo feminino apresenta maior incidência, assim como indivíduos mais jovens e com maior IMC. O uso de medicamentos antieméticos é rotina na quimioterapia e deve ser realizado sempre que necessário. Os principais agentes envolvem antagonistas dos receptores serotoninérgicos (5-HT3) (compostos pela ondansetrona, dolasetrona e granisetrona); antagonistas dos receptores D2 (compostos pelos antidopaminérgicos: metoclopramida, bromoprida, domperidona e fenotiazinas como: proclorperazina, clorpromazina e tietilperazina); anti-histamínicos (compostos pela prometazina, difenidramina, clorfeniramina, meclizina e dimenidrinato); anticolinérgicos (como escopolamina) e canabinoides (dronabinol D9–THC).

Várias técnicas não farmacológicas foram examinadas como alternativas aos medicamentos antieméticos. Tais técnicas incluem acupuntura, eletroacupuntura, acupuntura a *laser*, estimulação elétrica nervosa transcutânea (TENS – *transcutaneous electric nerve stimulation*), estimulação elétrica de pontos acupunturais e acupressão. Sendo assim, o fisioterapeuta pode auxiliar no controle desses sintomas no próprio ambulatório de quimioterapia. Em uma revisão sistemática a estimulação do ponto de acupuntura PC6 reduziu significativamente a incidência de náusea (RR 0,68, IC 95% 0,60 a 0,77; 40 ensaios, 4.742 participantes), vômitos (RR 0,60, IC 95% 0,51 a 0,71; IC 45% 0,60 a 0,77; 40 ensaios, 5.147 participantes) e a necessidade de antieméticos de resgate (RR 0,64, IC 95% 0,55 a 0,73; 39 ensaios, 4.622 participantes). A estimulação do ponto de acupuntura PC6 foi comparada com seis tipos diferentes de drogas antieméticas (metoclopramida, ciclizina, proclorperazina, droperidol, ondansetrona e dexametasona). Não houve diferença entre estimulação do ponto de acupuntura PC6 e drogas antieméticas na incidência de náuseas (RR 0,91, IC 95% 0,75 a 1,10; 14 ensaios, 1.332 participantes), vômitos (RR 0,93, IC 0,93, 95% 0,74 a 1,17; 19 ensaios, 1.708 participantes), ou a necessidade de antieméticos de resgate (RR 0,87, IC 95% 0,65 a 1,16; 9 ensaios, 895 participantes). Embora a eletroacupuntura não substitua o tratamento farmacológico, o uso associado pode, sim, trazer benefícios adicionais.

A estimulação do ponto de acupuntura por todos os métodos combinados reduziu a incidência de vômitos agudos (RR = 0,82; IC

95% 0,69 a 0,99; P = 0,04; N = 1.247), mas não a gravidade da náusea aguda ou tardia em comparação com o controle. Quando separada por modalidade de acupuntura, a estimulação com agulha reduziu a proporção de vômitos agudos (RR = 0,74; IC 95% 0,58 a 0,94; P = 0,01), mas não a gravidade da náusea aguda. A eletroacupuntura reduziu a proporção de vômitos agudos (RR = 0,76; IC 95% 0,60 a 0,97; P = 0,02), mas a acupuntura manual não. A acupressão reduziu a gravidade média da náusea aguda (SMD = –0,19; IC 95% –0,37 a –0,01; P = 0,04), mas não vômitos agudos ou sintomas tardios. A estimulação elétrica não invasiva não mostrou benefício para nenhum desfecho. Todos os estudos usaram antieméticos farmacológicos concomitantes e todos, exceto os estudos de eletroacupuntura, usaram antieméticos de última geração.

A estimulação elétrica nervosa transcutânea (TENS) vem ganhando cada vez mais relevância no cenário do tratamento oncológico por ser um recurso terapêutico barato e com baixíssimo risco de efeitos adversos. Geralmente a TENS é aplicada por 30 a 40 minutos, com frequência de 10 Hz, duração do pulso de 0,5 milissegundos e intensidade alta, mas dentro do limite de tolerância do paciente. Os eletrodos são colocados em pontos acupunturais, como no ponto PC6 (ponto de acupuntura), localizado no nervo mediano (Figura 1) e a aplicação pode ser realizada durante a quimioterapia, no membro contralateral que está recebendo a droga (Figura 2).

O mecanismo de ação da estimulação do ponto PC6 ainda é desconhecido, porém, uma das hipóteses é de que a estimulação da pele, em baixas frequências, ative as fibras alfa e beta, responsáveis pela transmissão da sensação de tato, influenciando os neurotransmissores e promovendo, consequentemente, a inibição da secreção de ácido gástrico e a normalização do funcionamento gástrico.

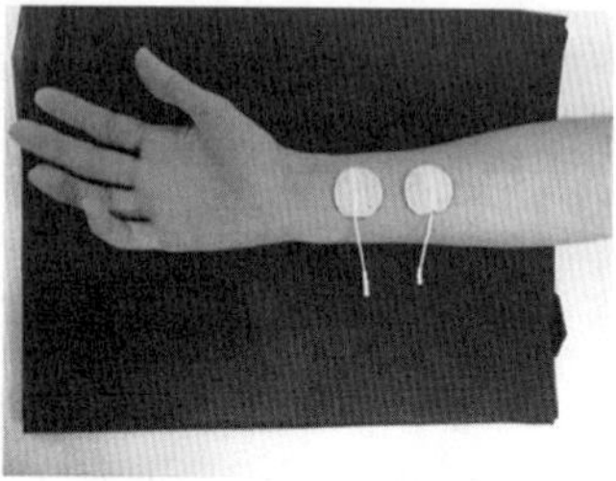

FIGURA 1 Aplicação de TENS como recurso terapêutico.
Fonte: arquivo pessoal do autor.

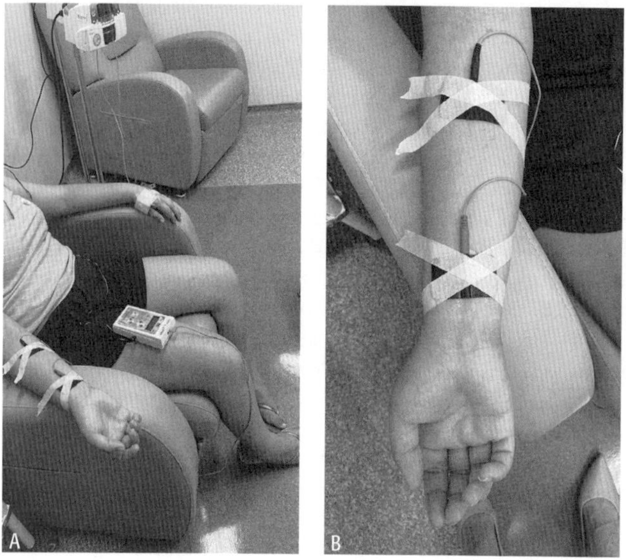

FIGURA 2 A E B Aplicação de TENS durante a quimioterapia no membro contralateral que está recebendo a infusão da droga.
Fonte: arquivo pessoal do autor.

DOR

A dor é um dos sintomas mais temidos pelo paciente em tratamento de câncer, alguns estudos relatam que 90% dos pacientes irão experimentá-la. A Associação Internacional para o Estudo da Dor a define como uma experiência sensorial e emocional desagradável, associada ao dano tecidual real ou potencial, ou descrita em relação a tal dano. A dor pode ser nociceptiva, causada por um dano tecidual contínuo, seja somático (dor óssea) ou visceral (dor intestinal ou hepática), ou neuropática, causada por dano ou disfunção no sistema nervoso, como plexopatia braquial ou compressão da medula espinal pela presença de um tumor.

As Diretrizes de Prática Clínica da National Comprehensive Cancer Network (NCCN) apontam que, embora tenham sido observadas melhorias no controle da dor, o subtratamento desse sintoma continua sendo um problema para uma ampla parcela de pacientes em tratamento de câncer, para aqueles com doenças avançadas ou, ainda, para pacientes pós-tratamento curativo. O objetivo do manejo da dor é otimizar os resultados em 5 dimensões: analgesia (otimizar a analgesia: alívio da dor); atividades (otimizar as atividades da vida diária: funcionamento psicossocial); efeitos adversos (minimizar efeitos adversos); consumo irregular de drogas (resultados relacionados ao vício) e afeto (relação entre dor e humor).

A avaliação da dor deve ser contínua e parte integrativa do tratamento do câncer, possibilitando o tratamento eficaz e individualizado a partir da identificação da causa, norteando a escolha da terapia. Sugere-se que, inicialmente, seja realizado um exame completo da condição clínica e da dor do paciente: causa, início, tipo (descrições de características de dor), local, fatores desencadeantes, ausência ou presença de dor irradiada, duração, intensidade, alívio e padrões temporais, bem como a presença de dor em repouso e/ou movimento. Graus de restrição ou de interferência da dor na realização das atividades da vida diária, trabalho, vida social, padrão de sono e estado psicológico devem ser avaliados. Por fim, *status* funcional e manejo da dor também devem fazer parte. Os resultados do tratamento e a intensidade da dor devem ser avaliados regularmente usando uma escala visual analógica (EVA) de 0 a 10, em que zero é a ausência de dor e 10 é a graduação máxima da intensidade de dor; ou uma escala numérica de avaliação, de 1 a 6, em que 1 significa sem dor, 2 pouca dor, 3 dor discreta, 4 dor moderada, 5 dor intensa e 6 dor muito intensa.

O início do tratamento da dor passa pela orientação do paciente, que deve incluir informações sobre o uso apropriado dos medicamentos e encorajamento para comunicar sobre a eficácia do tratamento de escolha, bem como os efeitos positivos e negativos deste, para o médico e equipe multidisciplinar, a fim de que possíveis ajustes possam ser feitos e o tratamento otimizado.

A estratégia proposta pela OMS para o tratamento da dor oncológica é o algoritmo mais utilizado, que sugere tratamento farmacológico analgésico sequencial de três etapas, de acordo com a intensidade de dor referida. No passo 1, recomenda-se analgésicos não opioides, com acetaminofeno ou um anti-inflamatório não esteroide; caso não seja suficiente, a terapia deve ser escalada para um opioide fraco, com capacidade de controle de dor leve a moderada, por exemplo, a codeína (passo 2); e posteriormente para um opioide forte, com capacidade intensa de controle de dor, por exemplo, a morfina (passo 3).

Além do tratamento farmacológico, terapias complementares podem auxiliar no controle desse sintoma e os profissionais da saúde devem utilizar todos os seus recursos disponíveis para controlar a dor. No caso da fisioterapia, podemos utilizar práticas integrativas e complementares (PICS) e recursos como eletroterapia (ver Capítulo 14).

O manejo inadequado da dor em pacientes com câncer aumenta os custos em geral em razão dos altos cuidados necessários, inclusive aumentando as readmissões nos hospitais pela dor incontrolável.

NEUROPATIA PERIFÉRICA

A dor neuropática (39,7%) relacionada ao câncer tem um impacto significativo na qualidade de vida, no sono e no humor do paciente, além de ser um grande desafio terapêutico.

A neuropatia periférica induzida por quimioterapia (NPIQ) é a complicação neurológica mais prevalente no tratamento do câncer, afetando um terço de todos os pacientes que se submetem à quimioterapia. A NPIQ prejudica a capacidade funcional, apresentando uma série de sintomas neuromusculares (sensório/motor), compromete a qualidade de vida e resulta na redução da dose ou na cessação da quimioterapia, representando um efeito colateral limitante da dose de muitos medicamentos antineoplásicos. Os sintomas podem ser agudos, leves ou graves, transitórios ou crônicos, dependendo do tratamento quimioterápico. Os sinais e sintomas sensoriais incluem dormência, formigamento, ardor, dor, ataxia, redução da sensibilidade ao toque, vibração e propriocepção. Em relação aos sintomas motores, incluem-se fraqueza, distúrbios do equilíbrio e dificuldade para executar habilidades motoras finas, inclusive alguns estudos revelam que a neuropatia periférica aumenta o risco de quedas. A queda é um evento significativo principalmente na população idosa, pois pode causar incapacidades graves, perda da independência e aumento da mortalidade.

O tratamento farmacológico envolve anticonvulsivantes (gabapentina e pregabalina); antidepressivos; analgésicos com opioides, que são muito úteis, porém podem trazer efeitos adversos que precisam ser monitorados para os devidos ajustes das doses. Nesse sentido, o tratamento não farmacológico entra como opção de uso exclusivo ou associado com o objetivo de minimizar os efeitos adversos provocados pela ação farmacológica.

A fisioterapia participa do tratamento das complicações relacionadas à dor neuropática por meio de técnicas neuromoduladoras, com o objetivo de melhorar a sensibilidade e o quadro álgico. Algumas opções terapêuticas incluem: eletrotermoterapia, terapia manual, massagem terapêutica, exercício físico, alongamento, treino de equilíbrio e propriocepção. A reabilitação proporciona maior funcionalidade e autonomia a esses pacientes.

BIBLIOGRAFIA RECOMENDADA

1. Almeida VL, Leitão A, Reina LCB. Câncer e agentes antineoplásicos ciclo-celular específicos e ciclo-celular não específicos que interagem com o DNA: uma introdução. Quím Nova. 2005;28(1):118-29.
2. Blackburn LM, Abel S, Green L, Johnson K, Panda S. Pain Management Nursing The Use of Comfort Kits to Optimize Adult Cancer Pain Management. Pain Manag Nurs. 2019;20(1):25-31.
3. Chen JJ, Wu P-T, Middlekauff HR, Nguyen K-L. Aerobic exercise in anthracycline-induced cardiotoxicity: a systematic review of current evidence and future directions. Am J Physiol Heart Circ Physiol. 2017;312(2):H213-22.
4. Cramp F, Byron-Daniel J. Exercise for the management of cancer-related fatigue in adults. Cochrane Database Syst Rev. 2012;11:CD006145.
5. Dikmen HA, Terzioglu F. Effects of Reflexology and Progressive Muscle Relaxation on Pain, Fatigue, and Quality of Life during Chemotherapy in Gynecologic Cancer Patients. Pain Manag Nurs. 2019;20(1):47-53.
6. Ernst E. Acupunture – a critical analysis. J Int Med. 2006;259(2):125-37.
7. Fabi A, Bhargava R, Fatigoni S, Guglielmo M, Horneber M, Roila F, et al. Cancer-related fatigue: ESMO Clinical Practice Guidelines for diagnosis and treatment. Ann Oncol. 2020 Jun;31(6):713-23.
8. Fallon M, Giusti R, Aielli F, Hoskin P, Rolke R, Sharma M, et al. Management of cancer pain in adult patients: ESMO Clinical Practice Guidelines. Ann Oncol. 2018 Oct 1;29(Suppl 4):iv166-iv191.
9. Fallon MT. Neuropathic pain in cancer. BJA. 2013;111(1):105-11.

10. Ferdinandi DM, Ferreira AA. Agentes alquilantes: reações adversas e complicações hematológicas. AC & T Científica. 2009;1(1):1-12.
11. Grabenbauer A, Grabenbauer AJ, Lengenfelder R, Grabenbauer GG, Distel LV. Feasibility of a 12-month-exercise intervention during and after radiation and chemotherapy in cancer patients: impacton quality of life, peak oxygen consumption, and body composition. Radiat Oncol. 2016;11(42):2-7.
12. Hydock DS, Lien CY, Jensen BT, Schneider CM, Hayward R. Exercise preconditioning provides long-term protection against early chronic doxorubicin cardiotoxicity. Integr Cancer Ther. 2011;10:47-57.
13. Kalil Filho R, Hajjar LA, Bacal F, Hoff PM, Diz M del P, Galas FRBG, et al. I Diretriz Brasileira de Cardio-Oncologia da Sociedade Brasileira de Cardiologia. Arq Bras Cardiol. 2011;96(2 supl.1):1-52.
14. Marshall TF, Pinto G, Battaglia F, Moss R, Bryan S. Chemotherapy-induced--peripheral neuropathy, gait and fall risk in older adults following cancer treatment. J Cancer Res Pract. 2017;4(4):134-8.
15. Mukherjee S. O imperador de todos os males: uma biografia do câncer. 1.ed. São Paulo: Companhia das Letras; 2012.
16. Paulo TRS, Rossi FE, Viezel J, Tosello GT, Seidinger SC, Simões RR et al. The impact of an exercise program on quality of life in older breast cancer survivors undergoing aromatase inhibitor therapy : a randomized controlled trial. Health Qual Life Outcomes. 2019;17(1):17.
17. Souza JB, Carqueja CL. Physical rehabilitation to treat neuropathic pain. Rev Dor, São Paulo. 2016;17(Suppl 1):85-90.
18. Swarm RA, Paice JA, Anghelescu DL, Are M, Bruce JY, Buga S, et al. Adult Cancer Pain, Version 3.2019, NCCN Clinical Practice Guidelines in Oncology. J Natl Compr Canc Netw. 2019 Aug 1;17(8):977-1007.
19. Tonezzer T, Tagliaferro J, Cocco M, Marx A. Uso da estimulação elétrica nervosa transcutânea aplicado ao ponto de acupuntura PC6 para a redução dos sintomas de náusea e vômitos associados à quimioterapia antineoplásica. Rev. Bras. Cancerol. [Internet]. 2012;58(1):7-14. Disponível em: https://rbc.inca.gov.br/revista/index.php/revista/article/view/630. Acesso em: 12 jan. 2022.
20. Untura LP, Conti LR, Vieira CA, Rezende LF. Estimulação elétrica nervosa transcutânea (TENS) no controle de náuseas e vômitos pós-quimioterapia. Revista da Universidade Vale do Rio Verde, Três Corações. 2012;10:220.
21. Velasco R, Bruna J. Chemotherapy-induced peripheral neuropathy: An unresolved issue. Neurol. 2010;25(2):116-31.

22. Wilson CL, Stratton K, Leisenring WL, Oeffinger KC, Nathan PC, Wasilewski-Masker K, et al. Decline in physical activity level in the Childhood Cancer Survivor Study cohort. Cancer Epidemiol Biomarkers Prev. 2014;23:1619-27.
23. Zamorano JL, Lancellotti P, Muñoz DR, Aboyans V, Asteggiano R, Galderisi M, et al. PAPER 2016 ESC Position Paper on cancer treatments and cardiovascular toxicity developed under the auspices of the ESC Committee for Practice Guidelines. European Heart Journal. 2016;37:2768-2801.

Emergências oncológicas 7

Cíntia Freire Carniel
Rodrigo Daminello Raimundo

INTRODUÇÃO

Condição causada pelo câncer ou seu tratamento, que necessita de intervenção rápida:

- Emergência: situação considerada crítica ou com risco iminente que deve ser tratada nas primeiras horas após sua constatação.
- Urgência: processo agudo, sem risco de vida iminente, que deve ser tratado com rapidez.

TABELA 1 Classificação das emergências oncológicas

Classificação	Exemplos
Estruturais e obstrutivas	Síndrome da veia cava superior, compressão medular, hipertensão intracraniana e obstrução da via aérea
Metabólicas ou hormonais	Hipercalcemia, secreção inapropriada de hormônio antidiurético, síndrome da lise tumoral, hiponatremia, hiperuricemia, hipoglicemia, acidose lática, hiperamonemia, insuficiência adrenal e neutropenia febril

(continua)

TABELA 1 Classificação das emergências oncológicas *(continuação)*

Classificação	Exemplos
Relacionada ao tratamento	Síndrome da lise tumoral, reação anafilática, anemia, tromboembolismo pulmonar e edema agudo pulmonar
Relacionadas ao órgão acometido	Derrame pericárdico, hemoptise, cistite, derrame pleural e linfangite carcinomatosa

FISIOTERAPIA NAS EMERGÊNCIAS ONCOLÓGICAS

Edema agudo pulmonar *versus* ventilação não invasiva

Com o avanço no tratamento oncológico, acontece maior exposição dos pacientes a fatores de risco cardiovasculares e à quimioterapia com potencial de cardiotoxicidade. Os efeitos cardiotóxicos são cumulativos e normalmente têm relação com a dose, a velocidade de infusão e a associação de drogas.

A ventilação não invasiva (VNI) consiste na aplicação de um suporte ventilatório sem recorrer a métodos invasivos, com benefícios comprovados em diversas condições clínicas que cursam com insuficiência respiratória, entre elas o edema agudo de pulmão (EAP), condição comum em oncologia, seja devido a hipervolemia dos pacientes ou a alteração na permeabilidade da membrana celular após o uso de alguns fármacos utilizados no tratamento oncológico.

Indicações para uso de VNI:

- dispneia moderada/intensa;
- taquipneia (FR > 25 cpm);
- respiração paradoxal e uso de musculatura acessória;
- hipercapnia (PCO_2 > 45);
- acidemia (pH < 7,30);
- PO_2/FiO_2 < 200.

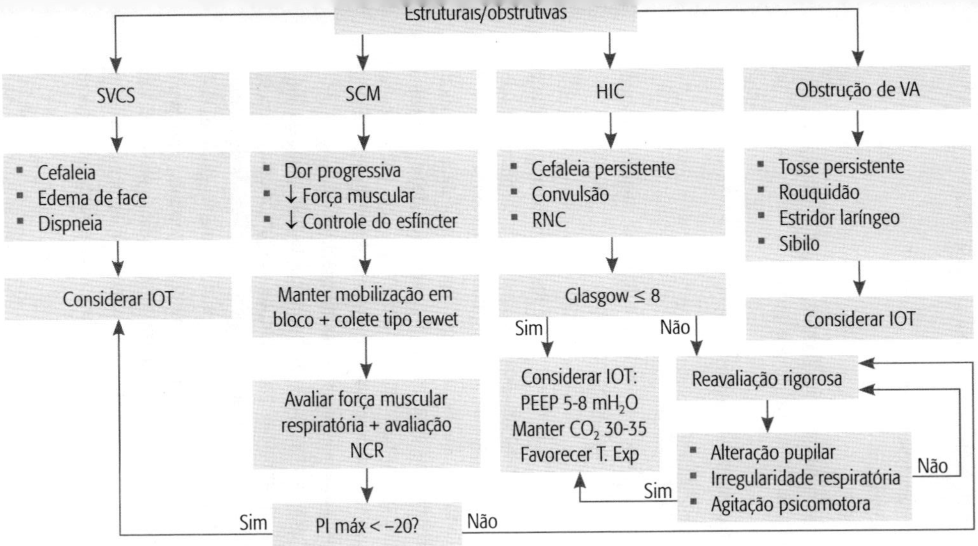

FIGURA 1 Classificação das emergências oncológicas – estruturais e obstrutivas.

HIC: hipertensão intracraniana; IOT: intubação orotraqueal; NCR: neurocirurgia; PEEP: pressão positiva expiratória final; PIMÁX: pressão inspiratória máxima; RNC: rebaixamento do nível de consciência; SCM: síndrome de compressão medular; SVCS: síndrome da veia cava inferior; VA: via aérea.

Principais contraindicações para uso de VNI:

- parada cardiorrespiratória;
- pneumotórax não drenado;
- Glasgow ≤ 8;
- obstrução de vias aéreas (VA);
- instabilidade hemodinâmica grave.

Parâmetros ventilatórios iniciais:

- PSV + PEEP ou CPAP;
- PSV fornecendo VC 6-8 mL/kg com PEEP inicial de 6 cmH_2O;
- CPAP/PEEP inicial de 6 cmH_2O.

Importante: a VNI pode ser usada em condições específicas, como em pacientes que estão imunossuprimidos e transplantados de medula óssea, devido à maior taxa de pneumonia associada à ventilação mecânica invasiva. Pesquisas mostram menor necessidade de intubação orotraqueal e menor mortalidade em pacientes pós-ressecção pulmonar com o uso de VNI, e em pacientes terminais o seu uso tem aumentado para tratar insuficiência respiratória como medida paliativa no alívio da dispneia.

A literatura tem evidenciado bons resultados no uso da VNI em pacientes que apresentam neutropenia e plaquetopenia, e seu sucesso pode ser atribuído à instalação precoce em casos de insuficiência respiratória. Na prática clínica existem muitas dúvidas sobre o valor de referência seguro em caso de plaquetopenia, porém não há dados suficientes na literatura para contraindicar seu uso. À exceção de sangramentos ativos de vias aéreas superiores, a VNI pode ser um ótimo recurso para a insuficiência respiratória em pacientes oncológicos.

Neutropenia febril

A neutropenia febril (NF) é uma condição hematológica grave, frequentemente limitadora de dose de tratamento. Ocorre em 10-50% de todos os pacientes com neoplasias sólidas e em mais de 80% de pacientes com neoplasias hematológicas. Como a NF reduz a resposta inflamatória, os pacientes têm elevado risco infeccioso e podem evoluir rapidamente para sepse e, em casos mais graves, choque séptico. A prevenção e o manejo adequado da NF são de extrema importância, já que 25-30% dos casos estão associados a complicações maiores (hipotensão, lesão renal aguda, falência respiratória e cardíaca) e 11% à mortalidade.

Características

- Febre: temperatura ≥ 38,3 °C em qualquer momento; ou temperatura ≥ 38 °C mantida por 1 hora.
- Neutropenia: paciente com contagem de neutrófilos < 500/mm^3; ou contagem de neutrófilos < 1.500/mm^3 com tendência à queda nos próximos dias.

Conduta multiprofissional

- Exame físico detalhado e constante.
- Coleta de exames laboratoriais e amostras de hemoculturas de diferentes sítios.
- Avaliar raio X de tórax em pacientes com sinais e/ou sintomas do trato respiratório inferior.
- Antibioticoterapia específica.
- Reavaliação respiratória constante para avaliação da necessidade de oxigenoterapia e/ou VNI.

Hipertensão intracraniana (HIC)

Metástases cerebrais podem acontecer em 20-40% dos pacientes com câncer. Os tumores mais frequentes associados a metástases cerebrais são: mama, pulmão, cânceres de trato gastrointestinal, do aparelho geniturinário e melanoma maligno.

A hipertensão intracraniana (HIC) é o conflito de espaço na caixa craniana por edema, hemorragia, hidrocefalia ou, no caso de metástases, aumento de tecido na caixa craniana. Pode ser detectada clinicamente, por meio de tomografia computadorizada e ressonância magnética.

Principais sintomas relacionados à HIC:

- cefaleia persistente;
- náuseas e vômito;
- diminuição de força em membros;
- alterações do nível de consciência;
- convulsões;
- alterações visuais;
- alterações de marcha e equilíbrio.

No caso de alterações graves de nível de consciência, o paciente será submetido a intubação orotraqueal (IOT) e colocado em ventilação mecânica (VM). Deverá ser mantido sob sedação até a resolução/controle da HIC.

Principais cuidados na ventilação mecânica em pacientes com HIC:

- manter valores de PEEP entre 5 e 8 cmH_2O;
- cautela com pressões inspiratórias;
- manter CO_2 entre 30 e 35 mmHg;
- FiO_2 suficiente para manter saturação > 92%;
- favorecer tempo expiratório.

Obstrução de vias aéreas

Os tumores de cabeça e pescoço podem evoluir rapidamente e invadir ou comprimir as estruturas e bloquear a via aérea.

Principais locais de obstrução de vias aéreas e possíveis patologias:

Supraglótica	Lesões orofaríngeas, tumores da base da língua, epiglotite, tumores invasivos do esôfago superior
Glótica	Paralisia das pregas vocais, tumores de glote, pólipos
Subglótica	Estenose de traqueia, laringomalácia, tumores subglóticos
Traqueia distal	Linfoma, massa tireoidea, massa mediastinal

Os sintomas de estreitamento das vias aéreas podem ser indicativos de uma obstrução potencialmente fatal devido à possibilidade de haver dificuldade no procedimento de intubação orotraqueal (IOT) e à necessidade de traqueostomia (TQT) de urgência.

Principais sintomas de obstrução de vias aéreas:

- dispneia;
- tosse persistente e obstrutiva;
- hemoptise;
- sibilos;
- estridor;
- disfagia;
- rouquidão.

Diagnóstico

Se houver suspeita de obstrução de vias aéreas, os pacientes exigem avaliação imediata com broncoscopia, que pode tratar a obstrução e permitir que sejam coletados materiais para o diagnóstico. Tomografia de tórax (TC) e ressonância nuclear magnética (RNM) são recomendadas quando o tempo e as condições do paciente permitirem (o decúbito pode piorar os sintomas) uma melhor investigação da extensão da lesão.

Tratamento

Otimizar a oxigenação é fundamental em todas as situações que envolvam a via aérea e considerar corticoide endovenoso.

- Considerar sempre IOT e TQT de urgência.

Tromboembolismo pulmonar

Grave complicação em pacientes com câncer, sendo uma das principais causas de óbito nessa população. As neoplasias são associadas ao aumento do risco de trombose em 4 vezes, e o tratamento com quimioterapia aumenta o risco em aproximadamente 6 vezes. A incidência de tromboembolismo venoso (TEV) em doentes com câncer vem aumentando por várias razões, dentre elas as drogas antiangiogênicas e o uso de terapias hormonais; os fatores de risco estão relacionados a cirurgias, imobilidade e idade avançada.

Esses pacientes requerem anticoagulação em longo prazo, o que está associado ao risco de complicações hemorrágicas duas vezes maior do que em pacientes sem neoplasia.

Principais sintomas relacionados ao tromboembolismo pulmonar (TEP):

- dispneia persistente;
- refratariedade ao O_2;
- dor torácica;
- instabilidade hemodinâmica

Principais fatores de risco relacionados ao TEP em pacientes oncológicos:

- sítios do câncer e tipos mais associados: cérebro, pâncreas, rins, ovário, estômago, pulmão, mieloma e linfoma;
- mais incidente em pacientes com doença metastática, quando comparado a doentes sem metástase;
- período inicial após o diagnóstico: risco maior nos 3 primeiros meses após o diagnóstico; e
- quimioterapia, terapia hormonal e uso de agentes antiangiogênicos.

Diagnóstico

Deve-se avaliar a probabilidade clínica de TEV, e, se necessário, angiotomografia ou estudo ventilação/perfusão pulmonar. O uso de dímero D não é recomendado para diagnóstico nesses pacientes, em razão de sua especificidade ser muito reduzida. Se confirmada trombose no Doppler de membros inferiores, a anticoagulação deve ser iniciada, sem necessidade de testes adicionais.

Profilaxia

Meias de compressão elástica graduada devem ser consideradas em internados ou desde o pré-operatório e, na ausência de contraindicações (feridas abertas, insuficiência arterial), em associação com a profilaxia farmacológica. Segundo estudos atuais, a compressão pneumática intermitente adjunta não resultou em incidência significativamente menor de trombose venosa profunda proximal dos membros inferiores do que a profilaxia farmacológica isolada. Pacientes com TEP confirmado ou com grande suspeita, estáveis hemodinamicamente, devem receber anticoagulação enquanto aguardam os exames.

Derrame pleural paraneoplásico

É uma complicação pulmonar frequente nos pacientes oncológicos. A descoberta de células malignas no líquido pleural ou na biópsia da pleura parietal significa disseminação ou progressão da doença primária e caracteriza redução da expectativa de vida dos pacientes com câncer. Os principais sítios tumorais associados à formação de derrame pleural paraneoplásico (DPL) são: carcinoma de pulmão, câncer de mama, linfomas e carcinoma de ovário.

O aumento da permeabilidade capilar pela resposta inflamatória e a interferência da integridade da drenagem linfática (principalmente se houver comprometimento mediastinal) podem contribuir para o acúmulo de líquido no espaço pleural. Pode ser resultante de radioterapia ou de uso de alguns fármacos, e os sintomas mais comuns são: dispneia, dor torácica e tosse. É facilmente diagnosticado por meio de exame citológico do líquido pleural através de toracocentese e complementado com os exames radiológicos (radiografia e tomografia de tórax).

O tratamento objetiva a melhora da dispneia, e a intensidade desta é dependente do volume do DPL e da condição do pulmão e da pleura. Toracocentese de alívio e drenagem pleural são indicadas nas situações emergenciais; posteriormente, nos DPL de repetição, deve-se avaliar a possibilidade de pleurodese.

Derrame pericárdico

Acúmulo anormal de líquido entre as duas membranas do pericárdio (acima de 50 mL), podendo causar tamponamento cardíaco (aumento da pressão intracardíaca devido ao aumento da pressão intrapericárdica). Os principais sinais e sintomas são conhecidos como tríade de Beck (hipotensão arterial, ingurgitamento jugular, bulhas cardíacas abafadas), além de hipoperfusão periférica, taquicardia e taquipneia.

O tratamento pode ser clínico com morfina, analgésico, diuréticos e oxigenoterapia, porém em casos de emergência deve ser feita pericardiocentese (descompressão temporária) e/ou drenagem pericárdica.

Síndrome da veia cava superior

Síndrome clínica associada à compressão do vaso em estruturas rígidas do tórax, decorrente normalmente de neoplasias malignas, principalmente linfoma e câncer de pulmão. Normalmente se associa a quadro de emergência se é associado à compressão de vias aéreas superiores (ver "Compressão de vias aéreas superiores").

Sinais e sintomas relacionados à síndrome da veia cava superior (SVCS):

- cefaleia;
- edema facial e em membros superiores (casos avançados);
- sensação de "pressão" na face;
- dispneia;
- tosse;
- disfagia;
- rouquidão.

O tratamento comumente empregado é à base de radioterapia e corticosteroides e apresenta melhora normalmente 72 horas após a terapêutica empregada. O prognóstico dos pacientes que apresentam SVCS é usualmente ruim, exceto no caso dos linfomas, com potencial curativo.

Síndrome da lise tumoral

Síndrome resultante da destruição de um número elevado de células tumorais em um curto intervalo de tempo. Ocorre a elevação sérica de substâncias intracelulares: potássio, ácido úrico, fósforo, ureia e creatinina. As neoplasias mais frequentemente associadas a esse quadro são as leucemias e os linfomas de graus intermediário e alto de malignidade; a síndrome raramente é associada a tumores sólidos.

Se não identificada precocemente, pode ser confundida com sintomas da toxicidade do tratamento e o paciente evoluir rapidamente para situação de deterioração clínica, muitas vezes irreversíveis.

Sinais e sintomas da síndrome da lise tumoral (SLT):

- cefaleia;
- alterações de nível de consciência;
- convulsões;
- arritmias cardíacas;
- dispneia;
- fraqueza muscular;
- anorexia.

O diagnóstico requer confirmação por exames laboratoriais, com dosagens de eletrólitos e função renal. Para o tratamento, deve-se instituir medidas profiláticas em pacientes com alto risco de desenvolver a SLT: neoplasias hematológicas, grande volume de massa tumoral e disfunções renais preexistentes.

Compressão medular

A compressão da medula espinal é uma das complicações mais devastadoras do câncer e requer rápida tomada de decisão por parte de vários especialistas, dado o risco de lesão medular permanente ou morte. A compressão maligna da medula espinal (MSCC) se desenvolve em aproximadamente 5% dos pacientes que têm câncer e é a apresentação inicial dessa doença em quase 20% dos casos. Os tipos mais comuns de malignidades que causam MSCC são mieloma múltiplo, linfoma (tanto Hodgkin como não Hodgkin), câncer de pulmão, mama e próstata.

Sinais e sintomas de compressão medular:

- dor progressiva;

- diminuição de força muscular;
- perda sensorial;
- deformidade da coluna vertebral;
- perda de controle esfincteriano.

As fraturas vertebrais patológicas podem comprimir diretamente a medula espinal, o que pode levar ao comprometimento vascular e a edema vasogênico e resultar em perda rápida da função neurológica.

O diagnóstico precoce e o tratamento imediato têm como objetivo fornecer alívio sintomático e prevenir a deterioração neurológica. O tratamento deve ser uma combinação de corticosteroides, cirurgia para reconstrução ou fixação da vértebra e radioterapia, de acordo com as características do paciente, estadiamento do tumor e qualidade óssea do paciente. O uso de coletes do tipo Jewet pode ser considerado pela equipe para maior estabilização.

Linfangite carcinomatosa

Também chamada de linfangite pulmonar neoplásica, é a disseminação intrapulmonar de células neoplásicas metastáticas via vasos linfáticos dos septos alveolares, peribrônquicos e interstício pulmonar, caracterizada por uma neoplasia infiltrativa difusa dos vasos linfáticos pulmonares por células malignas. Está associada principalmente a carcinomas (mama, estômago, próstata), e sua sintomatologia é pouco específica, com tosse seca, sibilos e dispneia. Na imagem radiológica pode apresentar derrame pleural com presença de infiltrados reticulares inespecíficos, e seu prognóstico é reservado.

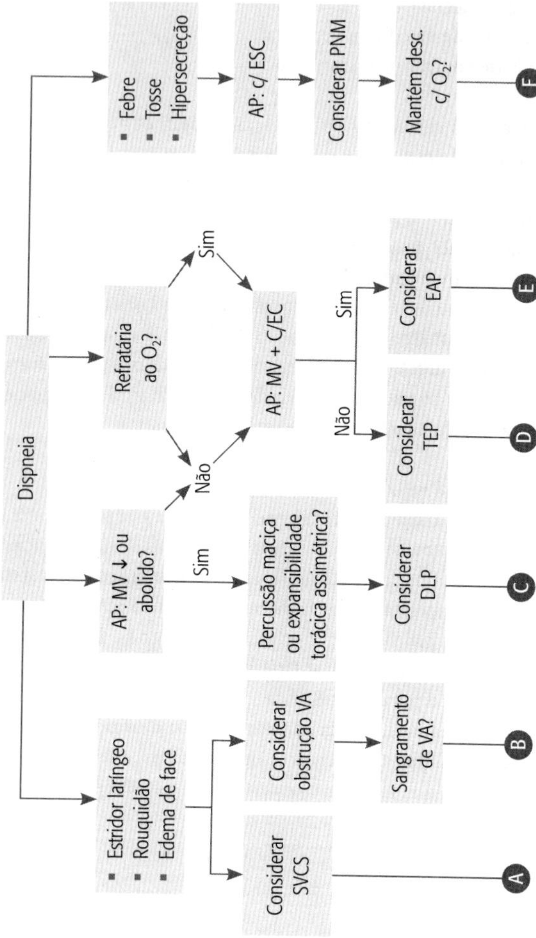
Dispneia
Estridor laríngeo
Rouquidão
Edema de face
Considerar SVCS
Considerar obstrução VA
Sangramento de VA?
AP: MV ↓ ou abolido?
Sim
Percussão maciça ou expansibilidade torácica assimétrica?
Considerar DLP
Não
Refratária ao O_2?
Sim
Não
AP: MV + C/EC
Não
Considerar TEP
Sim
Considerar EAP
Febre
Tosse
Hipersecreção
AP: c/ ESC
Considerar PNM
Mantém desc. c/ O_2?
A
B
C
D
E
F

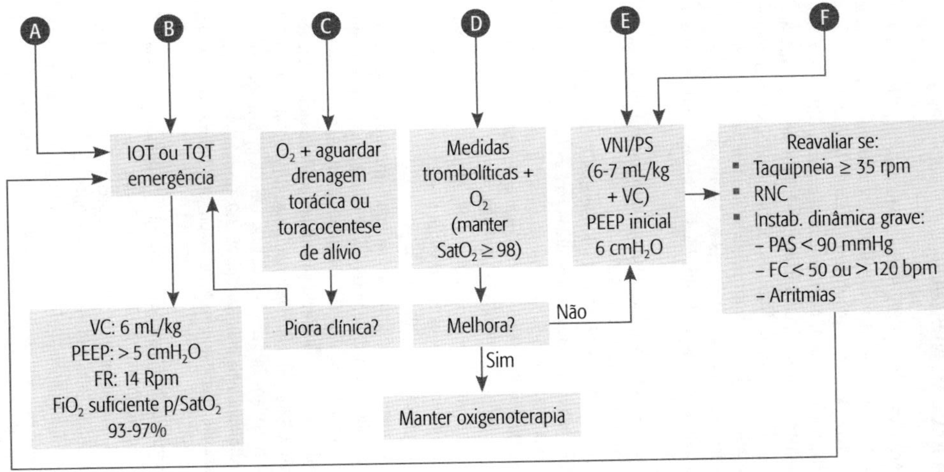

FIGURA 2 Principais causas de dispneia no paciente oncológico.

AP: ausculta pulmonar; DLP: derrame pleural; FC: frequência cardíaca; EAP: edema agudo pulmonar; EC: estertores crepitantes; ESC: estertores subcrepitantes; FiO_2: fração inspirada de oxigênio; FR: frequência respiratória; HIC: hipertensão intracraniana; IOT: intubação orotraqueal; MV murmúrio vesicular; PAS: pressão arterial sistólica; PEEP: pressão positiva expiratória final; PNM: pneumonia; RNC: rebaixamento do nível de consciência; SCM: síndrome de compressão medular; SVCS: síndrome da veia cava inferior; TQT: traqueostomia; TEP: tromboembolismo pulmonar; VA: via aérea; VC: volume corrente; VNI: ventilação não invasiva.

BIBLIOGRAFIA RECOMENDADA

1. Arabi YM, Al-Hameed F, Burns KEA, Mehta S, Alsolamy SJ, Alshahrani MS, et al.; Saudi Critical Care Trials Group: adjunctive intermittent pneumatic compression for venous thromboprophylaxis. N Engl J Med. 2019.
2. Bergstrom C, Nagalla S, Gupta A. Management of patients with febrile neutropenia: A Teachable Moment. JAMA Intern Med. 2018 abr 1;178(4):558-9.
3. Boussios S, Cooke D, Hayward C, Kanellos FS, Tsiouris AK, Chatziantoniou AA, et al. Metastatic spinal cord compression: unraveling the diagnostic and therapeutic challenges. Anticancer Res. 2018 set;38(9):4987-97.
4. Calvo Villas JM. Tumour lysis syndrome. Med Clin (Barc). 2019 jan 3. pii: S0025-7753(18)30732-2.
5. Donnellan E, Khorana AA. Cancer and venous thromboembolic disease: a review. Oncologist. 2017 fev;22(2):199-207.
6. Fang CH, Friedman R, White PE, Mady LJ, Kalyoussef E. Emergent awake tracheostomy: the five-year experience at an urban tertiary care center. Laryngoscope. 2015 nov;125(11):2476-9.
7. Ferreiro L, Porcel JM, Valdés L. Diagnosis and management of pleural transudates. Arch Bronconeumol. 2017 nov;53(11):629-36.
8. Gorospe-Sarasúa L, Arrieta P, Muñoz-Molina GM, Almeida-Aróstegui NA. Oncologic thoracic emergencies of patients with lung cancer. Rev Clin Esp. 2019 jan-fev;219(1):44-50. Epub 2018 set 25.
9. Grupo de Estudos em Insuficiência Cardíaca da Sociedade Brasileira de Cardiologia (GEIC/SBC); Sociedade Brasileira de Oncologia Clínica; Instituto do Coração – Faculdade de Medicina da Universidade de São Paulo; Instituto do Câncer do Estado de São Paulo – Faculdade de Medicina da Universidade de São Paulo, Kalil Filho R, Hajjar LA, Bacal F, Hoff PM, Diz Mdel P, Galas FR, et al. I Brazilian Guideline for Cardio-Oncology from Sociedade Brasileira de Cardiologia. Arq Bras Cardiol. 2011;96(2Suppl.1):1-52.
10. Hess DR. Noninvasive ventilation for acute respiratory failure. Respir Care. 2013 Jun;58(6):950-72.
11. Khan UA, Shanholtz CB, McCurdy MT. Oncologic mechanical emergencies. Hematol Oncol Clin North Am. 2017 dez;31(6):927-40.
12. Sacco TL, Davis JG. Management of intracranial pressure part II: nonpharmacologic interventions. Dimens Crit Care Nurs. 2019 mar/abr;38(2):61-9.
13. Sagiv D, Nachalon Y, Mansour J, Glikson E, Alon EE, Yakirevitch A, et al. Awake tracheostomy: indications, complications and outcome. World J Surg. 2018 set;42(9):2792-9.

14. Schettino GP, Reis MA, Galas F, Park M, Franca S, Okamoto V. Mechanical ventilation noninvasive with positive pressure. J Bras Pneumol. 2007;33 Suppl.2S:S92-105.
15. Wacker D, McCurdy MT, Nusbaum J, Gupta N. Managing patients with oncologic complications in the emergency department. Emerg Med Pract. 2018 jan 22;20(1 Suppl Points & Pearls):1-2.
16. Wahidi MM, Reddy C, Yarmus L, Feller-Kopman D, Musani A, Shepherd RW, et al. Randomized trial of pleural fluid drainage frequency in patients with malignant pleural effusions: the ASAP Trial. Am J Respir Crit Care Med. 2017 abr 15;195(8):1050-57.

8 | # Exames laboratoriais em oncologia

Fernanda Antico Benetti
Rodrigo Daminello Raimundo

INTRODUÇÃO

Vários são os exames laboratoriais, e cada um deles serve para avaliar diferentes parâmetros em pacientes oncológicos auxiliando no diagnóstico.

- Síndromes paraneoplásicas são eventos que ocorrem na presença de um câncer (ou anteriormente) e que não estão diretamente relacionados com o tumor primário. Muitos desses eventos podem ser diagnosticados por exames laboratoriais. Os principais sinais e sintomas são febre, suores noturnos, anorexia e caquexia.

Na grande maioria das vezes, o diagnóstico é feito por meio de uma avaliação clínica do paciente e da combinação de vários exames laboratoriais e de imagens.

EXAMES LABORATORIAIS EM ONCOLOGIA

Hemograma

O hemograma completo é o exame de sangue que avalia as células que compõem o sangue (Tabela 1). Avalia anemias, distúrbios plaquetários, neoplasias hematológicas, processos infecciosos ou inflamatórios e também acompanha o efeito de terapias medicamentosas. Deve-se atentar para a quantidade de glóbulos vermelhos e o tamanho das hemácias e leucócitos, que podem indicar células atípicas ou imaturas. Pacientes com leucemia linfoide aguda, por exemplo, apresentam leucograma com células imaturas (linfoblastos), eritograma e plaquetograma diminuídos.

Os quimioterápicos podem influenciar na divisão celular devido ao seu grau de toxicidade medular. Após 10 dias da quimioterapia pode haver uma baixa na contagem das células sanguíneas, levando a quadros de anemia, predisposição a infecções (neutropenia) ou sangramentos (plaquetopenia).

Mielograma

Trata-se de um exame para avaliar a medula óssea, realizado por meio de uma punção óssea seguida de aspiração (Tabela 2). É realizada sob anestesia local, para diminuir a dor ou desconforto, sendo examinados, preferencialmente, os ossos ilíaco, esterno e tíbia, de forma rápida e com raras complicações.

Tem por finalidade mostrar como se comportam as células da medula óssea, avaliando se existe a presença de células malignas. É amplamente utilizado para detecção de doenças do sistema hematopoiético e para detecção e estadiamento de neoplasias, como leucemias e linfomas. Também é utilizado para avaliar a resposta à quimioterapia durante o tratamento contra o câncer.

A indicação para realização do mielograma, em geral, ocorre após o surgimento de anormalidades encontradas no hemograma,

TABELA 1 Valores de referência do exame de sangue laboratorial

Eritrograma	
Eritrócitos	4,5-5,9 milhões/mm³
Hemoglobina	12-17,5 g %
Hematócrito	40-52%
VCM	80-100 U³
HCM	26-36 pg
CHCM	31-36%
Leucograma	
Leucócitos	4.500-11.000/mm³
Neutrófilos	50-70% (1.750-7.350/mm³)
Metamielócitos	0-1% (até 100/mm³)
Bastonetes	0-4% (até 400/mm³)
Segmentados	36-66% (2.000-7.500/mm³)
Eosinófilos	0-4% (100-400/mm³)
Basófilos	0-1% (até 100/mm³)
Linfócitos	20-40% (900-4.400/mm³)
Monócitos	2-8% (200-800/mm³)
Plaquetograma	
Plaquetas	150.000-400.000/mm³

em casos suspeitos de infiltração medular por tumor. Em algumas situações, pode ser necessária a realização da biópsia da medula óssea, um exame mais complexo e detalhado.

Quase todos os quimioterápicos exercem toxicidade sobre a formação do tecido hematopoiético. Sua consequência imediata é a incapacidade da medula óssea de repor os elementos do sangue circulante, aparecendo assim a leucopenia, a trombocitopenia e a anemia. A toxicidade hematopoiética é um fator limitante para a continuidade do tratamento quimioterápico.

TABELA 2 Valores de referência do mielograma

Célula	Valores de referência (%)	Diâmetro médio (micra)
Mieloblasto	0,5-5,5	15-20
Promielócito	1,5-8	14-18
Mielócito neutrófilo	4,5-18	12-18
Mielócito eosinófilo	0-3	12-18
Mielócito basófilo	0-1	12-18
Metamielócito neutrófilo	12-42	10-18
Metamielócito eosinófilo	0,5-3,5	10-18
Metamielócito basófilo	0-0,1	10-18
Bastão neutrófilo	15-33	10-14
Bastão eosinófilo	0-2	10-14
Bastão basófilo	0-0,5	10-14
Segmentado neutrófilo	14-35	10-14
Segmentado eosinófilo	1-7	10-14
Segmentado basófilo	0-0,5	10-14
Linfócito	7-38	10-12
Monócito	0-5	10-12
Proeritoblasto	0-6	10-14
Eritroblasto basófilo	1-6	10-12
Eritroblasto policromatófilo	5-26	8-10
Eritroblasto acidófilo	2-21	6-8
Célula reticular	0-2	0,5-2
Célula plasmática	0-3	1-5
Megacariócito	0-1	18-25

Gasometria arterial

Refere-se ao exame do sangue arterial com o objetivo de avaliar o oxigênio e o gás carbônico distribuídos no sangue, o pH e o equilíbrio acidobásico. Normalmente é um exame solicitado quando o quadro clínico do paciente sugere uma anormalidade na ventilação, como quadros súbitos de dispneia, que são frequentes em pacientes oncológicos na fase terminal, por exemplo.

Pacientes com câncer de pulmão também são propensos a evoluir com insuficiência respiratória devido a congestão pulmonar, infecções e atelectasias.

Os parâmetros mais comumente avaliados na gasometria arterial são (valores de referência):

- pH 7,35-7,45;
- pO_2 (pressão parcial de oxigênio) 80-100 mmHg;
- pCO_2 (pressão parcial de gás carbônico) 35-45 mmHg;
- HCO_3 (necessário para o equilíbrio acidobásico sanguíneo) 22-26 mEq/L;
- SaO_2 Saturação de oxigênio (arterial) > 95%.

Exames bioquímicos

São realizados para detecção e dosagem de alguns elementos químicos específicos no organismo humano, os quais podem ajudar no diagnóstico ou descartar a hipótese de certas doenças.

Pacientes oncológicos submetidos ao tratamento quimioterápico podem apresentar distúrbios na bioquímica sérica, como níveis alterados da ureia, creatinina, bilirrubinas, transaminases e eletrólitos, com a manifestação clínica correspondente.

Para todos os pacientes oncológicos é indicado que se solicite ureia, creatinina, enzimas hepáticas como TGO, TGP, fosfatase alcalina, gamaglutamil-transferase, desidrogenase lática, além de bilirrubinas, albumina, cálcio sérico, ácido úrico e eletrólitos.

- Encontram-se diminuídos:
  - glicemia;
  - proteínas e albuminas séricas (decorrentes de desnutrição, perda de sangue etc.);

  - anemia (decorrente de hemorragia, desnutrição, hemólise, anemia da doença crônica, mielocística etc.).
- Encontram-se aumentados:
  - ácido úrico sérico;
  - cálcio sérico (geralmente decorrente de metástases ósseas não detectadas, > 14 mg/dL sugere-se câncer em vez de hiperparatireoidismo);
  - globulina sérica;
  - ácido lático sérico;
  - presença de sangue oculto nas fezes;
  - VHS (> 100 mm/h, geralmente está associada a metástase);
  - leucometria (decorrente de necrose tumoral, infecção secundária etc.).
- Hipercoagulabilidade (associada a tromboembolia recorrente).

Exames microbiológicos

Os exames microbiológicos são frequentemente realizados nas rotinas laboratoriais. Será analisada a presença de fungos, vírus, protozoários e bactérias nas amostras colhidas.

Podem ser fontes de amostras: sangue, pus, exsudato ou drenagem de feridas, olhos ou ouvido, urina, fezes e escarro, corrimentos ou secreções genitais, líquido cerebrospinal.

Exames imunológicos

Em oncologia, os exames imunológicos são utilizados no diagnóstico, no prognóstico e na escolha terapêutica. Além disso, em indivíduos com histórico familiar, os exames podem predizer o risco de desenvolvimento de neoplasias. Esses exames oferecem informações mais detalhadas, podendo definir se um tumor é um carcinoma, linfoma, melanoma ou sarcoma, determinando uma melhor forma de tratamento e provável evolução do câncer, assim como identificando com precisão sítios de origem da neoplasia detectadas por meio de metástases.

Exames hormonais

A dosagem de hormônios pode ser usada em pacientes oncológicos.

- Hormônio tireoestimulante (TSH); T3 e T4 (hormônios da tireoide) e tireoglobulina são hormônios que podem verificar a atividade da glândula tireoide. A calcitonina também pode ser usada, pois é um hormônio produzido pela tireoide. Pode ser encontrado em altas doses em tumores da tireoide, mama, leucemias, doenças mieloproliferativas, câncer de pulmão e outros tumores da linhagem neuroectodérmica.
- Valores de referência:
  - TSH entre 0,45 e 4,5 mUI/mL;
  - T4 livre deve estar entre 0,7 e 1,8 ng/dL;
  - T3 livre de 2,5-4 pg/m.
    - Calcitonina: Homens até 8,4 pg/mL.
Mulheres até 5 pg/mL.

Na suspeita de tumores neuroendócrinos são investigados alguns hormônios da hipófise, como adrenocorticotrópico (ACTH), prolactina, hormônios de crescimento e cortisol, além de cálcio sérico e dos níveis do hormônio da paratireoide.

Valores muito elevados de prolactina (acima de 200 ng/mL) são altamente sugestivos de adenomas hipofisários, enquanto valores pouco elevados podem ser encontrados em outros tumores hipofisários.

- Valores de referência:
  - ACTH: acima de 18-20 μg/dL.
  - Prolactina: Homens: 4-15,2 ng/mL.
Mulheres: 4,8-23,3 ng/mL.

- GH: < 5 ng/mL.
- Cortisol: 4-18 μg/dL.
- PTH: 15-65 pg/mL.

Os principais tipos de câncer nas mulheres (mama, ovários e endométrio) parecem estar associados aos hormônios, sobretudo os estrogênios, que devem ser investigados nos casos de tumores adrenais ou testiculares.

- Valores de referência de estradiol:
  - Homens/adultos: 7,63-42,6 pg/mL.
  - Mulheres:
    - Pré-puberes: até 21 pg/mL.
    - Fase folicular: 12,5-166 pg/mL.
    - Fase ovulatória: 85-498 pg/mL.
    - Fase lútea L: 43,8-54,6 pg/mL.
    - Pós-menopausa: até 54,7 pg/mL.

Coagulograma

Avalia a coagulação sanguínea e as doenças hemorrágicas. É solicitado no pré-operatório ou para tratamentos que causam sangramento.

Em pacientes oncológicos, os sangramentos geralmente acontecem em decorrência de uma plaquetopatia (defeito funcional associado à redução quantitativa da contagem das plaquetas). Aproximadamente 90% dos pacientes com câncer apresentam alterações da coagulação, como aumento da agregação plaquetária, maior atividade de fatores procoagulantes como protrombinase e fator X, e, por outro lado, menor atividade dos fatores anticoagulantes.

Um dos indicadores mais importantes do coagulograma é o índice padronizado para unificar as análises do tempo de protrombina chamado de índice internacional normalizado (INR).

O controle do INR em pacientes oncológicos é importante devido ao risco de sangramento; pacientes que usam anticoagulantes podem ter INR entre 2-3. Pacientes com válvulas cardíacas metálicas podem ficar com INR entre 3-4,5. Consideram-se valores acima de 5 como alto risco de hemorragia.

Obs.: alimentos com alto teor de vitamina K, como verduras verde-escuras, podem alterar o INR.

- Valores de referência:

Tempo de sangramento	1-4 minutos
Tempo de coagulação	4-10 minutos
Tempo de protrombina ativada	10-14 segundos
Tempo de tromboplastina parcial	24-40 segundos
INR	0,8-1

Marcadores cardíacos

Pacientes oncológicos apresentam, com frequência, doenças cardiovasculares decorrentes da cardiotoxicidade provocada por tratamentos quimioterápicos e da exposição a um número maior de fatores de risco cardiovasculares durante todo o tratamento.

Os marcadores cardíacos auxiliam na detecção precoce de lesões decorrentes da utilização de quimioterápicos e no acompanhamento do tratamento oncológico.

- Os marcadores mais utilizados são:

Troponina	Capaz de predizer o desenvolvimento de disfunção ventricular em pacientes com risco de cardiotoxicidade.
Peptídeo natriurético (NT-ProBNP)	Capaz de predizer a gravidade da lesão miocárdica.

É comum pacientes com câncer terem, atualmente, maior expectativa de vida. Sendo assim, podem aumentar os fatores de risco para doenças cardiovasculares (doenças coronarianas, hipertensão arterial sistêmica, dislipidemia, entre outras).

Urinálise

É um exame simples que obtém, de forma rápida, uma análise com informações sobre diversas doenças renais primárias e sistêmicas.

A análise é feita por meio da coloração da urina, que se altera em determinadas situações, por exemplo, a cor preta pode ocorrer por mioglobinúria, hemoglobinúria, ocronose e alcaptonúria, e pode ser descrita em pacientes com melanomas. Odor, aspecto e volume também são analisados.

Marcadores tumorais

Geralmente são proteínas produzidas em resposta ao câncer e podem ser produzidos pelo próprio corpo ou pelo tumor (Tabela 3). Podem estar associados a um único tipo de tumor, enquanto outros podem estar associados a vários deles.

Podem ser usados para diagnóstico, prognóstico, estadiamento e orientação/monitoramento de tratamento.

Doenças benignas também podem aumentar os valores dos níveis de marcadores tumorais, enquanto algumas pessoas com câncer podem não apresentar alterações nos valores; por isso, muitas vezes a simples presença do marcador tumoral não é suficiente para indicar a presença de câncer. Dessa forma, os marcadores tumorais são utilizados na suspeita de câncer e ajudam a determinar o local de origem em tumores que já se disseminaram. O marcador tumoral mais conhecido é o antígeno prostático específico (PSA).

TABELA 3 Descrição dos principais marcadores tumorais

Principais marcadores tumorais	Tipo de câncer relacionado (referências)
AFP (alfafetoproteína)	Fígado, ovariano e testículo (inferiores a 10 ng/mL)
ALK (quinase do linfoma anaplásico)	Pulmão
B2M (beta-2-microglobulina)	Mieloma múltiplo, leucemia e linfomas
BTA (antígeno tumoral da bexiga)	Bexiga
CA 15-3 (antígeno de câncer 15-3)	Mama, pulmão e ovariano (inferior a 30 U/mL)
CA 19-9 (antígeno de câncer 19-9)	Pancreático
CA 27-29 (antígeno de câncer 27-29)	Mama (inferior a 40 U/mL)
CA-125 (antígeno de câncer 125)	Ovariano (inferior a 35 U/mL)
Calcitonina	Tireoide (inferior a 5-12 pg/mL)
CEA (antígeno carcinoembrionário)	Colorretal (inferior a 5,5 ng/mL)
Cromogranina A(CgA)	Receptores de estrogênio
Receptor do fator de crescimento epidérmico (EGFR)	Pulmão, cabeça e pescoço, colorretal
Receptores de estrogênio	Mama
hCG (gonadotrofina coriônica humana)	Testículos
Her-2/neu	Mama
Imunoglobulinas monoclonais	Mieloma múltiplo
Receptores de progesterona	Mama
PSA (antígeno prostático específico)	Próstata (inferiores a 4 ng /mL)
Antígeno mucoide (MCA)	Mama (inferiores a 11 U/mL)
Tireoglobulina	Tireoide
S100	Melanoma

Proteína C reativa (PCR)

Valores elevados de PCR aparecem geralmente em casos de inflamações e infecções, podendo estar relacionados inclusive com a presença de câncer.

O exame apresenta, como valor de referência, tanto para homens quanto para mulheres, de até 3 mg/L ou 0,3 mg/dL.

O PCR sozinho não é capaz de determinar a doença; assim, em casos de valores elevados, pode se tornar necessária a solicitação de outros exames, como tomografias computadorizadas, dosagem de marcadores tumorais etc.

Dímero D

Trata-se de um biomarcador associado com maior risco de trombose venosa profunda (TVP) em pacientes com câncer, nos quais níveis elevados de dímero-D aumentam as chances de TVP.

Os valores de referência costumam ser abaixo de 500 ng/dL e resultam na alteração dos produtos de degradação da fibrina.

BIBLIOGRAFIA RECOMENDADA

1. I Diretriz Brasileira de Cardio-Oncologia da Sociedade Brasileira de Cardiologia. Arq Bras Cardiol. São Paulo. 2011;96(2)supl.1.
2. Alencar NX, Kohayagawa A, Campos KCH, Takahira RK. Mielograma. Parte I: indicações e colheita do material. Rcv Educo Contin. CRMV-5P São Paulo. 2002;5(2):157-16.
3. American Cancer Society. Tumor markers. Disponível em: http://www.cancer.org/docroot/PED/content/PED_2_3X_Tumor_Markers.asp?sitearea=PED through http://www.cancer.org.
4. Del Giglio A, Kalihs R. Oncologia: análise de casos clínicos. Barueri: Manole; 2007.
5. Patrocinio LG, Moura GB, Silva JBP, Júnior JRS, Resende KO, Patrocinio JA. Epistaxe grave e plaquetopatia em paciente com câncer. Arq Otorrinolaringol. São Paulo. 2005;9(3):235-8.
6. Soares JLMF, Rosa DD, Leite VRS, Pasqualotto AC. Métodos diagnósticos: consulta rápida. São Paulo: Artmed; 2012.

9 Exames de imagem em oncologia

Fernanda Antico Benetti
Rodrigo Daminello Raimundo

INTRODUÇÃO

Os exames de imagem são ferramentas importantes para o diagnóstico e acompanhamento de tumores (Figura 1).

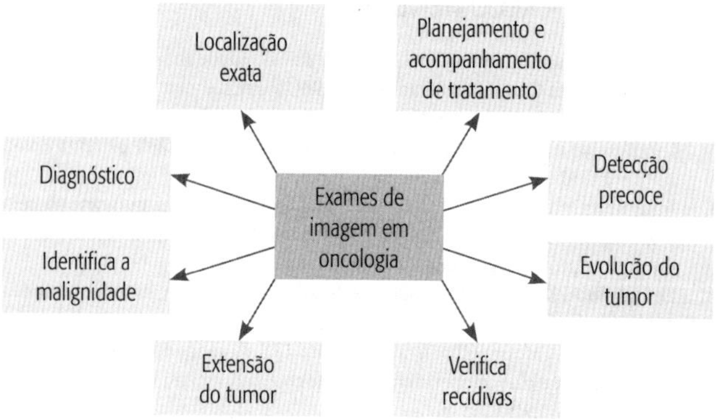

FIGURA 1 Exames de imagem em oncologia.

EXAMES DE IMAGEM EM ONCOLOGIA

Podem ser utilizados diferentes tipos de energia, como ondas sonoras (ultrassom), campos magnéticos (ressonância nuclear magnética), partículas radioativas (cintilografia) e raios X.

Vários fatores podem determinar qual exame de imagem deve ser feito. Entre os mais importantes fatores estão: tipo de câncer e sua localização, custo/benefício e a necessidade de biópsia.

Os exames de imagem podem mostrar a vascularização, uma vez que tumores malignos apresentam correlação com o número de vasos presentes nessas lesões.

Tomografia computadorizada

Trata-se de um exame não invasivo que auxilia na detecção da forma, tamanho, localização de tumores e também dos vasos sanguíneos que os alimentam. A utilização de contrastes pode melhorar a nitidez das lesões.

Pode ainda ser utilizada para orientar procedimentos como guiar agulhas durante procedimentos de biópsia ou para alguns tipos de tratamento de tumores, como ablação por radiofrequência.

Por meio da tomografia computadorizada (TC) pode-se avaliar cadeias de linfonodos que tenham acesso inadequado ao exame clínico, ou seja, é possível detectar linfonodos não palpáveis; no entanto, a TC não detecta se os linfonodos são metastáticos ou reacionais, a menos que existam áreas evidentes de necrose.

A TC em espiral utiliza menos radiação do que a convencional e é mais rápida, sendo atualmente mais utilizada.

O exame serve ainda para monitorar a doença e a eficácia de tratamentos.

Os resultados do exame apresentam aspectos diferentes entre si, variando entre tons de cinza, preto e branco. Tecidos densos podem ser vistos em branco. Tecidos pouco densos são vistos em preto. Tecidos cuja densidade varia podem ser vistos com variações de cinza. A captação do contraste pode ser vista em uma coloração branca brilhante (Figuras 2 a 4).

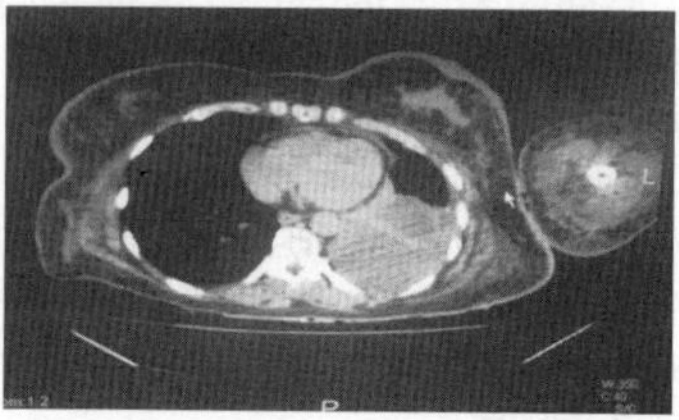

FIGURA 2 Neoplasia de mama maligna estádio clínico IV com derrame pleural paraneoplásico.

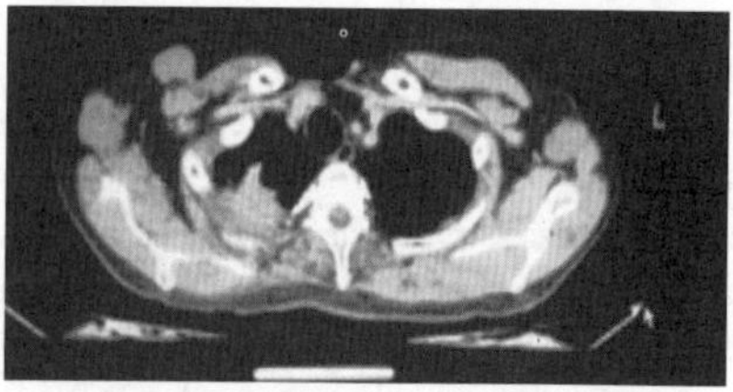

FIGURA 3 Carcinoma espinocelular (CEC) de pele com metástase pulmonar em ápice.

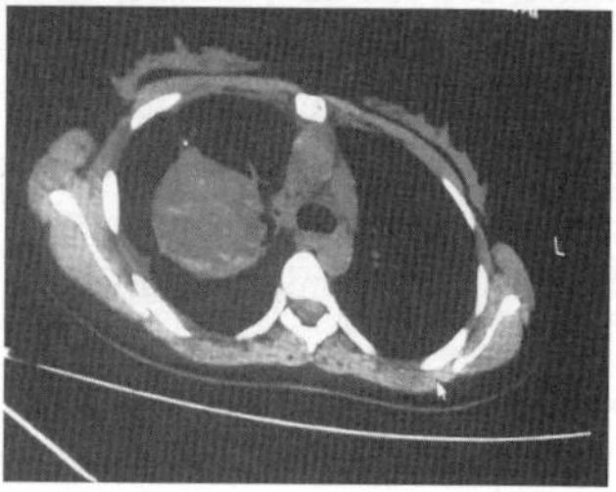

FIGURA 4 Massa tumoral pulmonar.

Ressonância nuclear magnética

A ressonância magnética cria imagens de partes moles do corpo que são difíceis de serem observadas em outros exames de imagem, sem expor o paciente à radiação. Pode ser realizada com a utilização de contraste para facilitar a visualização de alguns tipos de tumores, por exemplo, os cerebrais, e é empregada para diagnosticar, localizar, planejar tratamento e diferenciar se o tumor é benigno ou maligno, assim como para procurar sinais de disseminação da doença (Figuras 5 a 8).

A ressonância magnética com difusão (DWI) é uma ferramenta de imagem promissora para caracterização tecidual, na predição de resposta tumoral e acompanhamento de pacientes oncológicos em tratamento quimioterápico.

Pode ser um exame mais efetivo no diagnóstico diferencial entre tumores benignos e malignos, pois consegue detalhar melhor o tamanho e as características morfológicas do tumor, assim como a relação entre o tumor e as estruturas anatômicas adjacentes.

No exame da mama, pode mostrar a localização precisa do tumor e detectar lesões multifocais que podem não ser vistas em mamografias. No entanto, trata-se de um exame com vários casos de falso-positivo, incapaz de visualizar microcalcificações mamárias e difícil de identificar alguns casos de doenças benignas e malignas.

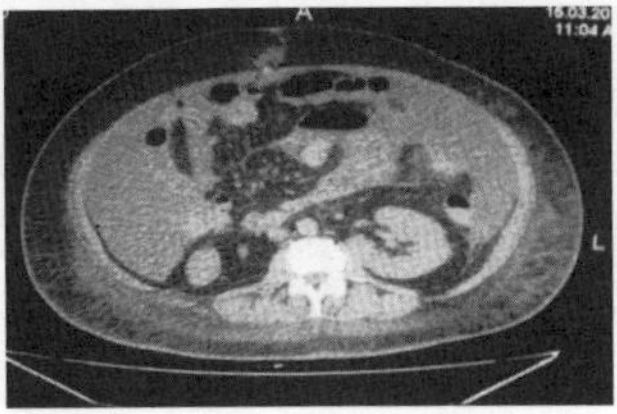

FIGURA 5 Sarcoma (tumor estromal gastrointestinal – GIST) – ascite volumosa com massa abdominal.

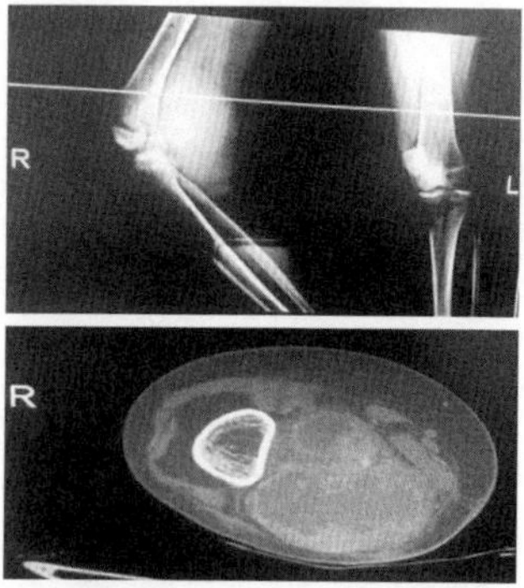

FIGURA 6 Sarcoma de partes moles (membro inferior direito – joelho direito).

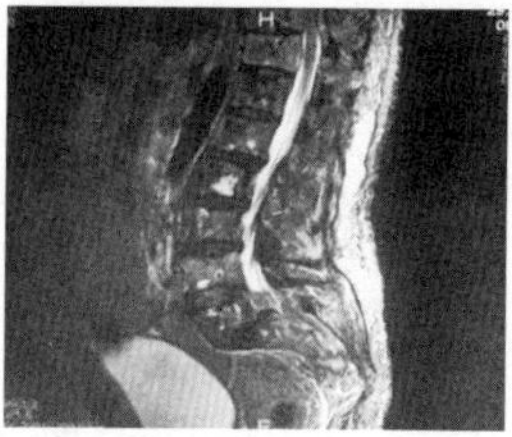

FIGURA 7 Paciente com câncer de próstata com metástase no corpo vertebral lombar.

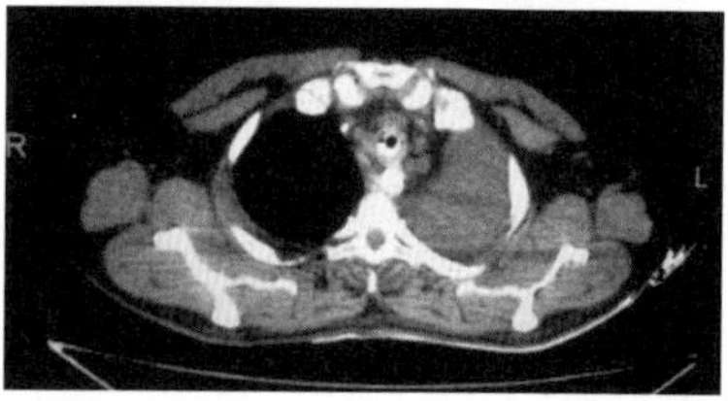

FIGURA 8 Carcinoma espinocelular (CEC) de esôfago (invasão de traqueia e fístula traqueoesofágica) associado com derrame pleural e atelectasia.

Radiografia

Raio x

Trata-se de um exame rápido, barato, fácil de ser realizado e com risco insignificante. Pode ser realizado com a utilização de contrastes para facilitar a visualização (Figuras 9 a 16).

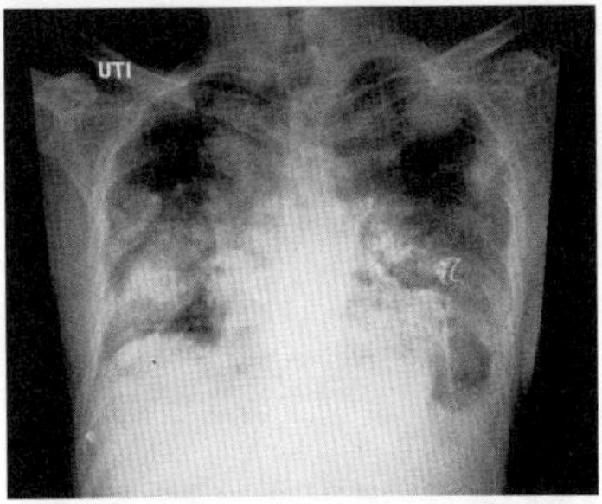

FIGURA 9 Opacificação homogênea em terço inferior do hemitórax direito.

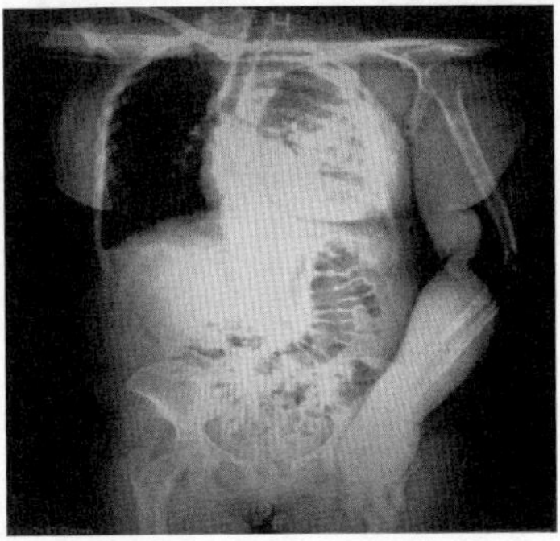

FIGURA 10 Câncer inflamatório em mama esquerda com linfangite cutânea e linfedema obstrutivo com derrame pleural paraneoplásico.

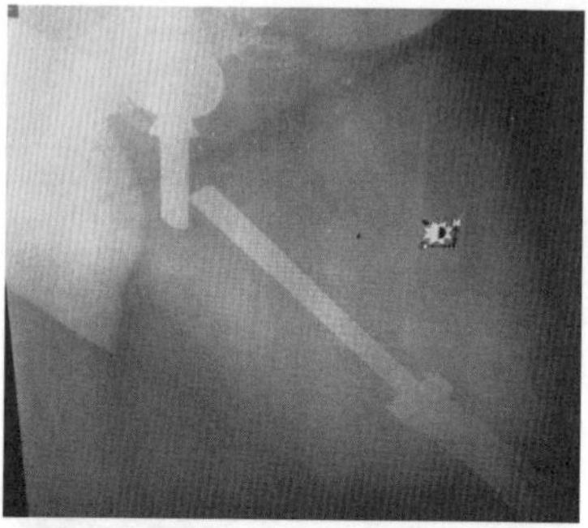

FIGURA 11 Endoprótese.

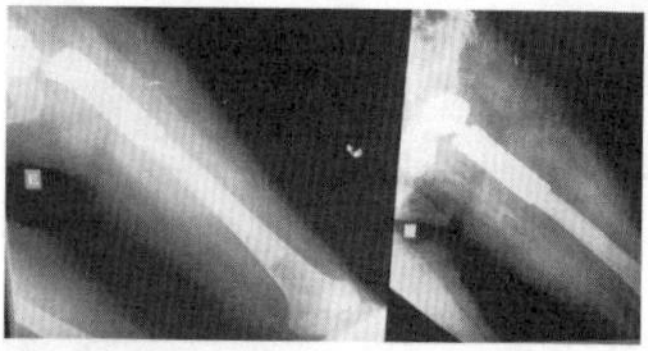

FIGURA 12 Endoprótese modular.

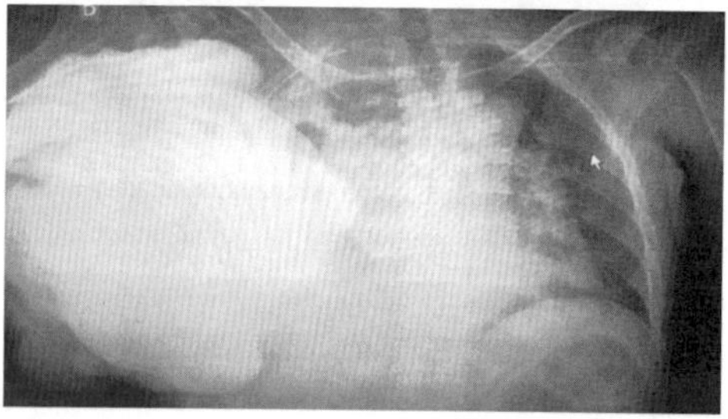

FIGURA 13 Massa tumoral mamária extensa e extrusa.

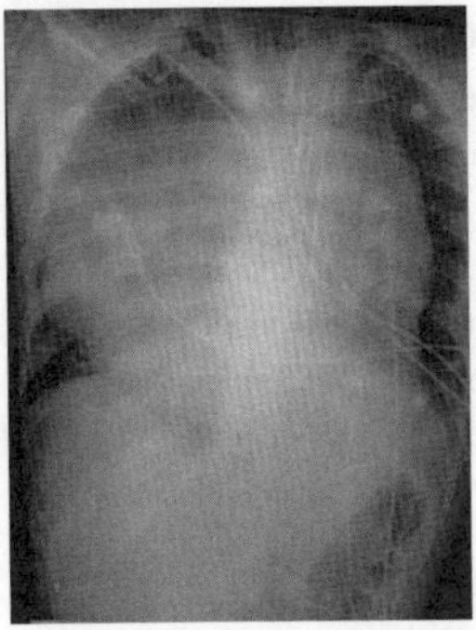

FIGURA 14 Massa mediastinal comprimindo veia cava superior por teratoma.

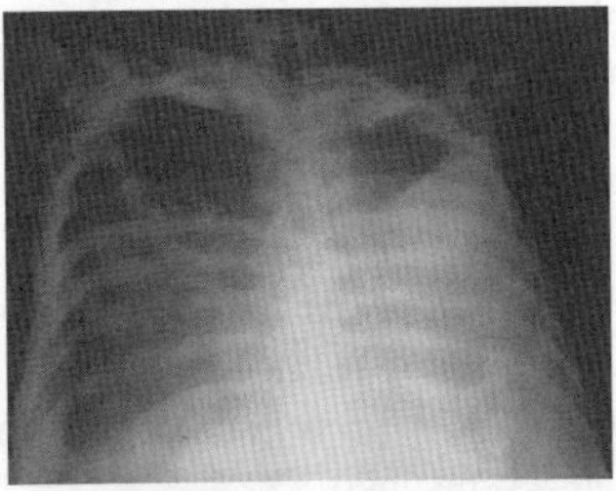

FIGURA 15 Derrame pleural paraneoplásico.

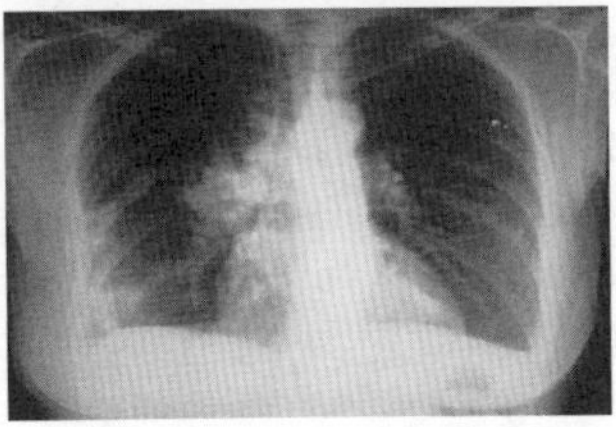

FIGURA 16 Câncer de pulmão associado a tromboembolismo pulmonar.

Angiografia/arteriografia

Trata-se de um exame que associa a utilização de raio x e a injeção de contrastes para delinear os vasos sanguíneos, facilitando sua visualização. Dessa forma, pode mostrar as artérias que fornecem sangue para os tumores, se o fluxo sanguíneo está sendo bloqueado ou sendo comprimido por um tumor ou mostrar a presença de vasos sanguíneos anormais. Também pode ser útil para detectar tumores que possam ter se desenvolvido nas paredes dos vasos sanguíneos ou tumores não visíveis em outros exames de imagem.

Pielograma intravenoso

Pielograma intravenoso ou pielografia, assim como a urografia excretora ou urografia retrógrada, são exames radiológicos, com utilização de contraste, empregados para detectar anormalidades no sistema urinário (rins, ureteres, bexiga urinária e uretra) e avaliar a funcionalidade dos rins.

Venografia

Realiza-se um raio x das veias após a aplicação de uma injeção de contraste. Pode ser utilizada também na suspeita de tromboembolismo venoso (TEV), uma grave complicação em pacientes com câncer que pode até levar a óbito.

Urografia excretora

Estudo radiológico dos rins, vias urinárias e bexiga utilizando contraste iodado endovenoso e radiografias seriadas à medida que o contraste vai sendo eliminado. É responsável por detectar principalmente neoplasias da pelve renal e ureter; no entanto, em casos de massas sólidas e cistos renais, a tomografia, ressonância ou ultrassom podem delinear melhor a lesão do que a urografia excretora.

Mamografia

Por meio da mamografia pode-se verificar se existem sinais de doenças na mama, ainda que não haja sinais ou sintomas, podendo detectar câncer em seus estágios iniciais.

Os principais achados mamográficos são calcificações (que podem ou não ser causados por câncer), nódulos e massas (que podem ou não conter calcificações, podendo ser cistos, tumores benignos ou lesões neoplásicas).

Nem todos os tipos de câncer de mama podem ser diagnosticados pela mamografia. Em alguns casos a ressonância nuclear magnética de mama é recomendada junto com a mamografia para determinar com mais precisão o tamanho do tumor e a existência (ou não) de outros tumores na mama.

Medicina nuclear

A medicina nuclear utiliza radionuclídeos incorporados a compostos específicos para avaliar a fisiologia e o metabolismo do corpo para diagnóstico e tratamento (Tabela 1).

Algumas doenças, como o câncer, afetam os tecidos do corpo, fazendo-os absorver mais ou menos radiofármacos se comparados aos tecidos normais.

TABELA 1 Radionuclídeos utilizados no diagnóstico de câncer

Radionuclídeos	Diagnóstico
Gálio 67	Pode ser utilizado para fazer uma varredura do corpo inteiro ou para detectar câncer em certos órgãos
Tecnécio 99	Utilizado para detectar a disseminação do câncer
Tálio 201	Utilizado no estudo de doenças cardíacas
Iodo 123 ou Iodo 131	Utilizado no diagnóstico e no tratamento do câncer de tireoide

Cintilografia óssea

Avalia a função metabólica do osso e permite detectar lesões tumorais precocemente, sejam elas originadas do próprio osso ou de outros órgãos. Além disso, é fundamental no acompanhamento do tratamento, avaliando se existe ou não melhora.

Gamagrafia com gálio

Utiliza baixas doses de radioisótopo que pode ser captado por órgãos em situações patológicas com maior irrigação sanguínea ou aumento de metabolismo. Tem como principal função detectar tumores primários ou metástases ósseas, determinando o avanço da doença.

Tomografia por emissão de pósitrons (PET-*scan*)

É um exame que combina medicina nuclear e análise bioquímica para detecção de doenças antes mesmo que existam sinais visíveis em exames de imagens.

As células malignas, em sua grande maioria, apresentam alto metabolismo glicolítico comparado aos tecidos normais. Os radiofármacos são administrados ao paciente, por via venosa, antes da realização do exame. Como as células cancerígenas se reproduzir muito rapidamente, e consomem muita energia para se reproduzirem e se manter em atividade, moléculas de glicose, que são energia pura, são marcadas por um radioisótopo e injetadas nos pacientes. Alguns minutos depois é possível fazer um mapeamento do organismo do paciente, detectando ponto a ponto a concentração do radiofármaco no organismo.

O PET-*scan* permite detectar se o câncer se disseminou para os linfonodos. Raramente é usado para pacientes com câncer do colo de útero em estágio inicial, mas pode ser empregado para detectar a doença mais avançada.

Alguns aparelhos combinam o PET com a TC, fornecendo informações mais detalhadas sobre qualquer aumento na atividade celular, o que ajuda na localização de tumores. No entanto, a exposição do paciente à radiação é maior.

Gamagrafia de tireoide

Utilizado principalmente para avaliar a função e detectar câncer de tireoide, é um exame que usa doses baixas de radioisótopo (tecnécio 99) que, em condições normais, costuma ser captado uniformemente pelo tecido. No entanto, em condições tumorais essa captação se torna diferente do tecido normal.

Células anômalas, como no caso do câncer, são incapazes de captar iodo; dessa forma, tumores malignos costumam apresentar uma zona de captação nula. Tumores benignos apresentam altos níveis de captação.

Ultrassom

A ultrassonografia utiliza ondas sonoras de alta frequência que entram em choque com determinados tecidos, produzindo ecos que são convertidos em imagens. Alguns tecidos, como ossos e cavidades com ar, não permitem que as ondas sonoras os atravessem, e dessa forma seu uso fica limitado.

O ultrassom não possui imagens detalhadas como outros exames, no entanto é muito bom para imagens de doenças de tecidos moles.

Pode distinguir cistos cheios de líquido e tumores sólidos, mas não consegue diferenciar um tumor benigno de um maligno.

Equipamentos especiais como o eco-Doppler podem mostrar como o sangue flui através dos vasos sanguíneos; uma vez que o fluxo de sangue nos tumores é diferente do apresentado nos tecidos normais, favorece o diagnóstico de algumas doenças.

BIBLIOGRAFIA RECOMENDADA

1. Bontrager KL. Tratado de técnica radiológica e base anatômica. Rio de Janeiro: Guanabara Koogan; 2003.
2. Junior JS, Fonseca RP, Cerci JJ, Buchpiguel CA, Cunha ML, Mamed M, et al. Lista de Recomendações do Exame PET/CT com 18F-FDG em Oncologia. Consenso entre a Sociedade Brasileira de Cancerologia e a Sociedade Brasileira de Biologia, Medicina Nuclear e Imagem Molecular. Radiol Bras. 2010 jul-ago;43(4):255-59.
3. Soares JLMF, Rosa DD, Leite VRS, Pasqualotto AC. Métodos diagnósticos: consulta rápida. São Paulo: Artmed; 2012.
4. Soderstrom CE, Harms SE, Farrell RS Jr., Pruneda JM, Flamig DP. Detection with MR imaging of residual tumor in the breast soon after surgery. AJR. 1997;168:485-8.
5. Testa ML, Chojniak R, Sene LS, Damascena AS. Ressonância magnética com difusão: biomarcador de resposta terapêutica em oncologia. Radiol Bras. 2013 mai-jun;46(3):178-80.

10 Diagnóstico funcional em pacientes oncológicos segundo a Classificação Internacional de Funcionalidade

Ingrid Correia Nogueira
Daniel Cordeiro Gurgel
Luiz Alberto Forgiarini Junior
Ana Cristhina de Oliveira Brasil de Araújo

INTRODUÇÃO

Os pacientes diagnosticados com câncer manifestam com elevada frequência alterações bioquímicas, fisiológicas, metabólicas, emocionais, comportamentais e sociais ocasionadas ou desencadeadas pelos efeitos locais e sistêmicos da própria doença. Essas alterações podem ser amplificadas a depender do estadiamento do tumor e de sua localização anatômica. Adicionalmente, tais manifestações podem ser agravadas quando o paciente é submetido aos tratamentos convencionais de cirurgia, quimioterapia, radioterapia, hormonioterapia e imunoterapia.

O aumento de sobrevida em pacientes oncológicos experimentado nos últimos anos ocorreu com a evolução dos tratamentos, especialmente a partir da incorporação de novos agentes nos esquemas terapêuticos convencionais, porém trouxe consigo uma elevação no número de toxicidades sistêmicas e são relacionados diretamente à mudança no estado de funcionalidade para um estado de incapacidade, gerando repercussão negativa na qualidade de vida.

Nesse contexto, avaliar a saúde funcional tornou-se indispensável para direcionar a elaboração do diagnóstico funcional e, consequentemente, a resposta ao tratamento.

Atualmente, o aumento da sobrevida e a cronicidade da doença já não permitem mais considerar a mortalidade como resultado primário em oncologia. O próprio perfil epidemiológico das doenças neoplásicas já justifica a necessidade de inserir os componentes da funcionalidade no contexto do cuidado do paciente diagnosticado com câncer.

Em virtude da necessidade de um novo modelo de saúde que contemplasse todos os aspectos biopsicossociais e suas interações multidirecionais e dinâmicas, a Organização Mundial da Saúde (OMS) lançou em 2001 a Classificação Internacional de Funcionalidade e Incapacidade em Saúde (CIF), sendo traduzida para a língua portuguesa em 2003.

O ponto mais importante que a CIF propõe é a mudança de foco da doença para a pessoa em seu contexto com vistas à funcionalidade humana. Dessa forma, o olhar se pratica não somente sobre o indivíduo com as deficiências em suas funções biológicas, mas também considera todos os fatores ambientais e pessoais que facilitam ou dificultam a execução das tarefas/atividades e a sua participação no contexto social em que vive.

A CIF é estruturada em duas partes e seus respectivos componentes. A *Parte 1 – Funcionalidade e Incapacidade* – inclui Funções e Estruturas do Corpo, Atividades e Participação, e a *Parte 2 – Fatores Contextuais* – incorpora os Fatores Ambientais (ambiente físico, social e atitudinal em que as pessoas conduzem suas vidas) e os Fatores Pessoais (não passíveis de classificação até o momento, em razão da grande variabilidade social e cultural relacionada a esse componente) Figura 1.

Os primeiros componentes da Parte 1 se referem às características anatômicas e às funções fisiológicas relacionadas aos sistemas or-

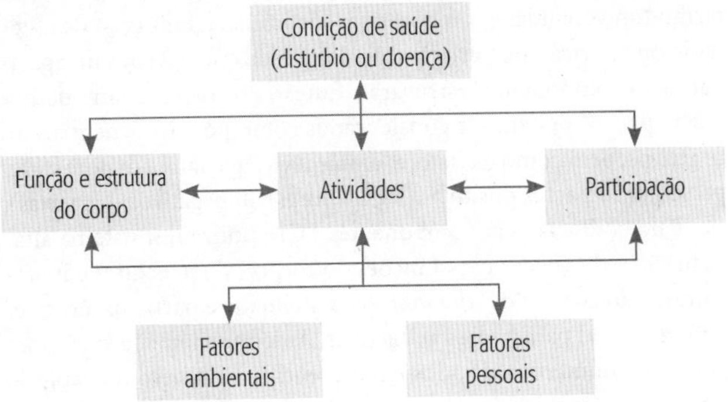

FIGURA 1 Modelo da Classificação Internacional de Funcionalidade e suas interações multidirecionais e dinâmicas.
Fonte: Organização Mundial da Saúde (OMS), 2003.

gânicos e, muito embora gerem categorias e códigos distintos, podem ser chamados em conjunto de elementos do corpo. Assim, quando ocorrem alterações nas "funções" ou "estruturas" do corpo, como uma perda ou uma anormalidade importante, são definidas como "deficiência". Quanto ao componente "atividade e participação", a "atividade" é descrita como a execução de uma tarefa ou ação pelo indivíduo, ou seja, a capacidade do indivíduo para realização das atividades de vida diária (AVD). A "limitação da atividade" é definida como a presença de dificuldade para a realização das atividades humanas, a exemplo das AVD. Adicionalmente, a "participação" é definida como o envolvimento do indivíduo em uma situação de vida e, quando há problemas relacionados a esse domínio, ocorre a "restrição à participação".

Assim, o estado de Funcionalidade e o estado de Incapacidade podem ser classificados de duas formas, podendo indicar aspectos positivos ou neutros relacionados com a saúde (representados pelo termo funcionalidade) ou negativos (deficiência, limitação de atividade ou restrição de participação designadas pelo termo incapacidade). O componente "estrutura e função do corpo" e "atividade e participação" podem ser considerados como positivos, neutros ou negativos, bem como os "fatores ambientais", que também podem representar impactos positivos (facilitadores) ou negativos (barreiras).

Para codificar seus componentes a CIF utiliza um sistema alfanumérico: "b" (*body*) para funções do corpo, "s" (*structure*) para estruturas do corpo, "d" (*domain*) para atividade e participação, e "e" (*environment*) para fatores ambientais. As letras supracitadas são seguidas de números iniciados e representam o número do capítulo (um dígito), seguido pelo segundo nível (dois dígitos) e do terceiro e quarto níveis (um dígito respectivamente para cada). Dessa forma, são formadas categorias e subcategorias, e ainda, após estes, há um ponto e mais até dígitos (a depender do componente, acrescidos ou não de sinal "+", sem ponto, no caso específico dos fatores ambientais do tipo facilitadores), que representam os qualificadores que formarão um código.

Exemplo: b7302.1 – deficiência leve da força dos músculos de um lado do corpo. b (*body*) – funções do corpo; 7 (primeiro nível) – funções neuromusculoesqueléticas e relacionadas ao movimento; 30 (segundo nível) – funções da força muscular; 2 (terceiro nível) – força dos músculos de um lado do corpo; .1 (qualificador) – deficiência leve.

Assim, para iniciar a codificação, deve-se observar o organismo biológico e, posteriormente, analisar a sua interação com os fatores ambientais. Para classificar as funções e estruturas do corpo conforme a CIF é necessário conhecer os parâmetros de normalidade relacionados a cada sistema orgânico para então indicar a extensão, a natureza e a localização da deficiência, em especial e de modo completo, no caso das estruturas. A extensão da deficiência será mensurada por meio de instrumentos avaliativos objetivos para se inter-relacionar com os qualificadores da CIF por meio de regras de ligação.

Para criar um código da CIF, cada categoria deve ser acompanhada por um qualificador de modo a evidenciar a magnitude do acometimento (deficiência, limitação, restrição, barreiras ou facilitadores que impactam/modificam/condicionam as situações de saúde). Os qualificadores são números adicionados à categoria após um "ponto final" (Tabelas 1 e 2), exceto quando se trata de facilitadores, cuja apresentação não se relacionada ao ponto, e sim ao sinal "+".

TABELA 1 Qualificadores utilizados para a codificação de acordo com a CIF

xxx.0	NÃO há problema	(nenhum, ausente, insignificante ...)	0-4%
xxx.1	Problema LEVE	(leve, pequeno, ...)	5-24%
xxx.2	Problema MODERADO	(médio, regular, ...)	25-49%
xxx.3	Problema GRAVE	(grande, extremo, ...)	50-95%
xxx.4	Problema COMPLETO	(total, ...)	96-100%
xxx.8	Não especificado		
xxx.9	Não aplicável		

Fonte: Organização Mundial da Saúde (OMS), 2003.

TABELA 2 Qualificadores utilizados para a codificação dos fatores ambientais

xxx.0	NENHUMA barreira	xxx + 0	NENHUM facilitador
xxx.1	Barreira LEVE	xxx + 1	Facilitador LEVE
xxx.2	Barreira MODERADA	xxx + 2	Facilitador MODERADO
xxx.3	Barreira GRAVE	xxx + 3	Facilitador GRAVE
xxx.4	Barreira COMPLETA	xxx + 4	Facilitador COMPLETO
xxx.8	Barreira não especificada	xxx+ 8	Facilitador não especificado
xxx.9	Não aplicável	xxx+ 9	Não aplicável

Fonte: Organização Mundial da Saúde (OMS), 2003.

A partir desse modelo de funcionalidade da OMS, o fisioterapeuta deverá examinar os aspectos específicos relacionados à possível deficiência na estrutura e função corporais, bem como o impacto na realização das suas tarefas diárias, e/ou cotidianas (atividades de vida diária – AVD e atividades instrumentais de vida diária – AIVD), e na participação social para elaborar o Diagnóstico Fisioterapêutico ou Diagnóstico Cinesiológico Funcional.

Portanto, é preciso desenvolver informações que registrem não só a doença, mas também os demais aspectos da situação de saúde dos indivíduos, deixando de enxergar a doença apenas como aspecto biológico, e sim como problema de saúde produzido pela sociedade. Dessa forma, a OMS orienta que a CIF seja utilizada na prática clínica para descrição do estado de saúde funcional do paciente e de seus determinantes, auxiliando no processo de diagnóstico para posterior registro e documentação das informações pelo fisioterapeuta.

A CIF conta com mais de 1.400 categorias e, visando facilitar sua aplicação, foram desenvolvidas listas resumidas por grupos de especialistas da área de fisioterapia em oncologia, sendo denominados de *core sets*. Estes referem-se ao conjunto das principais categorias da CIF que descrevem de forma específica o estado de funcionalidade das pessoas com uma determinada condição de saúde. Podem-se citar, por exemplo, os *core sets* para tumores localizados na mama, cabeça e pescoço, próstata, colo do útero e para sobreviventes do câncer.

A seguir serão descritas as possíveis deficiências relacionadas ao câncer e ao seu tratamento nos seguintes sistemas: cardiovascular, respiratório e osteoneuromuscular, bem como alguns dos instrumentos de avaliação quantitativa para mensuração das deficiências, da limitação das atividades e da restrição à participação do paciente oncológico.

AVALIAÇÃO DAS ALTERAÇÕES DO SISTEMA CARDIOVASCULAR NA ONCOLOGIA

A disfunção cardíaca pode ser associada a alguns esquemas de quimioterapia frequentemente empregados no tratamento do câncer. A patogênese da cardiomiopatia possui relação muito próxima com o descondicionamento físico resultante dos efeitos diretos do tratamento do câncer, inclusive a quimioterapia pode gerar comprometimento da função sistólica a ponto de conduzir à insuficiência cardíaca (Figura 2).

Com frequência, essas lesões acontecem no contexto de um estilo de vida desfavorável à saúde em decorrência da ação sinérgica da inatividade física e do ganho ponderal, principalmente na forma de massa gorda, comumente encontrados nos sobreviventes de câncer.

O fisioterapeuta deve reconhecer os padrões de alteração funcional no sistema cardiovascular e correlacioná-los com a anamnese (sinais e sintomas), os tratamentos realizados, os parâmetros cardiovasculares (frequência cardíaca, pressão arterial, saturação periférica de oxigênio – SpO_2), os exames laboratoriais (concentração de hemoglobina, saturação arterial e venosa central, e lactato sanguíneo) e utilizar ferramentas para avaliação da dispneia, bem como da percepção de esforço (índice de percepção de esforço – IPE, a escala de Borg e o equivalente metabólico – MET).

O reconhecimento da queixa principal é de grande relevância para nortear a localização da deficiência relacionada ao sistema cardiovascular. A dispneia aos esforços, o edema em membros inferiores e a turgência da jugular podem estar relacionados à presença de insuficiência cardíaca congestiva. Já a taquipneia, sudorese e palidez cutânea podem indicar sinais de baixo débito cardíaco.

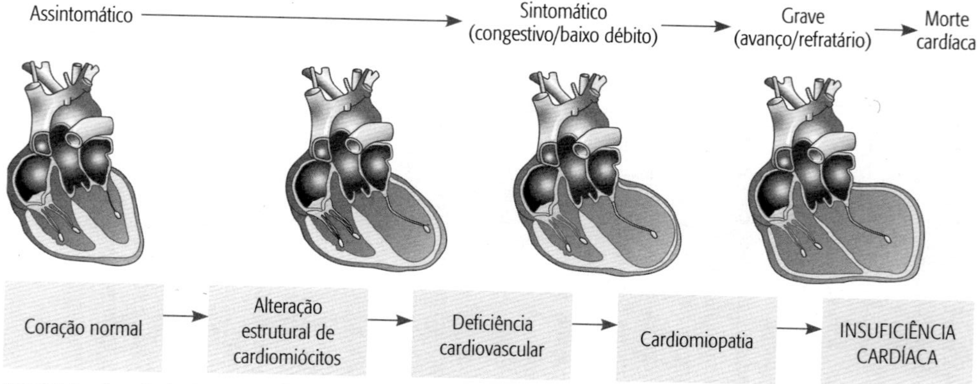

FIGURA 2 Sequência de eventos que conduzem à disfunção cardíaca na quimioterapia relacionada ao câncer.
Fonte: adaptada de Lipshultz et al, 2013.

AVALIAÇÃO DAS ALTERAÇÕES DO SISTEMA RESPIRATÓRIO NA ONCOLOGIA

A insuficiência respiratória aguda (IRpA) pode ocorrer em 30% dos pacientes com câncer como consequência da toxicidade e se associa como a principal causa de internação em unidade de terapia intensiva (UTI) nessa população. Possui elevada mortalidade, alcançando taxas de 50%, ou superiores a esta nos indivíduos em uso de ventilação mecânica.

A radiação no tórax é um fator de risco significativo e se associa a eventos pulmonares tardios, tais como pneumonite e fibrose pulmonar. Adicionalmente, quimioterápicos como bleomicina e adriamicina são capazes de elevar o risco de pneumonia por radiação. A cronificação da lesão pulmonar inicia após alguns meses e progride de forma gradual ao longo dos anos, ocorrendo aproximadamente entre 6 a 24 meses após a radioterapia. Como alguns pacientes podem ser assintomáticos, a dispneia pode surgir em graus variados.

A cirurgia de ressecção pulmonar (RP) é o tratamento indicado para o câncer de pulmão (CP) quando o tumor se encontra localizado e sem disseminação, podendo ser acompanhada de quiomioterapia e radioterapia neoadjuvantes. Porém, a ressecção do parênquima pulmonar representa risco de perda funcional pulmonar, bem como uma diminuição da capacidade de realização das AVD, deterioração da qualidade de vida (QV) e risco de morte. Estima-se que a perda funcional no volume expiratório forçado no primeiro segundo (VEF1) seja de aproximadamente 8 a 15% para lobectomia, e de 25 a 50% para pneumectomia.

Durante a anestesia geral, a posição supina e a ventilação mecânica invasiva promovem alterações na mecânica ventilatória por prejudicar a ação do diafragma, o que resulta em redução dos volumes e das capacidades pulmonares, promovendo distúrbios na relação ventilação-perfusão que prejudicam a complacência pulmonar e predispõem ao aparecimento da hipoxemia. A persistência das áreas de atelectasia no pós-operatório, associada à disfunção transitória da musculatura respiratória e eventual dor ventilatório-dependente após cirurgias torácicas e/ou abdominais, podem resultar em aumento do trabalho respiratório, podendo estar associadas a disfunção diafragmática. Assim, sintomas como dispneia e intolerância aos esforços podem ser causados em virtude da fraqueza dos músculos inspiratórios. O diagnóstico costuma ser tardio, pois grande parte dos protocolos de investigação de dispneia não inclui a avaliação da força muscular respiratória.

Na seleção dos candidatos à RP, torna-se fundamental a avaliação da reserva pulmonar para a estraficação do risco cirúrgico por meio da espirometria, da capacidade de difusão do monóxido de carbono (DLCO), bem como por testes relacionados à capacidade funcional (shuttle walking test – SWT, teste da escada e o teste de caminhada de seis minutos – TC6).

De acordo com as recomendações do American College of Chest Physicians (ACCP) e a British Thoracic Society (BTS), pacientes com DLCO ou VEF1ppo > 60% são considerados aptos para a lobectomia e com DLCO ou VEF1ppo > 80% para a pneumectomia, sendo estes classificados como baixo risco para a cirurgia e não necessitando de avaliação adicional. Pacientes com DLCO ou VEF1 (ppo) entre 30 e 60% devem ser submetidos ao SWT ou ao teste da escada para avaliar a tolerância ao exercício. Considera-se como baixo risco para a RP uma distância percorrida > 400 metros no SWT ou > 22 metros no teste de subida da escada.

Apesar de o TC6 não ter sido citado nas diretrizes da ACCP e BTS, ele é amplamente utilizado para avaliar a resposta de um indivíduo ao exercício e propicia uma análise global do sistema respiratório, cardíaco e metabólico. Uma distância percorrida pelo TC6 < 350 metros está associada a um pior prognóstico e aumento da mortalidade, bem como relaciona-se a distância percorrida no TC6 < 500 metros como um fator preditor de complicações pulmonares pós-operatórias e do aumento do tempo de internação hospitalar após cirurgia de RP.

Diante da presença de função pulmonar limítrofe e/ou da redução da capacidade funcional, estes devem ser submetidos a ergoespirometria e/ou cintilografia de perfusão.

A investigação de sintomas respiratórios (tosse, dispneia, dor torácica, hemoptise) e constitucionais (fadiga e emagrecimento) são de grande relevância durante a anamnese, pois podem predizer desfechos prognósticos.

Nesse contexto, é extremamente importante o fisioterapeuta reconhecer os padrões de alteração funcional no sistema respiratório e correlacioná-los com a anamnese, os tratamentos realizados e os parâmetros respiratórios (frequência respiratória, padrão ventilatório, SpO_2 e presença de desconforto respiratório). Da mesma forma, exames específicos como o pico de fluxo expiratório, força muscular respiratória, espirometria e a DLCO podem auxiliar na avaliação da função pulmonar. Todavia, podem ser utilizados o raio X de tórax, a tomografia computadorizada de tórax e ultrassonografia pulmonar como recursos importantes na determinação da avaliação de condições pulmonares como atelectasia, derrame pleural, consolidação, entre outras. Adicionalmente, o uso de novas tecnologias, tais como a tomografia por impedância elétrica (TIE), poderá facilitar a avaliação funcional da ventilação pulmonar regional e da perfusão pulmonar.

AVALIAÇÃO DAS ALTERAÇÕES DO SISTEMA OSTEONEUROMUSCULAR NA ONCOLOGIA

As repercussões sistêmicas do tratamento oncológico impactam o sistema ósseo e incluem um risco aumentado, em longo prazo, para o desenvolvimento de osteoporose decorrente da perda de massa óssea relacionada diretamente à desregulação da remodelação óssea e, de forma indireta, ao hipogonadismo e nefrotoxicidade associados. Os tratamentos associados a esses efeitos incluem os glicocorticoides e fármacos antineoplásicos como a doxorrubicina e carboplatina utilizados isoladamente, bem como o uso combinado de 5-fluorouracil, leucovorina e irinotecano (FOLFIRI), que estão diretamente associados à redução significativa do volume ósseo, ao desenvolvimento de fraturas, bem como à atrofia muscular e seus efeitos prognósticos negativos sobre o estado de funcionalidade.

A associação da utilização desses medicamentos com hábitos de vida desfavoráveis (alimentação inadequada e inatividade física), durante o tratamento e após a sua finalização, relaciona-se a fraturas por fragilidade que são comumente encontradas na coluna vertebral, no quadril e punho. As taxas de perda de massa óssea ocasionadas pela quimioterapia podem ser 10 vezes maiores em comparação com a população geral.

A redução de massa muscular é comum e pode variar amplamente nesses pacientes, podendo conduzir ao diagnóstico de sarcopenia, condição definida por reduzida massa muscular esquelética (miopenia), associada com a diminuição da força muscular (dinapenia) e do desempenho funcional. O tratamento pode agravar a perda ponderal e então conduzir o paciente a um estado mais avançado de depleção muscular, desempenho físico e pior prognóstico, condição esta denominada caquexia. A caquexia foi definida como perda ponderal de pelo menos 5% ou mais em período igual ou inferior a 12 meses na presença de doença prévia, associada a três dos seguintes critérios: dinapenia, fadiga, anorexia, reduzido índice de massa livre de gordura ou modificações bioquímicas como elevação de marcadores inflamatórios: proteína C reativa > 5,0 mg/L, IL-6 > 4,0 pg/mL, anemia e hipoalbuminemia (< 3,5 g/dL). Pacientes tratados com quimioterapia neoadjuvante passam por significativa miopenia e dinapenia.

A obesidade sarcopênica está relacionada à miopenia, menor sobrevida e complicações do tratamento oncológico, especialmente em pacientes com tumores avançados do pulmão e do trato gastrointestinal, pois apresenta elevada perda de massa muscular e um incremento em seu percentual de gordura corporal (Figura 3). Além disso, essa condição é bastante prevalente em pacientes com câncer avançado e atinge, em média, 9% dessa população. Além disso, um a cada quatro pacientes com IMC de 30 kg/m^2 é sarcopênico.

Pacientes em radioterapia para cânceres de cabeça e pescoço, tórax, mama, abdominal e pelve evoluem com perda de massa muscular global quando se compara o início com o final da radioterapia, bem como aos três meses após o fim do tratamento, ocasionando diminuição da capacidade funcional, piora na qualidade de vida, maior tempo de permanência no hospital e aumento da morbimortalidade.

A dinamometria tem sido recomendada como uma alternativa para avaliar a força muscular e se correlaciona com a força muscular global. Em idosos, a confirmação da dinapenia pode ser obtida quando os valores de força de preensão são menores que 20 kgf (nas mulheres) e 30 kgf (nos homens), além de servir para o diagnóstico de sarcopenia e fraqueza adquirida na UTI quando os valores são inferiores a 7 kgf (mulheres) e 11 kgf (homens).

AVALIAÇÃO DAS ATIVIDADES DE VIDA DIÁRIA

O estado de incapacidade está relacionado à limitação para a realização das AVD, experimentadas em pacientes com câncer e de acordo com a CIF. A capacidade está relacionada à aptidão que o indivíduo apresenta para a execução das atividades e participação em um ambiente padronizado. Já o desempenho descreve as atividades que o indivíduo executa e sua participação rotineiramente. Dessa forma, a CIF considera tanto o que é possível realizar em um ambiente-padrão de teste (como capacidade) quanto o seu desempenho na realização das atividades na vida real.

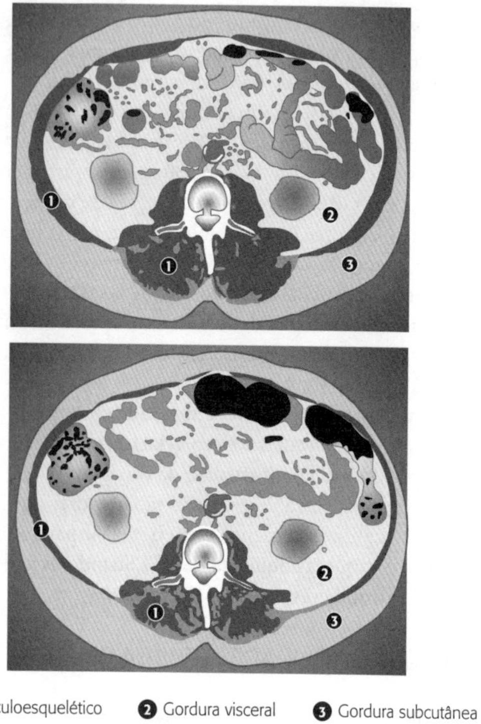

FIGURA 3 As imagens lombares transversais axiais foram realizadas com 10 meses de intervalo e pertencem a um paciente masculino com diagnóstico de câncer de pulmão de não pequenas células no estágio IV. Nos dois momentos, o IMC foi de 30,7 kg/m^2. No primeiro registro temporal (imagem superior), os índices foram: área muscular 172,5 cm^2; área gorda 452 cm^2; no segundo registro (imagem inferior), o paciente tornou-se sarcopênico: área muscular 86,7 cm^2; área gorda 506 cm^2.

Fonte: adaptada de Baracos, Arribas, 2018.

O conhecimento sobre os componentes funções e atividades, necessários para o movimento humano, direciona a escolha de instrumentos de avaliação visando sua posterior classificação em categorias/subcategorias e qualificadores, gerando códigos. Esses códigos podem ser utilizados para descrição do estado de funcionalidade ou do estado de incapacidade de pacientes oncológicos, estabelecendo uma linguagem padronizada. Ressalta-se que a descrição das atividades pela CIF pode ou não interagir com deficiências das várias estruturas e funções corporais.

As funções essenciais para andar (d450) integram a combinação de orientação (b114), vestibular (b235), controle dos movimentos voluntários (b760), força muscular (b730), tônus (b735), mobilidade das articulações (b710), suporte estrutural dos ossos (s7700), ligamentos e tendões (s7701), além dos fatores ambientais, das barreiras e facilitadores relacionados. Dessa forma, é possível analisar funções específicas do corpo e ações mais complexas relacionadas aos vários sistemas corporais.

Visto que o ato de andar é uma das principais atividades da vida diária, vários testes e escalas têm sido utilizados para medir a capacidade funcional do paciente oncológico no contexto ambulatorial e hospitalar. Um dos instrumentos utilizados para avaliar os elementos que compõem o quadro com o olhar para a funcionalidade em pacientes oncológicos é a *Eastern Cooperative Oncology Group* (ECOG-PS), que mensura especificamente o estado funcional de pacientes com câncer e sua evolução ao longo do tratamento. Pode ser utilizada, ainda, a Escala de *Performance* de Karnofsky, em que seu resultado classifica a habilidade de uma pessoa para executar suas atividades e avalia o progresso alcançado durante e após a realização do tratamento.

Outras ferramentas não específicas para pacientes oncológicos, mas que podem ser utilizadas em pacientes clínicos e hospitalares é o *Timed Up and Go Test* (TUGT). Este surge como um possível instrumento, de fácil aplicabilidade e custo reduzido, para o rastreamento da sarcopenia. Pode-se ainda avaliar a capacidade de os pacientes realizarem suas AVD utilizando a Escala de Barthel ou a Medida de Independência Funcional (MIF), as quais demonstraram as possíveis limitações nas atividades desses indivíduos.

Frequentemente, esses pacientes podem estar internados na UTI e sua avaliação da capacidade funcional é de extrema importância, podendo ser utilizadas escalas adaptadas transculturalmente e validadas, tais como a *Perme Escore* (*Perme Intensive Care Unit Mobility Score*), a Escala de Mobilidade em UTI (*ICU Mobility Scale*), a Escala de Estado Funcional em UTI (*FSS-ICU – Functional Status Score for the ICU*) e a *Chelsea Critical Care Physical Assessment Toll* (Cpax).

AVALIAÇÃO DA PARTICIPAÇÃO

O *World Health Disability Assessment Schedule* (WHODAS 2.0) é um instrumento de fácil aplicação, desenvolvido pela OMS, fundamentado no arcabouço teórico-conceitual da CIF. É uma ferramenta genérica que utiliza seis domínios de vida (cognição, mobilidade, autocuidado, relações interpessoais, atividades da vida e participação social) para fornecer uma medição comum e confiável do impacto de qualquer condição de saúde sobre a funcionalidade. Foi adaptado transculturalmente para uso no Brasil em 2015 e é possível utilizar três versões com diferença no número total de questões: 36 questões; 12 questões; e 12+24 questões.

Uma revisão sistemática realizada com o objetivo de identificar e discutir os instrumentos capazes de mensurar os códigos do *core set* da CIF para câncer de mama, evidenciou que o WHOQOL-Bref foi o instrumento mais abrangente encontrado na literatura. Outro instrumento que pode ser aplicado para avaliar o impacto do câncer e do tratamento sobre a qualidade de vida, incluindo a participação social, é o SF-36.

CONSIDERAÇÕES FINAIS

Os métodos diagnósticos que avaliam o estado de funcionalidade em uma situação de saúde são descritos e materializados por meio da utilização da CIF, após a devida aplicação da regra de ligação entre o instrumento de avaliação e a referida classificação. Tais métodos são de extrema importância para pacientes oncológicos, independentemente do órgão (estrutura anatômica) acometido. Além disso, a associação de outras ferramentas com foco na saúde funcional, a partir do diagnóstico funcional no sistema acometido, no impacto sobre as limitações geradas no desempenho das atividades, bem como as restrições sobre a participação dos pacientes na sociedade são determinantes para uma intervenção terapêutica adequada.

BIBLIOGRAFIA RECOMENDADA

1. Argiles JM, Lopez-Soriano FJ, Toledo M, Betancourt A, Serpe R, Busquets S. The cachexia score (CASCO): a new tool for staging cachectic cancer patients. J Cachexia Sarcopenia Muscle. 2011; 2(2):87-93.
2. Baracos VE, Arribas L. Sarcopenic obesity: hidden muscle wasting and its impact for survival and complications of cancer therapy. Annals of Oncology. 2018;29(Supplement 2):ii1-ii9.
3. Brasil ACO. Promoção de Saúde e a Funcionalidade Humana. Revista Brasileira em Promoção da Saúde. 2013;26(1):1-4.
4. Carvalho ESV, Leão ACM, Bergmann A. Funcionalidade de pacientes com neoplasia gastrointestinal alta submetidos ao tratamento cirúrgico em fase hospitalar. ABCD Arq Bras Cir Dig. 2018;31(1):1-5.
5. Carvalho FN, Koifman RJ, Bergmann A. International Classification of Functioning, Disability, and Health in women with breast cancer: a proposal for measurement instruments. Cad. Saúde Pública. 2013;29(6):1083-93.
6. Carvalho FNC, Bergmann A, Carvalho FN, Koifman JR. Functionality in Women with Breast Cancer: The Use of International Classification of Functioning, Disability and Health (ICF) in Clinical Practice. J Phys Ther Sci. 2014;26(5):721-30.

7. Castaneda L, Alves JCT, Dantas THM, Dantas DS. Identificação de conceitos da Classificação Internacional de Funcionalidade, Incapacidade e Saúde em medidas de qualidade de vida para o câncer de colo do útero. Revista Brasileira de Cancerologia. 2018;64(4):509-16.
8. Castro SS, Leite CF, Osterbrock C, Santos MT, Adery R. Avaliação de Saúde e Deficiência: Manual do WHO Disability Assessment Schedule (WHODAS 2.0). Uberaba: Universidade Federal do Triângulo Mineiro; 2015.
9. Cruz-Jentoft AJ, Baeyens JP, Bauer JM, Boirie Y, Cederholm T, Landi F, et al. Sarcopenia: European consensus on definition and diagnosis: Report of the European Working Group on Sarcopenia in Older People. Age Ageing. 2010; 39(4):412-23.
10. Lipshultz SE, Adams MJ, Colan SD, Constine LS, Herman EH, Hsu DT, et al. Long-term cardiovascular toxicity in children, adolescents, and young adults who receive cancer therapy: pathophysiology, course, monitoring, management, prevention, and research directions: a scientific statement from the American heart association. Circulation. 2013;128(17):1927-95.
11. Miranda Rocha AR, Martinez BP, Maldaner da Silva VZ, Forgiarini Junior LA. Early mobilization: Why, what for and how? Med Intensiva. 2017;41(7):429-36.
12. Nogueira IC, Araújo AS, Morano MT, Cavalcante AG, Bruin FP, Paddison JS, et al. Assessment of fatigue using the Identity-Consequence Fatigue Scale in patients with lung cancer. J Bras Pneumol. 2017;43(3):169-75.
13. Nogueira IC, Pereira EDB. Validação da escala de identificação e consequências da fadiga e avaliação da fadiga em pacientes com câncer de pulmão submetidos à ressecção pulmonar: estudo longitudinal [Tese — Doutorado em Ciências Médicas]. Fortaleza: Faculdade de Medicina da Universidade Federal do Ceará; 2016.
14. Oken MM, Creech RH, Tormey DC, Horton J, Davis TE, McFadden ET, et al. Toxicity and response criteria of the Eastern Cooperative Oncology Group. Am J Clin Oncol. 1982;5(6):649-55.
15. Organização Mundial da Saúde. Classificação Internacional de Funcionalidade, Incapacidade e Saúde. São Paulo: Edusp; 2003.

Tumores sólidos *versus* hematológicos: principais diferenças

11

Amanda Estevão da Silva
Rodrigo Daminello Raimundo

INTRODUÇÃO

A imagem que remete ao câncer, na maioria dos casos, é aquela que representa fisicamente a doença, como nódulos e/ou massas crescentes, de aspecto sólido, localizados em determinada região do corpo.

Os tumores sólidos representam cerca de 90% de todos os casos de neoplasias malignas existentes; entretanto, qualquer célula do organismo pode sofrer mutação, inclusive as células sanguíneas e/ou do sistema linfático, originando os tumores hematológicos, conhecidos como neoplasias líquidas.

PRINCIPAIS DIFERENÇAS ENTRE TUMORES SÓLIDOS E HEMATOLÓGICOS

Tumores hematológicos

São neoplasias líquidas circulantes, que se originam nas células sanguíneas ou nas células do sistema linfático.

TABELA 1 Principais diferenças entre os tumores sólidos e os hematológicos.

Tumores	Tumores sólidos	Tumores hematológicos
Origem	Restritos ao órgão de origem.	Tecido hematológico ou sistema linfático, caracterizado por uma lesão circulante.
Sintomas	Relacionados ao local de instalação ou metástase (p. ex., nódulo na mama e tosse com hemoptise).	Inespecíficos, confundidos com uma série de outras doenças (p. ex., febre e fadiga).
Incidência	90% de todos os tumores.	7-10% de todos os tumores.
Diagnóstico	Exames de imagem e biópsia incisional ou agulhadas.	Biópsia de medula óssea ou biópsia de linfonodo.
Metástase	Ocorre com a progressão da doença.	Já está na circulação (origem).
Tratamentos	O principal tratamento é o locorregional*.	Como as células são circulantes, o tratamento inclui terapias sistêmicas com quimioterápicos e terapias-alvo**.

* A quimioterapia é utilizada quando se objetiva a redução do tumor sólido ou para doenças metastáticas. ** Em alguns casos, radioterapia pode ser administrada.

Os tumores hematológicos manifestam-se por meio sintomas inespecíficos e generalizados, o que dificulta o diagnóstico inicial e precoce da doença. Na maioria dos casos o diagnóstico preciso das patologias onco-hematológicas só ocorre após o aparecimento de sintomas mais específicos, como sangramento importante, infecção grave de difícil resolução e níveis incapacitantes de fadiga.

Os principais tipos de tumores hematológicos são as leucemias, os linfomas e o mieloma múltiplo.

Leucemias

Segundo o biênio 2018-2019 determinado pelo Instituto Nacional do Câncer (INCA), para o Brasil estimam-se 5.940 novos casos de leucemia. De acordo com o *ranking* da estimativa de incidência do câncer no Brasil (exceto o câncer de pele não melanoma), a leucemia ocupa o nono lugar na população masculina e o décimo lugar na população feminina.

Os tipos mais comuns de leucemia são: leucemia linfoide e mieloide, ambas agudas ou crônicas.

Leucemia mieloide aguda (LMA)

Caracterizada pela proliferação de clone celular de origem mieloide sem capacidade de diferenciação e com a presença de um número de blastos elevados na periferia, a LMA é mais comum em idosos. Os sintomas são decorrentes da falência medular, como cansaço, fraqueza, palidez, sangramentos no geral ligados a plaquetopenia e quadros infecciosos secundários a imunodeficiência; pode ocorrer também infiltração de órgãos e/ou tecidos pelo clone leucêmico.

Com as terapias atuais, a sobrevida em longo prazo, em casos de bom prognóstico, pode chegar a 70%.

O tratamento é realizado com poliquimioterapia e é dividido em três fases: suporte, indução da remissão completa e tratamento pós-remissão.

Leucemia mieloide crônica (LMC)

É uma doença mieloproliferativa clonal, caracterizada pela presença do cromossomo Philadelphia (Ph). Essa anormalidade genética de causa desconhecida (podendo a radiação ter associação em determinados casos) é característica dos pacientes com LMC.

Todas as faixas etárias podem ser acometidas, incluindo crianças (mais raro), entretanto a média de idade de aparecimento é aos 45 anos, sendo ligeiramente mais comum em homens.

O sintoma mais comum é a esplenomegalia, além de fadiga, sudorese e perda de peso.

A terapia-alvo (imatinibe) revolucionou o tratamento da LMC, resultando em melhor qualidade de vida e maior sobrevida.

Leucemia linfoide aguda (LLA)

A LLA caracteriza-se pela proliferação clonal de linfoblastos na medula óssea e no sangue periférico. As células ocupam toda a medula óssea e interferem no crescimento e desenvolvimento das demais células ali formadas.

É a neoplasia mais frequente da infância, sua incidência aumenta após os 40 anos e é mais comum no sexo masculino.

Os sintomas também são relacionados a anemia, plaquetopenia e neutropenia. Além destes, os pacientes podem apresentar adenomegalias e/ou hepatoesplenomegalia.

Em alguns casos pode ser observada a infiltração da célula leucêmica no sistema nervoso central (SNC), sendo os sintomas mais comuns cefaleia, paralisia dos nervos cranianos e sintomas de hipertensão craniana.

Em crianças também pode ocorrer infiltração óssea, manifestando-se por meio de sinais inflamatórios articulares.

O tratamento consiste em quatro etapas de administração de poliquimioterapia, sendo elas: indução da remissão, consolidação, manutenção e profilaxia de infiltração para o SNC.

O transplante de células tronco hematopoiéticas (TCTH) alogênico (ver Capítulo 12) é indicado para indivíduos que não apresentam resposta ao tratamento convencional ou com alto risco de recidiva.

Leucemia linfoide crônica (LLC)

É caracterizada pela proliferação clonal de um linfócito B maduro, com altos graus de anaplasia.

A LLC é a mais comum das leucemias, representando 30% de todos os casos. O único fator de risco para esse tipo de leucemia é o histórico familiar, e sua incidência aumenta com a idade.

Ao diagnóstico cerca de 50% dos pacientes são assintomáticos, sendo o diagnóstico acidental por linfocitose no sangue periférico.

A evolução da doença se relaciona com o aparecimento de linfonodomegalia, hepatomegalia e esplenomegalia.

O curso da LLC é heterogêneo. Parte dos pacientes apresenta grande sobrevida mesmo sem tratamento quimioterápico, e outros apresentam evolução agressiva e curta sobrevida. Portanto, a indicação de tratamento para LLC varia de acordo com a manifestação dos sintomas, podendo ser tratada com poliquimioterapia e anticorpos monoclonais.

Linfomas

São neoplasias malignas originadas nos linfócitos, células do sistema linfático, sendo divididos em dois grupos: os linfomas de Hodking e os linfomas de não Hodking. Essa diferenciação é determinada pelos fatores morfológicos da célula acometida.

Linfoma de Hodking (LH)

Segundo o biênio 2018-2019 determinado pelo INCA, para o Brasil estimam-se 1.480 novos casos de LH. De acordo com o *ranking* de estimativa da incidência de câncer no Brasil (exceto o câncer de pele não melanoma), o LH ocupa o décimo quarto lugar na população masculina e o décimo sétimo na população feminina. O LH corresponde a 30% de todos os linfomas e pode ocorrer em qualquer faixa etária, sendo mais incidente dos 15-40 anos.

Trata-se de uma neoplasia que possui característica microscópica conhecida, denominada células multinucleadas de Reed-Sternberg. Normalmente, os pacientes portadores de LH apresentam antecedentes de mononucleose infecciosa.

Em grande parte dos casos, o LH acomete os linfonodos cervicais e/ou intratorácico. O acometimento extranodal é raro, podendo-se observar acometimento do baço e da medula óssea.

A doença se manifesta com linfonodomegalias progressivas, febre, emagrecimento, sudorese e prurido noturno.

O tratamento do LH envolve quimioterapia, podendo ou não se associar a radioterapia. As taxas de cura são altas se o tratamento adequado for realizado após uma detecção precoce da doença.

Linfoma não Hodking (LNH)

Segundo o biênio 2018-2019 determinado pelo INCA, para o Brasil estimam-se 5.370 novos casos de LNH. De acordo com o *ranking* de estimativa da incidência do câncer no Brasil (exceto o câncer de pele não melanoma), o LNH ocupa o décimo primeiro lugar para ambos os sexos.

Os LNH compreendem um grupo heterogêneo de doenças malignas do sistema linfático e são classificados de acordo com a célula linfoide madura acometida, sendo elas o linfócito B, T ou NK. Essa informação é de extrema importância para determinar o tratamento da doença.

Existem mais de 40 subtipos de LNH; a evolução da doença varia de acordo com o tipo de linfoma, podendo ser rápida e agressiva ou insidiosa e lenta. Dessa forma, os LNH são divididos em linfomas indolentes e linfomas agressivos.

Os linfomas agressivos são mais incidentes e frequentemente apresentam origem linfonodal, mas têm capacidade de acometer qualquer órgão e/ou tecido.

Por se tratar de uma doença extremamente agressiva, o diagnóstico e o tratamento precoces impactam diretamente na taxa de sobrevida.

O tratamento dos LNH envolve poliquimioterapia, podendo ou não se associar a radioterapia. Os pacientes que falham nessa primeira linha de tratamento são avaliados quanto à possibilidade de realização do TMO.

Mieloma múltiplo (MM)

É caracterizado pela malignização dos plasmócitos na medula óssea, pela presença de imunoglobulinas monoclonais no sangue e/ou na urina e por lesões osteolíticas.

Ocorre principalmente após os 70 anos, e os principais sintomas são dor óssea que piora a movimentação, diminuição da altura por colapso de vértebras, anemia (acompanhada de fraqueza e fadiga) e infecções de repetição.

A presença aumentada de paraproteína pode se relacionar com a síndrome de hiperviscosidade, que está diretamente relacionada à interferência na função plaquetária, associando-se a sangramentos anormais, epistaxe e quadro respiratório com alterações radiológicas (que comumente e erroneamente podem sugerir edema agudo de pulmão).

A compressão medular também pode estar presente e está associada a plasmocitomas ou fraturas compressivas nas vértebras. Tal acometimento ósseo ocorre devido ao desequilíbrio entre a absorção e a formação óssea (função osteoblástica e osteoclástica). Vale ressaltar que a doença óssea é a principal causa de morbidade do MM.

A insuficiência renal ocorre em 40% dos pacientes, sendo secundária a hipercalcemia e o rim do mieloma (doença renal relacionada ao mieloma).

TUMORES SÓLIDOS

Os tumores sólidos são categorizados de acordo com a localização anatômica, característica histológica e comportamento da célula; podem ser classificados como benignos e malignos.

Diferenças entre neoplasias benignas e malignas

Diferenças histológicas

TABELA 2 Diferenciação entre os tumores sólidos: benignos e malignos

Neoplasia sólida	Benigna	Maligna
Tipo de crescimento	Expansivo	Infiltrativo
Fluxo de crescimento	Baixo	Rápido
Grau de diferenciação	Bem diferenciada	Anaplásica
Limite de lesão	Definido	Impreciso
Mitoses	Raras	Frequentes
Necrose	Ausente	Presente
Cápsula	Presente	Rara ou ausente
Metástase	Não ocorre	Frequente

Diferenças classificatórias e de nomenclatura

A nomenclatura e a classificação dos tumores são determinadas pela origem das células do parênquima.

- Para tumores benignos é utilizado o nome da célula de origem + o sufixo "oma".
- Para tumores malignos é utilizado o nome da célula de origem + o sufixo "carcinoma" (para neoplasia de origem epitelial) ou "sarcoma/blastoma" (para neoplasia de origem mesenquimal).

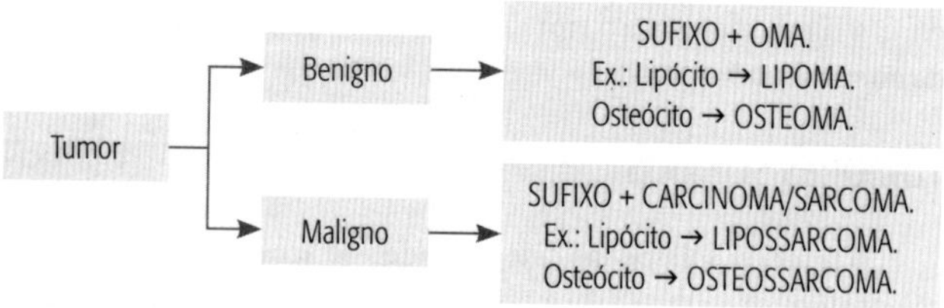

FIGURA 1 Nomenclatura dos tumores sólidos: benignos e malignos.

Essa regra não se aplica a alguns tumores do SNC, aos tumores hematológicos e ao melanoma, assim como aos tumores epônimos (p. ex., o tumor de Wilms).

Tumores sólidos malignos

As neoplasias malignas sólidas são massas tumorais que em geral ficam restritas às barreiras teciduais durante os estágios iniciais da progressão tumoral até adquirirem características invasivas, quando então conseguem se desprender do local de origem e colonizar novos sítios.

Os tumores sólidos malignos são classificados de acordo com a origem embrionária dos tecidos em que o tumor se inicia, podendo ser de origem epitelial ou mesenquimal.

Os tumores malignos de origem epitelial se originam nos epitélios de revestimento interno/externo e no tecido glandular; recebem o nome de carcinoma e adenocarcinoma, sucessivamente. Esses tumores têm a via linfática como principal trajeto de metástase.

Os tumores malignos de origem mesenquimal se originam nos tecidos conjuntivos e recebem o nome de sarcomas ou blastomas. Esses tumores têm a via hematogênica como principal trajeto de metástase.

Os tumores de origem epitelial são mais incidentes que os de origem mesenquimal por acometerem células que têm uma taxa de divisão celular maior.

Os tumores malignos sólidos são classificados pelo sistema TNM. Esse critério é baseado em três componentes: T – relacionado ao tamanho do tumor; N – linfonodo de drenagem regional acometido; e M – presença ou ausência de metástase a distância. Essa classificação é primordial para o planejamento do tratamento, prognóstico, acompanhamento de resultados e facilitação de comunicação entre os locais de acompanhamento oncológico.

Tecido de origem epitelial		→ Metástase via hematogênica
Glândulas	Adenocarcinoma	
Revestimento (escamoso)	Carcinoma escamocelular ou epidermoide	
Tecido de origem mesenquimal		→ Metástase via linfática
Osso	Osteossarcoma	
Cartilagem	Condrossarcoma	
Músculo liso	Leiomiossarcoma	
Músculo estriado	Rabdomiossarcoma	
Gordura	Lipossarcoma	
Vasos sanguíneos	Angiossarcoma	

FIGURA 2 Classificação dos tumores sólidos malignos.

As informações dos três itens do TNM permitem o estadiamento clínico da doença que varia de 0 até IV. Quanto menor o estadiamento, melhor o prognóstico da doença (estágios iniciais).

FISIOTERAPIA NOS TUMORES SÓLIDOS *VERSUS* TUMORES HEMATOLÓGICOS

Independentemente do tipo de câncer, a fisioterapia visa preservar e recuperar a integridade funcional dos pacientes, além de prevenir complicações causadas pelo tratamento oncológico que podem comprometer sua independência, como diminuição da força muscular, adinamia, queda do condicionamento cardiovascular e, no caso das crianças, atraso no desenvolvimento neuropsicomotor.

A fadiga oncológica encontra-se presente em 75-95% dos pacientes oncológicos e impacta diretamente na sua qualidade de vida.

Os pacientes onco-hematológicos contam com a quimioterapia, a radioterapia, a terapia-alvo e o TCTH como principais ferramentas de tratamento. Isso faz com que esses pacientes passem um longo período em situação de pancitopenia, portanto é importante que o fisioterapeuta atente para as adaptações necessárias na prescrição de exercício (de acordo com o hemograma), na utilização das manobras de higiene brônquica e na indicação e contraindicação da ventilação não invasiva (ver Capítulos 12, 16 e 18).

Os pacientes com tumores sólidos, principalmente em estágio inicial da doença, contam com tratamento locorregional (cirurgia e radioterapia) como principal ferramenta de tratamento. Essas terapêuticas estão diretamente ligadas a alterações de mobilidade articular, retrações cicatriciais, linfedema, seroma, alterações respiratórias, fadiga oncológica, entre outros. As alterações variam de acordo com o local de abordagem, a extensão cirúrgica e a recepção da radioterapia.

BIBLIOGRAFIA RECOMENDADA

1. Almeida EMP, et al. Exercício em pacientes oncológicos: reabilitação. Acta Fisiatr. 2012;19(2):82-9.
2. Brito CMM, et al. Manual de reabilitação em oncologia do Icesp. Barueri: Manole; 2014.
3. Castro MAA. Estudo da diversidade tumoral e desenvolvimento de ferramenta de bioinformática para análise citogenética e molecular de neoplasias sólidas [Tese – doutorado em Bioquímica]. Ciências Básicas da Saúde, Porto Alegre, Universidade Federal do Rio Grande do Sul; 2009.
4. Instituto Nacional de Câncer (Brasil). ABC do câncer: abordagens básicas para o controle do câncer/Instituto Nacional de Câncer. Rio de Janeiro: Inca; 2011.
5. Instituto Nacional de Câncer (Brasil). Estimativa 2018: incidência de câncer no Brasil/Inca. Coordenação de Prevenção e Vigilância – Rio de Janeiro: Inca; 2017.
6. Jones S, et al. Comparative lesion sequencing provides insights into tumor evolution. Proc Natl Acad Sci USA. 2008;18;105(11):4283-8.
7. Juliusson G, Hough R. Leukemia. Prog Tumor Res. 2016;43:87-100.
8. Martins MA, et al. Clínica médica. 2.ed. Barueri: Manoel; 2016. v.3.
9. Noble S. Palliation for haematological and solid tumours: what difference? The Lancet Haematology. 2015;2(8):309-301.

12 Fisioterapia no transplante de células-tronco hematopoiéticas

Indiara Soares Oliveira Ferrari
Jaqueline dos Santos Custódio
Valéria Ferreira dos Santos Lino

INTRODUÇÃO

O uso da medula óssea para tratar doenças, mais especificamente a leucemia, iniciou-se em 1981. No Brasil, o transplante de medula óssea é realizado desde a década de 1970.

Anteriormente, as células-tronco hematopoiéticas (CTH) eram obtidas apenas da medula óssea (cristas ilíacas). Hoje essas células são coletadas através do sangue periférico (aférese) e do sangue de cordão umbilical, constituindo o transplante de células-tronco hematopoiéticas (TCTH). Trata-se da infusão intravenosa de células para restaurar a hematopoiese e a função imunológica de uma medula óssea doente. Há três tipos de TCTH, e suas descrições estão detalhadas no Quadro 1.

Esse transplante é indicado como tratamento para várias doenças hematológicas, imunológicas e oncológicas. No Quadro 2, apresentam-se as principais indicações para esse tratamento.

O TCTH é caracterizado por duas fases: pré e pós-transplante. A fase pré-transplante corresponde ao condicionamento: quimioterapia

QUADRO 1 Tipos de TCTH

Tipo	Características
Transplante alogênico	Doador aparentado ou não aparentado Doador HLA (sistema antígeno leucocitário humano) fenotipicamente idêntico
Transplante autólogo	Células (medula) do próprio paciente
Transplante singênico	Irmão gêmeo idêntico

QUADRO 2 Indicações para TCTH

- Leucemia mieloide aguda (LMA)
- Leucemia linfoide aguda (LLA)
- Síndrome mielodisplásica (SMD)
- Leucemia mieloide crônica (LMC)
- Neoplasias mieloproliferativas
- Linfoma não Hodgkin (LNH)
- Linfoma de Hodgkin (LH)
- Mieloma múltiplo (MM)
- Tumores sólidos
- Condições não malignas (síndrome de Hurle, talassemia, anemia falciforme, anemia aplásica)

de altas doses, em combinação ou não com a irradiação corporal total (ICT), com o objetivo de mieloblação, seguida pela infusão de medula óssea, iniciando assim a fase pós-transplante.

Após o regime de condicionamento e infusão, é esperada a recuperação da medula (pega medular). O tempo esperado para a pega da medula pode variar de acordo com o tipo do transplante. Geralmente a recuperação é mais rápida em CTH do sangue periférico (em torno de 12 dias), e para as CTH obtidas da medula óssea a pega ocorre em torno de 22 dias.

PRINCIPAIS COMPLICAÇÕES RELACIONADAS AO TCTH

As principais complicações que afetam os pacientes no pós-transplante de células-tronco hematopoiéticas (TCTH) podem ser relacionadas ao regime de condicionamento, de processos infecciosos, de doenças do enxerto contra o hospedeiro (agudo ou crônico), de complicações tardias, de recidiva da doença de base, dentre outras complicações.

Na fase do condicionamento, as células que ocupavam o espaço intraósseo destroem a doença e imunossuprimem os pacientes com o objetivo de permitir condições adequadas para a nova medula se desenvolver. Todavia, esse processo gera alguns efeitos colaterais indesejáveis, que podem ser agravados quando relacionados aos fármacos empregados.

Os primeiros dias do TCTH estão associados a leucopenia profunda, frequentemente associada a neutropenia absoluta e linfocitopenia. Nesse período é relativamente frequente a ocorrência de complicações infecciosas, que por sua vez devem ser identificadas e tratadas precocemente.

É importante ressaltar que os primeiros 100 dias pós-TCTH são o período em que se apresentam mais complicações, e que com o passar do tempo essas complicações tendem a diminuir.

Dentre os efeitos colaterais mais comuns e com potencial para interferir nas condutas fisioterapêuticas, podemos citar:

- Pancitopenia, que se caracteriza pela diminuição global dos elementos celulares do sangue (hemoglobina, leucócitos, neutrófilos e plaquetas).
- Insuficiência respiratória aguda. Durante o processo do TCTH os pacientes são submetidos a transfusões de hemoderivados ou à administração de fármacos em altos volumes. Com isso, o sistema cardiovascular pode sofrer danos de sobrecarga e

consequentemente os pulmões sofrem esse impacto, ocasionando assim o indesejado desconforto respiratório.

- Algumas complicações pulmonares são peculiares aos pacientes que passam pelo TCTH. Devido ao efeito cumulativo da quimioterapia e/ou radioterapia durante o período da imunossupressão prévia ou imediatamente após a enxertia, elas ocorrem em torno de 40-60% dos pacientes após o transplante, sendo as maiores causas de morbidade e mortalidade. Essas complicações podem ser caracterizadas como infecciosas e não infecciosas e estão presentes por todo o processo que envolve o TCTH: fases neutropênica, precoce e tardia. As complicações pulmonares não infecciosas mais comumente encontradas na fase neutropênica são: edema pulmonar agudo, toxicidade por drogas e hemorragia alveolar difusa.

Além destes, também existem os efeitos colaterais devidos à fadiga acentuada e à incapacidade de realizar atividade física normal.

A doença do enxerto contra hospedeiro (DECH) é uma das principais complicações após o TCTH alogênico, e está associada a inúmeros efeitos colaterais físicos e psicológicos. Aproximadamente 30-70% dos receptores dessa modalidade de transplante desenvolvem DECH, e vários estudos demonstram seu impacto negativo na qualidade de vida. A manifestação clínica da DECH é variável e envolve órgãos como a pele, os músculos esqueléticos, a cápsula articular, o pulmão, o fígado e o trato gastrointestinal. Está associada à imunossupressão profunda, aumentando assim o risco de complicações infecciosas.

O transplante autólogo está associado a um baixo risco de complicações quando relacionado com o risco de morte, embora a principal causa de falha seja a recorrência da doença.

Em todo o tratamento os pacientes podem apresentar náuseas, vômito, diarreia e mucosite. Essas complicações podem interferir de forma indesejada no desempenho funcional do paciente, porém com o tratamento adequado (profilático e/ou precoce) os sintomas são minimizados e o paciente consegue tolerá-los.

No sistema urinário, em situações extremas e de altas doses de quimioterápicos, pode ocorrer a síndrome da lise tumoral, que por consequência pode proporcionar a insuficiência renal. O fígado também pode sofrer impacto com as altas doses de quimioterápicos e apresentar complicação conhecida por doença venoclusiva hepática. A boa função hepática e renal é fundamental para a liberação e o ajuste dos medicamentos, além do acompanhamento do tratamento.

No Quadro 3, estão listadas as principais complicações relacionadas ao TCTH.

QUADRO 3 Complicações pós-TCTH

- Rejeição do enxerto (doença do enxerto contra hospedeiro – DECH)
- Infecções
- Mucosite oral
- Complicações pulmonares
  - infecciosas: fúngicas e virais (pneumonia)
  - não infecciosas: edema pulmonar, bronquiolite obliterante, hemorragia alveolar difusa
- Fadiga
- Toxicidade cardíaca, renal e hepática
- Neoplasias secundárias
- Infertilidade
- Disfunção endócrina

ATUAÇÃO DA FISIOTERAPIA NO TCTH

O TCTH pode levar a uma diminuição da funcionalidade e do desempenho físico. O longo período de isolamento protetor necessário para o tratamento restringe as atividades físicas, promovendo diminuição da função respiratória, da força muscular global e da capacidade funcional.

A fisioterapia tem papel importante no tratamento de pacientes submetidos ao TCTH, visando à melhoria da funcionalidade e da qualidade de vida, por meio do condicionamento físico e cardiopulmonar.

A avaliação fisioterapêutica é um ponto importante na condução de um bom desempenho do paciente durante o TCTH. As avaliações do paciente e seu tratamento fisioterapêutico devem ser realizados logo após sua admissão hospitalar, preferencialmente antes do início do condicionamento e do aparecimento das complicações e efeitos colaterais (Figura 1).

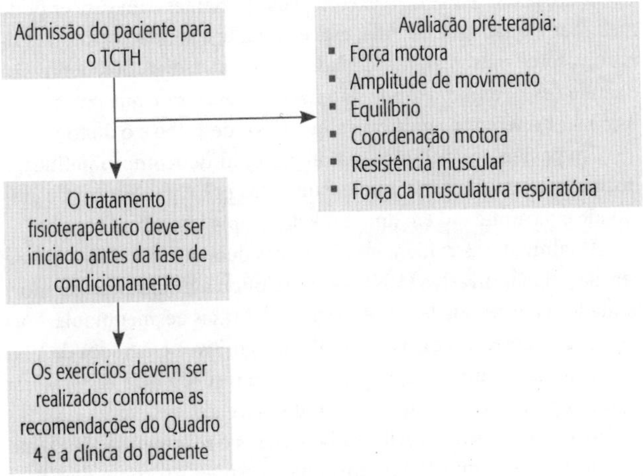

FIGURA 1 Atuação da fisioterapia.

Intervenção fisioterapêutica *versus* pacientes adultos imunocomprometidos

A terapia de um paciente com trombocitopenia grave pode ser um grande desafio para o fisioterapeuta, pois, além do risco existente de sangramento associado à atividade física e ao suporte ventilatório, há pouco tempo ainda não estava claro até que ponto era possível aplicar o exercício físico a esses pacientes.

Apesar de os riscos associados serem menores do que a realidade, especialmente em pacientes com trombocitopenia grave e anemia, os médicos recomendam a abstenção de exercícios físicos por causa do risco potencial de hemorragia.

Os recentes estudos apontam que os possíveis riscos associados ao exercício físico em pacientes com trombocitopenia grave precisam ser avaliados em conjunto com os efeitos negativos da imobilidade. Contudo, já é sabido que o exercício em pacientes com câncer pode melhorar a qualidade de vida, especialmente a aptidão cardiorrespiratória, força muscular, mobilidade funcional, fadiga, dor, depressão e saúde óssea, embora ainda não haja evidências de que o exercício físico faça diferença significativa quando o desfecho é o óbito.

Em pacientes adultos hematológicos, imunocomprometidos, a insuficiência respiratória aguda é uma das principais causas de gravidade e da admissão em ambiente de terapia intensiva.

Atualmente, as evidências científicas demonstram que o uso da ventilação não invasiva (VNI) proporcionou a diminuição da mortalidade, da necessidade de intubação e das taxas de pneumonia. Portanto, na maioria dos casos, os resultados positivos esperados da VNI em pacientes imunocomprometidos com insuficiência respiratória aguda superam as consequências indesejáveis.

As evidências demonstram benefícios e recomendações tanto para uso precoce do BIPAP (dois níveis de pressão) como do CPAP (um nível de pressão contínua nas vias aéreas). Em contrapartida, novos estudos apontam benefícios da oxigenoterapia com cânulas nasais de alto fluxo sobre o BIPAP no que diz respeito à intubação e mortalidade, porém mais estudos são necessários para determinar se essa modalidade tem vantagens sobre a VNI em pacientes imunocomprometidos com insuficiência respiratória aguda.

Pensando nas preocupações da terapia e com o risco de sangramento em pacientes com câncer hematológico trombocitopênico e nas complicações respiratórias, desenvolveram-se as recomendações descritas no Quadro 4.

QUADRO 4 Recomendações baseadas em evidências para exercícios e ventilação não invasiva em pacientes hematológicos

Trombocitopenia	Recomendação
> 20.000/μL	Sem restrições adicionais
10.000-20.000/μL	Nenhum exercício resistido Se houver alto risco de queda, evitar ficar em pé ou deambular
5.000-10.000/μL	Sem exercícios resistidos e atividade física mais leve (limitar os exercícios na cama ou na cadeira)
< 5.000/μL	Discutir com a equipe médica ou considerar adiar o tratamento
Citopenia (anemia)	**Recomendação**
Hb < 10 g/dL	Adição de exercícios conforme clínica do paciente
Insuficiência respiratória aguda	**Recomendação**
	Início precoce de CPAP ou BIPAP

Obs.: Os clínicos nunca devem ver essas recomendações como uma receita absoluta. Nenhuma recomendação pode levar em consideração todas as circunstâncias clínicas individuais dos pacientes. A clínica é soberana!

Para as recomendações apontadas no Quadro 4, a frequência de eventos hemorrágicos graves e de taquicardia crítica relacionada à atividade física em pacientes adultos com contagem de plaquetas inferior a 10.000/μL e hemoglobina abaixo de 8 g/dL foi rara. Sendo assim, o risco de sangramento com fisioterapia parece ser pequeno e os benefícios que a mobilização pode oferecer são incontestavelmente maiores que os riscos potenciais associados ao exercício nessa população.

BIBLIOGRAFIA RECOMENDADA

1. Adda M, Coquet I, Darmon M, Thiery G, Schlemmer B, Azoulay E. Predictors of noninvasive ventilation failure in patients with hematologic malignancy and acute respiratory failure. Critical Care Medicine. 2008;36(10):2766-72.
2. Almstedt HC, Grote S, Korte JR, Perez Beaudion S, Shoepe TC, Strand S, et al. Combined aerobic and resistance training improves bone health off emale cancer survivors. Bone Reports. 2016;5:274-9.
3. Armand Keating MRB. Hematopoietic stem cell transplantation. Goldman--Cecil Medicine. Elsevier; 2016. p.1198-204.
4. Bergenthal N, Will A, Streckmann F, Wolkewitz KD, Monsef I, Engert A, et al. Aerobic physical exercise for adult patients with haematological malignancies. The Cochrane Database of Systematic Reviews. 2014(11):CD009075.
5. BosnakGuclu M, Bargi G, Sucak GT. Impairments in dyspnea, exercise capacity, physical activity and quality of life of allogeneic hematopoietic stem cell transplantation survivors compared with healthy individuals: a cross sectional study. Physiotherapy – Theory and Practice.. 2019:1-12.
6. Center for Medicare & Medicaid Services, Inpatient Rehabilitation Therapy Services: complying with documentation requirements. Disponível em: https://www.cms.gov/Outreach-and-Education/Medicare-Learning-NetworkMLN/MLNProducts/Downloads/Inpatient_Rehab_Fact_Sheet_ICN905643.pdf. Acesso em: 5 jul. 2019.
7. Dimeo F, Bertz H, Finke J, Fetscher S, Mertelsmann R, Keul J. Anaerobic exercise program for patients with haematological malignancies after bone marrow transplantation. Bone Marrow Transplantation. 1996;18(6):1157-60.
8. Dimeo F, Fetscher S, Lange W, Mertelsmann R, Keul J. Effects of aerobic exercise on the physical performance and incidence of treatment-related complications after high-dose chemotherapy. Blood. 1997;90(9):3390-4.
9. Elter T, Stipanov M, Heuser E, von Bergwelt-Baildon M, Bloch W, Hallek M, et al. Isphysical exercise possible in patients with critical cytopenia undergoing intensive chemotherapy for acute leukaemia or aggressive lymphoma? International Journal of Hematology. 2009;90(2):199-204.

10. Engbers MJ, Blom JW, Cushman M, Rosendaal FR, van HylckamaVlieg A. The contribution of immobility risk factors to the incidence of venous thrombosis in anolder population. Journal of Thrombosis and Haemostasis: JTH. 2014;12(3):290-6.
11. Frey PM, Mean M, Limacher A, Jaeger K, Beer HJ, Frauchiger B, et al. Physical activity and risk of bleeding in elderly patients taking anticoagulants. Journal of Thrombosis and Haemostasis. JTH. 2015;13(2):197-205.
12. Fu JB, Tennison JM, Rutzen-Lopez IM, Silver JK, Morishita S, Dibaj SS, et al. Bleeding frequency and characteristics among hematologic malignancy in patient rehabilitation patients with severe thrombocytopenia. Supportivecare in Cancer: Official Journal of the Multinational Association of Supportive Care in Cancer. 2018;26(9):3135-41.
13. Gristina GR, Antonelli M, Conti G, Ciarlone A, Rogante S, Rossi C, et al. Noninvasive versus invasiveventilation for acute respiratory failure in patients with hematologic malignancies: a 5-year multicenter observational survey. Critical Care Medicine. 2011;39(10):2232-9.
14. Lemiale V, Mokart D, Resche-Rigon M, Pene F, Mayaux J, Faucher E, et al. Effect of noninvasive ventilationvs oxygen therapy on mortality among immunocompromised patients with acute respiratory failure: a randomized clinical trial. Jama. 2015;314(16):1711-9.
15. Ministério da Saúde – Inca. Tópicos em transplante de células-tronco hematopoéticas; 2012.
16. Mohammed J, AlGhamdi A, Hashmi SK. Full-body physical therapy evaluation for pre- and post-hematopoietic cell transplant patients and the need for amodified rehabilitation musculoskeletal specific grading system for chronic graft-versus-host disease. Bone Marrow Transplantation. 2018;53(5):625-7.
17. Mok A, Khaw KT, Luben R, Wareham N, Brage S. Physical activity trajectories and mortality: population based cohort study. BMJ. 2019;365:2323.
18. Morishita S, Tsubaki A, Hotta K, Fu JB, Fuji S. The benefit of exercise in patients who undergo allogeneic hematopoietic stem cell transplantation. The Journal of the International Society of Physical and Rehabilitation Medicine. 2019;2(1):54-61.
19. Pitombeira BS, Paz A, Pezzi A, Amorin B, Valim V, Laureano A, et al. Validationofthe EBMT risk score for South Brazilian patients submitted to allogeneic hematopoietic stem cell transplantation. Bone Marrow Research. 2013;2013:565824.
20. Rexer P, Kanphade G, Murphy S. Feasibility of an exercise program for patients with thrombocytopenia undergoing hematopoietic stem cell transplant. Journal of Acute Care Physical Therapy, 2016;7(2):55-64.

21. Schumacher H, Stuwe S, Kropp P, Diedrich D, Freitag S, Greger N, et al. A prospective, randomized evaluation fthe feasibility of exergaming on patients undergoing hematopoietic stem cell transplantation. Bone Marrow Transplantation. 2018;53(5):584-90.
22. Silva IC, Vinhote JFC, Florêncio ACL, Marizeiro DF, Braga DK, Dias MT. Physiotherapy performance in bone marrow transplant recipients: systematic review of the literature. J Health BiolSci. 2017;5(4):371-7.
23. Smith-Turchyn J, Richardson J. A systematic review on the use of exercise interventions for individuals with myeloid leukemia. Supportive Care in Cancer: Official Journal of the Multinational Association of Supportive Care in Cancer. 2015;23(8):2435-46.
24. Squadrone V, Massaia M, Bruno B, Marmont F, Falda M, Bagna C, et al. Early CPAP prevents evolution of acutelung injury in patients with hematologic malignancy. Intensive Care Medicine. 2010;36(10):1666-74.
25. Zhou Y, Zhu J, Gu Z, Yin X. Efficacy of Exercise interventions in patients with acute leukemia: a meta-analysis. PloSone. 2016;11(7):e0159966.

Exercício físico durante a quimioterapia de alta dose

13

Alessandra Franzeck Barbosa
Fabrício Edler Macagnan
Thalissa Maniaes

QUIMIOTERAPIA DE ALTA DOSE

Essa modalidade de quimioterapia é utilizada principalmente no tratamento de neoplasias hematológicas, no entanto, pela natureza agressiva causada pela elevada dose de ataque, a evolução clínica tende a ser singular, por vezes, imprevisível. Ainda assim, é com a quimioterapia de alta dose (QAD) que se aumenta a chance de remissão e cura da doença, justificando o emprego dessa estratégia, mesmo que o tratamento traga consigo significativo grau de incerteza prognóstica, morbidade e mortalidade.

A QAD tem como objetivo aumentar a exposição das células tumorais, quiescentes e replicantes, a níveis supraterapêuticos de drogas citotóxicas que modificam seu crescimento. A lógica da QAD está centrada na correlação positiva entre dose e resposta. A combinação de magnitude (dose) e tempo de exposição (obtido através de ciclos repetidos de infusão) opera de maneira sinérgica, elevando o grau de supressão (morte) das células tumorais.

O regime de QAD envolve um número específico de ciclos de infusões estruturados em três fases distintas: 1) indução, 2) condicionamento e 3) consolidação. Nas fases de indução e condicionamento espera-se supressão tumoral adequada para gerar grau residual mínimo da doença, com variação no número de ciclos, até que se consiga resposta satisfatória com o menor grau residual de células neoplásicas. Uma vez atingido, inicia-se a fase de consolidação terapêutica, que poderá utilizar quimioterapia convencional, ou ter indicação do transplante de células-tronco hematopoiéticas (TCTH).

A QAD pode ser altamente tóxica em função da sua natureza inespecífica, o que gera lesão tanto de células malignas quanto saudáveis. Ao agir sobre as funções bioquímicas celulares vitais, a infusão de QAD, normalmente, requer hospitalização por períodos prolongados. Os efeitos da toxicidade mais comumente observados são: citopenias (mielossupressão), infecções, anormalidades de coagulação (sangramento), síndrome da lise tumoral, desequilíbrios eletrolíticos e debilidade do estado nutricional.

O grau de toxicidade é variável e depende do tipo de regime prescrito. No regime mieloablativo, o objetivo é a destruição das células hematopoiéticas, resultando em pancitopenia profunda, que ocorre dentro da primeira semana e pode perdurar até a terceira semana a partir do dia da infusão. No regime não mieloablativo, a citopenia é mínima, podendo não exigir suporte de células-tronco, mas produz linfopenia (baixo nível de linfócitos no sangue) significativa. Já no regime de intensidade reduzida, categoria intermediária dos regimes anteriores, espera-se citopenia prolongada e, dessa forma, há maior chance de necessidade de suporte de células progenitoras realizado por meio de TCTH.

MIELOABLAÇÃO E CITOPENIA

A pancitopenia fármaco-induzida é o efeito adverso mais grave da ação citotóxica da QAD no regime mieloablativo. É caracterizada pela diminuição simultânea no número de todas as linhagens celulares do tecido sanguíneo periférico (hemoglobinas, glóbulos brancos e plaquetas). A queda na contagem dessas células pode oscilar drasticamente em função do cenário clínico e hematopoiético do paciente, mas a determinação de pancitopenia baseia-se nos valores estabelecidos como ponto de corte de normalidade no hemograma convencional, que variam em relação a idade, sexo e raça. Os valores utilizados para caracterizar a pancitopenia podem diferir entre laboratórios, no entanto, há um certo consenso sobre a adoção dos padrões de referência publicados pela Organização Mundial da Saúde (OMS): hemoglobina (< 12 g/dL para mulheres não grávidas e < 13 g/dL para homens), contagem absoluta de neutrófilos (< 1.800 mm^3, para homens e mulheres) e plaquetas (< 150.000 mm^3, para homens e mulheres). Esses valores indicam o ponto no qual se estabelece o diagnóstico do estado de pancitopenia, mas é primordial reforçar a observação de que a contagem no número de células pode cair muito abaixo desses limites e, quanto menos células estiverem compondo o sangue circulante, mais frágil, instável e delicado será o manejo do paciente. Diante de situações graves, torna-se obrigatória a transfusão de concentrado de hemácias e plaquetas. Outra observação que merece destaque é que a transfusão pode ser necessária mesmo na ausência de pancitopenia, pois há situações em que a queda na contagem celular ocorre de maneira desigual e uma ou duas linhagens de células acabam sendo preservadas.

EXERCÍCIO FÍSICO

Entre as décadas de 1960 e 1970, a realização de exercício físico durante a citopenia foi considerada contraindicada em função do alto risco de sangramento e intolerância ao esforço, manifestada principalmente por dispneia e fadiga relacionada ao câncer (FRC). Os pacientes recebiam a orientação de permanecer em repouso durante o curso da hospitalização para preservar a reserva física. Contudo, frente à importante perda de tônus e força muscular em paralelo à concomitante redução da capacidade funcional observadas nesse período, ensaios clínicos, com intervenções baseadas em programas de exercícios, foram iniciados na década de 1980. O objetivo era avaliar a segurança, tolerância, viabilidade e eficácia do exercício físico sobre as alterações fisiológicas oriundas dos efeitos agressivos impostos pela quimioterapia ao organismo. Contudo, repercussões adicionais em decorrência da síndrome do imobilismo tornavam o prognóstico ainda mais limitado. Já nos primeiros estudos foram demonstrados sinais positivos sobre o condicionamento físico e psicológico ainda durante a hospitalização e, aos poucos, a prática de exercício físico foi ganhando espaço, sendo considerada parte importante do tratamento oncológico.

Na atualidade, o exercício físico realizado nos programas supervisionados de reabilitação física, durante a fase de tratamento mieloablativo, tem se demonstrado uma estratégia não farmacológica fundamental para a redução da fadiga, manutenção da força e da massa muscular que, em conjunto, atuam de maneira positiva sobre a melhora da qualidade de vida (QV) (ver o Capítulo 20).

Não há recomendações claras e específicas quanto à intensidade ideal de esforço para pacientes na fase aguda do tratamento (internado ou não e com ou sem pancitopenia) nas diretrizes de prescrição de exercícios do American College of Sports Medicine (ACSM). Em função disso, é importante ter, além de cautela, entendimento a respeito da escolha do tipo de exercício físico e da intensidade de esforço que atinjam a melhor relação risco/benefício. Em termos de risco, o sangramento é de longe o desfecho adverso de maior importância quando comparado às demais complicações geradas pelo esforço físico durante o tratamento com QAD.

No Brasil, a Associação Brasileira de Medicina Física e Reabilitação e a Sociedade Brasileira de Ortopedia e Traumatologia (2012) publicaram diretrizes de exercícios em pacientes oncológicos, trazendo como grau de recomendação B a prática de exercícios físicos com a intenção de reduzir a fadiga, melhorar a capacidade física e a qualidade de vida estando, ou não, com evidências de doença ativa. Especificamente para pacientes submetidos ao TCTH (tratamento mieloablativo), o grau de recomendação para reabilitação física foi categorizado como A, em função dos benefícios do exercício sobre o bem-estar e alívio da sensação de fadiga.

De forma geral, os ensaios clínicos, randomizados e não randomizados, realizados com pacientes na fase aguda da mieloablação, com trombocitopenia (< 20.000/μL) e anemia grave (hemoglobina < 8 g/dL), demonstram que o exercício físico é seguro e melhora o desempenho físico. Mesmo em condição de pancitopenia, a prática de exercício físico foi considerada como baixo risco para eventos hemorrágicos e indução de taquicardias graves relacionados ao esforço. Embora não haja evidência de contraindicações absoluta ou relativa ao exercício físico em adultos com câncer, os autores sugerem a adaptação da frequência e da duração dos exercícios resistidos (treino de força) quando a contagem de plaquetas for < 10.000/μL. Esse ponto foi considerado como limite mínimo recomendado para a indicação de exercício físico, podendo, a critério da equipe assistencial, atrelar a transfusão de plaquetas como requisito obrigatório para o início do programa de reabilitação motora (ver as recomendações de exercício físico de acordo com a contagem de plaquetas no Capítulo 12). A partir de > 50.000/μL, estão liberados praticamente todos os exercícios com resistência vigorosa e todos os tipos de exercícios aeróbicos.

Exercício físico em pacientes hospitalizados

De um modo geral, a interpretação dos benefícios produzidos pela prática de exercício físico durante a internação hospitalar é algo ainda pouco mensurável na prática assistencial diária. Da mesma forma, estabelecer as recomendações do modo de sobrecarga muscular, frequência, duração e intensidade do exercício, são pouco consistentes na literatura. No entanto, não resta dúvida quanto aos efeitos deteriorantes induzidos pelo imobilismo prolongado, que podem ser prevenidos pelo exercício físico durante a internação hospitalar.

Antes de entrar nos detalhes da prescrição do exercício físico, é importante ressaltar a estratégia adotada, sempre que possível, na rotina dos atendimentos realizados. Para prescrições de dois atendimentos diários (manhã e tarde), destinam-se, em média, 20 minutos por sessão, mas dependendo das condições clínicas e respiratórias esse tempo pode ser menor. Outro ponto importante é alternar os grupos musculares (membros superiores e inferiores) nos turnos manhã e tarde. Por fim, os modelos de treino (aeróbico e de fortalecimento muscular) são alternados entre os dias. Outras combinações são possíveis, desde que a estratégia utilizada permita o aumento do volume de treino (intensidade × duração) com o maior intervalo de tempo para descanso e recuperação dos músculos exercitados.

Mas como se faz para definir carga e duração de maneira segura, eficaz e individualizada? Responder essa pergunta é bem complexo. Em primeiro lugar temos que considerar o objetivo da reabilitação e dos recursos (equipamentos) disponíveis. Para facilitar, dividimos a prescrição em exercícios de 1) longa duração (exercícios aeróbicos) e 2) curta duração (treino de força).

Exercício físico aeróbico

Exercícios de longa duração só podem ser executados quando a intensidade do esforço induz degradação do ATP em uma velocidade próxima à velocidade de ressíntese. Como sabemos, a partir de aproximadamente 50 segundos de sucessivas contrações voluntárias máximas (CVM), o ATP só consegue ser ressintetizado na presença de oxigênio, e é por esse motivo que o exercício físico de longa duração foi convencionalmente chamado de exercício aeróbico. Em indivíduos saudáveis a taxa de ressíntese aeróbica de ATP ocorre entre 50 e 60% da CVM. Por outro lado, quando a intensidade do esforço aumenta, a velocidade de degradação do ATP também aumenta, e quando excede a velocidade de ressíntese haverá queda do rendimento muscular em decorrência da falta de ATP e/ou pelo acúmulo de ácido lático/lactato. Esse é um ponto importante para avaliar a assertividade do volume de treinamento, pois podemos utilizar a queda da qualidade e/ou rendimento do movimento (velocidade e/ou força) como marcador periférico de desequilíbrio energético tecidual. Do ponto de vista sistêmico, os resíduos do metabolismo muscular induzem aumentos da frequência respiratória (FR) e cardíaca (FC). Habitualmente, a FC tem sido o marcador biológico mais utilizado no monitoramento da intensidade do exercício aeróbico, principalmente em situações de anemia, quando se recomenda o controle adicional da saturação periférica de oxigênio (SpO_2).

O exercício físico aeróbico é uma importante ferramenta para a reabilitação dos pacientes submetidos à QAD, sobretudo quando submetidos à quimioterapia mieloablativa. Contudo, existem algumas barreiras organizacionais e estruturais que precisam ser vencidas antes de disponibilizar essa modalidade terapêutica, por exemplo, o cuidado com os aspectos relacionados ao controle de infecção dos pacientes imunossuprimidos. Nesse sentido, o treino com marcha pode enfrentar certas restrições e o uso do cicloergômetro pode ser uma estratégia interessante, tanto para avaliar como para aprimorar o desempenho físico e a tolerância ao esforço.

A intensidade utilizada na maior parte dos protocolos que utilizam exercício aeróbico fica dentro da faixa de 50 a 75% da frequência cardíaca máxima prevista para a idade. Nesse sentido, a dosagem diária parece fazer mais sentido, uma vez que tanto a intensidade quanto a duração dos exercícios podem variar de acordo com a prontidão do paciente e em consonância com as condições biológicas.

Para a execução do treinamento, em primeiro lugar, é vital mapear as oscilações clínicas relacionadas à citopenia (por meio do hemograma), náusea, vômito, parotidite aguda transitória, xerostomia, mucosite, estomatite, diarreia, fadiga, ansiedade e depressão. Existe uma relação consistente entre essas alterações clínicas e a intensidade da FRC, capacidade funcional, desempenho de força muscular e aspectos psicológicos que determinam a motivação do paciente e a tolerância ao esforço. Ao respeitar as condições clínicas diárias, estaremos dando o passo primordial para se estabelecer a prescrição individualizada dos exercícios.

No cicloergômetro, a intensidade da pedalada é dada pela velocidade, resistência do pedal (peso) ou ambos. Para pacientes em QAD a preferência é para a velocidade da pedalada sempre que a contagem das plaquetas estiver baixa, e ajustamos a intensidade do exercício pelo monitoramento da FC e do esforço percebido por meio da escala de Borg. O mesmo monitoramento deve ser realizado durante o treino de marcha, ou de subir e descer degraus, mantendo o ritmo (cadência dos ciclos do movimento) determinados dentro do intervalo da intensidade de treino (FC-alvo), ou seja, entre 60 e 75% da FC máxima prevista para a idade (FCmáx = 220 – idade). O esforço é interrompido sempre que a FC ultrapassar 75% da FCmáx e/ou quando a percepção do esforço, na escala de Borg, for igual ou superior a 8, em uma escala de 0 a 10. Entretanto, o paciente pode, a qualquer momento, solicitar a interrupção e isso é perfeitamente possível e recomendado, sobretudo nos períodos de maior instabilidade clínica.

Treinamento de força

O treinamento de força está muito bem fundamentado para diferentes cenários. Os princípios que relacionam as características da sobrecarga física com as subsequentes respostas adaptativas, observadas tanto no metabolismo como na estrutura neuromuscular, estão amplamente descritos na literatura. Contudo, no ambiente hospitalar, nem sempre o fisioterapeuta dispõe de instrumentos para medição ou de equipamentos para o treinamento.

Na Figura 1, estão os resultados do comportamento da contração voluntária máxima (CVM) ao longo de sucessivas contrações máximas. As curvas tendem ao decaimento gradual e progressivo já a partir das primeiras repetições. A taxa de decaimento é lenta até o final dos 15 primeiros segundos (7 primeiras repetições). Entre 15 e 40 segundos, a velocidade de queda da CVM aumenta antes de encontrar o equilíbrio capaz de ser sustentado ao longo das próximas contrações musculares executadas com fluxo sanguíneo preservado (linha preta). Contudo, após esse período inicial, o desempenho de força cai vertiginosamente até a exaustão, quando se oblitera 100% da circulação arterial (linha cinza). Enquanto a força se estabiliza próximo a 60% da CVM na presença de circulação sanguínea, ob-

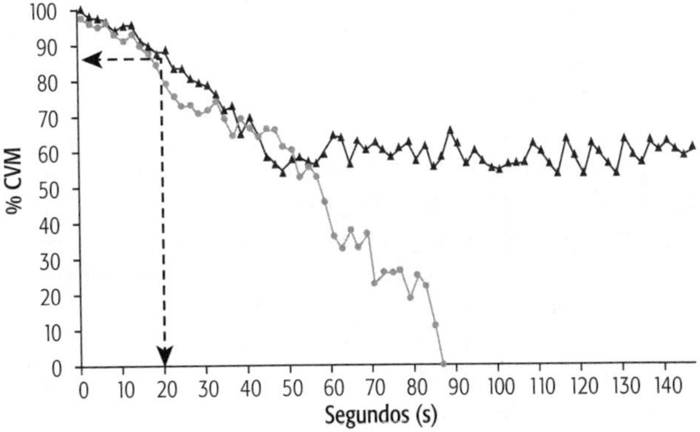

FIGURA 1 Comportamento do percentual da contração voluntária máxima (% CVM) de preensão manual.

Fonte: próprios autores.

servamos completa exaustão contrátil próximo aos 90 segundos após a indução de isquemia.

Para executar o treinamento de força é preciso identificar a presença de fraqueza. Uma forma rápida e fácil de avaliar a presença de fraqueza se dá por meio do tempo de sustentação isométrica ou pelo número de repetições. A incapacidade de sustentar o peso corporal por menos de 20 segundos ou a incapacidade de repetir um movimento por mais de 10 vezes é o ponto de corte estabelecido para determinar a necessidade de fortalecimento muscular. Esses pontos de cortes respeitam a faixa ideal de sobrecarga muscular para o treinamento de força que compreende 85 e 100% da CVM. Com isso, a incapacidade de sustentar a isometria por 20 segundos ou repetir um movimento por mais de 10 repetições implica dizer que essa carga exige do sistema muscular o percentual da CVM que fica exatamente dentro da faixa ideal de treinamento (Figura 1).

O teste pode ser realizado com o próprio peso corporal (apenas) ou com a adição de resistência extra dada por halteres ou faixas elásticas. Contudo, a viabilidade do emprego de resistência adicional precisa respeitar o número de plaquetas.

No ambiente hospitalar utiliza-se em larga escala o peso do próprio corpo. Em muitos casos é possível improvisar com utensílios, ou mesmo materiais disponíveis no leito. A recomendação para o treino de força será inversamente proporcional ao tempo de sustentação que o paciente conseguir manter, ou ao número de repetições capazes de serem realizadas. Por isso é importante avaliar se o paciente consegue, ou não, ultrapassar esses limites, pois caso consiga sustentações maiores do que 20 segundos ou mais de 10 repetições, o objetivo de treinamento de força deixa de ser viável. Em outras palavras, a viabilidade do treinamento de força está atrelada ao resultado da avaliação inicial. Então, treinamento de força só pode ser proposto quando os valores caem abaixo dos pontos de corte estabelecidos, ou quando o fisioterapeuta tem à sua disposição recursos para aumentar a resistência. Quando o aumento da resistência não for possível, não haverá treino de força, e sim, na melhor das hipóteses, exercícios para a manutenção da força.

Para pacientes com déficit importante de força, o treino é realizado com o próprio peso corporal e tem como objetivo a retomada da independência para realizar as atividades da vida diária básicas. Isso engloba a reabilitação do controle da coluna cervical, torácica e lombar; movimentação ativa dos membros superiores e inferiores; troca ativa do decúbito; ajustes ativos do posicionamento no leito, passagem ativa para a sedestação e para ortostase. Quando se utiliza o tempo de sustentação isométrica de segmentos corporais, tanto o fisioterapeuta como o próprio paciente conseguem, facilmente, monitorar o desempenho físico ao longo do programa de reabilitação.

Nos casos em que a fraqueza muscular é menos evidente, ou visível apenas a partir de uma limitação de movimento, é recomendado avaliar especificamente o arco de movimento relacionado ao déficit mencionado. Havendo fraqueza localizada, a reabilitação da força está indicada e poderá ser executada sempre que pertinente.

É muito provável que o número de repetições de um determinado movimento, ou a sustentação isométrica máxima, não façam parte da rotina assistencial do fisioterapeuta quando se pretende avaliar a força muscular em ambiente hospitalar, mas essa é a forma mais adequada que podemos utilizar para avaliar se estamos fazendo treino de força ou manutenção da força. É importante que você tenha conseguido assimilar a ideia da avaliação da força, pois o protocolo de reabilitação envolve exatamente o mesmo conceito e os mesmos métodos da avaliação. Por exemplo, se no exercício de "ponte" o paciente consegue executar mais de 10 repetições, ou sustentar a contração isométrica por mais de 20 segundos, o treino de força só estaria indicado após o incremento de resistência suficiente para que o tempo de sustentação isométrica ou número de repetições ficassem abaixo do ponto de corte sugerido (< 20 segundos de isometria ou < 10 repetições). Com valores abaixo do ponto de corte, o treino de força consiste em simplesmente repetir o teste sucessivas vezes dentro de uma série de repetições. A diferença é que agora estamos adotando o desempenho na avaliação como incremento de carga para o treinamento de força.

Reforçando, sempre que o número máximo de repetições for ≤ 10, ou sempre que o tempo de sustentação isométrica máxima for ≤ 20 segundos, podemos prescrever a reabilitação de força com a mesma carga utilizada na avaliação.

O resultado do teste implica associação direta com a capacidade funcional do paciente, tolerância ao esforço e resistência à fadiga. De um modo geral, os pacientes terão menos tolerância ao esforço físico quanto menor for o seu desempenho nos testes.

A reabilitação da força dos membros inferiores é dada, no ambiente hospitalar, geralmente pelo movimento de sentar e levantar, com vistas à retomada da autonomia para sair do leito e subsequente avaliação da viabilidade de início do treino da marcha. O desempenho no teste de senta e levanta tem sido um bom indicador para avaliar o momento ideal de dar início ao treino de marcha. Assim, o treino de força torna-se requisito obrigatório até que o paciente consiga executar 5 repetições antes de iniciar o treinamento da marcha. Uma ressalva importante sobre essa fase de transição de objetivos (treino de força para treino de funcionalidade) é que, mesmo após o início do treino da marcha (funcionalidade), é fundamental dar seguimento ao treino de força, pois o objetivo final é alcançar, pelo menos, 10 repetições. Nem sempre esse objetivo é obtido durante a internação e por essa razão é importante pactuar com o paciente a importância de perseguir essa meta mesmo após a alta hospitalar.

Mas como se treina o movimento de sentar e levantar de um paciente que não consegue efetivamente levantar? A resposta é: estimular. É durante as sucessivas tentativas que o prognóstico de sucesso ou falha começa a ficar mais claro. A experiência prática do fisioterapeuta irá determinar, em grande medida, a forma ideal de estímulo e o adequado suporte (auxílio) que efetivamente irão conduzir o aprimoramento do desempenho físico em linha com as condições clínicas do paciente. Ressaltamos aqui a importância de tomar todos os cuidados cabíveis para não criar falsas expectativas. Em paralelo, outros movimentos devem ser avaliados também, como a flexão e extensão do quadril e assim por diante. O número de repetições no teste de senta e levanta estaria mais associado à qualidade do movimento e segurança quanto ao risco de queda na fase inicial da reabilitação da marcha, ou seja, em uma fase mais avançada e favorável em termos de prognóstico.

A incapacidade de vencer a força da gravidade é realmente muito desanimadora. Contudo, o fisioterapeuta terá que organizar a sequência da reabilitação até conseguir que o paciente recupere, ou mesmo mantenha a capacidade funcional, na medida do possível, dentro do desejável.

Fica claro que a reabilitação física de pacientes submetidos à QAD é repleta de momentos de alta e baixa adesão, lembrando que quando o efeito citotóxico atinge o seu ápice, a contagem das células cai ao ponto mais profundo (momento esse chamado de nadir). Contudo, não se pode perder de vista a noção de que a sensação de cansaço, ocasionada pela FRC, é acentuada pelo excesso de repouso. Nesse sentido, o fisioterapeuta precisa estimular o paciente, sempre que possível, para evitar a recusa do atendimento. Em nossa prática clínica, observamos que a autorregulação do esforço pode ser uma estratégia de influência positiva para a adesão, ou seja, a participação efetiva do paciente. Permitir que o paciente autorregule a sessão, ao determinar a magnitude (intensidade) e o volume do treino (nº de repetições e tempo de atendimento) de acordo com sua capacidade diária, traz sentido de pertencimento, torna o programa dinâmico e mais participativo.

Por fim, o período de tratamento das neoplasias hematológicas é longo; a depender do tipo de regime de QAD adotado, o paciente poderá ter internações periódicas por quase 1 ano, por vezes mais, até que o TCTH seja realizado e obtenha sucesso. Reforçamos que, em virtude da complexidade clínica envolvida, a assistência deve ser individualizada e de acordo com os critérios de contraindicação. Na reabilitação física as condutas devem ser baseadas em avaliações e prescrições diárias. O esforço de maior intensidade que envolve grandes grupos musculares (pedalada, marcha, senta e levanta) deve ser sempre supervisionado e respeitar a condição clínica do paciente. A demanda cardiopulmonar deve ser constantemente monitorada, assim como a sensação subjetiva de falta de ar e cansaço. Para pacientes mais instáveis, é importante a discussão com toda a equipe. Muitas vezes a suplementação nutricional é necessária, principalmente nos pacientes que evoluem com vômito, mucosite e diarreia de repetição.

É importante salientar que para pacientes com mieloma múltiplo há um grande risco de fratura patológica (espontânea, por queda ou durante simples movimentos, como o ato de sentar). No caso desses pacientes, existem recomendações específicas para a abordagem da reabilitação física, que não foram tratadas neste capítulo, porém, esses pacientes também são submetidos à QAD e se beneficiam do exercício físico tanto quanto os demais.

Independentemente da patologia de base, o objetivo deste capítulo foi trazer à tona a importância e a viabilidade de executar o exercício físico nesse cenário tão desafiador. O ponto primordial, para o qual o profissional deve direcionar a sua atenção, é que o sucesso terapêutico passa pelo respeito às condições clínicas e pelo sinergismo de ações e intenções entre o fisioterapeuta e o paciente. Ainda que tenhamos lacunas no racional teórico quanto à definição da dose ideal de exercício, podemos afirmar, sem receio ou restrições, que a imobilidade potencializa os efeitos deletérios da própria doença e do tratamento, tornando essencial a assistência fisioterapêutica no tratamento desses pacientes.

BIBLIOGRAFIA RECOMENDADA

1. Almeida EMP, Andrade RG, Cecatto RB, Brito CMM, Camargo FP, Yamaguti WP, et al. Exercício em pacientes oncológicos: reabilitação. Projeto diretrizes. Projeto Diretrizes, Associação Médica Brasileira, [s. l.], p.1-20, 2012. Disponível em: https://amb.org.br/files/_BibliotecaAntiga/exercicio_em_pacientes_oncologicos.pdf. Acesso em: 09 fev. 2022.
2. Bergenthal N, Will A, Streckmann F, Wolkewitz K-D, Monsef I, Engert A, et al. Aerobic physical exercise for adult patients with haematological malignancies (Review). Cochrane Database of Syst Rev. 2014 Nov 11;(11):CD009075.
3. Daenen S, van der Holt B, Dekker AW, Willemze R, Rijneveld AW, Biemond BJ, et al. Intensive chemotherapy to improve outcome in patients with acute lymphoblastic leukemia over the age of 40: a phase II study for efficacy and feasibility by HOVON. Leukemia. 2012;26(7):1726-9.
4. Duregon F, Gobbo S, Bullo V, Roma E, Vendramin B, Bergamo M, et al. Exercise prescription and tailored physical activity intervention in onco-hematology inpatients, a personalized bedside approach to improve clinical best practice. Hematological Oncology. 2019;37(3):277-84.
5. Fabi A, Bhargava R, Fatigoni S, Guglielmo M, Horneber M, Roila F, et al. Cancer-related fatigue: ESMO Clinical Practice Guidelines for diagnosis and treatment. Ann Oncol. 2020 Jun;31(6):713-23.
6. Frei E 3rd, Canellos GP. Dose: a critical factor in cancer chemotherapy. Am J Med. 1980 Oct;69(4):585-94.
7. Instituto Nacional de Câncer. Bases do tratamento. Ações de enfermagem para o controle do câncer. 3.ed. Rio de Janeiro: Inca; 2008. p.488.
8. Knips L, Bergenthal N, Streckmann F, Monsef I, Elter T, Skoetz N. Aerobic physical exercise for adult patients with haematological malignancies. Cochrane Database Syst Rev. 2019 Jan 31;1(1):CD009075. Disponível em: https://doi.org/10.1002/14651858.CD009075.pub3. Acesso em: 09 fev. 2022.
9. Liu RDKS, Chinapaw MJM, Huijgens PC, van Mechelen W. Physical exercise interventions in haematological cancer patients, feasible to conduct but effectiveness to be established: a systematic literature review. Cancer Treat Rev. 2009 Apr;35(2):185-92, 2009.
10. Morishita S, Nakano J, Fu JB, Tsuji T. Physical exercise is safe and feasible in thrombocytopenic patients with hematologic malignancies: a narrative review. Hematology. 2020;25(1):95-100.

11. Mosher CE, Redd WH, Rini CM, Burkhalter JE, DuHamel KN. Physical, psychological, and social sequelae following hematopoietic stem cell transplantation: A review of the literature. Psychooncology. 2009 Feb;18(2):113-27.
12. Persoon S, Kersten MJ, van der Weiden K, Buffart LM, Nollet F, Brug J, et al. Effects of exercise in patients treated with stem cell transplantation for a hematologic malignancy: A systematic review and meta-analysis. Cancer Treatment Reviews. 2013;39(6):682-60.
13. Savarese DM, Hsieh C, Stewart FM. Clinical impact of chemotherapy dose escalation in patients with hematologic malignancies and solid tumors. Journal of Clinical Oncology. 1997;15(8):2981-95.
14. Schmitz KH, Courneya KS, Matthews C, Demark-Wahnefrid W, Galvão DA, Pinto BM, et al. American College of Sports Medicine roundtable on exercise guidelines for cancer survivors. Med Sci Sports Exerc. 2010 Jul;42(7):1409-26.
15. Van Haren IEPM, Timmerman H, Potting CM, Blijlevens NMA, Staal JB, Nijhuis-van der Sanden MWG. Physical exercise for patients undergoing hematopoietic stem cell transplantation: systematic review and meta-analyses of randomized controlled trials. Phys Ther. 2013 Apr;93(4):514-28.
16. Wolin KY, Schwartz AL, Matthews CE, Courneya KS, Schmitz KH. Implementing the exercise guidelines for cancer survivors. J Support Oncol. 2012; 10(5):171-7.

Manejo da dor em pacientes oncológicos

14

Victor Figueiredo Leite

INTRODUÇÃO

A prevalência de dor em pacientes com câncer em estágio inicial é de 50%, e de 75% nos estágios terminais. Dentre os sobreviventes de câncer, cerca de um terço apresentam dor crônica, e metade desses pacientes com dor tem impacto importante na funcionalidade diária devido ao quadro álgico. Há várias causas de dor nessa população. Resumidamente:

A. compressão tumoral sobre estruturas como músculo, osso, estruturas nervosas, vasos e vísceras;
B. síndromes paraneoplásicas – produção de hormônios, proteínas e outras substâncias pelo tumor que podem causar alterações vasculares ou nervosas;
C. dores causadas pelo tratamento oncológico (p. ex., hormonioterapia, quimioterapia, radioterapia, cirurgia, entre outros);
D. dores decorrentes de alterações biomecânicas secundárias ao tratamento oncológico (p. ex., fraqueza de assoalho pélvico, gerando

lombalgia crônica; discinesia escapular causando síndrome do manguito rotador);

E. dores não ocasionadas pelo câncer e pelo tratamento oncológico (p. ex., osteoartrite de joelho).

Portanto, dor em paciente oncológico **não é igual** a dor oncológica.

APRESENTAÇÃO CLÍNICA

Há uma grande heterogeneidade no quadro clínico de dores apresentadas por pacientes oncológicos, decorrente da variabilidade do quadro clínico do câncer e das diversas causas possíveis de dor nessa população, conforme explicado na introdução.

As dores frequentemente têm etiologia mista, com diferentes padrões de componente nociceptivo, visceral e neuropático, tendo em sua grande maioria componente misto. Apesar de o componente nociceptivo ser mais frequente na maior parte dos casos, estima-se que haja componente neuropático em 20% dos casos de dor em pacientes oncológicos, variando de 8-31% a depender do sítio primário do câncer. Portanto, anamnese e exame físico minuciosos são essenciais no diagnóstico dos diferentes componentes da dor em pacientes oncológicos.

A anamnese da dor deve ser completa, identificando duração da dor, fatores de piora e melhora, intensidade, características da dor, localização e padrões de irradiação com o objetivo de identificar os possíveis componentes sindrômicos, topográficos e etiológicos da dor. Exemplos sugestivos de algumas etiologias encontram-se na Tabela 1. É necessário também entender qual tratamento oncológico foi realizado e em que momento, para tentar estabelecer se há relação com a dor. O exame físico deve ser suficiente para avaliar todos os diagnósticos diferenciais, sendo os exames musculoesquelético e neurológico quase sempre necessários. Só assim é possível fazer a hipótese diagnóstica para as síndromes, topografias e etiologias da dor, bem como o peso que cada componente apresenta nessa a partir daí, pode-se fazer estabelecer um plano de tratamento com foco em cada um desses componentes.

TABELA 1 Sinais sugestivos de diferentes componentes de dor

Oncológica	Neuropática	Nociceptiva	Instabilidade óssea
Piora ao repouso	Dor em queimação	Dor constante	Melhora ao repouso
Dor noturna	Dor em choque	Alívio com analgésicos ou anti-inflamatórios	Piora com descarga de peso no membro
Dor em topografia do tumor	Prurido	Melhora ao repouso	Dor localizada em região com fratura ou metástase óssea
	Dor lancinante, sem desencadeante aparente		

TRATAMENTO

O tratamento deve ser multimodal e abordar os diferentes componentes da dor. Caso esta tenha componente oncológico importante, o tratamento do câncer é um dos principais componentes no manejo da dor. Dores por metástase óssea ou por acometimento tumoral localizado geralmente respondem bem à radioterapia.

Tratamento não medicamentoso

Educação

A orientação do paciente e dos seus cuidadores sobre etiologia e prognóstico da dor é essencial, assim como estratégias para evitar exacerbação da dor. Sempre que possível, deve-se ensinar e estimular o paciente e cuidadores a realizar exercícios que não requeiram supervisão profissional.

Meios físicos

Métodos que frequentemente têm baixo custo e que podem auxiliar o controle da dor. Por serem estratégias não medicamentosas, têm grande valor em pacientes com polifarmácia, ou com dificuldade de administração medicamentosa (seja oral ou parenteral).

- Termoterapia de adição (p. ex., compressas quentes, ultrassom) pode ser usada em casos de dores musculares ou viscerais. É contraindicada a realização de termoterapia de adição diretamente sobre regiões com tumores, pois pode favorecer sua proliferação.
- Termoterapia de subtração (p. ex., compressa frias, bolsa de gelo) pode ser usada em casos de tendinopatias, dores articulares, dores inflamatórias e neuropáticas. Alguns pacientes com dores neuropáticas também se beneficiam de alternância entre termoterapia de adição e subtração (p. ex., banho de contraste).
- Eletroterapia (p. ex., estimulação energética transcutânea – TENS, na sigla em inglês) pode ser usada em diversas dores (p. ex., lombalgia, tendinopatia, polineuropatias periféricas).

Existem outros meios físicos, com custo mais elevado, que podem ser considerados em alguns casos específicos, como o *laser* (fotobiomodulação) e a terapia de ondas de choque.

Cinesioterapia

Indicada para praticamente todas as dores, deve ser específica para a patologia que está sendo tratada. No caso de dores em mama e ombro após mastectomias, por exemplo, é importante realizar exercícios para ganho de amplitude de movimento (ADM) da cintura escapular e cervical, com alongamento da região peitoral e fortalecimento do manguito rotador e de adutores de escápula. No caso de lombalgia após ressecção radical de ovário, deve-se trabalhar a propriocepção e o fortalecimento de assoalho pélvico, bem como o alongamento dos membros inferiores e dos paravertebrais e o fortalecimento do core lombar e dos membros inferiores.

No caso de dores por espasticidade, técnicas de alongamento e ocasionalmente facilitação proprioceptiva podem ser indicadas.

Técnicas de dessensibilização

Conjunto de técnicas no qual diferentes texturas e temperaturas são aplicadas na pele com o objetivo de reduzir hiperpatia, alodinia e dor global nos casos de neuropatia. Devem ser realizadas sempre que possível em casos de dores neuropáticas.

Estratégias comportamentais e integrativas

Técnicas cognitivo-comportamentais, assim como *mindfulness*, podem ser úteis no manejo das dores. Práticas integrativas e complementares como ioga, tai chi e meditação guiada podem ser benéficas aos pacientes e são associadas a redução da dor total, do nível de estresse e a melhora das estratégias de enfrentamento da dor.

Órteses

Podem ser usadas para diversos componentes de dor com vários fins. Bandagens compressivas podem ser úteis para dores por linfedema, e órteses de baixa compressão podem ser úteis para reduzir alodinia em membros com dor neuropática. Órteses suropodálicas e antebraquiopalmares rígidas podem auxiliar na redução de dor por espasticidade. Pacientes com dor musculoesquelética por causa ortopédica podem se beneficiar de órtese para estabilização e compressão articular.

Acupuntura

Pode ser um adjuvante no tratamento de dores musculoesqueléticas. Há alguma evidência da eficácia da acupuntura no manejo da artralgia secundária a inibidores da aromatase (câncer de mama) e da polineuropatia secundária a quimioterapia.

Tratamento medicamentoso

O tratamento medicamentoso inicial pode ser guiado pela Escada Analgésica da Organização Mundial da Saúde (OMS) atualizada. Deve-se iniciar pelo degrau correspondente à dor do paciente, progredindo para o degrau seguinte caso haja persistência da dor. Ao escolher as medicações analgésicas, é importante garantir analgesia contínua, levando em conta a presença de dores incidentais (*breakthrough*). Deve-se prescrever uma posologia sensata, que seja factível para o paciente, frequentemente associando medicações de alívio imediato para os escapes de dor ou para antecipar atividades sabidamente dolorosas (p. ex., banho, troca de curativos). É importante também considerar o efeito adverso das medicações e as interações medicamentosas.

O tratamento da dor com apenas uma medicação é geralmente insuficiente em pacientes oncológicos. Deve-se integrar medicações de classes diferentes para atingir a analgesia adequada. Como há variabilidade na resposta às medicações analgésicas, geralmente são necessárias algumas combinações de medicações até se atingir um controle adequado da dor.

Recomendações gerais para escolha medicamentosa podem ser encontradas na Tabela 2 e são baseadas em diretrizes, revisões e na experiência do autor. Dentre as classes de medicação adjuvantes no tratamento de dor, as mais utilizadas são os antidepressivos tricíclicos (p. ex., amitriptilina, nortriptilina), os gabapentinoides (gabapentina e pregabalina) e os inibidores seletivos da recaptura de noradrenalina e serotonina (p. ex., duloxetina e venlafaxina).

TABELA 2 Linhas gerais para analgesia em pacientes oncológicos

	1ª linha	2ª linha	Casos especiais
Dor nociceptiva	Analgésicos + opioides + adjuvantes. Bisfosfonatos para dor óssea oncológica. Corticosteroides para dor secundária a edema ou compressão tumoral.	Combinar diferentes adjuvantes.	Hipertonia muscular pode responder a relaxantes musculares. Anti-inflamatórios não esteroides (AINE) para dores inflamatórias
Dor neuropática	Analgésicos não opioides + opioides (considerar metadona) + adjuvantes. Corticosteroides em caso de dor secundária a edema ou compressão nervosa.	Combinar diferentes adjuvantes. Adesivo de lidocaína 5%, adesivo de capsaicina 8%.	Procedimentos invasivos para dor moderada a intensa.
Dor visceral	Analgésicos não opioides + opioides + adjuvantes.	Combinar diferentes adjuvantes. Octreotida para dor em cólica. Antiespasmódicos.	Procedimentos invasivos para dor moderada a intensa.

Tratamento invasivo

Procedimentos invasivos devem ser considerados já no início do tratamento de dores moderadas a graves, especialmente em casos de dores com grande componente neuropático ou visceral. Esses procedimentos têm o potencial de reduzir a dor, reduzir o uso de opioides e aumentar a funcionalidade dos pacientes.

Há uma grande variedade de procedimentos disponíveis, e eles podem ser guiados por radiografia, ultrassom ou tomografia. Entre os procedimentos mais comuns, há infiltrações intra-articulares, bloqueios de nervos periféricos e neurólises de plexos. A aplicação de toxina botulínica pode auxiliar o manejo da dor por hipertonia muscular e por neuropatias periféricas.

BIBLIOGRAFIA RECOMENDADA

1. Bao T, Seidman AD, Piulson L, Vertosick E, Chen X, Vickers AJ, et al. A phase IIA trial of acupuncture to reduce chemotherapy-induced peripheral neuropathy severity during neoadjuvant or adjuvant weekly paclitaxel chemotherapy in breast cancer patients. Eur J Cancer. 2018;101:12-9.
2. Bouhassira D, Luporsi E, Krakowski I. Prevalence and incidence of chronic pain with or without neuropathic characteristics in patients with cancer. Pain. 2017;158(6):1118-25.
3. Chen L, Lin CC, Huang TW, Kuan YC, Huang YH, Chen HC, et al. Effect of acupuncture on aromatase inhibitor-induced arthralgia in patients with breast cancer: a meta-analysis of randomized controlled trials. Breast. 2017;33:132-8.
4. D'Alessandro EG, Nebuloni Nagy DR, de Brito CMM, Almeida EPM, Battistella LR, Cecatto RB. Acupuncture for chemotherapy-induced peripheral neuropathy: a randomised controlled pilot study. BMJ Support Palliat Care. 2019.
5. Harsh V, Viswanathan A. Surgical/radiological interventions for cancer pain. Curr Pain Headache Rep. 2013;17(5):331.
6. IASP (International Associationg for the Study of Pain) – Epidemiology of Cancer Pain 2009. Disponível em: https://www.iasp-pain.org/Advocacy/Content.aspx?ItemNumber=1106.
7. Jiang C, Wang H, Wang Q, Luo Y, Sidlow R, Han X. Prevalence of chronic pain and high-impact chronic pain in cancer survivors in the United States. JAMA Oncol. 2019.
8. Johannsen M, O'Connor M, O'Toole MS, Jensen AB, Zachariae R. Mindfulness-based cognitive therapy and persistent pain in women treated for primary breast cancer: exploring possible statistical mediators: results from a randomized controlled trial. Clin J Pain. 2018;34(1):59-67.
9. Lara-Solares A, Ahumada Olea M, Basantes Pinos ALA, Bistre Cohen S, Bonilla Sierra P, Duarte Juarez ER, et al. Latin-American guidelines for cancer pain management. Pain Manag. 2017;7(4):287-98.

10. Maindet C, Burnod A, Minello C, George B, Allano G, Lemaire A. Strategies of complementary and integrative therapies in cancer-related pain-attaining exhaustive cancer pain management. Support Care Cancer. 2019;27(8):3119-32.
11. Perez C, Sanchez-Martinez N, Ballesteros A, Blanco T, Collazo A, Gonzalez F, et al. Prevalence of pain and relative diagnostic performance of screening tools for neuropathic pain in cancer patients: a cross-sectional study. Eur J Pain. 2015;19(6):752-61.
12. Piano V, Verhagen S, Schalkwijk A, Hekster Y, Kress H, Lanteri-Minet M, et al. Treatment for neuropathic pain in patients with cancer: comparative analysis of recommendations in national clinical practice Guidelines from European countries. Pain Practice. 2014;14(1):1-7.
13. Sindt JE, Brogan SE. Interventional treatments of cancer pain. Anesthesiol Clin. 2016;34(2):317-39.
14. Sorensen ST, Kirkegaard AO, Carreon L, Rousing R, Andersen MO. Vertebroplasty or kyphoplasty as palliative treatment for cancer-related vertebral compression fractures: a systematic review. Spine J. 2019.
15. WHO Guidelines Approved by the Guidelines Review Committee. WHO Guidelines for the Pharmacological and Radiotherapeutic Management of Cancer Pain in Adults and Adolescents. Geneva: World Health Organization; 2018.
16. Wordliczek J, Kotlinska-Lemieszek A, Leppert W, Woron J, Dobrogowski J, Krajnik M, et al. Pharmacotherapy of pain in cancer patients: recommendations of the Polish Association for the Study of Pain, Polish Society of Palliative Medicine, Polish Society of Oncology, Polish Society of Family Medicine, Polish Society of Anaesthesiology and Intensive Therapy and Association of Polish Surgeons. Pol Przegl Chir. 2018;90(4):55-84.
17. Zhang Q, Zhao H, Zheng Y. Effectiveness of mindfulness-based stress reduction (MBSR) on symptom variables and health-related quality of life in breast cancer patients-a systematic review and meta-analysis. Support Care Cancer. 2019;27(3):771-81.

15 Eletrotermofototerapia no paciente oncológico

Laura Rezende
Juliana Lenzi

INTRODUÇÃO

Novos paradigmas no tratamento do câncer proporcionaram aumento na sobrevida dos pacientes. Contudo, os efeitos adversos ainda são fatores complicadores, podendo alterar o curso do tratamento da doença. Embora a eletroterapia isolada raramente se apresente como a intervenção mais apropriada, e sim, na maioria das vezes, como complemento de um programa de reabilitação, é um recurso valioso que precisa ser mais bem difundido e esclarecido.

A fisioterapia dispõe de diversas técnicas para tratamento e controle dessas comorbidades, sendo fundamental a compreensão dos princípios básicos da eletrotermofototerapia para que o fisioterapeuta possa planejar adequadamente o tratamento para o paciente oncológico.

Princípios da eletroterapia

- Íons: matéria → átomos → partículas +/– (fluxo)
- Energia elétrica → partículas carregadas → movimento
- Elétrons
- Potenciais elétricos → força elétrica → partículas de níveis de energia mais altos para mais baixos → fluxo de elétrons
- Corrente elétrica → movimento da rede de elétrons

Pulso – forma da onda individual/em bloco
Fases – acima ou abaixo da linha de base
Intervalo pulsos – repouso/interrupção
Amplitude – intensidade da corrente = velocidade de deslocamento do elétron
Largura de pulso/tempo de duração do pulso – tempo que a corrente flui
Período do pulso = duração + intervalo para começar o outro pulso
Frequência = número de pulsos por segundo
Carga de pulso = quantidade de eletricidade por pulso

De acordo com o objetivo terapêutico, os parâmetros da corrente elétrica serão diferentes. A corrente elétrica pode ter ação analgésica, anti-inflamatória, cicatrizante, excitomotora, ionizante e vasodilatadora.

Princípios da fotobiomodulação

A fotobiomodulação pode ser oferecida aos tecidos biológicos na forma de *laser* (*light amplification by stimulated emission of radiation*) ou na forma de LED (*light emitting diode*).

O *laser* e o LED são um tipo de radiação eletromagnética não ionizante e monocromática, mas se diferenciam pela maneira como formam a luz. O diodo *laser* está contido dentro de uma cavidade óptica e proporciona feixes de luz coerentes e colimados (pontuais, precisos). Já no LED não existe essa cavidade óptica, sendo a luz mais dispersa, apesar de produzir uma banda de espectro eletromagnético próxima à do *laser* (Tabela 1).

TABELA 1 Os princípios básicos da fotobiomodulação

Parâmetros	Unidade de mensuração	Descrição
Energia	Joules (J)	A dose de energia deve ser assim calculada: Energia (J) = potência (W) × tempo (s)
Densidade de energia ou fluência	J/cm^2	Energia total transmitida por um feixe *laser* por unidade de área Densidade de energia (J/cm^2) = potência (W) × tempo (s) / área transversa do feixe (cm^2)
Tempo de irradiação	Segundos (S)	Densidade de energia (J/cm^2) × área (cm^2) / potência (W)
Intervalo de tratamento	Horas, dias ou semanas	Diferentes intervalos de tempo podem resultar em diferentes resultados terapêuticos
Comprimento de onda	Nanômetro (Nm)	Forma eletromagnética da energia com comportamento de onda
Densidade de potência	W/cm^2	Também denominada irradiação, intensidade ou quantidade de energia, corresponde à potência (W) dividida pela área (cm^2)

É fundamental o conhecimento de que cada comprimento de onda tem um alcance e um efeito terapêutico diferentes sobre o tecido biológico, podendo a luz ser visível ou invisível, como pode ser observado na figura abaixo. Os comprimentos de onda geralmente utilizados estão entre 430 (+20%), 600 e 700 nm (nanômetros) e entre 780 e 1.000 nm (nanômetros), respectivamente.

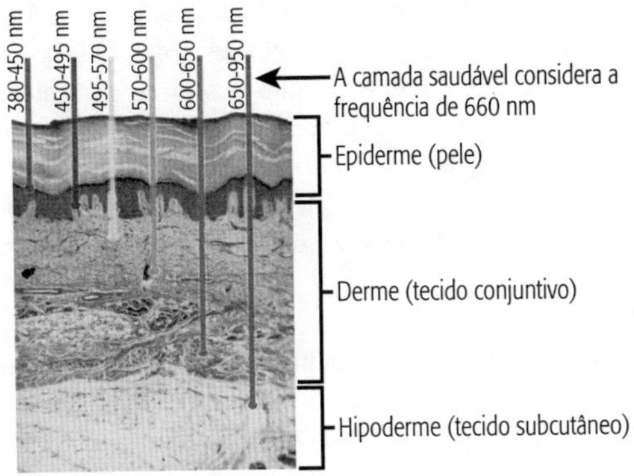

FIGURA 1 Diversos comprimentos de ondas e o alcance no tecido biológico.
Fonte: adaptada de Hamblin, 2018.

A ação da fotobiomodulação com *laser* de baixa potência depende do comprimento de onda de luz utilizado. Tem ação de regeneração/reparo tecidual, ação anti-inflamatória e analgésica, promoção da linfangiogênese e da estimulação da motilidade linfática, sem alteração significativa da arquitetura tecidual, sendo, portanto, um recurso seguro para o uso em pacientes oncológicos.

QUANDO UTILIZAR A ELETROTERMOFOTOTERAPIA NO PACIENTE ONCOLÓGICO?

Com o avanço da pesquisa, o uso dos agentes eletrofísicos vem crescendo substancialmente e se apresentando como técnica efetiva e segura no paciente oncológico. No entanto, alguns mecanismos ainda são desconhecidos. O conhecimento da ação e efeito biológico são essenciais assim como a alteração dos parâmetros, tais como: das frequências, da localização dos eletrodos, entre outros. Uma forma para determinar o uso dessa técnica é conhecer os efeitos físicos, fisiológicos e terapêuticos da corrente, assim como as técnicas de aplicação e as características da célula tumoral.

A seguir estão destacadas as principais complicações oncológicas de interesse do fisioterapeuta e o uso da eletrotermofototerapia.

Linfedema

A terapia-padrão para tratamento de linfedema é a terapia complexa descongestiva, composta por orientação ao paciente, hidratação da pele, drenagem linfática manual, terapia compressiva e cinesioterapia. A fotobiomodulação vem sendo estudada como complemento dessa técnica. O uso do comprimento de onda infravermelho parece ser o mais estudado em decorrência dos resultados mais efetivos. A aplicação da luz *laser* deve ocorrer na região de linfonodos regionais (cubitais e axilares remanescentes, no caso de linfedema de membro superior secundário a cirurgia oncológica; e na região de linfonodos inguinais e poplíteos remanescentes em caso de pacientes com linfedema de membro inferior; na região de linfonodos cervicais remanescentes em caso de linfedema de cabeça e pescoço).

A terapia por ondas de choque é uma técnica promissora no tratamento complementar do linfedema, também pelo seu mecanismo de linfangiogênese, no entanto, ensaios clínicos ainda são necessários para avaliar a segurança e a efetividade no paciente com linfedema secundário ao câncer.

Sarcopenia/complicações musculares nos pacientes oncológicos

Alguns pacientes são impossibilitados de realizar exercícios, por contraindicações, por complicações ou por alguma morbidade decorrente da doença ou do tratamento. Dessa forma, alternativas são necessárias na tentativa de evitar novas complicações, como as pulmonares e as vasculares. O uso da estimulação elétrica neuromuscular (EENM) é uma opção viável em pacientes oncológicos com sarcopenia e/ou com complicações musculares, de modo a alcançar bons resultados com o objetivo de maximizar a reabilitação e fazer com que o paciente retorne ao exercício voluntariamente.

Dor

A dor na oncologia é uma das queixas mais frequentes dos pacientes com câncer avançado e uma variável singular que requer tratamento adequado. Entre as diversas técnicas da fisioterapia, o uso da estimulação elétrica nervosa transcutânea (TENS) é uma opção na busca da analgesia, mas apenas em alguns pacientes. A dor associada ao câncer é multifatorial, fato que pode interferir na efetividade da corrente elétrica e suas comprovações.

A dor neuropática é frequentemente um efeito adverso do tratamento oncológico. A neuropatia periférica induzida pela quimioterapia é uma queixa frequente, que limita as atividades de vida diária e pode interferir no curso do tratamento. O uso da fotobiomodulação com *laser* de baixa potência parece ser um recurso promissor para esses pacientes. Ensaio clínicos usando o comprimento de onda infravermelho e vermelho estão demonstrando boa efetividade no controle dessa comorbidade.

A terapia Scrambler é um recurso novo para eletroanalgesia aprovado pelo Food and Drugs Administration (FDA) para uso em pacientes com dor neuropática. A terapia Scrambler tem como objetivo bloquear o sinal da dor da área dolorosa e convertê-la em informação não dolorosa. A aplicação deve ser diária, por 10 dias consecutivos, por 45 minutos.

Mucosite

O uso da fotobiomodulação com *laser* de baixa potência traz bons resultados na prevenção e tratamento da mucosite de cavidade oral, regiões faríngeas e laríngeas, além do trato gastrointestinal e regiões genitais, onde há menor ocorrência e menor gravidade de mucosite.

Deve-se ter especial cuidado com a presença de microrganismos na cavidade. Nesse caso, deve-se utilizar a terapia fotodinâmica (TFD) para evitar a proliferação desses microrganismos. O uso do comprimento de onda vermelho é mais efetivo. A aplicação da luz *laser* deve ser pontual sobre as lesões.

A literatura vem buscando a aplicação do comprimento de luz azul como ação reparadora e antimicrobiana, mas ainda carece de estudos mais robustos.

Radiodermite

A radiodermite é uma reação cutânea pela radiação e está presente em cerca de 90% dos pacientes tratados com radioterapia.

A fotobiomodulação com *laser* de baixa potência, nos comprimentos de onda vermelho e infravermelho, tem sido utilizada na tentativa de prevenir e tratar a reação cutânea provocada pela radiação. Embora a evidência científica ainda seja pequena, há evidência clínica da melhora da cicatrização e da hidratação tecidual. Além disso, a literatura mostra uma possível prevenção da fibrose radioinduzida, o que contribui funcionalmente para diversos tecidos.

Cabeça e pescoço

O uso da eletrotermofototerapia em pacientes oncológicos pode beneficiar o paciente em várias complicações pós-operatórias. Pacientes submetidos a cirurgia por câncer de cabeça e pescoço, por exemplo, podem ser beneficiados com o uso desses recursos para a recuperação do trismo, xerostomia e hipossalivação, paralisia facial, síndrome do ombro caído e disfagia.

Pós-operatório no câncer ginecológico

Pacientes submetidos a cirurgia por câncer na região pélvica, como cânceres ginecológicos e de próstata, podem ter complicações como mucosite vaginal, incontinência urinária e fecal minimizadas ou recuperadas pelo adequado uso de recursos eletrotermofototerápicos, como eletroestimulação intracavitária.

A eletroestimulação do nervo tibial posterior é amplamente utilizada na prática clínica da fisioterapia uroginecológica, assim como para a abordagem do paciente com urgência fecal, e seu parâmetro para neuromodulacão com a frequência entre 10 a 20 Hz parece ser o mais efetivo. Tal aplicação pode ser voltada para distúrbios do trato intestinal.

CONSIDERAÇÕES FINAIS

- A eletrotermofototerapia é um recurso promissor na reabilitação de pacientes oncológicos, trazendo benefícios para pacientes com linfedema, sarcopenia, mucosite, radiodermite, dor, entre outras complicações no pós-operatório, sempre como tratamento complementar.
- A eletrotermofototerapia deve ser a escolha de tratamento do fisioterapeuta quando a aplicação é evidenciada com segurança científica.
- Vários mecanismos para a prevenção e tratamento estão em desenvolvimento, uma vez que os mecanismos eletrotermofototerápicos ainda não estão completamente elucidados.

BIBLIOGRAFIA RECOMENDADA

1. American Physical Therapy Association (APTA). Guide to physical therapist practice. 2.ed. Phys Ther. 2001 Jan;81(1):9-746.
2. Baldwin ERL, Baldwin TD, Lancaster JS, McNeely ML, Collins DF. Neuromuscular electrical stimulation and exercise for reducing trapezius muscle dysfunction in survivors of head and neck cancer: a case-series report. Physiotherapy Canada. 2012;64(3):317-24.
3. Baxter GD, Liu L, Petrich S, Gisselman AS, Chapple C, Anders JJ, et al. Low level laser therapy (Photobiomodulation therapy) for breast cancer-related lymphedema: a systematic review. BMC Cancer. 2017;17:833.
4. Bensadoun R-J. Photobiomodulation or low-level laser therapy in the management of cancer therapy-induced mucositis, dermatites and lymphedema. Current Opinion in Oncology. 2018;30(4):226-32.
5. Bergmann A, Mattos IE, Koifman RJ. Fatores de risco para linfedema após câncer de mama: uma revisão da literatura. Fisioter e Pesqui. 2008;15(2):207-13.
6. Bo K, Frawley HC, Haylen BT, Abramov Y, Almeida FG, Berghmans B, et al. An International Urogynecological Association (IUGA)/International Continence Society (ICS) joint report on the terminology for the conservative and nonpharmacological management of female pelvic floor dysfunction. Int Urogynecol J. 2017;28(2):191-213.
7. Brown KR, Rzucidlo E. Acute and chronic radiation injury. J Vasc Surg. 2011; 53(1 Suppl.):15S-21S.
8. Brzak BL, Cigić L, Baričević M, Sabol I, Mravak-Stipetić M, Risović D. Different Protocols of Photobiomodulation Therapy of Hyposalivation. Photomedicine and Laser Surgery. 2018;36(2):78-82.
9. Caulfield B, Prendergast A, Rainsford G, Minogue C. Self directed home based electrical muscle stimulation training improves exercise tolerance and strength in healthy elderly. Annu Int Conf IEEE Eng Med Biol Soc. 2013; 2013:7036-9.
10. Cebicci MA, Sutbeyaz ST, Goksu SS, Hocaoglu S, Oguz A, Atilabey A. Extracorporeal shock wave therapy for breast cancer–related lymphedema: a pilot study. Arch Phys Med Rehabil. 2016;97(9):1520-5.
11. Costa MM, Silva SB, Quinto ALP, Pasquinelli PFS, de Queiroz dos Santos V, de Cássia Santos G, et al. Phototherapy 660 nm for the prevention of radiodermatitis in breast cancer patients receiving radiation therapy: Study protocol for a randomized controlled trial. Trials. 2014;15(1):1-6.

12. Cruz-Jentoft AJ, Baeyens JP, Bauer JM, Boirie Y, Cederholm T, Landi F, et al. Sarcopenia: European consensus on definition and diagnosis. Report of the European Working Group on Sarcopenia in Older People. Age Ageing. 2010; 39(4):412-23.
13. Gonnelli FAS, Palma LF, Giordani AJ, Deboni ALS, Dias RS, Segreto RA, et al. Low-Level laser for mitigation of low salivary flow rate in head and neck cancer patients undergoing radiochemotherapy: a prospective longitudinal study. Photomed Laser Surg. 2016;34(8):326-30.
14. Hamblin MR, Nelson ST, Strahan JR. Photobiomodulation and cancer: what is the truth? Photomed Laser Surg. 2018 May;36(5):241-5.
15. Hamblin, MR. Invited review: mechanisms and mitochondrial redox signaling in photobiomodulation. Photochemistry and Photobiology. 2018;94:199-212.
16. He M, Zhang B, Shen N, Wu N, Sun J. A systematic review and meta-analysis of the effect of low-level laser therapy (LLLT) on chemotherapy-induced oral mucositis in pediatric and young patients. European Journal of Pediatrics. 2017;177(1):7-17.
17. Hultman E., Sjöholm H, Jäderholm-Ek I, Krynicki J. Evaluation of methods for electrical stimulation of human skeletal muscle in situ. Pflugers Arch. 1983;398(2):139-141 apud Gobbo M, Maffiuletti NA, Orizio C, Minetto MA. Muscle motor point identification is essential for optimizing neuromuscular electrical stimulation use. J Neuroeng Rehabil. 2014 Feb 25;11:17.
18. International Society of Lymphology. Consensus Document of International Society of Lymphology. The diagnosis and treatment of peripheral lymphedema. Lymphology. 2016;49(4):170-84.
19. Kelner N, Castro J. Laserterapia no tratamento da mucosite. Rev Bras Cancerol. 2006;53(1):29-32.
20. Kim IG, Lee JY, Lee DS, Kwon JY, Hwang JH. Extracorporeal shock wave therapy combined with vascular endothelial growth factor-C hydrogel for lymphangiogenesis. J Vasc Res. 2013;50(2):124-33.
21. Lopes CO, Mas JRI, Zângaro RA. Prevenção da xerostomia e da mucosite oral induzidas por radioterapia com uso do laser de baixa potência. Radiol Bras. 2006;39(2):131-6.
22. Manik M, Yosi A, Tanjung C. Radiodermatitis incidents in cancer patients receiving radiotherapy at Haji Adam Malik Central Hospital, Medan-Indonesia. Bali Medical Journal. 2018;7(2):447-51.
23. Mussttaf RA, Jenkins DFL, Jha AN. Assessing the impact of low level laser therapy (LLLT) on biological systems: a review. Int J Radiat Biol. 2019 Feb; 95(2):120-43.

24. NCCN (National Comprehensive Cancer Network). NCCN Framework for Resource Stratification of NCCN Guidelines (NCCN Framework™): Adult Cancer Pain. Disponível em: https://www.nccn.org/framework/. Acesso em: 30 jan. 2021.
25. Ocean AJ, Vahdat LT. Chemotherapy-induced peripheral neuropathy: pathogenesis and emerging therapies. Support Care Cancer. 2004 Sep;12(9):619-25.
26. Paim ÉD, Macagnan FE, Martins VB, Zanella VG, Guimarães B, Berbert MCB, et al. Efeito agudo da Transcutaneous Electric Nerve Stimulation (TENS) sobre a hipossalivação induzida pela radioterapia na região de cabeça e pescoço: um estudo preliminar. CoDAS. 2018;30(3):1-7.
27. Palma LF, Gonnelli FAS, Marcucci M, Dias RS, Giordani AJ, Segreto RA, et al. Impact of low-level laser therapy on hyposalivation, salivary pH, and quality of life in head and neck cancer patients post-radiotherapy. Lasers Med Sci. 2017;32(4):827-32.
28. Piso DU, Eckardt A, Liebermann A, Gutenbrunner C, Schäfer P, Gehrke A. Early rehabilitation of head-neck edema after curative surgery for orofacial tumors. Am J Phys Med Rehabil. 2001;80:261-9.
29. Rezende LF, Rocha AVR, Gomes CS. Avaliação dos fatores de risco no linfedema pós-tratamento de câncer de mama. Jornal Vascular Brasileiro. 2010; 9(4):233-8.
30. Robijns J, Censabella S, Bulens P, Maes A, Mebis J. The use of low-level therapy in supportive care for patients with breast cancer: review of the literature. Lasers Med Sci. 2017 Jan;32(1):229-42.
31. Robijns J, Censabella S, Claes S, Pannekoeke L, Bussé L, Colson D, et al. Prevention of acute radiodermatitis by photobiomodulation: A randomized, placebo-controlled trial in breast cancer patients (Transdermis trial). Lasers Surg Med. 2018;50(7):763-71.
32. Silva VCR, Silveira FMM, Monteiro MGB, Cruz MMD., Caldas Júnior AF, Godoy GP. Photodynamic therapy for treatment of oral mucositis: Pilot study with pediatric patients undergoing chemotherapy. Photodiagnosis Photodyn Ther. 2018 Mar;21:115-20.
33. Sonis ST, Hashemi S, Epstein JB, Nair RG, Raber-Durlacher JE. Could the biological robustness of low level laser therapy (Photobiomodulation) impact its use in the management of mucositis in head and neck cancer patients. Oral Oncol. 2016 Mar;54:7-14.
34. Sønksen J, Ohl DA, Bonde B, Laessøe L, McGuire EJ. Transcutaneous mechanical nerve stimulation using perineal vibration: a novel method for the treatment of female stress urinary incontinence. J Urol. 2007;178(5):2025-8.

35. Tomasello C, Pinto RM, Mennini C, Conicella E, Stoppa F, Raucci U. Scrambler therapy efficacy and safety for neuropathic pain correlated with chemotherapy-induced peripheral neuropathy in adolescents: a preliminary study. Pediatr Blood Cancer. 2018;65(7):e27064.
36. Watson T. Current concepts in electrotherapy. Haemophilia. 2002 May;8(3):413-8.
37. Zecha JAEM, Raber-Durlacher JE, Nair RG, Epstein JB, Elad S, Hamblin MR, et al. Low-level laser therapy/photobiomodulation in the management of side effects of chemoradiation therapy in head and neck cancer: part 2: proposed applications and treatment protocols. Support Care Cancer. 2016;24(6):2793-805.

16 Fisioterapia respiratória em oncologia

Brenda Aparecida da Silva Ferreira
Rodrigo Daminello Raimundo

INTRODUÇÃO

A fisioterapia respiratória faz parte do atendimento interdisciplinar oferecido aos pacientes oncológicos. São objetivos da fisioterapia respiratória:

- suporte ventilatório invasivo ou não invasivo;
- evitar complicações respiratórias;
- amenizar a insuficiência respiratória;
- melhorar a qualidade de vida; e
- evitar os efeitos deletérios da inatividade.

Os pacientes oncológicos apresentam particularidades em relação à fisioterapia respiratória, como supressão da produção de células sanguíneas medulares e alterações motoras, predispondo-se a infecções respiratórias e a sangramentos, enfraquecimento e dor.

O conhecimento da etiologia e progressão da doença oncológica considerando tipo da neoplasia, características dos tumores, estadiamento oncológico e eleição de tratamento (cirúrgico, quimioterápico ou radioterápico) auxilia o profissional fisioterapeuta na escolha das condutas de atendimento.

AVALIAÇÃO FÍSICA

Inspeção

- A inspeção permite observar possíveis alterações que podem apresentadas pela caixa torácica, tais como formato e discrepâncias dos diâmetros anterior e posterior, sendo essas observações denominadas inspeção estática.
- A inspeção dinâmica avalia o padrão respiratório, a frequência das incursões respiratórias por minuto e o ritmo respiratório, a eficácia da expansibilidade pulmonar e a presença de sinais de esforço muscular compensatório (tiragens respiratórias).

MANOBRAS DESOBSTRUTIVAS

A eliminação de secreções broncopulmonares apresenta dependência em relação ao funcionamento adequado do transporte mucociliar e, por consequência, uma tosse eficaz. A deficiência de um ou ambos os processos resulta no acúmulo de secreções, que levará a piora da relação ventilação/perfusão, aumento do trabalho respiratório e aumento das incidências de infecções pulmonares.

Exercícios e equipamentos respiratórios são prontamente utilizados para auxiliar no carreamento de muco e na melhora de padrões respiratórios, desempenhando papel importante na reabilitação pulmonar quando se identificam processos de cunho agudo ou crônico.

Drenagem postural

Consiste em uma técnica de higiene brônquica em que se recebe assistência gravitacional para realização da drenagem de um segmento delimitado.

TABELA 1 Inspeção dinâmica

Padrão respiratório	▪ Padrão respiratório costal ou apical ▪ Padrão respiratório abdominal ou respiração diafragmática ▪ Padrão respiratório misto
Frequência respiratória (FR)	▪ Eupneia (fisiológico): FR de 12-20 irpm ▪ Taquipneia: aumento da FR associado a redução do VC acima de 20 irpm ▪ Hiperpneia: aumento da ventilação alveolar associada ao aumento da FR e do VC ▪ Bradipneia: redução da FR abaixo de 10 irpm ▪ Apneia: interrupção dos ciclos respiratórios
Ritmo respiratório	▪ Fisiológico: relação i:e em 1:2 ▪ Ritmo de Cantani: aumento da amplitude dos movimentos respiratórios ▪ Ritmo de Biot: ciclo respiratório intercalado por períodos de apneia e ventilação ▪ Ritmo de Cheynes-Stockes: incursões respiratórias crescentes e decrescentes seguidas por apneia ▪ Respiração de Kussmaul: respiração com alternância da apneia nas fases inspiratória e expiratória
Expansibilidade pulmonar de ápices e bases	▪ Redução da expansibilidade unilateral: pneumotórax; derrame pleural unilateral; atelectasia e traumatismo torácico ▪ Redução da expansibilidade bilateral: ascite; derrame pleural bilateral e enfisema pulmonar ▪ Simetria ou assimetria ▪ Amplitude: superficial, profunda ou normal
Presença de musculatura respiratória acessória	▪ Tiragens – supraclavicular – infraclavicular – intercostal

FR: frequência respiratória; VC: volume corrente.

Diferentes posições, em diferentes angulações, são solicitadas para favorecer a remoção das secreções em sítios lobulares específicos, considerando a posição de maior ação gravitacional e o tempo de obstrução da via por muco.

Manipulações por meio de vibrações

Percussão manual, mecânica ou vibração são utilizadas para transmitir até os brônquios forças oscilatórias que auxiliarão no transporte mucociliar, favorecendo a remoção das secreções.

TABELA 2 Manobras desobstrutivas por meio de vibrações

Vibração	▪ Objetivo: mobilizar secreções livres na árvore brônquica em direção aos brônquios de maior calibre. ▪ A vibração é aplicada posicionando uma ou ambas as mãos sobre o tórax do paciente na região de maior acúmulo de secreções e realizando compressões suaves associadas a vibração rápida durante a fase exalatória. ▪ Após aplicação da manobra e repetidos ciclos, o paciente pode ser motivado a uma tosse profunda.
Shaking	▪ Objetivo: deslocar as secreções das vias aéreas de pequeno calibre para as de grande calibre. ▪ A energia mecânica é transmitida pelo posicionamento das mãos na porção anterior do tórax (de maior acúmulo de secreção ou diminuição da ventilação), ou uma mão na porção anterior e outra na posterior. Após o início da expiração, o terapeuta gera movimentos na caixa torácica em direção ao brônquio principal.

Manobras desobstrutivas ativas

A remoção de secreções por meio de manobras ativas tem por intuito aumentar o transporte de muco mediante manobras forçadas realizadas por meio de transferência de energia com oscilações de alta velocidade do fluxo de ar, que favorecerá o desalojamento do muco presente na parede, levando a sua remoção.

- Tosse: é solicitada ao paciente uma respiração profunda (máxima capacidade pulmonar) com auxílio dos músculos abdominais, e posteriormente solicitada uma expiração forçada e que seja suficiente para realizar a eliminação das secreções. A tosse pode ser dividida em: espontânea, assistida ou ativoassistida, fragmentada ou estimulada (estímulo da fúrcula).
- Huffing: o paciente deverá ser orientado a realizar uma inspiração de médio volume pulmonar envolvendo os músculos abdominais, e posteriormente deverá realizar uma expiração forçada com a glote aberta, ou seja, a boca deve estar ligeiramente aberta.
- Aceleração do fluxo expiratório ou pressão expiratória (AFE): a técnica consiste em deprimir de forma passiva o gradil costal do paciente, e podendo ser realizada em posição supina ou em decúbito lateral. O terapeuta deverá posicionar suas mãos sobre as regiões paraesternais e acompanhar o movimento expiratório do paciente. Ao chegar à expiração profunda, deverá exercer uma pressão sobre o tórax, acentuando essa extensão.
- Técnica de expiração forçada (TEF): consiste na realização de um ou dois esforços expiratórios de baixo e médio volume, seguidos de uma expiração forçada com a glote aberta.

Manobra desobstrutiva invasiva

- Aspiração traqueobrônquica: trata-se de um procedimento invasivo com o intuito de remover secreções de vias aéreas inferiores, superiores e cavidade oral.

A remoção de secreções nas vias aéreas inferiores ocorre em pacientes em ventilação mecânica invasiva com uso de cânula orotraqueal ou cânula de traqueostomia. Esta última pode ser realizada em pacientes traqueostomizados de longa permanência e em nebulização de ar comprimido ou gás oxigênio.

A técnica é realizada pela desconexão do circuito ventilatório do paciente e introdução de uma sonda estéril com válvula de sucção no lúmen da cânula (sistema aberto).

O sistema de aspiração fechado ocorre pela conexão de um sistema acoplado entre o ventilador e o paciente, de forma que a sonda estéril é envelopada, permitindo a aspiração quando necessário, sem desconexão com o sistema ventilatório.

Observações

A trombocitopenia e a possibilidade de metástases ósseas devem ser rigorosamente avaliadas antes de realizar manobras torácicas e a técnica de aspiração. Em casos de plaquetas de contagem muito baixas, deve-se avaliar o risco-benefício junto da equipe médica.

MANOBRAS DE REEXPANSÃO PULMONAR

As manobras reexpansivas podem ser aplicadas de forma mecânica ou por meio da realização de exercícios ativos.

Fatores como processos cirúrgicos, disfunções neuromusculares, processos infecciosos e álgicos podem causar diminuição de volumes e capacidades pulmonares.

Manobras ativas de reexpansão pulmonar

- Inspiração fracionada ou em tempos: consiste na realização de inspirações nasais curtas consecutivas, intervaladas por períodos de pausas (apneias), até atingir a capacidade pulmonar total com posterior expiração bucal.
- Inspiração máxima sustentada: é solicitada ao paciente inspiração profunda até atingir a capacidade inspiratória máxima, seguida de pausa inspiratória com posterior expiração bucal.

Incentivadores respiratórios

São aparelhos portáteis de uso individual que têm por intuito demonstrar visualmente ou por representação sonora que determinado volume ou fluxo desejado foi alcançado.

Os exercitadores respiratórios têm por objetivo fortalecer os músculos respiratórios, aumentar a permeabilidade das vias aéreas, além de promover a reexpansão pulmonar.

- O incentivador respiratório a fluxo é composto por uma ou mais câmaras plásticas que comportam esferas com graduações de pesos capazes de se elevarem através de fluxo de ar gerado pelo paciente. Por exemplo, Respiron®.
- O incentivador respiratório a volume é caracterizado como um sistema de pistão composto por um êmbolo móvel capaz de atingir níveis representativos da capacidade inspiratória máxima do paciente. Por exemplo, Voldyne®.

Técnicas com pressão positiva

- Respiração por pressão positiva intermitente (RPPI): por meio de uma máscara facial ou bucal, é aplicada uma pressão positiva na fase inspiratória, seguida de uma pressão expiratória que retorna a níveis atmosféricos. A fase expiratória pode ser prolongada ou retardada, a depender do quadro respiratório do paciente.

Contraindicações: hemoptise ativa, fístula transesofágica e cirurgia esofágica recente.

Ventilação mecânica não invasiva com um ou dois níveis pressóricos também pode ser utilizada.

OXIGENOTERAPIA

A oxigenoterapia consiste na administração de oxigênio adicional, gerando uma fração inspirada de oxigênio (FiO_2) maior que a concentração presente na atmosfera.

A American Association Respiratory Care (AACR) indica a oxigenoterapia diante das seguintes ocorrências:

TABELA 3 Fatores indicativos para realização de oxigenoterapia

▪ PaO_2	< 60 mmHg
▪ $SatO_2$ (em ar ambiente)	< 90%
▪ $SatO_2$	< 88% durante deambulação, exercício ou sono em portadores de doenças cardiorrespiratórias
▪ IAM	
▪ Intoxicação por gases	Monóxido de carbono
▪ Envenenamento por cianeto	

Sistemas de baixo fluxo: não garantem todo o fluxo inspiratório do paciente, apresentando FiO_2 variável de acordo com o equipamento de escolha e com o fluxo inspiratório do paciente em associação.

TABELA 4 Adequações de dispositivos para oferta de oxigênio

Dispositivos	Oferta de oxigênio
Cânula nasal	Até 5 L/min
Cateter transtraqueal	Até 5 L/min
Tenda e capacete de oxigênio	7-15 L/min
Máscara tipo tenda	De 6-15 L/min
Máscara facial simples	De 6-15 L/min
Máscara de traqueostomia	De 6-15 L/min
Máscara com reservatório (com e sem reinalação)	De 6-15 L/min

Sistemas de alto fluxo: têm por intuito fornecer fluxo adicional de oxigênio com oferta superior a 60 L/min, garantindo fluxo igual ou maior que o pico do paciente.

TABELA 5 Adequações de dispositivos para oferta de oxigênio

Dispositivos	Concentração de oxigênio	Fluxo de oxigênio sugerido
Máscara de Venturi	24%	4 L/min
	28%	6 L/min
	31%	8 L/min
	35%	12 L/min
	40%	15 L/min
	50%	15 L/min
Gerador de fluxo*	30-100%	100 L/min

* O gerador de fluxo é utilizado para realizar ventilação não invasiva e com uso de máscara facial de silicone acoplada a uma fonte de 50 psig, na qual fornece concentrações de O_2 que variam de 30-100%.

Cânula nasal de alto fluxo

É uma modalidade de suporte respiratório com maiores taxas de fluxo de gases, podendo alcançar 60 L/min, que ofertará uma fração desejada desse gás inspiratório e a eliminação do dióxido de carbono desde o espaço morto anatômico.

O alto fluxo de gás será entregue ao paciente de forma aquecida e umidificada, sendo a temperatura mantida por um circuito envelopado com resistores, capazes de manter a temperatura do ar desde a saída da base aquecida, passando pelo circuito, até a chegada dele ao paciente por meio da interface nasal com oclusão da via de 50%.

O gás aquecido e umidificado aumenta o conforto do paciente na aceitação dessa modalidade de alto fluxo e facilita a depuração de secreções. Além disso, apresenta uma interface nasal, promovendo conforto ao paciente.

A indicação de uso a pacientes oncológicos foi recentemente realizada; no entanto, recomenda-se que o terapeuta permaneça próximo ao paciente durante o uso, atentando a sinais de possíveis sangramentos, uma vez que consideramos esse paciente imunocomprometido hematologicamente.

SUPORTE VENTILATÓRIO NÃO INVASIVO

A ventilação não invasiva (VNI) provê assistência ventilatória sem necessidade de introdução de via artificial. É realizada com o uso de interfaces externas (máscaras) que conectam o paciente ao ventilador mecânico, e normalmente é indicada nos casos de insuficiência respiratória aguda ou crônica agudizada.

A VNI tem por objetivos reduzir o trabalho e a frequência respiratória, aumentar o volume corrente, melhorar a troca gasosa e promover o repouso da musculatura respiratória.

TABELA 6 Recomendações para eleição do modo ventilatório não invasivo

Critérios	Conduta
▪ Volume minuto > 4 ▪ $PaCO_2 < 50$ mmHg ▪ pH > 7,25	Iniciar VNI com dois níveis pressóricos

TABELA 7 Contraindicações da ventilação mecânica não invasiva

Contraindicações absolutas
Parada cardíaca ou respiratória
Necessidade de intubação de emergência
Contraindicações relativas
Rebaixamento de nível de consciência
Hemorragias digestivas graves com instabilidade hemodinâmica

(continua)

TABELA 7 Contraindicações da ventilação mecânica não invasiva *(continuação)*

Contraindicações relativas
Cirurgia facial ou neurológica
Trauma ou deformidade facial
Alto risco de aspiração/broncoaspiração
Obstrução de vias aéreas superiores
Anastomose de esôfago recente (evitar pressurização > 20 cmH_2O)
Pacientes oncológicos com presença de hemoptise e/ou epistaxe

MODOS VENTILATÓRIOS DA VNI

- Pressão contínua nas vias aéreas (*Continue Positive Airway Pressure*) – CPAP: este modo permite a administração somente de uma pressão expiratória final contínua nas vias aéreas, de forma que o paciente realiza o ciclo ventilatório espontaneamente. É recomendada no edema agudo de pulmão cardiogênico e no pós-operatório de cirurgia abdominal.
- A pressão positiva nas vias aéreas com dois níveis pressóricos – BILEVEL permite administrar dois níveis de pressão nas vias aéreas, sendo eles: pressão inspiratória (IPAP) e pressão expiratória final (EPAP). É recomendada nos casos de hipercapnias agudas com o intuito de promover o descanso da musculatura respiratória, evitando a fadiga muscular; usada também no edema agudo de pulmão de origem cardiogênica e nas infecções imunossuprimidas.

Ensaios controlados randomizados evidenciaram que o uso da VNI em pacientes com malignidade hematológica, quando comparado ao uso da ventilação mecânica invasiva, reduziu a taxa de mortalidade de 100% para 53-61%.

SUPORTE VENTILATÓRIO INVASIVO

A ventilação mecânica invasiva substitui a ventilação espontânea de forma parcial ou total quando ocorre uma deficiência de execução desta em decorrência da insuficiência respiratória aguda (IRpA) ou crônica agudizada (ver Capítulo 18).

A ventilação mecânica tem por objetivo melhorar as trocas gasosas e diminuir o trabalho respiratório. A conexão do paciente com o ventilador mecânico é realizada por meio do uso de interfaces invasivas, podendo ser tubo endotraqueal ou cânula de traqueostomia. Recomenda-se observar possíveis dificuldades de acoplamento ao ventilador mecânico, como assincronias entre paciente e ventilador (duplo disparo, disparo ineficaz, autodisparo), bem como assincronias de ciclagem.

Não se deve postergar a realização da intubação orotraqueal, principalmente de pacientes imunocomprometidos hematologicamente.

RECONDICIONAMENTO AERÓBIO

Pacientes com câncer experimentam um declínio intensificado na qualidade de vida desde o momento do diagnóstico ao período de tratamento. A intensificação de sintomas como náusea, dor, fadiga e intolerância ao exercício é induzida pelo tratamento curativo e torna-se rotineira na vida desse paciente, sendo a fadiga um fator incapacitante para a realização de exercícios físicos em 70% dos casos.

A realização de um programa de exercícios físicos pode melhorar sinais e sintomas provenientes da alta toxicidade do tratamento curativo e melhorar a qualidade de vida dos pacientes oncológicos.

Recomenda-se a realização de exercícios aeróbios 3-5 vezes por semana e resistidos 2-3 vezes por semana, sendo estes de intensidade moderada (60-70% FC máxima ou 40-60% do VO_2 máximo ou

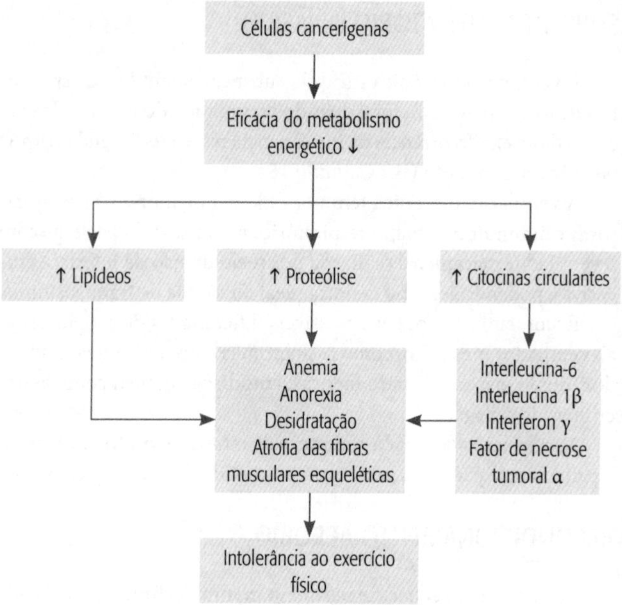

FIGURA 1 Fator consequência de doença maligna.

entre 6 e 7 pela escala de Borg modificada) e com monitorização da frequência cardíaca e percepção de esforço.

Recomenda-se como tempo eficaz para o exercício aeróbio: 150 minutos por semana de intensidade moderada ou 75 minutos por semana de intensidade variável, de moderada a vigorosa.

O exercício resistido deverá incluir uma ou mais associações de exercícios que variam de 8-12 repetições para cada atividade.

Sugere-se a avaliação prévia dos pacientes antes do protocolo de recondicionamento aeróbio.

SINTOMAS DO PACIENTE ONCOLÓGICO

Os sintomas mais comuns apresentados pelos pacientes oncológicos durante o período de tratamento são a dor e a fadiga, principalmente durante o tratamento quimioterápico.

A alta toxicidade do tratamento oncológico favorece o desencadeamento de sintomas multidimensionais que afetam a qualidade de vida dos pacientes.

- Dor: é o sintoma mais frequente e mais temido pelos pacientes que recebem o diagnóstico de neoplasia maligna. O sintoma álgico desencadeia inúmeras alterações no indivíduo, como: insônia, anorexia, efeitos deletérios do imobilismo prolongado no leito e isolamento social.
- Fadiga: é o segundo sintoma de maior incidência após o tratamento quimioterápico, e pode permanecer durante os estágios avançados da doença. O sintoma não é aliviado por períodos de repouso ou sono, podendo persistir por meses a anos.
- Náuseas e vômito: são frequentes durante a quimioterapia, devido a alterações gastrointestinais. A necessidade de uma alimentação adequada durante esse período torna-se inevitável para amenizar a intensidade dos sintomas.
- Caquexia: os pacientes oncológicos apresentam desnutrição do tipo calórico-proteico, normalmente decorrente da relação inversa entre a ingesta e a necessidade de aporte nutricional.

BIBLIOGRAFIA RECOMENDADA

1. Barbas CV, et al. Recomendações brasileiras de ventilação mecânica 2013. Parte 2. Revista Brasileira de Terapia Intensiva. 2014.
2. Brateibach V, et al. Sintomas de pacientes em tratamento oncológico. Revista Ciência & Saúde. 2013;6(2):102-9.

3. De Vita LTS, Rosenberg AS. Cancer: principles & practice of oncology. 2008;2(8):8.
4. Durey A, et al. Application of high-flow nasal cannula in the ED for patients with solid malignancy. The American Journal of Emergency Medicine. 2016;34(11):2222-3.
5. Duval PA, VargasBL, Fripp JC, Arrieira ICO, Lazzeri B, Destri K, et al. Domiciliaria Interdisciplinaria. Caquexia em pacientes oncológicos internados em um programa de internação domiciliar interdisciplinar. Revista Brasileira de Cancerologia. 2010;56(2):207-212.
6. Gosselink R, et al. Physiotherapy for adult patients with critical illness: recommendations of the European Respiratory Society and European Society of Intensive Care Medicine Task Force on physiotherapy for critically ill patients. Intensive Care Medicine. 2008;34(7):1188-199.
7. Grotberg JB. Respiratory fluid mechanics and transport processes. Annual Review of Biomedical Engineering. 2001;3(1):421-57.
8. Gupta L, Gupta H. Physiotherapy for respiratory conditions. Adv Nursing Patient Care Int J. 2018;1(1):180003.
9. Ike D, et al. Drenagem postural: prática e evidência. Fisioterapia em Movimento. 201;22(1).
10. Liebano RE, et al. Principais manobras cinesioterapêuticas manuais utilizadas na fisioterapia respiratória: descrição das técnicas. Revista de Ciências Médicas. 2012;18(1).
11. Park SY, et al. Outcome and predictors of mortality in patients requiring invasive mechanical ventilation due to acute respiratory failure while undergoing ambulatory chemotherapy for solid cancers. Supportive Care in Cancer. 2013;21(6):1647-53.
12. Sklar MC, et al. The impact of high-flow nasal oxygen in the immunocompromised critically ill: a systematic review and meta-analysis. Respiratory Care. 2018;63(12):1555-66.
13. Squadrone V, Ferreyra G, Ranieri VM. Non-invasive ventilation in patients with hematologic malignancy: a new prospective. Minerva Anestesiologica. 2015;81(10):1118-26.
14. Squires RW, Shultz AM, Herrmann J. Exercise training and cardiovascular health in cancer patients. Current Oncology Reports. 2018;20(3):27.

UTI oncológica 17

Alinne Martins dos Santos Carvalho
Anuana Lohn Lavrini
Thalissa Maniaes

INTRODUÇÃO

Considera-se o câncer hoje a segunda causa de morte no mundo, perdendo apenas para as doenças cardiovasculares. O câncer refere-se a um conjunto de várias doenças que apresenta um crescimento desordenado de células. Quando o crescimento é rápido e invade outras partes do corpo, chamamos de neoplasia maligna.

Os avanços no diagnóstico e tratamento têm contribuído para o aumento da sobrevida em um número cada vez maior de pessoas com doenças oncológicas. O câncer disseminado provoca efeitos que se manifestam como uma série de distúrbios metabólicos, como deficiência de equilíbrio nutricional e funcionamento inadequado do sistema imunológico, deixando o paciente fraco e suscetível a infecções. Muitos desses pacientes podem apresentar vários tipos de deficiências e incapacidades permanentes ou temporárias, podendo ser decorrentes da própria evolução da doença ou das consequências originadas antes, durante ou após o tratamento. Os doentes oncológicos podem apresentar sintomas como dor, sintomas gastrointestinais (p. ex., náusea e diarreia), caquexia, fadiga, alterações cognitivas (como perda de memória e alterações da personalidade) e psiquiátricas (ansiedade e depressão). A cirurgia, a quimioterapia e a radioterapia podem interferir diretamente na qualidade de vida devido à diminuição da massa muscular, ocasionando distúrbios motores. A radioterapia causa uma importante diminuição da vascularização tecidual local, e as lesões sofridas no tecido normal podem ser substituídas por tecido fibroso, acarretando má nutrição, perda da elasticidade e da contratilidade tecidual, o que leva ao encurtamento da musculatura. Já a quimioterapia é um tratamento que utiliza medicamentos para destruir as células doentes que formam um tumor. Esses medicamentos se misturam com o sangue, sendo levados a toda parte do corpo, destruindo as células doentes e resultando em efeitos colaterais e/ou tóxicos.

A dor está presente no quadro clínico desses pacientes, podendo chegar a pontos extremos de incapacitação funcional, nos quais a imobilidade está associada a perda de massa muscular, contraturas, encurtamentos, compressões nervosas e trombose.

A fadiga é o sintoma que mais prevalece nos pacientes oncológicos, causando impacto na diminuição das atividades diárias e na limitação da capacidade funcional. Quando relacionada ao câncer, a fadiga é influenciada por diversos fatores, que podem variar em intensidade e duração. Mas também pode vir acompanhada por outros sintomas, como dor, ansiedade e, dependendo do caso, alterações no nível cognitivo.

O paciente, por sua complexidade, necessita de assistência especializada e multidisciplinar, composta por médicos, enfermeiros, nutricionistas, fonoaudiólogos, fisioterapeutas, psicólogos, farmacêuticos e assistentes sociais.

Para que o tratamento seja eficiente, muitos detalhes devem ser observados, seja no âmbito cirúrgico, radioterápico, quimioterápico ou em qualquer outro, pois sua eficácia irá depender das condições do paciente e do tumor.

O paciente oncológico diferencia-se em vários aspectos se comparado a outros grupos de pacientes internados na UTI. Apresentam mielossupressão (anemia, plaquetopenia e leucopenia), predisposição a infecções das vias respiratórias, caquexia, alterações cinético-funcionais provenientes da intervenção cirúrgica, distúrbio de coagulação e dor como no processo terapêutico adjuvante, seja ele curativo ou paliativo, no combate à progressão tumoral.

Além das complicações comuns, como insuficiência respiratória, cardíaca, renal e a síndrome da angústia respiratória aguda (SARA), algumas são típicas do paciente oncológico e caracterizam emergências oncológicas, como: derrame pericárdico, síndrome da veia cava superior (SVCS), síndrome da lise tumoral, neutropenia febril, hiponatremia, hipoglicemia, hipercalcemia, leucostase, hemorragia provocada pelo tumor (ruptura ou compressão), síndrome de compressão medular (SCM), infecções, síndrome da secreção inadequada do hormônio antidiurético (SAIHD), insuficiência adrenal, trombose, trombocitopenia e granulocitopenia (ver Capítulo 7).

Pacientes com diagnóstico de câncer que desenvolvem SARA têm risco significativamente maior de mortalidade quando comparados a pacientes sem câncer, talvez por causa de complicações como neutropenia, sepse grave, pneumonia ou pneumonite induzida por medicamento ou radiação.

O tempo prolongado de internação em uma UTI também pode causar *delirium*, que é caracterizado por desatenção e comprometimento cognitivo, aumentando a morbidade, a mortalidade e os custos nos cuidados com o paciente oncológico. Muitos medicamentos, como os benzodiazepínicos, opioides e corticoesteroides, podem induzir ou exacerbar de forma independente o *delirium*, representando um fator de risco modificável. A avaliação de rotina para *delirium*, agitação e sedação é recomendada por várias diretrizes, além de medidas preventivas em grupos de alto risco, resultando em protocolos rigorosos dentro das UTI.

A função da UTI é dar suporte terapêutico ao paciente. Esse perfil de paciente muitas vezes precisa de suporte intensivo devido à gravidade das disfunções orgânicas, ao comprometimento da capacidade funcional, ao estadiamento do câncer e ao prognóstico, considerados na discussão para os critérios de admissão. A complicação clínica mais comum do paciente oncológico é a sepse; sua incidência é quatro vezes maior do que em outros tipos de pacientes. A incidência de complicações decorrentes dos efeitos deletérios da imobilidade na UTI contribui para o declínio funcional, aumento dos custos assistenciais, redução da qualidade de vida e sobrevida pós-alta. O suporte de terapia intensiva é fundamental, mesmo quando o prognóstico não está definido, pois as terapêuticas podem ser direcionadas ao alívio do sofrimento e à melhora da qualidade de vida.

FISIOTERAPIA NA UTI ONCOLÓGICA

O fisioterapeuta utiliza técnicas e recursos, como ventilação mecânica invasiva (VMI), ventilação não invasiva (VNI), cateter nasal de alto fluxo (CNAF) e exercícios terapêuticos, em diferentes fases do tratamento a depender das condições clínicas do paciente, tendo como objetivo preservar, manter, desenvolver e restaurar a integridade cinético-funcional de órgãos e sistemas, assim como prevenir os distúrbios causados pelo tratamento oncológico (ver Capítulo 18).

Monitorar e avaliar as alterações na função física durante a admissão na UTI pode melhorar o raciocínio clínico e apoiar a tomada de decisão no tratamento individualizado para cada paciente. Ferramentas de medição válidas e confiáveis são uma parte importante da prática clínica e da pesquisa para avaliar a função física e o efeito do tratamento. Atualmente, existem várias ferramentas de medição que podem ser usadas na avaliação da função física em pacientes em UTI, mas não há consenso sobre um padrão ouro.

A mobilização precoce na UTI envolve o início das atividades de fisioterapia em pacientes sob ventilação mecânica durante os primeiros 2-5 dias da admissão nesse ambiente. Alguns protocolos determinam o início da mobilização precoce dentro de 72 horas do início da ventilação mecânica (VM), após rigorosa avaliação da equipe multidisciplinar. Nos hospitais oncológicos norte-americanos é comum a integração dos profissionais fisioterapeutas e terapeutas ocupacionais na mobilização precoce do paciente sob VM.

Sabe-se que a mobilização precoce atenua a fraqueza adquirida na UTI, que está presente em aproximadamente 50% das internações em ambiente de terapia intensiva, sendo o maior fator de risco para seu desenvolvimento a sepse/falência de múltiplos órgãos e estando associada à VM prolongada. Além disso, a mobilização precoce melhora a recuperação funcional, reduz a incidência e a duração do *delirium*, os dias sob ventilação, o tempo de internação na UTI e os custos hospitalares. No entanto, apesar dos benefícios já estabelecidos da mobilização precoce, ainda existem barreiras em vários níveis, como o treinamento da equipe de saúde envolvida sobre o conhecimento dos riscos e benefícios da mobilização precoce, a ansiedade e o medo dos pacientes. Pacientes gravemente enfermos com câncer enfrentam desafios adicionais, resultantes de sintomas da doença e efeitos colaterais relacionados ao tratamento, o que afeta negativamente sua qualidade de vida. Embora a natureza geral da doença crítica seja certamente devastadora, a maioria dos pacientes expressa satisfação com as sessões de mobilização precoce.

Uma comunicação clara, o envolvimento do paciente, a preparação ideal, a equipe adequada, períodos de descanso intermitentes e atenção ao processo de mobilização precoce geram confiança no paciente. Estudos sobre mobilização precoce em pacientes críticos, principalmente da perspectiva de profissionais da área de saúde, concentraram-se principalmente em segurança, viabilidade, barreiras e benefícios percebidos.

Alguns cuidados devem ser adotados antes do início da mobilização precoce, sendo contraindicada a mobilização quando:

- pressão arterial média (PAM) < 66 ou > 100 mmHg;
- pressão arterial sistólica > 200 mmHg;
- frequência cardíaca < 40 ou > 130 batimentos por minuto (bpm);
- saturação por oximetria de pulso < 88%;
- hemorragia gastrointestinal ativa;
- intubação endotraqueal difícil devido a restrições das vias aéreas;
- hipertensão intracraniana;
- isquemia miocárdica ativa e ferida abdominal cirúrgica aberta.

A avaliação da força, equilíbrio e coordenação do paciente também é importante para a progressão segura da mobilização.

A mobilização pode se iniciar com atividade ao nível da cama com participação ativa do paciente (como rolar, exercícios de membros superiores e inferiores, exercícios respiratórios ou atividades de autocuidado como vestir-se, por exemplo), seguida por atividade sentado na borda da cama, transferência da cama para cadeira e deambulação. A intensidade é baseada na tolerância do paciente, e no monitoramento contínuo dos sinais vitais (saturação de oxigênio, frequência cardíaca [FC], frequência respiratória [FR] e pressão arterial [PA]). A avaliação deve ser contínua a cada sessão, para observar o nível de progressão e participação funcional do paciente.

No Brasil, infelizmente, não é costume a presença de terapeutas ocupacionais na UTI, porém esses profissionais contribuem com as atividades cognitivas dos pacientes, avaliando a comunicação e a capacidade de seguir instruções, por exemplo, sendo de extrema importância no manejo do *delirium* e no desempenho desses pacientes nas atividades instrumentais de vida diária.

Sendo assim, o desenvolvimento de um programa de mobilização precoce deve considerar a adaptação das sessões pelos fisioterapeutas com base no *status* físico e cognitivo dos pacientes, e aumentar de acordo com cada caso o número de sessões e as atividades de reabilitação intensa, principalmente para pacientes delirantes.

Atualmente, um número crescente de pacientes com câncer sobrevive a doenças críticas e recebe alta hospitalar. Portanto, conhecendo esse contexto do paciente oncológico fica mais fácil identificar o momento e as intervenções que a fisioterapia pode realizar, não se esquecendo que a dor, os distúrbios de coagulação, a desnutrição, a caquexia, a fraqueza e a fadiga são problemas de alta prevalência em pacientes com câncer, devendo ser precocemente prevenidas ou tratadas para viabilizar uma alta hospitalar com capacidade funcional para realizar as atividades de vida diária mais próxima possível do momento da internação.

SUPORTE À FAMÍLIA DO PACIENTE ONCOLÓGICO EM UTI

Atualmente as diretrizes centralizadas em família no ambiente de UTI recomendam que os serviços ofereçam apoio espiritual às famílias de pacientes graves. A equipe multiprofissional é responsável por identificar os membros da família, que podem se beneficiar de um apoio espiritual especializado.

O suporte espiritual envolve atividades específicas da religião, como oração, conversas focalizadas em significado e propósito, intervenções de aconselhamento para facilitar a reflexão, esperança e reconciliação, apoio emocional por meio da empatia e do conforto, características essas que são imprescindíveis aos profissionais de saúde que atuam dentro de um ambiente crítico. Capacitar toda a equipe de saúde da UTI é de extrema importância para identificar e iniciar conversas importantes entre equipe e familiares de maneira sensível e compassiva.

BIBLIOGRAFIA RECOMENDADA

1. Azoulay E, Lemiale V, Mokart D, et al. Acute respiratory distress syndrome in patients with malignancies. Intensive Care Med. 2014;40(8):1106-14. [PubMed: 24898895] 8.
2. Campos MPO, Hassan BJ, Riechelmann R, Del Giglio A. Fadiga relacionada ao câncer: uma revisão. Rev Assoc Med Bras [online]. 2011;57(2):211-9.
3. Castro E, Turcinovic M, Platz J, Law I. Early mobilization: changing the mind-set. Crit Care Nurse. 2015;35(4):e1-5; quiz e6. doi: https:// doi.org/10.4037/ ccn2015512 10.
4. Chy A, Riella CL, Camilotti BM, Israel VL. PEP: critérios de avaliação fisioterapêutica em UTI. Acesso em: abr./maio 2013.
5. Connolly B. Describing and measuring recovery and rehabilitation after critical illness. Curr Opin Crit Care. 2015;21:445-52.
6. Corner EJ, Hichens LV, Attrill KM, Vizcaychipi MP, Brett SJ, Handy JM. The responsiveness of the Chelsea critical care physical assessment tool in measuring functional recovery in the burns critical care population: an observational study. Burns. 2015;41:241-7.
7. Dubb R, Nydah lP, Hermes C, Schwabbauer N, Toonstra A, Parker AM, et al. Barriers and strategies for early mobilization of patients in intensive care units. Ann Am Thorac Soc. 2016;13(5):724-30. doi: https://doi.org/10.1513/AnnalsATS. 201509-586CME 9.
8. Guimarães P, Tallo S, Lopes D, Orlando M. Guia de bolso de UTI. Atheneu; 2009.
9. Hodgson CL, Berney S, Harrold M, Saxena M, Bellomo R. Clinical review: early patient mobilization in the ICU. Crit Care. 2013;17(1):207. doi: https:// doi.org/10.1186/cc11820. 2.
10. Holdsworth C, Haines KJ, Francis JJ, Marshall A, O'Connor D, Skinner EH. Mobilization of ventilated patients in the intensive care unit: an elicitation study using the theory of planned behavior. J Crit Care. 2015;30(6):1243-50. doi: https://doi.org/10.1016/j.jcrc. 2015.08.010.
11. Hsu SH, Campbell C, Weeks AK, Herklotz M, Kostelecky N, Pastores SM, et al. A pilot survey of ventilated cancer patients' perspectives and recollections of early mobility in the intensive care unit; 2019.
12. Instituto Nacional do Câncer – Inca. Disponível em: http://www.inca.gov.br.
13. Lopes CPVC. Fadiga no doente oncológico. Tese [Mestrado Integrado em Medicina]. Porto, Universidade do Porto 2015/2016.

14. Mota DDCF, Pimenta CAM. Fadiga em pacientes com câncer avançado: conceito, avaliação e intervenção. São Paulo; 2002.
15. Muñoz MA, Jeon N, Staley B, Henriksen C, Xu D, Weberpals J, et al. Predicting medication-associated altered mental status in hospitalized patients: development and validation of a risk model. 2019;76(13):953-63.
16. Parry SM, Huang M, Needham DM. Evaluating physical functioning in critical care: considerations for clinical practice and research. Crit Care. 2017;21:249.
17. Parry SM, Knight LD, Connolly B, Baldwin C, Puthucheary Z, Morris P, et al. Factors influencing physical activity and rehabilitation in survivors of critical illness: a systematic review of quantitative and qualitative studies. Intensive Care Med. 2017;43(4):531-42. doi: https://doi.org/10. 1007/s00134-017-4685-4 11.
18. Reid JC, Kho ME, Stratford PW. Outcome measures in clinical practice: five questions to consider when assessing patient outcome. Curr Phys Med Rehabil Rep. 2015;3:248-54.
19. Roze AL, Sinclair S, Des R. Development of a clinical guide for identifying spiritual distress in family members of patients in the intensive care unit. Journal of Palliative Medicine. 2019.
20. Schweickert WD, Pohlman MC, Pohlman AS, Nigos C, Pawlik AJ, Esbrook CL, et al. Early physical and occupational therapy in mechanically ventilated, critically ill patients: a randomised controlled trial. Lancet. 2009;373(9678):1874-1882. doi: https://doi.org/10.1016/S0140-6736(09) 60658-9.
21. Silva LB. Condições de vida e adoecimento por câncer. Juiz de Fora; 2010.
22. Soubani A, Shehada E, Chen W, Smith D. The outcome of cancer patients with acute respiratory distress syndrome. J Crit Care. 2014;29(1):183 e187-183 e112. 7.
23. Suporte de terapia intensiva no paciente oncológico. Jornal de Pediatria. 2003;79(2).
24. Taccone FS, Artigas AA, Sprung CL, Moreno R, Sakr Y, Vincent JL. Characteristics and outcomes of cancer patients in European ICUs. Crit Care. 2009;13(1):R15. [PubMed: 19200368].
25. Valle TD, Garcia PV. Critérios de admissão do paciente em unidades de terapia intensiva de hospitais gerais. Rev Ciênc Med. 2018;27(2):73-84.
26. Videira RVS, Friedrich CF, Denari SC. Reabilitação: fisioterapia. In: Kowalski LP, Guimarães GC, Salvajoli JV, Feher O, Antoneli CBG. Manual de condutas diagnósticas e terapêuticas em oncologia. São Paulo: Âmbito Editoras; 2006. p.96-100.

27. Weeks A, Campbell C, Rajendram P, Shi W, Voigt L. A Descriptive Report of early mobilization for critically ill ventilated patients with cancer. Rehabil Oncol. 2018;35(3):144-50. #doi:https://doi.org/ 10.1097/01.REO.0000000000000070.
28. Wieske L, Dettling-Ihnenfeldt DS, Verhamme C, Nollet F, van Schaik IN, Schultz MJ, et al. Impact of ICU-acquired weakness on post-ICU physical functioning: a follow-up study. Crit Care. 2015;19:196.

Ventilação mecânica em oncologia 18

Ivan Peres Costa

PARTICULARIDADES E VENTILAÇÃO MECÂNICA NO PACIENTE ONCOLÓGICO

Pacientes com câncer, quando submetidos a ventilação mecânica invasiva (VMI), podem cursar com um prognóstico notoriamente reservado. A insuficiência respiratória aguda (IRpA) pode ocorrer em 5% dos pacientes portadores de tumores sólidos, 20% em pacientes portadores de doenças hematológicas e cerca de 40-50% em indivíduos pós-transplante de medula óssea.

Estimativas apontam que cerca de 60-100% sejam os índices de mortalidade nessa população, que podem variar de acordo com o diagnóstico de base e fatores como idade, *status* funcional, doenças associadas (cardiovasculares e pulmonares), presença ou ausência de falência de múltiplos órgãos e neutropenia. O óbito como desfecho frequentemente é causado pela doença de base (em progressão) ou por alguma complicação gerada a partir da instituição do suporte ventilatório (p. ex., infecção respiratória).

A necessidade da VMI é considerada um dos maiores preditores de mortalidade ao paciente oncológico e está associada a diversos fatores prognósticos. Em um estudo recente conduzido em pacientes com câncer hematológico com insuficiência respiratória aguda, foram encontrados índices de até 84% (n = 166) de necessidade de VMI.

Uma das complicações mais frequentes é a pneumonia associada a ventilação mecânica (PAV). Tal complicação, uma vez instalada, torna ímprobo ao organismo imunocomprometido o combate dessa infecção, que gradativamente se dissemina, tornando-se mais grave. Medidas como elevação da cabeceira do paciente a 30°, lavagem das mãos, retirada precoce do suporte ventilatório invasivo e fisioterapia respiratória auxiliam na prevenção da PAV e são essenciais para esse grupo de pacientes.

Outra situação frequentemente encontrada no paciente oncológico é o risco de sangramento proveniente de traumas ocorridos durante a introdução da cânula orotraqueal (COT) no processo de intubação orotraqueal. Tal paciente pode apresentar lesões na região orofaríngea (mucosite), que, associada à plaquetopenia e a distúrbios de coagulação, favorece as hemorragias de difícil controle e traumas durante o procedimento.

O fisioterapeuta participa ativamente do processo de intubação orotraqueal (IOT), mantendo as vias aéreas pérvias; e é responsável pela ventilação do paciente antes, durante e após o procedimento. Verificação de posição da COT pela ausculta pulmonar e raio X, insuflação do *cuff* e análise da gasometria arterial após a instituição da VM são essenciais para manter a estabilidade do paciente pós-IOT e também para que devidos ajustes futuros sejam feitos.

No paciente oncológico, não há um consenso estabelecido quanto às indicações do uso de VMI. Sendo assim, na prática clínica, é comum a utilização das indicações das Diretrizes Brasileiras de Ventilação Mecânica. Quando há contraindicação para a instituição de ventilação mecânica não invasiva (VNI), consideram-se imediatamente a intubação orotraqueal (IOT) e a ventilação invasiva.

Não existem diferenças significativas quanto ao modo como o paciente oncológico será ventilado. Deve-se optar pela escolha do modo ventilatório de maior familiaridade e habilidade do profissional, sendo indicados e respeitados os ajustes ventilatórios apresentados na Tabela 1.

TABELA 1 Recomendações quanto à regulação inicial do ventilador mecânico

▪ Pode ser utilizado o modo assistocontrolado, sendo ciclado a volume (VCV) ou a tempo e limitado a pressão (PCV), sendo o paciente reavaliado nas primeiras horas de acordo com a evolução do quadro clínico.
▪ Volume corrente (VC): 6 mL/kg/peso predito inicialmente de acordo com o gênero e a estatura (reavaliar de acordo com a evolução do paciente).
▪ Fração inspirada de oxigênio (FiO_2): o necessário para manter a saturação arterial de oxigênio entre 93 e 97%.
▪ Frequência respiratória (f): regular a frequência respiratória inicial controlada entre 12 e 16 rpm, com fluxo inspiratório ou tempo inspiratório visando a manter uma relação I:E em 1:2 a 1:3. Em casos em que houver doenças obstrutivas, pode-se iniciar com frequências mais baixas (< 12 rpm), e em doenças restritivas frequências mais elevadas (> 20 rpm). Reavalia-se assim que disponível o resultado da primeira gasometria.
▪ Usar PEEP de 3-5 cmH_2O inicialmente (exceto em situações de SARA, em que valor de PEEP deve ser ajustado de acordo a necessidade do paciente).
▪ Definir o tipo de disparo utilizado, podendo ser tempo (modo controlado pelo ventilador), pressão e fluxo (controlado pelo paciente). A sensibilidade deve ser ajustada para o valor mais sensível, evitando o autodisparo caso haja fluidos no circuito ou movimentação dele.
▪ Em pacientes portadores de secreção espessa, pode-se utilizar dispositivos de umidificação e aquecimento ativo, se disponível, com o intuito de evitar oclusão do tubo orotraqueal.
▪ Deve-se regular os alarmes de acordo com as necessidades de cada paciente (de maneira individualizada), regulando o *backup* de apneia e parâmetros específicos para apneia, se disponível no aparelho.

Adaptada das Diretrizes Brasileiras de Ventilação Mecânica.
Homens: 50 + 0,91 × (altura em cm – 152,4); Mulheres: 45,5 + 0,91 × (altura em cm – 152,4); PEEP: *Positive End Expiratory Pressure*; rpm: respirações por minuto; SARA: síndrome da angústia respiratória aguda.

Pode-se utilizar modos assistocontrolados a volume (VCV) ou a pressão (PCV), sempre de acordo com a avaliação clínica no momento da instituição da VMI e com a necessidade de cada paciente. Modos como ventilação por pressão suporte (PSV) são considerados preferencialmente utilizados durante uma ventilação espontânea ou assistida, como em pacientes com baixos níveis de sedativos ou durante o processo de desmame ventilatório. A instituição da PSV deve ser o mais precoce possível, de acordo com o quadro clínico do paciente.

É encorajado evitar o uso de modos como SIMV (*Synchronized Intermitent Mandatory Ventilation*), pois se mostrou associado ao aumento de tempo de retirada da VMI.

Após 30 minutos da instituição do suporte ventilatório invasivo é recomendada a coleta da gasometria arterial para avaliação das trocas gasosas. Caso seja necessário, o fisioterapeuta deverá realizar os ajustes dos parâmetros ventilatórios.

A identificação da presença e do tipo de assincronia paciente-ventilador (APV) é de extrema importância durante o processo de avaliação e para a condução da ventilação mecânica no paciente crítico oncológico. Define-se APV como a incoordenação entre os esforços e as necessidades ventilatórias de cada paciente ao que lhe é ofertado pelo ventilador e apresenta taxas de incidência variando de 10-80%. Dessa forma, sua presença deve ser corrigida após sua detecção por meio dos ajustes dos parâmetros da ventilação mecânica a fim de evitar prolongamento do tempo de ventilação mecânica e de internação na UTI, dentro outros prejuízos.

Na maioria dos pacientes submetidos aos cuidados do ambiente da terapia intensiva faz-se necessária a passagem de um cateter central (geralmente realizado por um profissional médico apto e experiente) para uso de agentes vasoativos/sedativos, e possíveis repercussões hemodinâmicas podem surgir após a introdução da ventilação mecânica. Sendo assim, avaliação de volemia, ocorrência de autoPEEP e até mesmo pneumotórax (espontâneo ou decorrente da passagem do cateter central) tornam-se imprescindíveis.

A sedação utilizada no momento pós-IOT tem por objetivo manter o conforto do paciente e também manter o nível de trabalho muscular mais apropriado. Em casos de demanda de fluxo inspiratório elevado, são utilizados opioides para diminuição do "*drive*" ventilatório e adequação do conforto, sendo ideal manter 24-48 horas de repouso muscular (em casos de fadiga muscular respiratória e de instabilidade hemodinâmica).

Em casos em que o repouso muscular não se faz necessário e/ou a causa de base que desencadeou a necessidade do suporte ventilatório foi resolvida, é indicado iniciar o mais rápido possível um modo assistido de ventilação, com adequado ajuste da sensibilidade do ventilador, com o objetivo principal de evitar fraqueza/disfunções da musculatura respiratória (diafragmática), que geralmente ocorre após 18 horas de ventilação controlada.

VENTILAÇÃO NÃO INVASIVA (VNI)

Inúmeros são os benefícios conhecidos pela utilização da ventilação não invasiva (VNI), e os efeitos positivos dessa modalidade ventilatória não só beneficiam o paciente com doenças cardiorrespiratórias crônicas como também demonstram desfechos satisfatórios na população oncológica.

Em uma revisão sistemática, Wang et al. (2016) encontraram baixos índices de mortalidade hospitalar em pacientes com tumores hematológicos pós-transplante de medula óssea e tumores sólidos que faziam uso de VNI quando comparados a pacientes submetidos a VMI (respectivamente, n = 517 *vs.* 1.299; n = 697 *vs.* 1.451), reforçando os achados de que a VNI apresenta outra grande vantagem, como um número menor de complicações como PAV, pneumotórax, hipotensão e distensão gástrica, além de menores índices de mortalidade associada ao seu uso.

De acordo com a literatura relacionada à utilização da VNI em pacientes com câncer, observa-se menor incidência de complicações e também uma importante diminuição da necessidade de intubação orotraqueal, e consequentemente a diminuição da mortalidade.

Um paciente em VNI requer um contínuo acompanhamento do fisioterapeuta, pois a escolha da interface (máscaras acopladas ao rosto), melhor adaptação dela, observação de escape aéreo, fixação e adequação dos parâmetros ventilatórios, bem como seu desmame, de acordo com o padrão respiratório e a clínica apresentada pelo paciente, são funções de responsabilidade do fisioterapeuta. A escolha da melhor interface varia de acordo com a clínica, a adaptabilidade e tolerância do paciente. As interfaces existentes são máscaras nasais, oronasais, faciais totais, prongas nasais e a peça bucal.

A VNI pode ser utilizada como recurso terapêutico para pacientes que por algum motivo diagnosticado estejam impossibilitados de serem mobilizados do leito (metástases ósseas, ausência de colaboração ou cognição para realização de exercícios ativos) com o objetivo de mobilizar secreções e realizar reexpansão pulmonar. Não são conhecidos até então estudos que apontem a contraindicação da utilização da VNI para pacientes que apresentem trombocitopenia. Após a avaliação do paciente, se este não apresentar hemorragias de vias aéreas superiores e instabilidade hemodinâmica, seu uso deve ser encorajado.

Segundo as Diretrizes de Ventilação Mecânica, não havendo contraindicações (Tabela 2), o paciente em situação clínica de incapacidade de manter a ventilação espontânea deve iniciar o uso da ventilação com dois níveis pressóricos (torna-se mais confortável ao paciente), com pressão inspiratória suficiente para manter a ventilação adequada (volume minuto > 4 ipm) e impedir a progressão da fadiga da musculatura e falência respiratória. A modalidade ventilatória de escolha

TABELA 2 Contraindicações para o uso da ventilação não invasiva (VNI)

Contraindicação absoluta (sempre evitar) ▪ necessidade de intubação de emergência e ▪ parada cardíaca ou respiratória. Contraindicação relativa (analisar custo *versus* benefício) ▪ rebaixamento do nível de consciência (com eminência de intubação orotraqueal), exceto hipercapnia em DPOC;
▪ falência orgânicas (encefalopatias, arritmias e hemorragias graves);
▪ traumas, deformidades ou cirurgias faciais;
▪ obstrução de vias aéreas superiores (corpos estranhos ou tumorações);
▪ anastomoses esofagogástricas recentes (evitar níveis pressóricos > 20 cmH_2O) e
▪ incapacidade de cooperar e proteção de via aérea.

Adaptado das Diretrizes Brasileiras de Ventilação Mecânica, 2013.
cmH_2O: centímetros de água; DPOC: doença pulmonar obstrutiva crônica.

varia de acordo com a clínica do paciente e a disponibilidade dos aparelhos (Tabela 3).

Os pacientes podem se beneficiar também com a utilização da VNI após a extubação orotraqueal, de uso imediato, por profilaxia evitando o retorno à VMI. São pacientes que apresentem hipercapnia, insuficiência cardíaca congestiva, tosse pouco eficaz ou com se-

TABELA 3 Modalidades ventilatórias na ventilação não invasiva

▪ Bilevel: modalidade que oferece uma ventilação com dois níveis pressóricos, sendo um de suporte inspiratório (IPAP) e outro uma pressão ao final da expiração (EPAP), tornando-se a modalidade de maior tolerância pelos pacientes em desconforto respiratório.
▪ CPAP: modalidade que gera um único nível pressórico durante todo o ciclo respiratório, sem distinção durante a inspiração e a expiração.

BIPAP: *Bilevel Positive Airway Pressure*; EPAP: *Expiratory Positive Airway Pressure*; IPAP: *Inspiratory Positive Airway Pressure*.

creção retida nas vias aéreas, idade superior a 65 anos, aumento da gravidade avaliada pelo APACHE > 12 no dia da extubação, tempo de ventilação mecânica > 72 horas, pacientes obesos e portadores de doenças neuromusculares.

Em pacientes que realizaram procedimentos cirúrgicos recentes (cirurgias esofágicas, torácicas, abdominais, cardíacas e bariátricas) é recomendado o uso da VNI para evitar a insuficiência respiratória aguda (IRpA), mantendo-se pressões inspiratórias e expiratórias mais baixas (IPAP < 15; EPAP < 8).

Os pacientes que se deterioram ou não melhoram após a instalação da VNI devem ser imediatamente intubados devido ao risco de perda de proteção da via aérea superior e parada respiratória. Não é encorajado o uso da VNI com intenção curativa nesses casos.

A dispneia é um sintoma frequente e angustiante em pacientes com câncer. Sua intensidade aumenta diante da terminalidade relacionada à doença e está associada à fadiga, ansiedade, diminuição da funcionalidade, redução da qualidade de vida e aumento da mortalidade. A utilização de opioides é eficaz para aliviar esse sintoma, porém acarreta efeitos indesejáveis, tais como a sedação excessiva.

Nesse contexto, uma recente diretriz sobre VNI na insuficiência respiratória aguda da European Respiratory Society (ERS)/American Thoracic Society (ATS) recomenda a utilização da VNI em pacientes dispneicos com câncer sob cuidados paliativos, desde que seja observada uma redução do desconforto respiratório, boa adaptação com a interface da VNI e não haja prolongamento indevido da vida.

A eficácia da VNI para a redução da dispneia em pacientes com câncer avançado foi evidenciada em dois ensaios clínicos randomizados. No estudo de Hu et al. (2013) foi observada uma redução significativa da dispneia tanto com a utilização da VNI quanto com a aplicação do cateter nasal de alto fluxo (CNAF). No entanto, um estudo multicêntrico desenvolvido por Nava et al. (2013) mostrou que a VNI foi mais eficaz em comparação com o oxigênio na redução da dispneia e na diminuição das doses de morfina em pacientes com tumores sólidos em estágio final. Vale ressaltar que a redução da dispneia foi pronunciada após a primeira hora de tratamento, especialmente no subgrupo de pacientes com hipercapnia. Em geral, a VNI apresentou taxa similar de aceitação pelos pacientes em comparação com a oxigenoterapia. Os eventos adversos que levaram à descontinuação da VNI foram principalmente relacionados à intolerância à máscara e à ansiedade.

BIBLIOGRAFIA RECOMENDADA

1. Azoulay E, Alberti C, Bornstain C, Leleu G, Moreau D, Recher C, et al. Improved survival in cancer patients requiring mechanical ventilatory support: impact of noninvasive mechanical ventilatory support. Crit Care Med. 2001;29(3):519-25.
2. Barbas CSV, Ísola AM, Farias AMdC, Cavalcanti AB, Gama AMC, Duarte ACM, et al. Recomendações brasileiras de ventilação mecânica 2013. Parte I. Revista Brasileira de Terapia Intensiva. 2014;26:89-121.
3. Chaoui D, Legrand O, Roche N, Cornet M, Lefebvre A, Peffault de Latour R, et al. Incidence and prognostic value of respiratory events in acute leukemia. Leukemia. 2004;18(4):670-5.
4. Chiumello D, Chevallard G, Gregoretti C. Non-invasive ventilation in postoperative patients: a systematic review. Intensive Care Med. 2011;37(6):918-29.
5. David-João PG, Guedes MH, Réa-Neto A, de Oliveira Chaiben VB, Baena CP. Noninvasive ventilation in acute hypoxemic respiratory failure: a systematic review and meta-analysis. Response to letter. J Crit Care. 2019;50:310.
6. Depuydt PO, Benoit DD, Vandewoude KH, Decruyenaere JM, Colardyn FA. Outcome in noninvasively and invasively ventilated hematologic patients with acute respiratory failure. Chest. 2004;126(4):1299-306.
7. Epstein SK. How often does patient-ventilator asynchrony occur and what are the consequences? Respir Care. 2011;56(1):25-38.
8. Esen F, Denkel T, Telci L, Kesecioglu J, Tütüncü AS, Akpir K, et al. Comparison of pressure support ventilation (PSV) and intermittent mandatory ventilation (IMV) during weaning in patients with acute respiratory failure. Adv Exp Med Biol. 1992;317:371-6.

9. Ewig S, Glasmacher A, Ulrich B, Wilhelm K, Schäfer H, Nachtsheim KH. Pulmonary infiltrates in neutropenic patients with acute leukemia during chemotherapy: outcome and prognostic factors. Chest. 1998;114(2):444-51.
10. Hess DR. Noninvasive ventilation for acute respiratory failure. Respir Care. 2013;58(6):950-72.
11. Huerta S, DeShields S, Shpiner R, Li Z, Liu C, Sawicki M, et al. Safety and efficacy of postoperative continuous positive airway pressure to prevent pulmonary complications after Roux-en-Y gastric bypass. J Gastrointest Surg. 2002;6(3):354-8.
12. Hui D, Morgado M, Chisholm G,et al. High-flow oxygen and bilevel positive airway pressure for persistentdyspnea in patients with advanced cancer: a phase II randomized trial. J Pain Symptom Manage. 2013;46(4):463-73.
13. Meduri GU. Noninvasive positive-pressure ventilation in patients with acute respiratory failure. Clin Chest Med. 1996;17(3):513-53.
14. Meert AP, Close L, Hardy M, Berghmans T, Markiewicz E, Sculier JP. Noninvasive ventilation: application to the cancer patient admitted in the intensive care unit. Support Care Cancer. 2003;11(1):56-9.
15. Nava S, Cuomo AM. Acute respiratory failure in the cancer patient: the role of non-invasive mechanical ventilation. Crit Rev Oncol Hematol. 2004;51(2):91-103.
16. Nava S, Ferrer M, Esquinas A, et al. Palliative use of non-invasive ventilation in end-of-life patients with solidtumours: a randomised feasibility trial. Lancet Oncol. 2013;14:219-27.
17. Nava S, Gregoretti C, Fanfulla F, Squadrone E, Grassi M, Carlucci A, et al. Noninvasive ventilation to prevent respiratory failure after extubation in high-risk patients. Crit Care Med. 2005;33(11):2465-70.
18. Rochwerg B, Brochard L, Elliott MW, Hess D, Hill NS, Nava S, et al. Suhail Raoof Official ERS/ATS clinical practice guidelines: noninvasive ventilation for acute respiratory failure. European Respiratory Journal. 2017;50(2):1602426.
19. Squadrone V, Coha M, Cerutti E, Schellino MM, Biolino P, Occella P, et al. Continuous positive airway pressure for treatment of postoperative hypoxemia: a randomized controlled trial. JAMA. 2005;293(5):589-95.
20. Squadrone V, Ferreyra G, Ranieri VM. Non-invasive ventilation in patients with hematologic malignancy: a new prospective. Minerva Anestesiol. 2015;81(10):1118-26.
21. Wang T, Zhang L, Luo K, He J, Ma Y, Li Z, et al. Noninvasive versus invasive mechanical ventilation for immunocompromised patients with acute respiratory failure: a systematic review and meta-analysis. BMC Pulm Med. 2016;16(1):129.

19 O paciente oncológico e a pandemia da Covid-19

Letícia Zumpano Cardenas
Mônica Martins de Sousa Daniel

INTRODUÇÃO

A Covid-19 é uma síndrome respiratória aguda grave causada pelo coronavírus 2 (SARS-CoV-2), identificado pela primeira vez em Wuhan, China, em dezembro de 2019. No Brasil, o primeiro caso confirmado de Covid-19 foi notificado ao Ministério da Saúde (MS) em 26 de fevereiro de 2020. Em 11 de março de 2020, a Organização Mundial da Saúde (OMS) declarou a pandemia. Desde então, a Covid-19 tornou-se uma preocupação mundial, exigindo esforços globais para a sua prevenção e controle.

A maior parte dos pacientes com Covid-19 desenvolve um quadro clínico leve da doença, com sintomas como febre, tosse seca e fadiga, de resolução autolimitada. Entretanto, cerca de 14% dos casos de Covid-19 evoluem para quadros graves da doença com insuficiência respiratória aguda (IRpA), podendo necessitar de oxigenoterapia ou hospitalização, e 5% requerem atendimento em Unidade de Terapia Intensiva (UTI).

Casos mais graves de manifestação da Covid-19 estão associados a fatores de riscos como idade avançada e comorbidades como tabagismo, obesidade, cardiopatias e problemas respiratórios prévios.

CÂNCER E COVID-19

Vários estudos já demonstraram que a coexistência de câncer e Covid-19 está associada a desfechos clínicos mais desfavoráveis, com maiores taxas de admissão na UTI, maior necessidade de ventilação mecânica e maior mortalidade.

No entanto, um estudo brasileiro demonstrou que os pacientes oncológicos não são igualmente afetados pela Covid-19. Os pacientes com maior risco de óbito são aqueles em tratamento antineoplásico, com câncer de pulmão, neoplasias hematológicas e com idade maior que 60 anos.

Além disso, os estudos sobre as características relacionadas ao câncer associadas a um pior prognóstico em relação à Covid-19 ainda mostram resultados controversos. Uma explicação plausível para os resultados controversos é a heterogeneidade das populações avaliadas. A maior parte dos estudos incluiu tanto pacientes ambulatoriais como pacientes internados, com diferentes gravidades da doença (desde pacientes assintomáticos até pacientes graves).

Em pacientes com câncer e Covid-19 admitidos na UTI, o baixo *status performance* foi associado com mortalidade hospitalar, mas não com a necessidade de ventilação mecânica. O estadio do câncer, tipo de câncer, tumor metastático, câncer de pulmão e tratamento recente com quimioterapia ou imunoterapia não foram associados à necessidade de uso de ventilação mecânica invasiva ou mortalidade hospitalar.

No início da pandemia, muitos pacientes deixaram de procurar atendimento médico, mesmo apresentando sintomas relacionados ao câncer. Como resultado, muitos pacientes com câncer tiveram seu tratamento adiado, aumentando o tempo de início, o número de pacientes não tratados e, consequentemente, o risco de morte. O impacto no atraso do diagnóstico do tratamento oncológico é devastador. Em abril de 2020, houve uma redução de 30% no número de novos casos de câncer. Um estudo estimou os efeitos do atraso no prognóstico dos pacientes e, segundo os autores, a primeira onda causaria um aumento de cerca de 20% no número de mortes por câncer de cabeça e pescoço. Diversos pacientes seriam tratados em fases mais avançadas e, embora curados, teriam mais sequelas, aumentando, inclusive, os custos do tratamento. A demora na procura de atendimento oncológico afeta também os programas de prevenção em que o efeito é um aumento no número de diagnósticos tardios de diversos tipos de câncer.

Uma grande atenção tem sido direcionada para pacientes com câncer de pulmão, já que os sintomas como tosse, fadiga e dispneia, inicialmente, podem ser confundidos com os da Covid-19. Além disso, atrasar a cirurgia para ressecção de um tumor de pulmão estadio I ou II por 6 a 8 semanas em decorrência da pandemia tem um impacto negativo em relação à sobrevida. Para os pacientes com câncer de esôfago, por exemplo, um atraso de 8 semanas para realizar a ressecção cirúrgica também reduz a sobrevida.

Sendo assim, a Sociedade Brasileira de Oncologia Clínica (SBOC) reforça a importância das medidas de higiene e distanciamento social para essa população e orienta que os pacientes com câncer não interrompam seus tratamentos em virtude da pandemia.

Alguns autores sugerem que, mesmo no contexto de oncologia, existem situações prioritárias para que o paciente procure atendimento médico durante a pandemia, por exemplo: uma emergência oncológica (síndrome de compressão medular, síndrome de veia cava superior); tumores com progressão rápida e mortalidade elevada (leucemias, linfomas e tumores de sistema nervoso central); tumores com a possibilidade de tratamento curativo (cabeça e pescoço, colorretais, pulmão); ou alguma condição clínica aguda que necessite de hospitalização (dispneia, *delirium*, dor oncológica, sepse).

Uma revisão sistemática, no entanto, enfatiza que os *guidelines* de Covid-19 para os pacientes com câncer têm informações conflitantes, e sugere que, principalmente aqueles que foram elaborados a partir de poucas evidências, sejam interpretados com cautela.

PARTICULARIDADES DA FISIOTERAPIA ONCOLÓGICA DURANTE A PANDEMIA

O paciente oncológico apresenta condições clínicas relacionadas ao câncer e seu tratamento, que podem ser exacerbadas pela infecção pelo coronavírus, requerendo maior atenção por parte dos fisioterapeutas na prevenção, identificação e intervenção precoces.

A fadiga relacionada ao câncer é um dos sintomas mais prevalentes em pacientes oncológicos, tanto durante como após o tratamento. Ela afeta consideravelmente a qualidade de vida dos pacientes. A fadiga pode ser agravada pela Covid-19, já que também tem alta prevalência entre os pacientes infectados e impacta diretamente a funcionalidade.

A disfunção muscular é um fenômeno prevalente no ambiente de oncologia. Essa disfunção pode acontecer em todos os estágios da doença. As causas do acometimento muscular relacionado ao câncer são complexas, mas podem envolver uma ampla gama de fatores relacionados ao tumor, terapia antineoplásica, ao estilo de vida e condição clínica do paciente. Existem, inclusive, associações claras entre disfunção muscular e desfechos clínicos desfavoráveis. Essa fraqueza muscular basal pode ser agravada pela Covid-19.

A fraqueza adquirida na UTI é uma condição clínica complexa frequente entre os pacientes gravemente enfermos. Há vários fatores de risco relacionados à sua ocorrência, como o uso de bloqueadores neuromusculares (BNM), disfunção de múltiplos órgãos e sistemas

(DMOS), síndrome de resposta inflamatória sistêmica (SIRS), sepse, uso de droga vasoativa (DVA), duração da ventilação mecânica (VM), entre outros. Dado o manejo de alguns pacientes com Covid-19, que inclui, por exemplo, VM prolongada, sedação e o uso de BNM, esses pacientes têm alto risco de desenvolver fraqueza adquirida na UTI.

Com o intuito de prevenir e tratar as condições clínicas mencionadas anteriormente, a Associação Brasileira de Fisioterapia Cardiorrespiratória e Fisioterapia em Terapia Intensiva (ASSOBRAFIR) publicou um protocolo com as estratégias de mobilização precoce para pacientes em VM por IRpA secundária à Covid-19. O protocolo é dividido em quatro fases, que vão desde o momento em que o paciente está sedado e com DVA até o momento em que o paciente está contactuando e capaz de deambular.

Os eventos tromboembólicos são a segunda causa de morte entre os pacientes com câncer. Os pacientes com Covid-19 também têm alto risco de desenvolver trombose venosa profunda (TVP) e tromboembolismo pulmonar (TEP). Assim sendo, é fundamental que, em combinação com o tratamento médico e farmacológico, o fisioterapeuta atue na profilaxia mecânica de tais eventos.

INTERNAÇÃO DO PACIENTE ONCOLÓGICO POR INSUFICIÊNCIA RESPIRATÓRIA POR COVID-19

O manejo do paciente com câncer com IRpA por Covid-19 em relação ao uso de oxigênio, intubação orotraqueal e VM é muito semelhante ao manejo dos pacientes não oncológicos. Destacamos a seguir algumas recomendações do Ministério da Saúde.

Os profissionais devem utilizar equipamentos de proteção individual com proteção de contato e aerossóis. Os pacientes preferencialmente devem ser internados em leitos individuais que apresentem pressão negativa para minimizar a contaminação do ambiente, de outros pacientes e de profissionais de saúde.

Para determinar a melhor opção terapêutica, deve-se levar em consideração o prognóstico do paciente.

Para pacientes com saturação (SpO_2) abaixo de 90%, inicia-se oferta de oxigênio em cateter nasal de oxigênio (O_2) com fluxo de 1 a 6 L/min. Após, caso mantenha hipoxemia, utiliza-se máscara não reinalante de 7 a 15 L/min. Até o momento orienta-se evitar a utilização de máscara tipo Venturi ou tipo "tenda" por apresentarem alta aerossolização gerada por esses equipamentos. Posteriormente, caso não haja reversão do quadro ou o paciente apresente sinais de esforço respiratório, se disponível, utilizar cateter nasal de alto fluxo (CNAF) ou ventilação não invasiva (VNI). Caso a SpO_2 continue abaixo de 90% e/ou haja sinais de esforço respiratório, opta-se pela intubação orotraqueal (IOT) e ventilação mecânica invasiva (VMI).

VENTILAÇÃO MECÂNICA NÃO INVASIVA (VNI)

A máscara deve estar conectada ao dispositivo trocador de calor e umidade (HME) proximal, preferencialmente circuito ramo duplo, em equipamento que apresenta o *software* de VNI e com filtro HEPA conectado ao ramo expiratório. A máscara deve estar inteiramente vedada, sendo ajustada para apresentar o mínimo de escape aéreo. Recomenda-se a utilização de película de proteção facial, minimizando os vazamentos e o risco de lesão de pele.

Realizar ajuste de pressão expiratória (EPAP) em até 10 cmH_2O e delta de pressão máximo em até 10 cmH_2O (com pressão inspiratória (IPAP) não ultrapassando 20 cmH_2O), de forma que garanta volume corrente entre 4 e 8 mL/kg de peso predito pela altura e sexo. Essa forma de ajuste objetiva uma frequência respiratória menor do que 28 incursões por minuto (ipm), saturação entre 90 e 94% e sincronia do paciente com o ventilador.

Reavaliar o paciente em 30 a 60 minutos, de forma que, se o paciente apresentar melhora clínica (diminuição da frequência respiratória e melhora da saturação periférica) e gasométrica, o uso da VNI deve ser mantido. Caso haja piora ou não obtenha melhora, o uso deve ser interrompido e deve-se avançar para a IOT/VMI.

CATETER NASAL DE ALTO FLUXO (CNAF)

Após o início do uso da terapia CNAF, o paciente deve ser reavaliado em 30 a 60 minutos, devendo apresentar uma melhora clínica evidente. Para desmame, sugere-se a diminuição inicialmente da FiO_2, com o objetivo de saturação entre 90 e 94% com paciente sem sinais de desconforto respiratório. Após, se houver melhora clínica, iniciar a diminuição do fluxo, reduzindo 5 L/min a cada 6 horas, com o objetivo da frequência respiratória ser menor que 25 ipm. Quando o fluxo estiver abaixo de 15 L/min, substituir dispositivo por cateter nasal de O_2, com oferta de oxigênio suficiente para manutenção de SpO_2 90 a 94%.

Caso haja piora do padrão respiratório, piora no exame de gasometria, rebaixamento de nível de consciência, instabilidade hemodinâmica, ausência de melhora com fluxo acima de 50 L/min e FiO_2 acima de 60%, recomenda-se a IOT.

INTUBAÇÃO OROTRAQUEAL E VM

Recomenda-se que a IOT seja realizada utilizando pré-oxigenação com máscara não reinalante com o menor fluxo possível para manter oxigenação efetiva. Deve-se evitar ao máximo qualquer ventilação assistida com o dispositivo bolsa-válvula-máscara ou dispositivos supraglóticos, pelo maior risco de aerossolização e contaminação. Para confirmar a IOT é de extrema importância o uso da capnografia seguido de radiografia de tórax (sem ausculta pulmonar).

A ventilação mecânica invasiva deve ser realizada de forma protetora: volume corrente de 6 mL/kg do peso predito (4 a 8 mL/kg), pressão platô (PPl) abaixo de 30 cmH_2O e *driving pressure* (DP) abaixo de 15 cmH_2O. Todas as especificações da VM aparecem na Figura 1.

Existem alguns procedimentos que geram aerossóis, por exemplo, qualquer terapia que possa gerar tosse ou expectoração de muco, aspiração aberta nasotraqueal, orotraqueal ou por traqueostomia, ou necessidade de desconexão de circuito respiratório. O uso de pinças retas fortes para clampear o tubo quando houver necessidade de desconexão, utilizar o mesmo ventilador que já está sendo utilizado no paciente para a realização de transporte, se possível, e o uso de sistema de aspiração traqueal fechado, são medidas que devem ser utilizadas, trazendo os benefícios de evitar propagação de aerossóis e a perda de recrutamento pulmonar.

POSIÇÃO PRONA

Nos casos em que a troca gasosa permanece ruim, com $PaO_2/FiO_2 < 150$ mmHg, com todos os ajustes sugeridos para ventilação mecânica garantidos, recomenda-se posição prona por no mínimo 16 horas como estratégia para melhorar a relação ventilação/perfusão (V/Q) e como consequência a oxigenação. Com a mudança de decúbito, as áreas dorsais são recrutadas para a ventilação, gerando uma ventilação mais homogênea entre as diferentes áreas dos pulmões.

Para a realização da posição prona deve-se verificar se não há contraindicações, como instabilidade hemodinâmica, dreno torácico em posição anterior com fuga aérea, fratura instável de coluna, fêmur ou ossos do quadril, esternotomia nos últimos 15 dias, cirurgia ou trauma facial grave nos últimos 15 dias, além de hipertensão intracraniana.

Ajuste inicial:

1. Modo ventilatório: volume controlado (VCV).
2. FiO_2: 100%.
3. Volume corrente: 6 mL/kg (peso predito).
4. Frequência respiratória: 24/min (20 a 28/min).
5. Fluxo inspiratório: 60 L/min, ou relação I:E de 1:2 a 1:4.
6. PEEP: 10 cmH_2O.

↓

Monitorar:

- Pressão arterial.
- Ritmo cardíaco.
- SpO_2 (meta 90 a 94%).
- Reduzir FiO_2, se SpO_2 > 94%.

↓

Após 30 minutos de VM (a contar último ajuste de FiO_2:

- Gasometria arterial.
- Avaliar mecânica respiratória: pressão platô, pressão de distensão e calcular complacência estática.

↓

Resultados da gasometria

Se pH < 7,25:

- Aumentar frequência respiratória e/ou
- Ajustar VC, mantendo ventilação protetora.
- Ajustar PEEP – FiO_2 conforme tabela PEEP – FiO_2 (limitando PEEP a 14 cmH_2O) preservando a estratégia protetora.
- Após 30 minutos do ajuste da VM: gasometria arterial (opcional).

↓

Se a PaO_2/FiO_2 < 150 mmHg ou SpO_2 < 90% (com FiO_2 70% e PEEP 14 cmH_2O):

- Estratégia preferencial: prona.

Alternativas: ajustar PEEP e FiO_2 conforme tabela PEEP – FiO_2 ou realizar minititulação da PEEP (escolher conforme experiência da equipe e estrutura local).

Ventilação protetora:

- VC 6mL/kg – peso predito (4 a 8 mL/kg – peso predito).
- Pressão de platô ≤ 30 cmH_2O.
- Pressão de distensão ≤ 15 cmH_2O.

Tabela PEEP – FiO_2

- Meta SpO_2: 90 a 94%.
- Ajustar sempre a PEEP e a FiO_2 concomitantemente.
- Aguardar 5 a 10 minutos para novo ajuste.
- Preservar estratégia de ventilação protetora.

→

30%	40%	40%	50%	50%	60%	70%	70%	70%	80%	90%	90%	90%	100%
5	5	8	8	10	10	10	12	14	14	14	16	18	18-24

←

FIGURA 1 Etapas de ajustes de ventilação mecânica invasiva na Covid-19.

Fonte: adaptada de Ferreira LL et al., 2020.

Após uma hora em posição prona deve ser realizada uma coleta de gasometria arterial para avaliar se o paciente respondeu ou não à mudança de decúbito. Caso o paciente responda (aumento de 20 mmHg na relação PaO_2/FiO_2 ou de 10 mmHg na PaO_2), o posicionamento deve ser mantido. Caso contrário, deve-se retornar o paciente à posição supina. Sugere-se que a coleta de gasometria arterial seja realizada a cada seis horas.

Após quatro horas do retorno a posição supina, deve ser realizada uma nova coleta de gasometria arterial: se apresentar relação $PaO_2/FiO_2 < 150$ mmHg, recomenda-se um novo ciclo de prona. Se houver uma piora em menos de quatro horas após o retorno para a posição supina, a utilização de manobra de recrutamento deve ser considerada.

Durante a posição prona atentar-se ao alívio de pontos de pressão (utilização de coxins, rodízio da posição dos membros e face). Em caso de piora hemodinâmica ou de troca gasosa, retornar o paciente a posição supina.

TITULAÇÃO PEEP

A titulação da PEEP apresenta como objetivo principal recrutar alvéolos para a ventilação sem gerar hiperdistensão alveolar, melhorando a relação V/Q e, consequentemente, a oxigenação. A DP gerada pela oferta do volume corrente será menor, o que pode garantir uma ventilação mecânica mais protetora.

A minititulação de PEEP se refere ao fato de que, durante a manobra de titulação, o nível máximo da PEEP ajustado será de 20 cmH_2O (25 cmH_2O em pacientes com IMC acima de 30 kg/m^2). Em casos de contraindicação à posição prona, sugere-se a minititulação da PEEP como alternativa, para pacientes com SpO_2 menor que 90% e já com FiO_2 de 70% e PEEP de 14 cmH_2O.

Para a realização da minititulação de PEEP, o paciente deve ser ventilado com 6 mL/kg de peso predito, deve estar sedado e com o uso de bloqueador neuromuscular, FiO_2 100% e com monitorização de sinais vitais. A PEEP irá subir dois pontos a cada minuto, chegando até 20 cmH_2O ou 25 cmH_2O. Após, inicia-se a redução progressiva da PEEP, 2 pontos a cada minuto até chegar em 8 cmH_2O. Em cada nível de PEEP deve-se mensurar a PPl após a pausa inspiratória de 0,2 segundo e calcular a DP. Após, identificar o menor nível de PEEP com a menor pressão de distensão. Posteriormente, elevar de novo a PEEP até o valor máximo de manobra (20 cmH_2O ou 25 cmH_2O), manter por 1 minuto e reduzir para o valor da PEEP identificado na etapa anterior. É indicado não alterar a PEEP por pelo menos 24 horas após a titulação.

DESMAME VENTILATÓRIO

O desmame da VM desse paciente deve ser realizado de maneira cuidadosa e criteriosa, preferencialmente utilizando o teste de respiração espontânea (TRE), em ventilação com suporte pressórico (PSV), com pressão de suporte de 5 a 8 cmH_2O. Devem-se avaliar continuamente sinais de tolerância ao teste: sinais de desconforto respiratório, alterações hemodinâmicas, sudorese, agitação, alteração do nível de consciência, por exemplo.

Após o teste, caso o paciente apresente sinais de tolerância e estabilidade hemodinâmica realiza-se a extubação, sendo sugerido, após, a instalação de suporte de oxigenoterapia (máscara não reinalante ou cateter nasal), em alguns casos, a extubação associada à utilização da terapia de alto fluxo também é indicada.

Nos casos de pacientes traqueostomizados, deve-se priorizar a utilização do filtro HME apropriado, com entrada para aporte de oxigênio, evitando a utilização da máscara tipo "tenda" em virtude da aerossolização. Em face do uso de válvula fonatória ou oclusão da traqueostomia, a geração de aerossóis diminui consideravelmente.

VACINAÇÃO DO PACIENTE ONCOLÓGICO

No momento em que este capítulo foi escrito, de acordo com os dados do Ministério da Saúde, nosso país tinha 22.184.824 de casos confirmados de Covid-19, com 616.691 óbitos. Por outro lado, segundo dados do *Our Word in Data/Oxford*, o número de vacinados vem crescendo no Brasil e, no momento, temos 78,3% da população vacinada com pelo menos uma dose, 67,7% totalmente vacinadas e 13,3% com a dose de reforço.

De acordo com a Associação Médica Brasileira, todas as vacinas disponíveis no país têm elevada eficácia para evitar as formas graves da Covid-19 (associadas a hospitalização e óbito). Sabe-se que algumas condições clínicas como imunodeficiências, linfopenia, o uso de imunossupressores e/ou altas doses de corticoides, o câncer e seu tratamento implicam em menor efetividade de algumas vacinas. Pacientes com câncer ou imunossuprimidos, no entanto, não participaram ou participaram em número reduzido dos estudos específicos das vacinas contra a Covid-19. Sendo assim, recomenda-se que todo cidadão receba sua vacina.

Com o objetivo de esclarecer dúvidas dos pacientes oncológicos relacionadas à pandemia, o Hospital AC Camargo Cancer Center na cidade de São Paulo disponibilizou em seu site diversos informativos sobre o assunto. Destacamos alguns a seguir:

1. As vacinas baseadas em vírus vivo constituem a principal contraindicação de vacinação para pacientes imunodeprimidos. Entretanto, as vacinas contra a Covid-19 disponíveis no Brasil, até o momento, não utilizaram vírus vivo. Embora a imunodepres-

são possa reduzir a resposta imunológica à vacina, existe consenso geral de que os benefícios da vacina superam os riscos.

2. Baseado em estudos da vacina contra a *influenza*, que tem sua eficácia reduzida quando o paciente é vacinado no mesmo dia em que realiza a quimioterapia (QT), não se recomenda que o paciente receba a vacina contra a Covid-19 no mesmo dia da QT. Há também recomendações específicas para pacientes que fazem transplante de células-tronco hematopoiéticas (TCTH). O paciente submetido ao TCTH autólogo sem terapia de manutenção, por exemplo, deve aguardar três meses para receber a vacina contra o SARS-CoV-2.
3. Em relação aos pacientes plaquetopênicos, não há consenso sobre uma contagem de plaquetas adequada para uma injeção intramuscular. Preferencialmente, uma contagem segura seria > 20 mil.
4. Para as pacientes submetidas à cirurgia de mama, a vacina deve ser aplicada no membro superior contralateral.

CONSIDERAÇÕES FINAIS

Os níveis de depressão e ansiedade entre os pacientes com câncer cresceram durante a pandemia. Não podemos deixar de mencionar a sobrecarga física e emocional que a pandemia trouxe também para os profissionais da saúde que trabalham diretamente com esses pacientes, com aumento considerável do *burnout*. Em razão da gravidade dos pacientes e risco constante de contaminação dos profissionais, a rotina de trabalho se tornou mais desgastante que o usual. Por outro lado, a pandemia evidenciou a importância do profissional fisioterapeuta.

Vale lembrar que a Covid-19 é uma doença relativamente nova e que o conhecimento é dinâmico. Pesquisadores do mundo todo estão concentrando esforços no sentido de atualizar o conhecimento sobre o assunto. Portanto, após a publicação deste capítulo, espera-se que novas evidências sobre a associação entre câncer e Covid-19 continuem surgindo. A sugestão é que os profissionais da saúde, especialmente aqueles que atuam na área de oncologia, continuem se atualizando para garantir a excelência no cuidado dos pacientes oncológicos.

BIBLIOGRAFIA RECOMENDADA

1. Anesi GL. Coronavirus disease 2019 (Covid-19): Critical care and airway management issues. UpToDate. 2020;1.
2. Associação Médica Brasileira (AMB). Disponível em: https://amb.org.br/.
3. Ayubi E, Bashirian S, Khazaei S. Depression and Anxiety Among Patients with Cancer During Covid-19 Pandemic: A Systematic Review and Meta-analysis. J Gastrointest Cancer. 2021 Jun;52(2):499-507.
4. Belsky JA, Tullius BP, Lamb MG, Sayegh R, Stanek JR, Auletta JJ. Covid-19 in immunocompromised patients: A systematic review of cancer, hematopoietic cell and solid organ transplant patients. J Infect. 2021 Mar;82(3):329-38.
5. Burki TK. Burnout among cancer professionals during Covid-19. The Lancet Oncology. 2020;21(11):1402.
6. Caruso P, Testa RS, Freitas ICL, Praça APA, Okamoto VN, Santana PV, et al. Cancer-Related Characteristics Associated With Invasive Mechanical Ventilation or In-Hospital Mortality in Patients With Covid-19 Admitted to ICU: A Cohort Multicenter Study. Frontiers in Oncology. 2021;11(4985).
7. Christensen J, Jones L, Andersen J, Daugaard G, Rorth M, Hojman P. Muscle dysfunction in cancer patients. Annals of Oncology. 2014;25(5):947-58.
8. Diretrizes Brasileiras para Tratamento Hospitalar do Paciente com Covid-19 Capítulo 1: Uso de oxigênio, intubação orotraqueal e ventilação mecânica, CONITEC / Ministério da Saúde, 2020.
9. ElGohary GM, Hashmi S, Styczynski J, Kharfan-Dabaja MA, Alblooshi RM, de la Cámara R, et al. The risk and prognosis of Covid-19 infection in cancer patients: A systematic review and meta-analysis. Hematol Oncol Stem Cell Ther. 2020 Jul 30;S1658-3876.
10. Falavigna M, Colpani V, Stein C, Azevedo LCP, Bagattini AM, Brito GVd, et al. Diretrizes para o tratamento farmacológico da Covid-19. Consenso da

Associação de Medicina Intensiva Brasileira, da Sociedade Brasileira de Infectologia e da Sociedade Brasileira de Pneumologia e Tisiologia. Revista Brasileira de Terapia Intensiva. 2020;32:166-96.

11. Fernandes GA, Feriani D, Silva ILAF, Silva DRM, Arantes PE, Silva Canteras J, et al. (eds.). Differences in mortality of cancer patients with Covid-19 in a Brazilian cancer center. Semin Oncol. 2021 Apr;48(2):171-80.
12. Ferreira LL, Sampaio DL, Chagas ACP, Guimarães HP, Hajjar LA, Lobo SMA, et al. Diretrizes AMB: Covid-19. Associação Médica Brasileira. Rev Assoc Med Bras. 2020 Sep;66(9):1179.
13. Fligor SC, Tsikis ST, Wang S, Ore AS, Allar BG, Whitlock AE, et al. Time to surgery in thoracic cancers and prioritization during Covid-19: a systematic review. Journal of Thoracic Disease. 2020;12(11):6640.
14. Garg PK, Kaul P, Choudhary D, Turaga KK, Singh MP, Tiwari AR, et al. Discordance of Covid-19 guidelines for patients with cancer: a systematic review. Journal of Surgical Oncology. 2020;122(4):579-93.
15. Gorospe-Sarasúa L, Arrieta P, Muñoz-Molina G, Almeida-Aróstegui N. Emergencias oncológicas torácicas del paciente con cáncer de pulmón. Revista Clínica Española. 2019;219(1):44-50.
16. Gosain R, Abdou Y, Singh A, Rana N, Puzanov I, Ernstoff MS. Covid-19 and cancer: a comprehensive review. Current Oncology Reports. 2020;22(5):1-15.
17. Guimarães F. Atuação do fisioterapeuta em unidades de terapia intensiva no contexto da pandemia de Covid-19. Fisioter Mov.2020;33:e0033001.
18. Hospital AC Camargo Cancer Center. Disponível em: https://www.accamargo.org.br/.
19. Liang W, Guan W, Chen R, Wang W, Li J, Xu K, et al. Cancer patients in SARS-CoV-2 infection: a nationwide analysis in China. The Lancet Oncology. 2020;21(3):335-7.
20. Marchon RM, Modesto FC, Rodrigues CCL, de Souza PL, da Rocha Plácido T. Cuidados da fisioterapia no paciente oncológico com Covid-19. Revista Brasileira de Cancerologia. 2020;66(TemaAtual):e-1031.
21. Martinez BP, de Andrade FMD. Estratégias de mobilização e exercícios terapêuticos precoces para pacientes em ventilação mecânica por insuficiência respiratória aguda secundária à Covid-19. Assobrafir Ciência. 2020;11(Suplemento 1):121-31.
22. Matos LL, Forster CHQ, Marta GN, Junior GC, Ridge JA, Hirata D, et al. The hidden curve behind Covid-19 outbreak: the impact of delay in treatment initiation in cancer patients and how to mitigate the additional risk of dying – the head and neck cancer model. Cancer Causes & Control. 2021;32(5):459-71.

23. Mendes EC, Silva LP, Chelles PA, da Silva FP, de Resende JMD. Atendimento fisioterapêutico ao paciente em cuidados paliativos oncológicos em tempos de pandemia por Covid-19: recomendações de uma Unidade de Referência. Revista Brasileira de Cancerologia. 2020;66(TemaAtual):e-1113.
24. Our World in Data. Coronavirus (Covid 19) Vaccinations. Disponível em: https://ourworldindata.org/covid-vaccinations?country=BRA. Acesso em: 11 fev. 2022.
25. Ryan JL, Carroll JK, Ryan EP, Mustian KM, Fiscella K, Morrow GR. Mechanisms of cancer-related fatigue. The Oncologist. 2007;12:22-34.
26. Salunke AA, Nandy K, Pathak SK, Shah J, Kamani M, Kotakotta V, et al. Impact of Covid-19 in cancer patients on severity of disease and fatal outcomes: a systematic review and meta-analysis. Diabetes Metabol Syndr. Sep-Oct 2020; 14(5):1431-7.
27. Thomas P, Baldwin C, Bissett B, Boden I, Gosselink R, Granger CL, et al. Physiotherapy management for Covid-19 in the acute hospital setting: clinical practice recommendations. Journal of Physiotherapy. 2020;66(2):73-82.
28. Yang T, Li Z, Jiang L, Wang Y, Xi X. Risk factors for intensive care unit-acquired weakness: A systematic review and meta-analysis. Acta Neurologica Scandinavica. 2018;138(2):104-14.

Fisioterapia oncológica sistêmica 20

Flávia Maria Ribeiro Vital

O câncer em evolução, assim como seu tratamento, que muitas vezes precisa ser agressivo na tentativa de controlar a doença, pode reduzir a capacidade funcional e consequentemente a qualidade de vida de muitos pacientes (Figura 1). O Consenso de Cardio-oncologia da Sociedade Brasileira de Cardiologia reafirma essas associações com base em diversas evidências.

O sedentarismo, a hipomobilidade, o repouso e a restrição ao leito são condições que expressam a redução progressiva da mobilidade, o que tende a hipoativar o sistema cardiovascular, uma vez que o sistema musculoesquelético é um dos maiores consumidores de oxigênio para execução das suas funções basais. Dessa forma, menos oxigênio e nutrientes serão distribuídos, também, para outras células do organismo, as quais, se estiverem no limiar de sua função, podem manifestar sinais e sintomas. Isso caracterizaria a síndrome do imobilismo (SI) e poderia levar esse organismo a uma redução da sua mobilidade. A SI foi esquematizada na Figura 2 e definida por Flávia Vital como: "Conjunto de sinais e sintomas relacionados à mobilidade, manifestos pelas disfunções orgânicas geradas devido à redução de nutrientes e oxigênio, carreáveis pelo sistema cardiovascular, cujo potencial funcional tem influência direta do nível de atividade física".

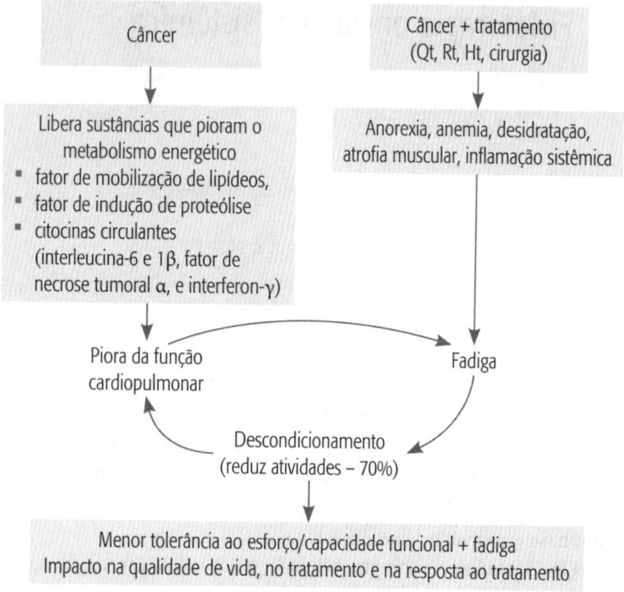

FIGURA 1 Relação do câncer e seu tratamento com a capacidade funcional, a qualidade de vida e outros desfechos.

Pacientes com câncer tendem a manifestar a SI paralelamente a vários outros sintomas provocados pela evolução da doença e/ou seu tratamento e que reduzem a capacidade funcional, sendo a fadiga um dos mais prevalentes (70-100% em alguma fase da doença/tratamento e em 20-40% dos pacientes após finalizar o tratamento curativo), embora ela seja sub-relatada pelo paciente, e ainda subdiagnosticada e subtratada pela equipe de saúde.

A reação inflamatória provocada pelo tumor ou seu tratamento tem sido considerada o mecanismo-chave para a fadiga oncológica.

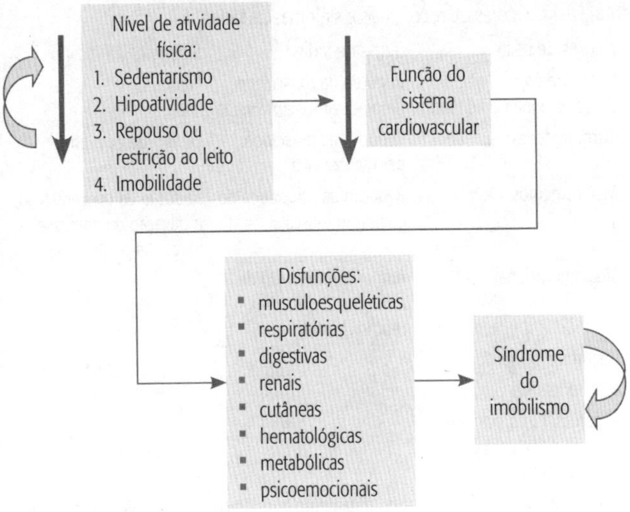

FIGURA 2 Relação do nível de atividade física e SI.
Adaptada de Vital, 2017.

Ela é definida pela National Comprehensive Cancer Network (NCCN) como uma "sensação subjetiva, persistente e penosa de cansaço ou exaustão física, emocional e/ou cognitiva relacionada ao câncer ou seu tratamento que é desproporcional à atividade recente e interfere na funcionalidade habitual". Pode levar à descontinuação do tratamento e a manifestações físicas (fraqueza), mentais (redução da concentração ou atenção) e emocionais (redução da motivação ou interesse em engajar-se em atividades usuais, labilidade emocional) e tende a coexistir com depressão, ansiedade, distúrbios do sono e dor. Os fatores de risco, assim como os sinais e sintomas de fadiga oncológica, podem ser identificados na Tabela 1.

TABELA 1 Fatores de risco, sinais e sintomas de fadiga

Fatores de risco	Sinais de fadiga	Sintomas de fadiga
Inatividade ou descondicionamento físico	Redução da capacidade de produzir força/fraqueza	Fraqueza
Comorbidades	Redução da resistência para se exercitar	Labilidade emocional
Medicamentos	Redução da velocidade de contração muscular	Redução da concentração, motivação ou interesse para engajar-se em AVDs
Status nutricional	Aumenta a sensação de esforço ou superpercepção de força	
Distúrbios de humor		
Não ser casado		
Sintomas físicos, psicológicos, comportamentais e biológicos relacionados		
O tipo e a intensidade da dose do tratamento oncológico parecem não ter relação com a fadiga oncológica		

Diferentes ferramentas podem ser utilizadas para avaliar a qualidade ou intensidade da fadiga e seu impacto na capacidade funcional, como a escala de Piper e o pictograma de fadiga. Até mesmo uma escala visual numérica pode ser útil.

Considerando a alta prevalência da fadiga, a possível ruptura do ciclo da Figura 1 e ainda como uma das formas mais efetivas de se tratar a fadiga em pacientes em tratamento e após o tratamento de câncer, em especial quando comparado ao tratamento farmacológico, a prescrição de exercícios deve ser proposta o quanto antes, já com intenção preventiva logo após o diagnóstico.

Estimular a mobilidade e a atividade física (AF) em pacientes com câncer deve ser parte dos planos de cuidados oncológicos nas diversas fases do acompanhamento do tratamento. Ela acelera a recuperação após cirurgias de grande porte por reduzir as complicações e o tempo de internação, assim como reduz efeitos adversos da quimioterapia, da hormonioterapia e também da radioterapia.

A AF pode ser definida como qualquer movimento que utilize o sistema musculoesquelético que requeira um gasto energético maior que o do repouso. Pode ser classificada por intensidade em leve, moderada ou vigorosa. A combinação de frequência, intensidade e duração de diferentes tipos de atividades físicas irá determinar o volume total de AF (Figura 3). Uma hora de AF leve necessita do mesmo

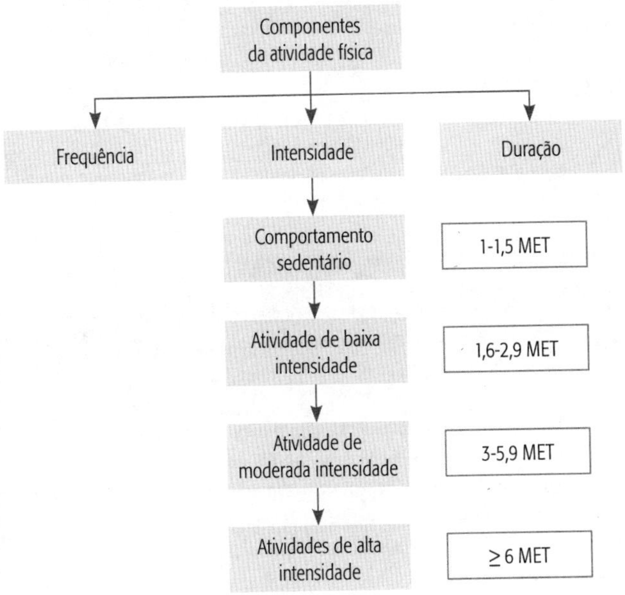

FIGURA 3 Componentes da atividade física.

gasto energético de 30 minutos de atividade moderada e 20 minutos de AF vigorosa. A Tabela 2 exemplifica a intensidade e o gasto energético por hora e por classe de atividade.

TABELA 2 Intensidade e gasto energético por hora e por classe de atividade

Intensidade leve	Intensidade moderada	Intensidade vigorosa
< 3 MET	3-6 MET	> 6 MET
< 3,5 kcal/min	3,5-7 kcal/min	> 7 kcal/min
50-63% $FC_{máx}$	64-76% $FC_{máx}$	77-93% $FC_{máx}$
BORG = 10-11	BORG = 12-13	BORG = 14-16
Caminhada casual e lenta	Caminhada de 6 km/h	Corrida ≥ 7 km/h
Alongamento	Aeróbico de baixo impacto	*Step*/aeróbico de alto impacto, *jumping*, *spinning*
Bicicleta < 8 km/h	Bicicleta 8-14 km/h	Bicicleta > 16 km/h
Treino com carga leve	Treino com carga pesada, musculação (4,5 MET)	Circuito com carga
Dança lenta, tênis de mesa, pescaria	Natação recreacional, vôlei, mergulho	Basquete, futebol, natação competitiva, jiu-jítsu (9 MET), nado sincronizado
Trabalho doméstico ou que requer longo período sentado	Faxina pesada (esfregar), ocupação que requer permanecer longo tempo em pé ou andando	Cortar grama sem equipamento motorizado, ocupação que requer carregar peso

A AF tem efeito favorável em alterações hormonais/metabólicas, que são fatores oncogênicos como níveis de corticosteroides, níveis de insulina, síndrome metabólica, parâmetros inflamatórios e ainda efeitos benéficos sob o sistema imune e de reparo do DNA que podem estar relacionados aos mecanismos de prevenção do câncer, maior sobrevida e menor recidiva da doença em sobreviventes de câncer que aderem à prática regular de AF.

A AF supervisionada durante o tratamento oncológico melhora a qualidade de vida e a tolerância ao tratamento oncológico. Quando adequadamente orientada, aumenta significativamente a adesão ao exercício quando comparado a apenas orientar a prática ou ausência de orientação. Após finalizado o tratamento primário do câncer com proposta de cura, a AF tem demonstrado aumentar a sobrevida e reduzir a recidiva da doença em sobreviventes de câncer de mama, colorretal e ovário.

A capacidade máxima de um indivíduo para executar trabalho aeróbico é definida pelo consumo máximo de oxigênio (VO_2máx), que é produto do débito cardíaco e diferença arteriovenosa do oxigênio durante o esforço máximo. Respostas integradas dos sistemas respiratório, cardiovascular e muscular em exercícios que envolvam grandes grupos musculares aumentam até um limite que define o VO_2máx ou a condição aeróbica máxima do indivíduo. Vários fatores interferem na determinação do VO_2máx, como faixa etária, gênero, genética, etnia, composição corporal, nível de atividade usual e tipo de exercício.

O VO_2máx é determinado pela habilidade do coração de ejetar o sangue a cada ciclo cardíaco, pela frequência cardíaca (FC) durante o exercício, pela microcirculação e pela capacidade metabólica da mitocôndria muscular de produzir energia aerobiamente. É também influenciado por fatores genéticos, nível de atividade física, idade, sexo e doenças agudas e crônicas. Níveis mais altos de exercício antes e na época do diagnóstico de câncer de mama foram associados à diminuição do risco de eventos cardiovasculares e mortes nos anos após o tratamento de câncer de mama, em especial quando é maior o gasto energético.

Um condicionamento cardiorrespiratório (CCR) menor que 5 MET se relaciona a um maior risco de morte, enquanto gastos maiores que 8-10 MET estão relacionados a maior sobrevida. Pequeno aumento no condicionamento (1-2 MET) reduz de 10-30% a frequência de eventos cardiovasculares. Atividades de resistência têm o potencial de aumentar o CCR cerca de 1 MET após semanas ou meses. O aumento do CCR responde melhor ao aumento da intensidade que ao aumento da duração ou frequência da sessão.

Melhorar o condicionamento antes de intervenções cirúrgicas melhora o risco cirúrgico, a mortalidade e a função pós-operatória em diversas populações de pacientes com câncer. Diversos estudos vêm investigando o efeito da atividade física em pacientes com câncer, analisando diferentes contextos relacionados à doença (local do tumor), ao tipo de tratamento oncológico recebido (cirurgia, quimioterapia, radioterapia, mix de tratamentos, cuidados paliativos), ao momento da doença (prevenção primária, prévia ao recebimento do tratamento oncológico, durante o tratamento, após finalizado o tratamento com perspectiva de cura) ou ao tipo/dose de exercício (aeróbico ou treino de força/baixa, moderada ou alta intensidade). Os resultados desses estudos demonstram melhorias em desfechos funcionais, em domínios físicos, psíquicos e sociais que impactam a qualidade de vida e inclusive a sobrevida e a recidiva em relação ao câncer.

Vários fatores podem indicar a prescrição de atividades para pacientes com câncer. Todavia, a prescrição deve ser individualizada considerando a fase da doença e seu tratamento, a localização do tumor, a presença de comorbidades limitantes (p. ex., doenças cardiopulmonares, neurológicas, ortopédicas, reumatológicas) ou mesmo contraindicações, além do condicionamento muscular e cardiovascular prévio e atual, fatores de risco para eventos cardiovasculares (idade, tabagismo, hipertensão, diabetes, hipercolesterolemia, obesidade/sobrepeso, doença renal crônica), a presença de dor, para então definir o tipo e intensidade do exercício a ser proposto (Tabela 3).

TABELA 3 Indicações, contraindicações e restrições para prescrição de exercícios em pacientes com câncer

Indicações	Contraindicações	Restrições
Pacientes em pré ou pós-operatório de cirurgia oncológica em sistema digestório, pulmão ou ortopédica	Cardiopatia grave	Desidratação Comorbidades Baixo condicionamento Risco aumentado de eventos cardiovasculares
Pacientes em tratamento oncológico ativo, ou seja, da primeira até uma semana após a radioterapia ou até 3 semanas após a quimioterapia	Alteração importante de parâmetros no teste de caminhada de 6 minutos ou ergométrico	Fadiga/fraqueza muscular extrema
Pacientes com sinais e sintomas, como fadiga, dispneia crônica, sarcopenia, fraqueza, descondicionamento cardiopulmonar	Metástase óssea com moderado ou alto risco de fratura	Surgimento de dor óssea
Pacientes com redução da capacidade funcional para AVD	Plaquetopenia < 10.000 mm^3	Plaquetas entre 10.000 e 50.000 mm^3*
Sobreviventes do câncer após tratamento com proposta de cura	Hemoglobina < 7 g/dL	Hemoglobina entre 8 e 12 g/dL*
Prevenção de perda funcional em pacientes em cuidados paliativos	Febre > 40°C	Contagem de neutrófilos $< 0,5 \times 10^9$/L ou febre > 38°C
	Dor > 3 na EVA de 0-10	Caquexia (perda de peso > 35%), dispneia/náusea graves

* Restrição relativa: levar em consideração todas as circunstâncias clínicas individuais dos pacientes.

Com base nas características individuais, no momento da doença/tratamento, nos riscos e benefícios da atividade física, na diversidade de opções de AF e dos fatores motivacionais dos pacientes, deve-se identificar a AF mais adequada e realizar seu planejamento considerando os princípios da sobrecarga, da especificidade, da progressão, da adaptação e da individualidade para que se possa obter o maior benefício possível com a prescrição. Garantir a segurança da prescrição é fundamental, em especial em pacientes com maior risco de eventos adversos com a AF. Esse grupo deve ser supervisionado e receber treinamento para identificação precoce de sinais de alerta como: novas arritmias, nova dor torácica, palidez, sudorese, cianose, tontura, desmaio, náuseas, claudicação em membros inferiores, mal-estar, lesões ou dor musculoesquelética. Além do monitoramento da FC, pressão arterial (PA), frequência respiratória (FR), saturação de oxigênio (SaO_2), escala de BORG ou BORG modificada.

Na Tabela 4 é apresentado um modelo básico de protocolo de Fisioterapia Oncológica Sistêmica (FOS), que é a prescrição de exercícios nas situações indicadas na Tabela 3. Estudos recentes indicam que exercícios intervalados de alta intensidade poderiam trazer benefícios adicionais. Todavia, para que um paciente receba esse tipo de prescrição com segurança é necessário o condicionamento prévio do sistema cardiovascular conforme a tolerância de cada momento. O período de AF supervisionada dura 3-4 meses para um prognóstico de melhora dos sintomas e condicionamento físico inicial. É o momento de educar o paciente para conhecer seus limites de segurança em relação à intensidade do exercício e sensibilizá-lo sobre o potencial efeito curativo dessa intervenção, que deverá durar por toda a vida, sendo assim parte de sua rotina. Na Figura 4 apresentamos um resumo dos resultados apontados na literatura com AF em relação ao câncer e seu tratamento.

TABELA 4 Modelo de protocolo de prescrição de exercícios para pacientes com câncer

Tipo de exercício	Meio	Frequência	Intensidade inicial	Duração	Progressão
Aeróbico	Esteira, bicicleta, caminhada.	3-5x/sem	50% pela fórmula de Karvonen ou 60% da FCmáx Aquecimento: ▪ 4 pela escala de BORG modificada ▪ 11-14 pela escala de BORG Pico: ▪ 0,4-6 pela BORG modificada Sem ultrapassar o limite de segurança de 85% da FCmáx.	Iniciar com 10 minutos e progredir 5 minutos por semana até conseguir 30 minutos. Se muito descondicionado ou com evento adverso, intervalar períodos com descanso.	Progredir a intensidade conforme tolerância até 75% pela fórmula de Karvonen ou 80% FCmáx. Aumentando a velocidade ou inclinação na esteira ou a velocidade e/ou a carga na bicicleta.
Resistência	Equipamentos com anilhas, halteres, caneleiras, Pilates, faixas elásticas.	1-3x/sem	50% de uma resistência máxima (RM)	1-4 séries de 6-10 exercícios	Mensalmente até 80% de 1 RM
Aquecimento, desaquecimento ou alongamento	Realizar exercícios calistênicos e/ou alongar os mesmos grupos musculares trabalhados para fortalecimento antes e/ou após os exercícios aeróbicos e de resistência: quadríceps femoral, músculos do jarrete, tríceps sural, bíceps e tríceps braquial, trapézio e paravertebrais, peitorais, abdominais e glúteos.				

A atividade física (AF) preventiva está relacionada ao menor risco de adquirir vários tipos de câncer e de morrer da doença, em especial por câncer de cólon, mama e endométrio.

O volume de AF semanal tem relação com a incidência e a sobrevida geral.

A AF realizada logo após o diagnóstico de câncer ou durante o tratamento pode afetar positivamente o processo de tratamento e a QV, pois melhora a fadiga, a funcionalidade para AVD e tolerância e realização do tratamento cirúrgico e adjuvante.

AF após finalizado o TO aumenta a sobrevida e reduz a recidiva no câncer de mama.

Orientar e supervisionar os exercícios melhora a adesão a longo prazo.

FIGURA 4 Conclusões baseadas na literatura.

BIBLIOGRAFIA RECOMENDADA

1. Ahn KY, Hur H, Kim DH. The effects of inpatient exercise therapy on the length of hospital stay in stages I colon cancer patients: randomized controlled trial. Int J Colorectal Dis. 2013 May;28(5):643-51.
2. Braam KI, van der Torre P, Takken T, et al. Physical exercise training interventions for children and young adults during and after treatment for childhood cancer. Cochrane Database of Systematic Reviews. 2016, issue 3.
3. Brown JC, Damjanov N, Courneya KS, et al. A randomized dose-response trial of aerobic exercise and health-related quality of life in colon cancer survivors. Psycho-oncology. 2018;27(4):1221-8.

4. Cavalheri V, Tahirah F, Nonoyama M, et al. Exercise training undertaken by people within 12 months of lung resection for non-small cell lung cancer. Cochrane Database of Systematic Reviews. 2013;7.
5. Cavalheri V, Granger C. Preoperative exercise training for patients with non-small cell lung cancer. Cochrane Database of Systematic Reviews. 2017;6.
6. Chen X, Wang Q, Zhang, et al. Physical activity and risk of breast cancer: a meta-analysis of 38 cohort studies in 45 study reports.Value Health. 2019 Jan;22(1):104-28.
7. Cheville AL, Kollasch J, Vandenberg J, et al. A home-based exercise program to improve function, fatigue, and sleep quality in patients with Stage IV lung and colorectal cancer: a randomized controlled trial. J Pain Symptom Manage. 2013;45:811-21.
8. Cormie P, Galvão DA, Spry N, et al. Can supervised exercise prevent treatment toxicity in patients with prostate cancer initiating androgen-deprivation therapy: a randomised controlled trial. BJU International. 2015;115(2):256-66.
9. Cramp F, Byron-Daniel J. Exercise for the management of cancer-related fatigue in adults. Cochrane Database of Systematic Reviews. 2012;11.
10. de Boer AGEM, Taskila TK, Tamminga SJ, Feuerstein M, Frings-Dresen MHW, Verbeek JH. Interventions to enhance return-to-work for cancer patients. Cochrane Database of Systematic Reviews. 2015;9.
11. Enrico M. Effect of exercise and nutrition prehabilitation on functional capacity in esophagogastric cancer surgery: a randomized clinical trial.
12. Ljungqvist O, Scott M, Fearon KC. Enhanced recovery after surgery: a review. JAMA Surg. 2017;152(3):292-8.
13. Berger AM, Mooney K, Alvarez-Perez A, et al. Cancer-related fatigue, version 2.2015. J Natl Compr Canc Netw. 2015 Aug;13(8):1012-39.
14. Furmaniak AC, Menig M, Markes MH. Exercise for women receiving adjuvant therapy for breast cancer. Cochrane Database of Systematic Reviews. 2016;9.
15. Gillis C, Li C, Lee L, et al. Prehabilitation versus rehabilitation: a randomized control trial in patients undergoing colorectal resection for cancer. Anesthesiology. 2014;121:937-47.
16. Hayes SC, Steele ML, Spence RR, et al. Exercise following breast cancer: exploratory survival analyses of two randomised, controlled trials. Breast Cancer Res Treat. 2018 Jan;167(2):505-14.
17. Hojan K, Kwiatkowska-Borowczyk E, Leporowska E, et al. Physical exercise for functional capacity, blood immune function, fatigue, and quality of life in high-risk prostate cancer patients during radiotherapy: a prospective, randomized clinical study. Eur J Phys Rehabil Med. 2016;52:489-501.

18. Jee Y, Kim Y, Jee SH, et al. Exercise and cancer mortality in Korean men and women: a prospective cohort study. BMC Public Health. 2018;18:761.
19. Kalil Filho R, Hajjar LA, Bacal F, et al. I Diretriz Brasileira de Cardio-Oncologia da Sociedade Brasileira de Cardiologia. Arq Bras Cardiol. 2011;96(2 supl.1):1-52.
20. Knips L, et al. Aerobic physical exercise for adult patients with haematological malignancies. Cochrane Database of Systematic Reviews. 2019;1.
21. Lahart IM, Metsios GS, Nevill AM, et al. Physical activity for women with breast cancer after adjuvant therapy. Cochrane Database of Systematic Reviews. 2018;1
22. Mellar PD, Walsh D. Mechanisms of fatigue. J Support Oncol. 2010;8:164-74.
23. Mendoza TR, et al. The rapid assessment of fatigue severity in cancer patients: use of the brief fatigue inventory. Cancer. 1999;85:1186-96.
24. Minnella EM, Awasthi R, Loiselle S, et al. Effect of exercise and nutrition prehabilitation on functional capacity in esophagogastric cancer surgery: a randomized clinical trial. JAMA Surg. 2018;153(12):1081-9.
25. Mishra SI, Scherer RW, Snyder C, et al. Exercise interventions on health-related quality of life for people with cancer during active treatment. Cochrane Database of Systematic Reviews. 2012;8.
26. Mota DDCF. Fadiga no doente com câncer colorretal: fatores de risco e preditivos [Tese]. São Paulo, Escola de Enfermagem, Universidade de São Paulo; 2008 – Tese de validação da escala de Piper.
27. Mustian KM, et al. Comparison of pharmaceutical, psychological, and exercise treatments for cancer-related fatigue: a meta-analysis. JAMA Oncol. 2017;3(7):961-8.
28. Palomo A, Ray RR, Johnson L, et al. Associations between exercise prior to and around the time of cancer diagnosis and subsequent cardiovascular events in women with breast cancer: a Women's Health Initiative (WHI) analysis J Am Coll Cardiol. 2017;69(suppl):1774.
29. Rezende LFM, Lee DH, Louzada MLDC, et al. Proportion of cancer cases and deaths attributable to lifestyle risk factors in Brazil. Cancer Epidemiol. 2019 Feb 14;59:148-57.
30. Ross R, Blair SN, Arena R, et al. Importance of assessing cardiorespiratory fitness in clinical practice: a case for fitness as a clinical vital sign: a scientific statement from the American Heart Association. Circulation. 2016;134(24):e653-99.
31. Saint-Maurice PF, Coughlan D, Kelly SP, et al. Association of leisure-time physical activity across the adult life course with all-cause and cause-specific mortality. JAMA Netw Open. 2019 Mar 1;2(3):e190355.

32. Senn-Malashonak A, Arndt S, K Siegler, et al. Interim analysis of the randomized prospective exercise therapy study in the pediatric stem cell transplantation (BISON). Bone Marrow Transplantation. 2014;49:S369.
33. Scott JM, Nilsen TS, Gupta D, et al. Exercise therapy and cardiovascular toxicity in cancer. Circulation. 2018;137:1176-91.
34. Squires RW. Exercise training and cardiovascular health in cancer patients. Curr Oncol Rep. 2018;20:7.
35. Teleni L, Chan R, Chan A, et al. Exercise improves quality of life in androgen deprivation therapy treated prostate cancer: systematic review of randomised controlled trials. Endocrine-Related Cancer. 2016;23:101-12.
36. Thomas RJ, Kenfield SA, Jimenez A. Exercise-induced biochemical changes and their potential influence on cancer: a scientific review Br J Sports Med. 2017;51:640-4.
37. Van Weert E, May AM, Korstjens et al. Cancer-related fatigue and rehabilitation: a randomized controlled multicenter trial comparing physical training combined with cognitive-behavioral therapy with physical training only and with no intervention. Phys Ther. 2010.
38. Vital FMR. Fisioterapia em oncologia: protocolos assistenciais. Atheneu; 2017.

21 Oncologia pediátrica

Giovana Domingues Nunes

CÂNCER INFANTIL

Segundo estimativas do Instituto Nacional do Câncer (INCA), ocorrerão para cada ano o aparecimento de 8.460 casos novos de câncer em crianças e adolescentes até 19 anos, sendo 4.310 para o sexo masculino e 4.150 para o sexo feminino. Os tumores infantojuvenis observados no Registro de Câncer de Base Populacional ocupam uma média de 3% de todos os tumores, e as regiões Sudeste e Nordeste apresentarão os maiores números de casos novos.

Entre os tipos de câncer pediátrico, a leucemia é o mais comum, de 25 a 35%. Nos países em desenvolvimento, os linfomas (14%) ocupam a segunda posição, e em terceiro os tumores de sistema nervoso central (13%). No Brasil, os óbitos em crianças e adolescentes por câncer correspondem à segunda causa de morte e é a doença que mais mata crianças e adolescentes.

Nos últimos 30 anos a sobrevida de crianças com câncer obteve uma melhora significante e atualmente sua taxa de cura está em torno de 80% dos casos. O cuidado especializado em centros de referência de tratamento, que agregam equipes treinadas para o tratamento do câncer infantil, colaborou para a melhora dos resultados da sobrevida.

Atualmente o diagnóstico precoce é considerado uma das principais medidas de prevenção que influenciam o prognóstico, permitem um tratamento menos agressivo, maiores taxas de cura, menores sequelas e reduzem a mortalidade pela doença.

Diferentemente do câncer em adultos, os fatores extrínsecos relacionados a estilo de vida não influenciam o risco de a criança gerar o câncer. Na Tabela 1 é possível observar algumas características que diferem o câncer pediátrico do adulto.

TABELA 1 Características do câncer infantil e no adulto

Câncer infantil	Câncer no adulto
Origem embrionária	Origem epitelial
Mutações espontâneas	Mutações induzidas
Latência curta	Latência longa
Disseminados	Localizados

Os tumores pediátricos podem ser divididos em dois grupos:

- Tumores hematológicos: leucemias e linfomas.
- Tumores sólidos: tumores do sistema nervoso central, abdominais, ósseos e de partes moles.

Leucemias

É a principal neoplasia que acomete crianças e adolescentes. Tem origem na medula óssea, onde são produzidas as células sanguíneas, e se caracteriza como aguda quando o crescimento é rápido ou crônica quando o crescimento é lento.

A leucemia linfoide aguda é o principal tipo, com 75% dos casos.

Os sintomas mais comuns são: palidez, fadiga, febre, dor óssea e articular e hematomas.

Linfomas

Têm origem no sistema linfático e representam o segundo câncer que mais acomete crianças e adolescentes.

O linfoma de Hodgkin é mais comum em crianças maiores e adolescentes, e o linfoma não Hodgkin em crianças menores.

Os sintomas mais comuns são: aumento dos linfonodos, sudorese noturna, febre e perda de peso sem causa aparente.

Tumores do sistema nervoso central

Os tumores do sistema nervoso central correspondem a 20% de todas as neoplasias na infância. A localização mais comum é a fossa posterior na primeira década da infância.

Os tipos de tumores mais frequentes são os astrocitomas, ependimomas, meduloblastomas e craniofaringiomas.

Os sintomas mais prevalentes são: dores de cabeça persistentes, vômitos, visão alterada, distúrbios de comportamento como irritabilidade ou perda de etapas de desenvolvimento.

Tumores abdominais

Os principais tumores abdominais são: tumor de Wilms, hepatoblastoma, tumores de células germinativas e neuroblastoma.

A maioria desses tumores é assintomática e o pico de idade é de 1 a 5 anos.

Tumores oculares

O retinoblastoma é o tumor maligno mais comum em crianças, com origem nas células embrionárias da retina, podendo afetar um ou ambos os olhos.

Ocorre geralmente em crianças abaixo de 5 anos e a principal manifestação é a leucocoria ou reflexo brilhante (reflexo de olho de gato).

Tumores ósseos

Os tumores ósseos acometem mais os adolescentes, apresentando um pico de incidência na segunda década da vida.

Os principais tipos são: osteossarcoma e sarcoma de Ewing.

O tumor de Ewing acomete com mais frequência o esqueleto axial, enquanto o osteossarcoma acomete preferencialmente o joelho (porção distal do joelho e proximal da tíbia) e úmero proximal.

Os principais sintomas são: dor óssea (local), associada a aumento das partes moles (regional).

Tumores de partes moles

O rabdomiossarcoma é o tumor de partes moles mais frequente em crianças.

Possui pico de incidência aos 5 anos de idade e tem origem nas células mesenquimais primitivas.

TRATAMENTO

De acordo com a American Cancer Society, o tratamento do câncer infantil é baseado principalmente no tipo e estadiamento do tumor. Os principais tipos de tratamento usados são cirurgia, radioterapia e quimioterapia. Alguns tipos de câncer infantil podem ser tratados com alta dose de quimioterapia seguida do transplante de células-tronco hematopoiéticas (TCTH).

A maioria das crianças e adolescentes responde de forma positiva ao uso de quimioterapia, uma vez que a tendência do câncer infantil é o crescimento e multiplicação rápida. Essa população possui uma melhor capacidade de recuperação em altas doses de quimioterapia quando comparada aos adultos, contudo, com a utilização de tratamentos mais agressivos para uma maior chance de cura, aumentam-se na mesma escala os efeitos colaterais agudos ou tardios.

Ao contrário da quimioterapia, a radiação pode causar graves efeitos tardios, principalmente em crianças menores, por essa razão o uso da radioterapia é mais limitado. A Tabela 2 apresenta os principais efeitos colaterais do tratamento oncológico na população pediátrica.

TABELA 2 Principais efeitos colaterais agudos e tardios no tratamento oncológico pediátrico

Efeitos colaterais agudos	Efeitos colaterais tardios
Náuseas e vômitos	Déficit de memória e aprendizagem
Anemia/neutropenia/trombocitopenia	Déficits auditivos e oculares
Febre	Déficits cardíacos e respiratórios
Mucosite oral	Déficit reprodutivo
Alopecia	Segunda neoplasia

A neuropatia periférica é uma toxicidade comum em crianças e está diretamente ligada ao tipo de quimioterapia, dose e exposição. Os principais sintomas são a fraqueza muscular, perda sensorial como parestesia, dor ou sensação de queimação; e os agentes quimioterápicos mais frequentes associados à neuropatia são a vincristina, cisplatina e talidomida. O impacto pode ser imediato ou tardio, e em casos de danos graves os efeitos podem ser parcialmente reversíveis ou irreversíveis.

É de alta relevância que o fisioterapeuta tenha conhecimento dos principais tipos de câncer infantil, sinais, sintomas, tratamentos e complicações, de modo que uma avaliação criteriosa seja desempenhada a fim de se estabelecer um plano terapêutico específico para o paciente e suas particularidades.

AVALIAÇÃO FISIOTERAPÊUTICA

O fisioterapeuta deve identificar possíveis alterações funcionais e relacionar o histórico oncológico do paciente.

Informações médicas relevantes como diagnóstico oncológico, estadiamento da doença, presença de metástase e planejamento terapêutico oncológico devem estar presentes na avaliação.

Deve-se realizar também o questionamento do perfil social e familiar, para o envolvimento do cuidador ao longo do processo de reabilitação, assim como conhecer a motivação do paciente, incluindo retorno à escola ou atividade física.

TABELA 3 Proposta de avaliação fisioterapêutica em oncologia pediátrica

Avaliação	Métodos
Sensibilidade	Comparar, em relação aos hemicorpos, sensibilidade superficial (tátil, dolorosa e térmica) e profunda.
Coordenação	Manobras de índex-índex, índex-nariz e calcanhar-joelho.
Equilíbrio	Escalas validadas como escala de equilíbrio de Berg e *Timed Up and Go*.
Grau de força muscular	Escalas validadas como a *Medical Research Council Scale* em crianças maiores. Observação de transferências posturais em crianças menores.
Trofismo muscular	Classificar em normotrófico, hipotrófico ou hipertrófico, de acordo com inspeção e palpação.
Tônus muscular	Escalas validadas como escala de Ashworth modificada.
Desenvolvimento motor	Escalas validadas como *Peabody Developmental Motor Scales* ou Denver II para crianças menores. Avaliar de acordo com o desempenho do paciente nas transferências posturais para crianças maiores.
Marcha	Avaliar pela inspeção e classificar de acordo com as fases da marcha. Necessidade de meios auxiliares e órteses.

(continua)

TABELA 3 Proposta de avaliação fisioterapêutica em oncologia pediátrica (*continuação*)

Avaliação	Métodos
Edema	Avaliar a circunferência do membro, por meio da perimetria e volumetria.
Pele e cicatrização	Avaliar e correlacionar a terapêutica, como radioterapia e cirurgia.
Sinais vitais/padrão respiratório	Avaliar de acordo com a idade do paciente, história oncológica e clínica.
Dispneia	Escalas validadas, como a escala de Borg modificada em crianças maiores. Avaliação de percepção de esforço de acordo com sinais de desconforto respiratório em crianças menores.
Capacidade física	Escalas validadas, como teste de caminhada de 6 minutos ou teste de sentar-levantar.

Importante ressaltar que diversos aspectos da avaliação poderão ser aprofundados, relacionando a terapêutica e seus efeitos agudos ou tardios, para o estabelecimento de um plano terapêutico individualizado completo com metas de curto, médio e longo prazos.

ATUAÇÃO FISIOTERAPÊUTICA AMBULATORIAL

A atuação fisioterapêutica ambulatorial em pacientes com câncer é extremamente ampla. Os desafios da atuação estão diretamente ligados a diferentes tipos e localizações tumorais, tratamentos oncológicos individualizados e à ampla faixa etária dos pacientes.

Os primeiros anos de vida de uma criança com diagnóstico de câncer delimitam uma fase crítica do desenvolvimento motor e estão em maior risco de atrasos no desenvolvimento. Estudos recentes demonstram que o rastreamento de crianças menores de 3 anos com diagnóstico de câncer e encaminhamento para fisioterapia com foco em desenvolvimento precoce são extremamente benéficos.

A intervenção precoce pode prevenir ou diminuir os atrasos no desenvolvimento que podem resultar de muitos fatores, como o próprio diagnóstico, hospitalizações prolongadas, esteroides, quimioterapia e/ou radioterapia, além de promover o alcance dos marcos motores grosseiros.

Além do atraso no desenvolvimento motor, muitas outras disfunções podem ocorrer tanto pelo tratamento oncológico (quimioterapia, radioterapia, cirurgia ou transplante de medula óssea) como pelo próprio diagnóstico e localização tumoral. Na Tabela 4, observam-se as principais disfunções na população oncológica pediátrica e as condutas fisioterapêuticas propostas.

TABELA 4 Principais disfunções em crianças com câncer e propostas de condutas fisioterapêuticas

Disfunções neurológicas	Paresias/plegias Parestesias Movimentação involuntária Déficit de equilíbrio	Modulação tônica Fortalecimento muscular Atividades funcionais Treino de marcha/equilíbrio/propriocepção Orientação de órteses
Disfunções cardiorrespiratórias	Fadiga/dispneia Cardiomiopatia Fibrose pulmonar	Exercícios aeróbicos Treino muscular inspiratório e expiratório VNI associada a exercícios aeróbicos
Disfunções musculoesqueléticas	Déficit de FM ADM reduzida Amputações Dismetria Escolioses	Exercícios resistidos Alongamentos Treino de marcha Exercícios posturais Orientação de órteses e próteses

VNI: ventilação não invasiva; FM: força muscular; ADM: amplitude de movimento.

A Tabela 5 mostra os diferentes recursos fisioterapêuticos ambulatoriais atualizados na literatura.

TABELA 5 Recursos ambulatoriais fisioterapêuticos atualizados na literatura

Cinesioterapia	▪ Benefício encontrado na literatura com programa individualizado com exercícios de moderada intensidade, incluindo treinamento aeróbico, de força, funcionais e de flexibilidade. ▪ Estudos recentes encorajam treinamento muscular inspiratório individualizado com *threshold*. ▪ Combinação de exercícios supervisionados e domiciliares.
Eletrotermofototerapia	▪ Poucos estudos com a utilização de TENS e FES em oncologia pediátrica. ▪ Alguns estudos demonstram ineficácia da TENS em neuropatia periférica.
Bandagem elástica	▪ Poucos estudos com a utilização de bandagem elástica na população oncológica pediátrica. ▪ Estudos descrevem aplicação da bandagem em paralisia facial, posicionamento postural, função de membros superiores e dor em ombro hemiplégico.

FES: estimulação elétrica funcional (*functional electrical stimulation*); TENS: estimulação elétrica nervosa transcutânea.

Os programas de intervenção fisioterapêutica devem ser iniciados precocemente, evitando ou minimizando sequelas tardias e devem abranger um plano que pode vir a ser executado em domicílio por pais e pacientes treinados.

- O objetivo fisioterapêutico durante o tratamento oncológico é manter a funcionalidade, limitar os efeitos colaterais relacionados ao tratamento e evitar o descondicionamento cardíaco.
- O objetivo fisioterapêutico após o tratamento é estabelecer um programa de exercícios para restaurar a capacidade funcional e promover o retorno do paciente a suas atividades.

ATUAÇÃO FISIOTERAPÊUTICA HOSPITALAR

A atuação da fisioterapia preventiva e restaurativa em pacientes oncológicos pediátricos internados é fundamental diante das diversas complicações que podem ocorrer ao longo do tratamento oncológico ou até mesmo no momento do diagnóstico de câncer.

Dentro do ambiente hospitalar, podemos nos deparar com os perfis de pacientes clínicos, cirúrgicos e paliativos. De um modo geral, o efeito colateral mais encontrado em pacientes oncológicos em decorrência do tratamento quimioterápico e radioterápico é a mielossupressão, que pode causar anemia, neutropenia e trombocitopenia.

A APTA (Academy of Acute Care Physical Therapy) promoveu um *guideline* atualizado em 2013, relacionando níveis de contagens sanguíneas e exercícios fisioterapêuticos seguros. Contudo, a população oncológica pediátrica é exposta a tratamentos longos que promovem a queda da contagem sanguínea de forma crônica. Dessa forma estudos recentes demonstram que seguir o *guideline*, na maioria das vezes, limitaria a fisioterapia apenas a prescrever exercícios leves ou suspender a terapia.

Atualmente, os estudos já demonstram a segurança da fisioterapia mesmo em baixos níveis de contagem sanguínea e propõem a incorporação do uso de sintomas e percepção do paciente como um guia para decisão clínica frente à prescrição de exercícios, em vez de seguir níveis específicos de contagem sanguínea.

O suporte da fisioterapia hospitalar não deve apenas estar voltado para o acometimento respiratório, uma vez que a criança, mesmo no processo de adoecimento, está em processo de desenvolvimento motor e aquisição de habilidades motoras, portanto, a promoção da mobilização precoce e estimulação das etapas motoras devem ser preconizadas durante a internação.

Mobilização precoce na unidade de terapia intensiva

Crianças oncológicas e com distúrbios hematológicos críticos apresentam altas chances de desenvolverem a síndrome pós-cuidados intensivos pediátricos (PICS-p). Recentemente, em 2021, o grupo de pesquisa do St. Jude Children's Research Hospital implementou o BRAVE, adaptado do Johns Hopkins PICU Up!, um programa de mobilidade precoce. A atividade de mobilidade precoce foi definida como qualquer atividade destinada a manter ou restaurar a força e função musculoesquelética que foi realizada nas primeiras 72 horas de admissão na UTI, podendo ser passiva ou ativa e incluindo intervenções na cama e fora dela. O nível de atividade foi discutido durante as rondas médicas diárias, determinado pela estabilidade do estado do paciente e a quantidade de suporte médico necessário. Baseada nesse estudo, segue Tabela 6 com os tipos de mobilização realizados no paciente crítico.

TABELA 6 Tipos de mobilização no paciente pediátrico crítico

Atividades no leito	Atividades fora do leito
Ganho de ADM passiva ou ativa	Treino de sentar e levantar
Sedestação à beira do leito	Treino de transferências (cadeira)
Estimulação sensorial	Atividades pré-marcha
Manejo do edema linfático	Deambulação com ou sem auxílio
Posicionamento adequado	Treino de atividades da vida diária

Sabe-se que, de fato, as complicações respiratórias decorrentes do longo período de internação são as mais prevalentes:

- Complicações infecciosas constituem a principal causa de mortalidade na criança imunocomprometida, como as pneumonias.

- Edema agudo pulmonar (EAP) em virtude da sobrecarga de líquidos e comprometimento cardíaco causado pela cardiotoxicidade.
- Atelectasias, prevalentes em pacientes acamados, podendo estar relacionadas com a redução do desempenho em exercícios físicos.
- Derrame pleural neoplásico, frequente na população oncológica, principalmente em linfomas.

Diante das complicações respiratórias, a fisioterapia pode auxiliar na recuperação, empregando suas técnicas atuais e convencionais. Na Tabela 7 constam algumas técnicas fisioterapêuticas na população pediátrica de acordo com a literatura.

TABELA 7 Técnicas de fisioterapia respiratória baseadas na literatura

Vibração	Quando utilizada em conjunto com outras técnicas, apresenta melhora significativa em desfechos de crianças com pneumonia.
Percussão/tapotagem	Pouca evidência em razão da baixa capacidade de a mão humana gerar a frequência necessária em Hz.
Drenagem postural	Associada a outras técnicas tem o efeito de drenar secreções para as vias aéreas proximais, facilitando, assim, sua remoção.
Expiração lenta e prolongada (ELPr)	Os efeitos da ELPr são mais evidentes na literatura. Técnica promove aumento do VC e reduz frequência respiratória (FR) em crianças com histórico de sibilância.

Manejo da insuficiência respiratória aguda

A insuficiência respiratória aguda é um dos principais quadros clínicos hospitalares em que a fisioterapia respiratória tem atuação fundamental. O quadro clínico comprovado em literatura da criança na unidade de terapia intensiva geralmente resulta de choque séptico, edema pulmonar cardiogênico pós-quimioterapia e rebaixamento do nível de consciência, entretanto, torna-se de extrema importância recordar outras possibilidades como: localização pulmonar da doença primária, causando compressão mecânica e síndrome da lise tumoral. Na Figura 1 podemos observar três possibilidades terapêuticas dentro da atuação da fisioterapia na criança oncológica com insuficiência respiratória aguda.

Tornam-se de extrema importância na pediatria a abordagem individualizada, e escolha da interface e do dispositivo mais adequado para reversão da causa da insuficiência respiratória, assim como a monitorização dos riscos e abordagem precoce.

ATUAÇÃO FISIOTERAPÊUTICA NOS CUIDADOS PALIATIVOS

O objetivo da fisioterapia nos cuidados paliativos e na terminalidade é promover o conforto e a máxima independência desses pacientes, minimizando o sofrimento e buscando otimizar o tempo do paciente com seus familiares.

Algumas das possíveis condutas fisioterapêuticas nos cuidados paliativos da criança com câncer estão descritas na Tabela 8.

TABELA 8 Possíveis condutas fisioterapêuticas nos cuidados paliativos em pediatria

Dor	Eletroterapia, terapia manual, termoterapia
Síndrome do desuso, fadiga	Alongamentos, cinesioterapia, atividades funcionais
Disfunções pulmonares Hipersecretividade, dispneia	Posicionamento, estimulação de tosse, manobras de higiene brônquica, aspiração (somente se necessário)

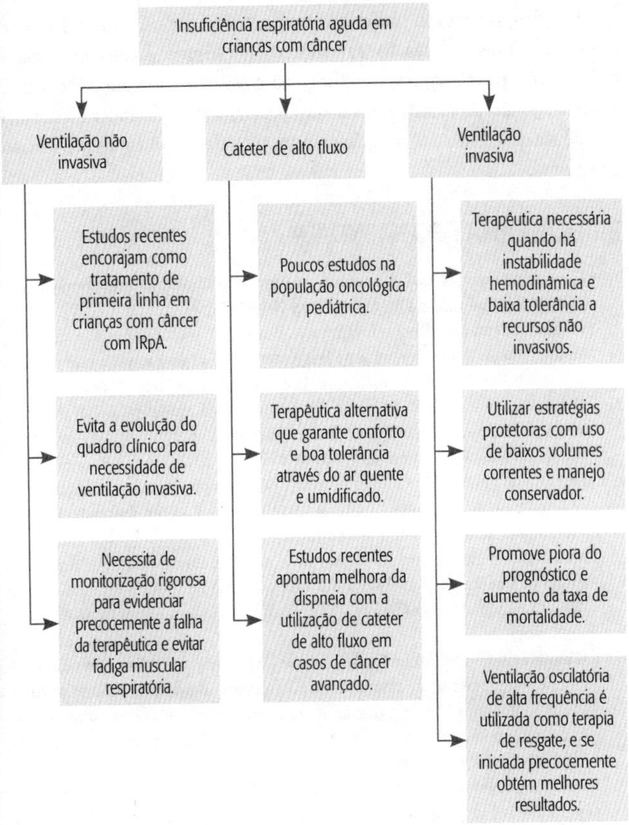

FIGURA 1 Recursos fisioterapêuticos para insuficiência respiratória em crianças com câncer.

Por fim, o recurso lúdico, como gameterapia ou uso de livros e jogos, em todas as fases do tratamento oncológico, auxilia na adesão terapêutica, promove uma melhora da qualidade de vida e incentiva a participação da criança em todas as atividades, criando o vínculo terapeuta-paciente e tornando o momento da fisioterapia prazeroso e especial.

BIBLIOGRAFIA RECOMENDADA

1. Corr AM, Thomas KM. Screening for Early Childhood Intervention in Oncology. Rehabilitation Oncology. April 2019;37(2):83-5.
2. Ghafoor S, Fan K, Williams S, Brown A, Bowman S, Pettit KL, et al. Beginning Restorative Activities Very Early: Implementation of an Early Mobility Initiative in a Pediatric Onco-Critical Care Unit. Front Oncol. 2021 Mar 8;11:645716.
3. Gilchrist L, Tanner LR. Safety of Symptom-Based Modification of Physical Therapy Interventions in Pediatric Oncology Patients With and Without Low Blood Counts. Rehabilitation Oncology. January 2017;35(1):3-8.
4. Instituto Nacional de Câncer (Brasil). Diagnóstico precoce do câncer na criança e no adolescente / Instituto Nacional de Câncer, Instituto Ronald McDonald. 2.ed. rev. ampl. Rio de Janeiro: Inca; 2011.
5. Murnane A, Thompson K, Mancuso S, Lewin J, Orme LM. Exploring the Effect of Exercise Physiology Intervention Among Adolescent and Young Adults Diagnosed With Cancer. Rehabilitation Oncology. April 2019;37(2):55-63.
6. Odone Filho V, Maluf Jr PT, Cristofani LM, Almeida MTA, Teixeira RAP. Doenças neoplásicas da criança e do adolescente. Barueri, SP: Manole; 2012.
7. Paiao RCN, Dias LIN. A atuação da fisioterapia nos cuidados paliativos da criança com câncer. Ensaios e Ciência: Ciências Biológicas, Agrárias e da Saúde. 2012;16(4):153-69.
8. Pancera CF, Hayashi M, fregnani JH, Negri EM, Deheinzelin D, Camargo B. Noninvasive ventilation in immunocompromised pediatric patients: eight years of experience in a pediatric oncology intensive care unit. J Pediatr Hematol Oncol. 2008 Jul;30(7):533-8.

Atuação da fisioterapia na oncologia pediátrica nos Estados Unidos

22

Rachel Jarrouge

A reabilitação pós-câncer tem sido definida de várias maneiras ao longo dos anos. Sua importância recebe um reconhecimento cada vez maior em todo o mundo. A reabilitação pós-câncer é comumente descrita como o processo no qual os sobreviventes do câncer recebem intervenções de saúde que promovem níveis máximos de função com dependência mínima dentro das limitações da doença e tratamentos, independentemente da expectativa de vida.

Para pacientes pediátricos com câncer, espera-se que tanto a doença quanto os tratamentos produzam sintomas, resultando em comprometimentos a curto e a longo prazo. De acordo com o *Journal of Multidisciplinary Healthcare*, os desfechos ideais na oncologia pediátrica não são decorrentes apenas dos avanços terapêuticos, mas refletem também a influência das diretrizes políticas publicadas que melhoraram esses desfechos. A American Academy of Pediatrics desempenha um papel importante no avanço da abordagem multidisciplinar a crianças e adolescentes com câncer nos centros de oncologia pediátrica dos Estados Unidos. Além disso, a American Physical Therapy Association (APTA) dedicou um capítulo específico à Academy of Pediatric Physical Therapy (APPT) com a missão de "promover a fisioterapia pediátrica por meio da excelência na defesa, na educação e nas pesquisas com a visão de otimizar o movimento para uma participação significativa ao longo da vida de todas as crianças". Além disso, identificou-se a missão da Academy of Oncologic Physical Therapy de "promover a prática da fisioterapia a pessoas afetadas pelo câncer e por doenças crônicas, maximizando o movimento e o bem-estar ao longo de toda a vida". O capítulo inclui um Grupo de Interesse Especial (SIG) para a Oncologia Pediátrica.

O *Guide to Physical Therapist Practice* da APTA é uma das principais ferramentas de referência durante o desenvolvimento profissional do fisioterapeuta nos Estados Unidos. Promove a colaboração e o reconhecimento nacionais a seus membros a fim de avançar no campo da fisioterapia com a prática baseada em evidências e os padrões de atendimento mais atualizados. Fornece ainda acesso à prática dos mais relevantes códigos de ética, regras, procedimentos e regulamentos para a conduta profissional, além de recursos para a educação continuada. A World Health Assembly (WHO) aprovou o uso do modelo de Classificação Internacional de Funcionalidade, Incapacidade e Saúde (CIF) como uma estrutura para descrever e organizar informações sobre a função e a incapacidade. O modelo da CIF e seus componentes (Figura 1) são atualmente adaptados pela World Confederation of Physical Therapy (WCPT). De acordo com a WCPT, a CIF é complementar à Classificação Estatística Internacional de Doenças e Problemas Relacionados com a Saúde (CID), que "ajuda a classificar as condições de saúde e fornece códigos para doenças, distúrbios, lesões ou outros problemas de saúde". Portanto,

Condições de saúde (transtorno ou doença)				
Estruturas e funções corporais	Participação	Fatores pessoais	Fatores ambientais	Atividades

FIGURA 1 Componentes e interações do modelo da CIF.

o uso associado do modelo da CIF e da versão mais recente do CID na avaliação inicial do paciente fornece uma imagem melhor do indivíduo como um todo, suas necessidades de saúde e terapêuticas.

A avaliação fisioterapêutica é um processo dinâmico baseado no exame, na observação, na análise e na organização dos dados ou informações coletadas. Esse processo, utilizando os componentes do modelo da CIF (Figura 1), possibilita ao fisioterapeuta identificar e priorizar as limitações funcionais, tomar decisões clínicas e determinar o diagnóstico, o prognóstico, a complexidade e, por fim, o plano de cuidados do paciente.

A avaliação oncológica pediátrica inclui todos os componentes de uma avaliação fisioterapêutica convencional; no entanto, a avaliação das funções, bem como as intervenções, variam amplamente de acordo com o tempo de vida da criança, do jovem e do adulto jovem. O nível prévio de desenvolvimento e o prognóstico clínico oncológico também afetam as metas individuais do paciente e seu(s) cuidador(es).

Existem vários elementos-chave a serem considerados nas melhores práticas ao administrar a fisioterapia ao paciente oncológico. Esses elementos incluem os seguintes, mas não estão limitados a eles:

- Compreender e conhecer as necessidades específicas do paciente em relação à doença, farmacologia e nível de complexidade da doença.
- Reconhecer a importância de não apenas identificar os comprometimentos e limitações funcionais atuais do paciente, mas também avaliar as possíveis necessidades de sobrevivência do paciente de acordo com o impacto do câncer e de seus tratamentos oncológicos.
- Compreender e identificar as necessidades específicas do(s) cuidador(es) e familiares, o que é especialmente importante na oncologia pediátrica, pois os pacientes são criticamente dependentes do(s) cuidador(es) ao longo de seu desenvolvimento típico e atípico.

- Reconhecer que cada paciente pode estar em um paradigma diferente (Figura 2) dentro do mesmo episódio de cuidado e entre as áreas da saúde.

Paradigmas da reabilitação pós-câncer				
Preventivo	Restaurador	Suporte	Paliativo	Sobrevivência

FIGURA 2 Os cinco paradigmas da reabilitação pós-câncer.

Dietz (1981) identificou originalmente quatro paradigmas na reabilitação pós-câncer. Um quinto paradigma foi adicionado posteriormente:

1. **Paradigma preventivo:** reduzir o impacto dos comprometimentos esperados e ajudar a aprender a lidar com quaisquer comprometimentos para:
   - melhorar a saúde geral e a função antes e durante os tratamentos;
   - fornecer orientações pré-operatórias e pré-reabilitação;
   - preparar o paciente para tolerar procedimentos e tratamentos;
   - preparar o paciente para combater possíveis efeitos colaterais agudos e/ou tardios das intervenções.
2. **Paradigma restaurador:** retornar o paciente ao nível de função pré-doença sem comprometimentos, maximizando os benefícios terapêuticos e mantendo os ganhos funcionais.
3. **Paradigma de suporte:** usado em caso de doença persistente e na necessidade continuada de tratamento. O objetivo é limitar a perda funcional e fornecer suporte. Isso poderia ser conseguido ao:
   - treinar para se adaptar aos comprometimentos existentes;
   - minimizar possíveis alterações debilitantes e outros riscos à segurança;

- prestar intensamente orientações ao(s) cuidador(es);
- fornecer equipamentos médicos duráveis (EMD) com frequência;
- envolver outros profissionais da saúde, como assistentes sociais, gestores de caso, nutricionistas, profissionais da medicina integrativa etc.

4. **Paradigma paliativo:** em caso de maior perda da função e progressão da doença, o objetivo é colocar em prática medidas que eliminem ou reduzam complicações e, mais importante, tratar os sintomas, fornecendo:
   - melhor conforto na presença de redução na qualidade de vida do paciente e dos familiares;
   - equilíbrio entre a função e o conforto, definindo o que é realmente mais importante para o paciente, seus familiares e seu(s) cuidador(es);
   - reintegração de recursos de suporte para todas as partes envolvidas.
5. **Paradigma da sobrevivência:** o termo "sobrevivente" é usado para descrever qualquer pessoa que tenha sido diagnosticada com câncer, do momento do diagnóstico até o equilíbrio da sua vida. Existem pelo menos três fases distintas associadas com a sobrevivência ao câncer: 1) período de tempo desde o diagnóstico até o final do tratamento inicial; 2) transição do tratamento à sobrevivência prolongada; e 3) sobrevivência a longo prazo. Essa população poderia se beneficiar de:
   - Orientações e ferramentas para reconhecer sinais e aumentar o nível de conscientização para a prevenção contínua dos efeitos colaterais de tratamentos atuais ou pregressos.
   - Orientações em relação a mudanças ou modificações no estilo de vida para que eles possam atenuar comprometimentos adicionais.

- Reconhecimento de possíveis necessidades de apoio em áreas como: o bem-estar/nutrição, a saúde comportamental, emocional e mental, a manutenção ou aprimoramento das atividades escolares, a carreira profissional, a sexualidade, a fertilidade e a imagem corporal.

O paciente pediátrico normalmente é abordado pela primeira vez com base na sua faixa etária e no desenvolvimento e função típica esperada e/ou preditiva. Em alguns casos, os pacientes podem apresentar um desenvolvimento atípico como uma condição preexistente ao câncer ou como um diagnóstico concorrente. Um exemplo comum é o diagnóstico de síndrome de Down e o de leucemia. Na avaliação dessa população, é essencial usar medidas de desfecho para identificar o nível de atraso no desenvolvimento associado aos efeitos colaterais do diagnóstico e do tratamento do câncer, principalmente em crianças menores de 5 anos. Outras ferramentas padronizadas de avaliação estão disponíveis para diferentes faixas etárias, desde o nascimento até os 21 anos e além. A maior parte das ferramentas de referência normativa é adaptada dos países do hemisfério ocidental. A Tabela 1 fornece uma amostra organizada pelos domínios do modelo da CIF.

A administração de medidas de desfecho apropriadas que melhor identificam os níveis de comprometimento e incapacidade do paciente pediátrico destaca as limitações nas atividades e as restrições à participação em seu ambiente. No entanto, é uma prática boa e essencial complementar o exame fisioterapêutico com testes objetivos mais especializados e qualificados. Esses testes incluem os testes de força muscular, integridade articular e amplitude de movimento, além da avaliação da função tegumentar, sensorial e proprioceptiva em razão da alta prevalência de alterações neuropáticas e contraturas articulares causadas pela quimioterapia e por outros tratamentos oncológicos que contribuem para prolongar a

TABELA 1 Amostra de ferramentas de avaliação pediátrica categorizadas pelo modelo da CIF

Modelo da CIF		Ferramentas de avaliação pediátrica
Estrutura/função corporal	Antropometria	▪ Composição corporal (IMC) ▪ Altura/peso ▪ Comprimento das pernas ▪ Rastreamento/observação postural
	Cardiopulmonar	▪ Pressão arterial, frequência cardíaca, saturação de oxigênio, frequência respiratória, cor da pele
	Coordenação	▪ *Clinical Observation of Motor and Postural Skills* (COMPS) ▪ *Gross Motor Performance Measure* (GMPM)
	Resistência	▪ Teste de caminhada de 6 minutos ▪ Teste de caminhada de 30 segundos ▪ *Early Activity Scale for Endurance* (EASE)
	ADM	▪ Teste de Ely ▪ Teste de comprimento dos músculos posteriores de coxa ▪ Teste de Ober modificado ▪ Teste de extensão de quadril em decúbito ventral ▪ Teste de elevação da perna reta
	Postura/equilíbrio	▪ *Pediatric Balance Scale* (PBS) ▪ *Pediatric Clinical Test of Sensory Interaction for Balance* (PCTSIB) ▪ Teste de alcance funcional pediátrico ▪ Teste cronometrado de subir e descer escadas
	Dor	▪ Escala de faces de dor ▪ Escala numérica ▪ Escala visual analógica

(continua)

TABELA 1 Amostra de ferramentas de avaliação pediátrica categorizadas pelo modelo da CIF *(continuação)*

Modelo da CIF		Ferramentas de avaliação pediátrica
	Espasticidade/ tônus/força muscular	▪ Escala de Ashworth modificada (MAS) ▪ Teste manual de força muscular ▪ Mensuração por dinamômetro
	Reflexos	▪ Reflexos tendinosos profundos (RTP) ▪ *Movement Assessment of Infants* (MAI)
Atividade	Marcha/ deambulação	▪ *Dynamic Gait Index* ▪ Avaliação da mobilidade funcional ▪ Escala observacional da marcha (OGS) ▪ Teste cronometrado de subir e descer escadas ▪ *Timed Up and Go Test* (TUG) ▪ Teste de caminhada de 30 segundos ▪ Teste de caminhada de 10 metros
	Motricidade grossa	▪ *Alberta Infant Motor Scales* (AIMS) ▪ *Bruininks-Oseretsky Test of Motor Proficiency* (BOTP-2) ▪ *Gross Motor Function Measure* (GMFM) ▪ *High Level Mobility Assessment Tool* (HIMAT) ▪ *Peabody Developmental Motor Scales Second Edition* (PDMS-2) ▪ *Hawaii Early Learning Profile* (HELP-Strands)
	Motricidade fina	▪ *Bruininks-Oseretsky Test of Motor Proficiency* (BOTP-2) ▪ *Nine-Hole Peg Test* ▪ *Peabody Developmental Motor Scales Second Edition* (PDMS-2) ▪ *Hawaii Early Learning Profile* (HELP-Strands)

(continua)

TABELA 1 Amostra de ferramentas de avaliação pediátrica categorizadas pelo modelo da CIF *(continuação)*

Modelo da CIF		Ferramentas de avaliação pediátrica
	Ferramentas	▪ *Ages & Stages Questionnaires* (ASQ-3) ▪ *Bayley Infant Neurodevelopmental Screener* (BINS) ▪ *Carolina Curriculum for Infants and Toddlers with Special Needs, Third Edition* ▪ *Carolina Curriculum for Preschoolers with Special Needs* ▪ *FirstSTEP: Screening Test for Evaluating Preschoolers* ▪ *Motor Skills Acquisition in the First Year and Checklist*
Participação	Multivariáveis	▪ *Child Health Index of Life with Disabilities* ▪ *Kidscreen* ▪ *Pediatric Quality of Life Inventory* (PEDS QL) ▪ *Quality of Well Being Scale* (QWB) ▪ *School Function Assessment* (SFA) ▪ *Children's Assessment of Participation and Enjoyment* (CAPE) ▪ *Participation and Environment Measure Children and Youth* (PEM-CY) ▪ *Assessment of Life Habits* (LIFE-H)
Fatores pessoais	Multivariáveis	▪ *Child Occupational Self-Assessment* ▪ *Early Coping Inventory* ▪ *Devereux Early Childhood Assessment* (DECA)

imobilidade. Em pacientes com menos de 3 anos de idade, bebês e todas as crianças com problemas cognitivos e comportamentais incapazes de seguir instruções, prefere-se a observação de habilidades funcionais ao teste manual de habilidades, especialmente ao avaliar a força muscular. Isso requer experiência clínica e habilidades de análise de movimento que se desenvolvem com a prática, além do conhecimento do padrão de movimento e de desenvolvimento típico *versus* atípico na população pediátrica.

Em certos casos pediátricos, o fisioterapeuta avaliador pode reconhecer, depois de analisar a história do paciente, a revisão dos sistemas e os testes e medidas, a necessidade de realizar encaminhamentos adicionais à terapia ocupacional e à fonoaudiologia para reabilitação em instituições como hospitais, escolas ou serviços ambulatoriais. Ser capaz de usar uma abordagem colaborativa em equipe e a comunicação entre as áreas da saúde maximizarão a integração das metas individualizadas e a implementação do plano de cuidados.

O processo de desenvolver planos de alta e recomendações para encaminhamentos adicionais, dispositivos de assistência e adaptações a órteses ou próteses começa na avaliação. O consentimento do(s) tutor(es) para o plano de cuidados é obrigatório; portanto, o fisioterapeuta deve compartilhar com o paciente e seus familiares informações em relação ao diagnóstico, instruções de segurança e a iniciação de um programa de manejo de autocuidados domiciliares, bem como um prognóstico preditivo, para que eles possam tomar decisões informadas.

Os protocolos de reabilitação para a oncologia pediátrica nos Estados Unidos geralmente seguem o *Guide to Physical Therapist Practice* da APTA, levando em consideração os padrões de cuidado de cada hospital, instituição, consultório particular e escola de acordo com sua experiência, nível de especialidade, protocolos cirúrgicos e prática baseada em evidências.

BIBLIOGRAFIA RECOMENDADA

1. About APPT – Academy of Pediatric Physical Therapy, APTA. (n.d.). Disponível em: https://pediatricapta.org/about-pediatric-physical-therapy/academy-pediatric-physical-therapy.cfm.

2. Academy of Pediatric Physical Therapy Fact Sheets and Resources (n.d.). Disponível em: https://pediatricapta.org/includes/fact-sheets/pdfs/11%20 StrengthTraining%20in%20Ped%20PT.pdf?v=1.1.
3. Bly L, Bly L. Components of typical and atypical motor development. Laguna Beach, CA: Neuro-Developmental Treatment Association; 2011.
4. Cantrell MA, Ruble K. Multidisciplinary care in pediatric oncology. Journal of Multidisciplinary Healthcare. 2011;4:171-81. doi:10.2147/JMDH.S7108.
5. Dietz J. Rehabilitation oncology, New York: Wiley; 1981.
6. Griffiths A, Toovey R, Morgan PE, Spittle AJ. Psychometric properties of gross motor assessment tools for children: a systematic review. 2018, October 27. Retrieved from https://www.ncbi.nlm.nih.gov/pmc/articles/PMC6224743/ table/T1/?report=objectonlyademy of.
7. Guide to Physical Therapist Practice. (n.d.). Disponível em: http://guidetop-tpractice.apta.org/.
8. Hartman A, Bos CV, Stijnen T, Pieters R. Decrease in peripheral muscle strength and ankle dorsiflexion as long-term side effects of treatment for childhood cancer. Pediatric Blood & Cancer. 2008;50(4):833-7. doi:10.1002/ pbc.21325.
9. Mullan F. Seasons of survival: reflections of a physician with cancer. N Engl J Med.1985;313:270-3.
10. Oncology PT Special Interest Groups. (n.d.). Disponível em: https://oncologypt. org/sigs/.
11. The ICF: an overview – wcpt.org. (n.d.). Disponível em: https://www.wcpt. org/sites/wcpt.org/files/files/GH-ICF_overview_FINAL_for_WHO.pdf.
12. Watson PG. The optimal functioning plan. Cancer Nursing. 1992;15(4):254-63. doi:10.1097/00002820-199208000-00002.
13. Who is the Academy of Oncologic Physical Therapy? (n.d.). Disponível em: https://oncologypt.org/about-us.

23 Fisioterapia nos cuidados paliativos

Débora Driemeyer Wilbert
Raynara Rozo do Amaral

CONCEITO DE CUIDADOS PALIATIVOS

A Organização Mundial da Saúde (OMS) definiu pela primeira vez o termo "cuidados paliativos" (CP) em 1990, descrevendo-o como cuidados totais e ativos dirigidos a pacientes fora de possibilidade de cura. A discussão gerada por essa primeira definição questionava o fator subjetivo da compreensão do momento da falência do tratamento. Em 2002, a OMS atualizou o conceito que é mantido até os dias atuais, definindo cuidados paliativos como uma abordagem promovida por uma equipe multidisciplinar e que tem como objetivo melhorar a qualidade de vida dos pacientes e seus familiares diante de uma doença grave e que ameace a vida, por meio da identificação precoce, prevenção e alívio do sofrimento, avaliação e tratamento impecável da dor e demais sintomas físicos, psíquicos, espirituais e sociais.

A ideia de terminalidade é substituída pela percepção de doença que ameaça a vida, sugerindo a importância de um cuidado desde o diagnóstico até a evolução do quadro. A concepção do cuidado paliativo traz a possibilidade de um tratamento modificador da doença, que afasta o prognóstico de "não ter mais nada a fazer" e passa a incluir a espiritualidade entre as dimensões do ser humano, agregando a família como ser biológico, portanto assistida também após a morte do paciente, no período de luto. Dessa forma, os cuidados paliativos requerem a participação de uma equipe multiprofissional, trabalhando em prol de um indivíduo e de sua família, na busca da excelência no controle de todos os sintomas e prevenção do sofrimento, substituindo o foco da atenção na doença a ser curada/controlada e direcionado para o doente, entendido como um ser biográfico, ativo, com direito a informação e a autonomia plena para as decisões a respeito de seu tratamento.

BREVE HISTÓRIA DOS CUIDADOS PALIATIVOS

"Paliativo" vem do latim *palium*, manto usado por cavaleiros antigamente para se proteger do mau tempo e das tempestades e também utilizado pelos papas sob os ombros, o que remete à ideia de proteção.

No século V, o cuidado paliativo era confundido com o termo "*hospice*" - abrigo, hospedaria ou asilo destinado a cuidar de peregrinos e viajantes. Já no século XVII foram criadas diversas instituições de caridade na Europa, que recebiam doentes, órfãos e pobres; posteriormente, no século XIX, essas instituições passaram a caracterizar-se como hospitais. O mais recente termo, *hospice*, foi introduzido pela inglesa humanista Dame Cicely Saunders (1918-2005), médica, enfermeira e assistente social. A visão de Cicely sob uma nova forma de cuidar veio por meio de um paciente oncológico em cuidados paliativos, David Tasma, que Cicely visitou até seus últimos momentos de vida; em 1967 ela fundou o St. Christopher's Hospice, primeiro serviço de cuidado integral com visão humanizada perante o alívio da dor, o controle dos sintomas e a morte.

Posteriormente, na década de 1970, um encontro entre Cicely Saunders e Elisabeth Kluber-Ross fez com que o Movimento *Hospice* também crescesse nos Estados Unidos. Na sequência, em 1982, o Comitê de Câncer da OMS criou, diante das demandas desses pacientes, um grupo responsável por definir políticas focadas no alívio da dor e cuidados do tipo *hospice.* O objetivo do comitê era criar políticas que pudessem servir de modelo e ser recomendadas para todos os países em pacientes oncológicos. O termo cuidados paliativos passou a ser utilizado pela OMS, seguindo o modelo já em uso no Canadá, principalmente por ser de mais fácil tradução para outras línguas do que o termo original - *hospice.*

PRINCÍPIOS E DIRETRIZES

O cuidado paliativo deve ser abordado de maneira longitudinal, a partir da descoberta do diagnóstico até o processo de luto, baseando-se em princípios e diretrizes, e não mais em protocolos, e exigindo conhecimento e intervenções específicas da equipe multidisciplinar, além de assistência direcionada ao ser humano, e não à doença propriamente dita.

A OMS publicou em 1986 e revisou em 2002 os princípios que regem a atuação da equipe multiprofissional apta à prática dos cuidados paliativos. Esses princípios são:

- promover alívio da dor e dos sintomas causadores do sofrimento;
- afirmar a vida e assentir a morte como curso natural da vida;
- não adiantar nem prolongar a morte;
- incluir aspectos psicológicos e espirituais no cuidado;
- ofertar suporte e cuidados ao paciente para que ele possa viver o quanto possível de forma ativa até a morte;
- oferecer auxílio aos familiares durante a enfermidade do paciente, o processo da doença e o luto;
- oferecer acesso à equipe multiprofissional, focando nas necessidades do paciente e seus familiares, incluindo assistência após a morte;

- otimizar a qualidade de vida, atuando positivamente na evolução da doença;
- determinar cuidados precocemente, em conjunto com abordagens que prolonguem a vida, como quimioterapia ou radioterapia.

Nesse contexto, fica evidente que a abordagem dos profissionais em cuidados paliativos exige uma relação de confiança, responsabilidade, empatia, boa comunicação, respeito e vínculo, não só com o paciente mas também com seus familiares, focado na particularidade do ser e não da doença.

Entre os critérios de recomendação para cuidados paliativos, para pacientes sem expectativa de resolução do quadro, um dos mais discutidos é o que se refere ao prognóstico de tempo de vida. O tempo de 6 meses como prognóstico de expectativa de vida foi importado das práticas de cuidados norte-americanos, que estabelecem o tempo de sobrevida esperado como um dos critérios de indicação para assistência de *hospice*.

A Figura 1 demonstra de forma clara a intervenção dos cuidados paliativos em pacientes que tenham qualquer doença sem possibilidade de cura.

Essa figura indica a representação das intervenções terapêuticas durante o curso evolutivo de uma doença – história natural da doença –, podendo ser aplicadas em qualquer fase da descoberta diagnóstica, respeitando o tempo percorrido desde o início do diagnóstico até o óbito, representado pelo eixo horizontal. A assistência varia entre o tratamento modificador e o cuidado paliativo, podendo ser alterada com a evolução ao longo do tempo, representado pelo eixo vertical. Quando não há intervenções modificadoras, é iniciado o que se chama de terminalidade, podendo variar dependendo do diagnóstico.

Quando em pacientes oncológicos, a terminalidade ocorre em um processo mais rápido, podendo variar entre dias e semanas. O processo ativo de morte ocorre quando o período de terminalidade

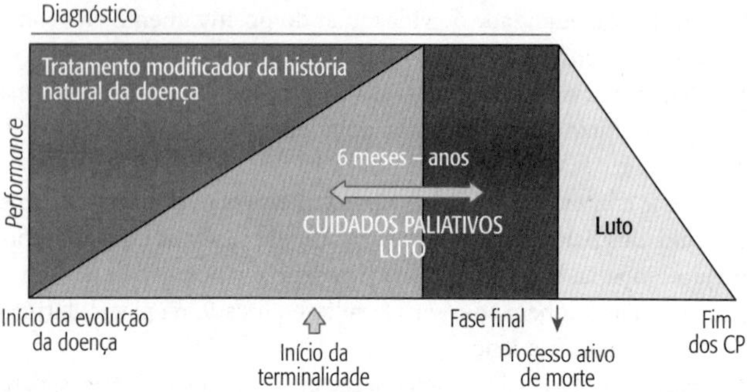

FIGURA 1 História natural da doença modificada no contexto dos cuidados paliativos.

Fonte: Manual da Residência de Cuidados Paliativos, 2018 – modificado.

se encerra e a equipe intervém nos valores pessoais do paciente e seus familiares. Quando o doente falece, a equipe de cuidados paliativos presta o cuidado aos familiares para o enfrentamento do luto e acompanhamento futuro, podendo diminuir essa necessidade com o tempo. Logo, a equipe de saúde necessita estar capacitada na avaliação correta quanto à indicação de cuidados paliativos, identificando a melhor abordagem para cada paciente, levando em consideração a peculiaridade do indivíduo e da doença e sua evolução. O paciente deve ser avaliado inicialmente por um médico especialista na área e também por uma equipe multidisciplinar que atue em conjunto. Na avaliação do paciente, é fundamental que sejam definidos o diagnóstico e o grau de funcionalidade.

No paciente oncológico, quando descoberto em fase inicial, o tratamento modificador é iniciado e a curva do declínio funcional comparado ao espaço de tempo é abrupta, o que aumenta a atenção da equipe multidisciplinar no alívio do sofrimento ao paciente em fase final de vida, já que este apresenta múltiplos sintomas físicos e psicológicos, como angústia, ansiedade, tristeza, dispneia e exaustão. O alívio do sofrimento desses pacientes inicia-se pelo controle dos sintomas, que por sua vez é eficaz na manutenção da funcionalidade e na melhora da qualidade de vida.

No Brasil, a abordagem de cuidados paliativos se iniciou timidamente na década de 1980, consolidando-se a partir do ano 2000 com o reconhecimento de serviços já existentes e o surgimento de outros. O processo de formação e capacitação de equipes e profissionais com essa visão da boa prática ainda está em curso, e uma conquista atual refere-se à Resolução n. 41, de 31 de outubro de 2018, que dispõe sobre as diretrizes para a organização dos cuidados paliativos no âmbito do Sistema Único de Saúde (SUS), estabelecendo sua prática como parte dos cuidados integrados ofertados na rede pública de saúde do Brasil.

PRINCIPAIS ESCALAS NA IDENTIFICAÇÃO DOS SINTOMAS NOS PACIENTES EM CUIDADOS PALIATIVOS

Conceber que a morte é um fenômeno fisiológico é um dos atuais desafios da abordagem paliativa. A aceitação desse momento pelos profissionais e familiares não é tarefa fácil, e depende de uma avaliação do doente e da identificação de parâmetros que apoiem de forma científica e clínica o diagnóstico desse processo.

A terapêutica paliativa concentra-se, inicialmente, no controle dos sintomas e não no prolongamento ou na abreviação da vida. São inúmeros os sintomas que os pacientes em cuidados paliativos podem apresentar, como dor, fadiga, dispneia, náuseas e vômito, xerostomia, sialorreia, ansiedade, depressão e confusão mental. Em estágios mais avançados da doença esses sintomas tendem a se intensificar.

Algumas ferramentas, normalmente escalas, são utilizadas para auxiliar a equipe na identificação do prognóstico do paciente e dos sintomas que ele apresenta, para assim proporcionar o controle dos sintomas e o conforto desses pacientes.

A *Palliative Performance Scale* (PPS), ou Escala de desempenho em cuidados paliativos, por exemplo, é uma escala de avaliação funcional que pode ser utilizada todos os dias em pacientes no contexto hospitalar, ambulatorial e domiciliar. Ela foi inicialmente publicada em 1996 pela Victoria Hospice Society, no Canadá, e em 2002 foi aperfeiçoada. Sua tradução oficial para o português está sendo desenvolvida pelos profissionais da Agência Nacional de Cuidados Paliativos (ANCP). A finalidade dessa escala é quantificar o grau de funcionalidade por meio de 11 níveis de *performance*, de 0-100, divididos em intervalos de 10 (Tabela 1). O PPS tem sido usado na tomada de decisões em cuidados paliativos e parece ter algum valor prognóstico quando associado a outros sintomas, como edema, *delirium*, dispneia e baixa ingesta alimentar.

TABELA 1 *Palliative Performance Scale* (PPS)

%	Deambulação	Atividade e evidência de doença	Autocuidado	Ingesta	Nível de consciência
100	Completa	Atividade normal e trabalho, sem evidência de doença	Completo	Normal	Completo
90	Completa	Atividade normal e trabalho, alguma evidência de doença	Completo	Normal	Completo
80	Completa	Atividade normal e trabalho, alguma evidência de doença	Completo	Normal ou reduzida	Completo

(continua)

TABELA 1 *Palliative Performance Scale* (PPS) *(continuação)*

%	Deambulação	Atividade e evidência de doença	Autocuidado	Ingesta	Nível de consciência
70	Reduzida	Incapaz para o trabalho, doença significativa	Completo	Normal ou reduzida	Completo
60	Reduzida	Incapaz para *hobbies*/trabalho doméstico, doença significativa	Assistência ocasional	Normal ou reduzida	Completo ou períodos de confusão
50	Maior parte do tempo sentado ou deitado	Incapacitado para qualquer trabalho, doença extensa	Assistência considerável	Normal ou reduzida	Completo ou períodos de confusão
40	Maior parte do tempo acamado	Incapaz para a maioria das atividades, doença extensa	Assistência quase completa	Normal ou reduzida	Completo ou sonolência, +/− confusão
30	Totalmente acamado	Incapaz para qualquer atividade extensa	Dependência completa	Normal ou reduzida	Completo ou sonolência, +/− confusão
20	Totalmente acamado	Incapaz para qualquer atividade extensa	Dependência completa	Mínima ou pequenos goles	Completo ou sonolência, +/− confusão
10	Totalmente acamado	Incapaz para qualquer atividade extensa	Dependência completa	Cuidados com a boca	Sonolência ou coma, +/− confusão
0	Morte	–	–	–	–

Fonte: Manual ANCP (tradução preliminar).

Outra escala, também utilizada para avaliar os sintomas e determinar intervenções relacionadas com quadros terminais, principalmente em oncologia, é a escala de avaliação de sintomas de Edmonton (ESAS). Foi desenvolvida no Canadá, traduzida para o português e tem como objetivo avaliar a combinação de sintomas físicos e psicológicos do paciente. Consiste em um breve questionário com 9 sintomas, com pontuação variando entre zero (ausência dos sintomas) e 10 (maior manifestação dos sintomas). A escala deve ser preenchida preferencialmente pelo paciente; quando isso não é possível (p. ex., quadros demenciais), pode ser preenchida pelo cuidador ou familiar (Tabela 2).

O ESAS pode ser utilizado todos os dias e serve como plataforma para as ações necessárias para o alívio de sintomas. Por princípio, nenhum questionamento deve ser feito ao paciente se não for utilizado em seu benefício. Por isso é que os interrogatórios devem ser breves, objetivos e práticos também para a equipe. Em cuidados paliativos, escalas longas e cansativas devem ser evitadas.

DIRETIVAS ANTECIPADAS DE VONTADE (DAV)

Um ponto que merece atenção na relação com os pacientes em cuidados paliativos é a diretiva de antecipação da vontade (DAV). Ou seja, quando o paciente é diagnosticado com uma doença ameaçadora à vida, por meio de uma conversa acolhedora, o médico poderá apresentar a DAV, documento que visa respaldar as vontades de cuidados e intervenções com os quais o paciente venha concordar ou não quando estiver em fase final de vida e não puder responder mais por si. Por ser um documento amplo, o paciente poderá decidir sobre doações de órgãos (p. ex., não há necessidade de registro em cartório), o que pode ser decidido entre o médico e seus familiares, documentado com cópias e compilado no prontuário, e deve ser conhecido também por toda a equipe que atua com o paciente.

EQUIPE MULTIDISCIPLINAR

A equipe multidisciplinar deve estar preparada para suprir as demandas do paciente e seus familiares, com base em conhecimento técnico e especializado, atuando nos aspectos sociais e familiares, psicológicos, físicos e espirituais, a fim de proporcionar atendimento humanizado e diferenciado.

Os médicos paliativistas são responsáveis por identificar, avaliar e tratar os sintomas dos pacientes em cuidados paliativos, com medicamentos farmacológicos específicos, como analgésicos, sedativos, antipsicóticos e reguladores intestinais. Devem estar em conjunto com a equipe multidisciplinar para avaliar e acompanhar os possíveis efeitos colaterais e oferecer suporte ao paciente e seus familiares quanto ao luto.

A equipe de enfermagem mantém constante interação com o paciente e seus familiares devido ao acompanhamento frequente que realiza durante a internação, sendo esses profissionais os mais propensos aos desgastes físicos e emocionais quanto ao sofrimento gerado no processo da doença. Trata-se de uma equipe com conhecimento técnico, científico e humanizado, responsável por identificar e avaliar o grau da demanda de cada paciente, com ações que visam à resolubilidade e ao conforto, como higiene, cuidados com feridas e com a pele, além de orientações claras quanto aos procedimentos a serem realizados.

A equipe de psicologia tem como atribuição a avaliação psicoemocional do paciente, familiares e cuidadores, sob a perspectiva dos sintomas causados pelo sofrimento. O psicólogo tem papel fundamental no manejo da coleta da história de vida e da doença, e da forma como seus familiares estão enfrentando o sofrimento, a fim de identificar possíveis transtornos prévios ou que possam estar em curso, além da preparação do processo de luto. Também está integrado à identificação e ao cuidado do sofrimento da equipe, proporcionando conforto e alívio da angústias.

TABELA 2 Escala de avaliação de sintomas de Edmonton (ESAS)

Avaliação de sintomas:		
Paciente:		Registro:
Preenchido por:		Data:
Por favor, circule o nº que melhor descreve a intensidade dos seguintes sintomas neste momento. [Também se pode perguntar a média durante as últimas 24 horas]		
Sem dor	0 – 1 – 2 – 3 – 4 – 5 – 6 – 7 – 8 – 9 – 10	Pior dor possível
Sem cansaço	0 – 1 – 2 – 3 – 4 – 5 – 6 – 7 – 8 – 9 – 10	Pior cansaço possível
Sem náusea	0 – 1 – 2 – 3 – 4 – 5 – 6 – 7 – 8 – 9 – 10	Pior náusea possível
Sem depressão	0 – 1 – 2 – 3 – 4 – 5 – 6 – 7 – 8 – 9 – 10	Pior depressão possível
Sem ansiedade	0 – 1 – 2 – 3 – 4 – 5 – 6 – 7 – 8 – 9 – 10	Pior ansiedade possível
Sem sonolência	0 – 1 – 2 – 3 – 4 – 5 – 6 – 7 – 8 – 9 – 10	Pior sonolência possível
Muito bom apetite	0 – 1 – 2 – 3 – 4 – 5 – 6 – 7 – 8 – 9 – 10	Pior apetite possível
Sem falta de ar	0 – 1 – 2 – 3 – 4 – 5 – 6 – 7 – 8 – 9 – 10	Pior falta de ar possível
Melhor sensação de bem-estar possível	0 – 1 – 2 – 3 – 4 – 5 – 6 – 7 – 8 – 9 – 10	Pior sensação de bem-estar possível
Outro problema		

Fonte: Regional Palliative Care Program, Capital Health, Edmonton, Alberta, 2003.

O papel do assistente social na atenção paliativa é voltado para a avaliação e o conhecimento social do paciente, seus familiares e cuidadores. A abordagem necessita ser cuidadosa, respeitando o limite e a abertura em assuntos mais delicados, seja no aspecto socioeconômico ou no religioso. São oferecidos suportes burocráticos, orientações, informações legais e os direitos cabíveis para um bom percurso no cuidado do paciente, fortalecendo as relações entre os familiares.

O terapeuta ocupacional tem o papel importante de identificar possíveis desconfortos e limitações do paciente, promovendo a funcionalidade e a independência com terapias visando à manutenção e adaptação para a realização das tarefas que façam sentido para o paciente. Esse profissional também promove o autocuidado com técnicas de conservação de energia e proteção das articulações, evitando possíveis deformidades ou a piora destas por meio de órteses ou equipamentos adaptativos.

A equipe de fonoaudiólogos na atenção paliativa tem papel primordial no manejo do cuidado ao paciente que apresenta déficit de comunicação e deglutição. Muitos pacientes podem apresentar doenças que afetam esses sistemas, como as doenças neurológicas que podem vir com alterações de fala, audição e visão, a exemplo das apraxias, afasias, disfagias, disartrias ou doenças que afetam a mecânica da fala, como pacientes traqueostomizados ou tumores em regiões de pescoço. O profissional realiza uma avaliação minuciosa a fim de identificar o déficit e otimizar a interação da comunicação do paciente e a promoção da funcionalidade, conforto e qualidade de vida.

Apesar de os pacientes em cuidados paliativos apresentarem limitações, o nutricionista busca melhorar o suporte nutricional e tem como atribuição atuar na prevenção e intervenção do processo de desnutrição e possíveis complicações nas fases da doença durante o tratamento clínico. Essas complicações podem levar ao declínio físico e à diminuição da resposta imunológica, além da inaceitabilidade de alimentar-se e da inapetência, predispondo à aceleração do curso da doença. Nos pacientes oncológicos em estágios avançados, as manifestações nutricionais são compostas por perda de peso abrupta, fraqueza, diminuição da funcionalidade, infecções e diminuição da resposta aos tratamentos quimioterápicos e radioterápicos, manifestações conhecidas como síndrome da caquexia. O nutricionista intervém com medidas dietéticas para a melhora e a manutenção desses sintomas, promovendo melhora da qualidade de vida e da funcionalidade desses pacientes.

Os pacientes em cuidados paliativos também estão suscetíveis a problemas na saúde bucal, aumentando os riscos de infecções dentárias e gengivais, lesões nas mucosas, má higiene e dores, piorando a qualidade de vida desses pacientes com a diminuição da ingestão nutricional, xerostomia e menor comunicação verbal. O profissional da estomatologia é indicado nesses casos para realizar uma avaliação sistemática e adotar intervenções, priorizando a melhora dos sintomas, o controle das infecções e das dores e consequentemente a melhora da qualidade de vida.

O FISIOTERAPEUTA COMO INTEGRANTE DA EQUIPE MULTIDISCIPLINAR

Nesse contexto de equipe multidisciplinar, a fisioterapia tem como foco o estudo do movimento do corpo humano e de suas funções. Logo, a partir dos recursos terapêuticos que a caracterizam, busca promover, aperfeiçoar ou adaptar as condições físicas do indivíduo à sua situação.

Partindo de uma avaliação das condições físicas, emocionais e sociais do paciente, a fisioterapia busca estabelecer um programa de tratamento adequado com a utilização de recursos, técnicas e exercícios que visam a trazer alívio ao sofrimento, à dor e aos demais sintomas apresentados. O objetivo principal é a melhora da qualidade de vida do paciente, tornando-o o mais ativo possível, dentro de parâmetros elementares de conforto e dignidade.

A premissa da importância da atividade física ajustada ao paciente em cuidados paliativos vem sendo sustentada por inúmeros trabalhos, principalmente com pacientes oncológicos, demostrando que a atividade física leve, moderada e até intensa pode reduzir diversos sintomas associados ao tratamento, ao quadro oncológico ou à imobilidade decorrente, reduzindo sintomas de dor, fadiga, dispneia, perda acentuada de peso, alteração de sono e quadros depressivos. Logicamente, essa melhora ocorre em graus diferentes, dependendo do quadro geral dos pacientes, e normalmente é associada a outras abordagens terapêuticas, como ao controle nutricional.

De modo geral, entende-se que a eletividade de um programa de tratamento fisioterapêutico pode ser definida pelo grau de dependência desse paciente e de funcionalidade inicial.

O Manual de Cuidados Paliativos da ANCP propõe objetivos de condutas fisioterapêuticas, dividindo os pacientes em totalmente dependentes, dependentes com capacidade de deambulação e independentes, porém vulneráveis. A Tabela 3 caracteriza os objetivos e condutas de acordo com essa classificação.

Por fim, vale ressaltar que, independentemente dos objetivos e condutas adotados pela equipe e pelos profissionais da fisioterapia, as particularidades do paciente e de sua família são os elementos que determinam essas escolhas, pois o foco primordial da abordagem de cuidados paliativos é a dignidade e a qualidade de vida do paciente e de sua família.

TABELA 3 Objetivos e condutas da fisioterapia de acordo com o grau de dependência

Grau de dependência	Objetivos	Condutas
Pacientes totalmente dependentes	▪ Proporcionar a manutenção da amplitude de movimento ▪ Aquisição de posturas de conforto ▪ Favorecer a função respiratória e outras funções fisiológicas e evitar a síndrome do imobilismo (úlceras de pressão, encurtamentos, edema e dor)	▪ Mudanças de decúbito e transferências (cama – cadeira de rodas – poltrona) ▪ Mobilização global do paciente ▪ Identificação dos meios de locomoção do paciente e promoção de mudanças ambientais ▪ Manutenção das condições ventilatórias do paciente, com treino e orientação de exercícios, manobras de higiene brônquica e orientações quanto à aspiração traqueal e ao estímulo de tosse
Pacientes dependentes que deambulam	▪ Manter a capacidade de locomoção, autocuidado e funcionalidade do paciente	▪ Mudanças de decúbito, com orientações quanto às transferências e posturas adotadas ▪ Adaptação a perdas funcionais, com novas estratégias de movimentos ▪ Indicação de dispositivos de auxílio à marcha (órteses e calçados adequados) ▪ Treino de marcha em casa e em ambientes externos com adequação ambiental, favorecendo a fixação e a aquisição de novos padrões motores ▪ Mobilização global ▪ Exercícios de coordenação motora e equilíbrio ▪ Exercícios respiratórios e treino de tosse

(continua)

TABELA 3 Objetivos e condutas da fisioterapia de acordo com o grau de dependência (*continuação*)

Grau de dependência	Objetivos	Condutas
Pacientes independentes, porém vulneráveis	▪ Manter ou melhorar a capacidade funcional do paciente	▪ Potencialização de mecanismos protetores, como proteção mioarticular e facilitação de ganhos motores ▪ Monitoramento de déficits potenciais para perdas funcionais, como déficits sensoriais, musculares e articulares ▪ Treinos de marcha, coordenação e equilíbrio ▪ Orientação postural ▪ Cinesioterapia para ganhos de amplitude articular, força e elasticidade nos movimentos ▪ Treino em ambientes com demandas de requisitos motores compatíveis com a complexidade de tarefas que o paciente desempenha no seu dia a dia ▪ Melhora/manutenção de seu condicionamento físico (tolerância aos esforços físicos) ▪ Adaptação de dispositivos de auxílio à marcha ▪ Identificação e eliminação de fatores de risco para quedas

Fonte: Adaptada do Manual de Cuidados Paliativos da ANCP (2009).

BIBLIOGRAFIA RECOMENDADA

1. Academia Nacional de Cuidados Paliativos (ANCP). Manual de cuidados paliativos. Rio de Janeiro: Diagraphic; 2009.
2. Alves RF, et al. Cuidados paliativos: desafios para cuidadores e profissionais de saúde. Fractal Rev Psicol. Rio de Janeiro. Aug. 2015;27(2):165-76.
3. Brasil. Resolução n. 41, de 31 de outubro de 2018. Dispõe sobre diretrizes para a organização dos cuidados paliativos, à luz dos cuidados continuados integrados, no âmbito Sistema Único de Saúde (SUS). Diário Oficial da União, seção 1. Brasília, DF, ano 225, 23 nov. 2018. p. 276.
4. Courneya KS. Exercise interventions during cancer treatment: biopsychosocial outcomes. Exerc Sport Sci Rev. 2001;29:60-4.
5. Kirkova J, Rybicki L, Walsh D, Aktas A. Symptom prevalence in advanced cancer. American Journal of Hospice and Palliative Medicine. 2011;29(2):139-45.
6. Monteiro DR, Almeida MA, Kruse MHL. Tradução e adaptação transcultural do instrumento Edmonton Symptom Assessment System para uso em cuidados paliativos. Rev Gaúcha Enferm. 2013;34(2):163-71.
7. Monteiro DR, Kruse MH, Almeida MA. Avaliação do instrumento Edmonton Symptom Assessment System em cuidados paliativos: revisão integrativa. Rev Gaúcha Enferm (online). 2010 Dec;31(4):785-93, Porto Alegre. Disponível em: http://www.scielo.br/scielo.php?script=sci_arttext&pid=S1983144720100004000 24&lng=en&nrm=iso. Acesso em: 19 set. 2019.
8. Oliveira RA. Cuidado paliativo. São Paulo: Conselho Regional de Medicina do Estado de São Paulo; 2008.
9. Sanz Ortiz J, Moreno Nogueira JÁ, Garcia de Lorenzo Mateos A. Protein energy malnutrition (PEM) in cancer patients. Clin Transl Oncol. 2008;10: 579-82.
10. SBGG. Sociedade Brasileira de Geriatria e Gerontologia. Recomendações da Sociedade Brasileira de Geriatria e Gerontologia para a elaboração de Diretivas Antecipadas de Vontade. Disponível em: https://sbgg.org.br/recomendacoes-da-sbgg-para-a-elaboracao-de-diretivas-antecipadas-de-vontade/. Acesso em: 20 set. 2019.
11. Uster A, Ruehlin M, Mey S, Gisi D, Knols R, Imoberdorf R, Pless M, Ballmer PE. Effects of nutriction and physical exercise intervention in palliative cancer patients: a randomized controlled trial. Clinical Nutrition. 2017. In: Press.
12. World Health Organization. National cancer control programmes: policies and managerial guidelines. 2.ed. Genève: OMS; 2002.

13. Zimmer P, Trebing S, Timmers-Trebing U, Schenk A, Paust R, Bloch W, et al. Eight-week, multimodal exercise counteracts a progress on chemotherapy--induced peripheral neuropathy and improves balance and streng in metastasized colorectal cancer patients: a randomized controlled trial. Support Care Cancer. 2008;26:615-24.

24 Extubação paliativa

Aline Costa de Paulo
Luana de Oliveira Dutra

INTRODUÇÃO

Conforme visto no capítulo anterior, segundo a Organização Mundial da Saúde (OMS), os cuidados paliativos são mediados por ações a pacientes e familiares com o objetivo de aliviar o sofrimento, que vão desde o tratamento de sintomas físicos e se estendem até o alívio espiritual, psicológico e social com abordagem multidisciplinar.

Desse modo, desenvolve-se uma visão humanizada, a qual estabelece um cuidado não centrado na doença, mas sim no indivíduo, com foco em qualidade de vida e no que se entende como sofrimento da separação daqueles que acompanham o processo da finitude humana.

Ao abordar o assunto terminalidade, cuidados paliativos e humanização, faz-se necessário entender aspectos relacionados aos valores, crenças e princípios. Trataremos nesse momento como aspectos bioéticos (ramo ético), que se referem à vida e ao processo de morte com dignidade e envolvem princípios básicos de justiça, autonomia, respeito à individualidade, desejos e se fundamentam no poder de decisão do paciente.

O desenvolvimento da medicina ao longo dos anos contribui amplamente com a cura e a qualidade de vida daqueles que a buscam, porém, essa evolução, inclusive tecnológica, favorece também o prolongamento da vida em pacientes frente à terminalidade, podendo ser ferramenta facilitadora do prolongamento do sofrimento.

Profissionais da saúde são embasados cientificamente e formados com o foco em tratamentos curativos, mas muitas vezes se veem diante de situações em que manter o investimento à vida pode ser maléfico ao paciente, além de não se levar em consideração o desejo de fim de vida do doente. Dessa forma, é mais que comum observarmos diariamente a vivência de dilemas éticos e até, em alguns casos, o desamparo, a dor e o sofrimento, que contribuem para que o planejamento junto à família seja voltado a manobras curativas, pois não há entendimento de que os cuidados paliativos não têm como objetivo encurtar a vida ou prolongar o sofrimento, mas proporcionar alívio, compreensão e permitir que o indivíduo seja e permaneça sendo um indivíduo.

Os cuidados paliativos abrangem e questionam a utilização de dispositivos para a manutenção da vida que a prolongam desnecessariamente. Sendo assim, neste capítulo discutiremos a extubação paliativa, compreendida como uma ramificação da abordagem multidisciplinar quanto ao alívio do sofrimento ou de prolongamento da vida.

Com o intuito de definir o prognóstico dentro de cuidados paliativos, realiza-se a avaliação do desempenho como preditor de sobrevivência de uma doença terminal, e, para isso, é necessária a utilização de ferramentas para a avaliação da capacidade funcional, em que as mais utilizadas na prática clínica são a *Palliative Performance Scale* (PPS) como visto no capítulo anterior, e a *Karnofsky Performance*

Scale (KPS) na Tabela 1, ambas avaliam a mobilidade, atividade e evidência da doença, o autocuidado, o nível de ingesta nutricional, o nível de consciência, *performance* funcional e nível de dependência, e quanto maior a pontuação, maior a independência e funcionalidade. A PPS por sua vez avalia a funcionalidade e possui 5 itens a serem pontuados, enquanto a KPS avalia o grau de *performance*.

TABELA 1 *Karnofsky Performance Scale* (Escala de *performance* de Karnofsky)

100%	Sem sinais ou queixas, sem evidência de doença
90%	Mínimos sinais e sintomas, capaz de realizar suas atividades com esforço
80%	Sinais e sintomas maiores, realiza suas atividades com esforço
70%	Cuida de si mesmo, não é capaz de trabalhar
60%	Necessita de assistência ocasional, capaz de trabalhar
50%	Necessita de assistência considerável e cuidados médicos frequentes
40%	Necessita de cuidados médicos especiais
30%	Extremamente incapacitado, necessita de hospitalização, mas sem iminência de morte
20%	Muito doente, necessita de suporte
10%	Moribundo, morte iminente

Fonte: Schag CC et al., 1984.

Pacientes com declínio funcional menor que 60% apresentam sobrevida aproximada de 6 meses, com evolução desfavorável nesse decorrer de tempo a medidas invasivas, levando a um importante comprometimento funcional e desfecho adverso.

CONCEITO

A extubação paliativa (EP) é definida pelo processo de retirada da via aérea artificial do suporte ventilatório, em pacientes cuja morte já é esperada, permitindo assim a morte de forma natural, uma vez que o tratamento curativo não obteve sucesso, apresentando irreversibilidade do quadro e terminalidade da doença. Tem como maior objetivo proporcionar o cuidado e o seguimento da história natural da doença, assim como o acolhimento relacionado ao processo de morte.

Embora ainda seja comumente realizada em âmbito hospitalar, nada impede que a EP seja realizada em domicílio, uma vez que o ambiente hospitalar pode ser considerado muitas vezes menos acolhedor e menos familiar quando comparado à residência.

Após reunião entre a equipe multidisciplinar, em que é explanada a indicação da EP, considerando a impossibilidade de manutenção da vida, mesmo que o óbito não ocorra imediatamente após o procedimento, o consenso de não prolongar a vida deverá ser considerado. Dessa forma, uma reunião da equipe multiprofissional com a família deverá ser realizada a fim de elucidar o procedimento, sanar possíveis dúvidas e acolhê-los, podendo ser considerado mais de um encontro, para que haja total clareza familiar, visando a tomada de decisão de forma compartilhada. Após a tomada de decisão, iniciam-se medidas de cuidado de fim de vida, a começar pelas medidas de conforto.

ETAPAS DO PROCESSO DE EXTUBAÇÃO

As medidas pré-extubação visam minimizar os riscos e adequar as medidas preventivas para desconforto respiratório, podendo ser divididas em três etapas (fluxograma):

1ª etapa: deve ser iniciada 24 horas antes da retirada do dispositivo:

- Otimizar a avaliação do padrão respiratório visando o conforto, e quaisquer sinais de esforço devem ser tratados com sedativos e opioides.

- Administrar opioides e benzodiazepínicos por via endovenosa em casos de dispneia e ansiedade.
- Em casos de pacientes com bom nível de consciência e/ou alerta reduzir parâmetros ventilatórios de forma progressiva até parâmetros mínimos toleráveis, em que se garanta visivelmente a ausência de desconforto respiratório (não é necessário monitorizar volume corrente, volume minuto ou oxigenação).
- Otimizar a sedação e analgesia. Em casos de pacientes em uso contínuo de midazolam ou propofol e/ou com analgesia contínua com morfina ou fentanil, caso estejam confortáveis, devem ser mantidos. Já nos casos em que não estejam fazendo uso desses medicamentos, deve-se iniciar morfina até analgesia satisfatória e fentanil em bolus, com intervalo de 5 minutos até controle sintomático.
- Caso já esteja em uso de opioide e ainda apresentando desconforto respiratório, deve-se corrigir a dose para 23% a mais ou trocar um opioide pelo outro, mantendo-se a equivalência.
- Os sinais de intoxicação por opioides devem ser monitorados (miose pupilar, bradipneia e sonolência excessiva). Em pacientes que apresentam sinais de intoxicação ainda com sinais de desconforto respiratório associado, sugere-se associar os sedativos e considerar a redução da dose de opioide assim que o paciente se apresentar confortável.
- Nos casos em que o paciente se mantém com ausência de nível neurológio (estado de coma vígil – escala de Glasgow < 6), evitar o uso de sedativos e analgésicos em virtude de falha de percepção dolorosa, só devendo ser indicado na presença de desconforto respiratório.
- É necessário ressaltar que, durante o uso dos três medicamentos citados anteriormente, a meta a ser alcançada é o conforto do paciente, não sendo necessária a preocupação com altas doses.
- O uso de bloqueador neuromuscular deve ser descontinuado.

- Introduzir corticoide para prevenção de estridor laríngeo.
- Suspender suporte calórico.
- Recalcular oferta hídrica, reduzindo ao mínimo possível, a fim de evitar congestão.
- Introduzir diuréticos visando minimizar desconforto por congestão.
- Iniciar medidas xerostômicas a fim de diminuir/evitar sialorreia.

2ª etapa: preparar ambiente e monitorização com 6 horas de antecedência:

- Reavaliar padrão respiratório, priorizando o conforto respiratório.
- Desligar monitor de sinais vitais.
- Retirar cabos de monitorização cardíaca, manguito de pressão arterial e oximetria de pulso.
- Manter o ambiente calmo e o mais silencioso possível para suporte dos acompanhantes.
- Permitir a presença de familiares, amigos e/ou líderes religiosos.

3ª etapa: retirada do dispositivo:

- Reunir antes toda a equipe multidisciplinar que irá participar do procedimento, alinhar processos, discutir possíveis dúvidas e, acima de tudo, acolher os profissionais envolvidos.
- Reavaliar o padrão respiratório e, caso o paciente ainda mantenha a congestão pulmonar, sugere-se a realização de nova dose de diurético.
- Recomenda-se também repetir a dose de corticoide para otimizar a prevenção do estridor laríngeo.
- Acolher a família sobre o desejo de acompanhar ou não o procedimento de retirada (em casos de unidades inexperientes, é

aconselhável que a família não acompanhe o processo de retirada do dispositivo ventilatório).

- Realizar a desconexão do aparelho de ventilação mecânica.
- Realizar aspiração de cânula orotraqueal (COT) e vias aéreas superiores.
- Desinsuflar o *cuff* e retirar a COT.
- Caso o paciente apresente estridor laríngeo, mesmo sob o uso de corticoide, sugere-se realizar inalação com epinefrina e manutenção do corticoide por mais 24 horas.
- Repetir a reunião com equipe multidisciplinar atuante no evento para alinhar acontecimentos, acolher uns aos outros, assim como elencar possíveis oportunidades de melhoria.

A vigilância do padrão respiratório deve ser constante durante todo o processo de desmame, retirada do suporte ventilatório, e todo ajuste medicamentoso quanto à dose e/ou intervalo deve ser realizado ao menor sinal de esforço respiratório, visando sempre o conforto adequado.

Deve-se ressaltar que, após o procedimento, é necessário atentar-se ao posicionamento adequado e confortável para esse paciente, evitando posturas inapropriadas que possam gerar dor ou incômodo, bem como realizar aspiração de vias aéreas superiores somente quando houver máxima necessidade.

Cabe reforçar que o tempo de vida pós-extubação paliativa não é algo predeterminado, pois nos casos em que o paciente apresenta maior dependência do suporte ventilatório o óbito tende a ser mais precoce, enquanto nos outros casos pode levar dias, sendo possível a transferência da UTI para a unidade de internação, onde a família pode permanecer em tempo integral com mais privacidade e conforto e até mesmo existe a possibilidade de alta hospitalar, o que ocorre em até 24% dos casos.

Extubação paliativa no paciente em fase final de vida

PACIENTE PALIATIVO EM IOT

↓

- Situação terminal da doença.
- Definição em conjunto com equipe multidisciplinar e família.
- Sedação.
- Analgesia.

↓

1ª ETAPA

- Otimizar sedação e analgésico.
- Suspender suporte calórico.
- Recalcular oferta hídrica e introduzir diurético.
- Realizar corticoides para prevenção de estridor laríngeo.
- Realizar medidas xerostômicas.

↓

2ª ETAPA

- Reavaliar padrão respiratório.
- Reajustar sedativos e analgésicos caso necessário.
- Suspender monitorização de sinais vitais.
- Ajuste de sedativos e analgésicos.
- Reduzir progressivamente os parâmetros de VM (de forma que o paciente mantenha-se visualmente confortável).

↓

3ª ETAPA

- Reunir e orientar a equipe multidisciplinar*.
- Reavaliar padrão respiratório.
- Retirada do dispositivo.
- Acolhimento multidisciplinar após o procedimento.

Sugestões

Opções de sedação: midazolam 1 a 3 mg/dose.

Opções de analgesia: fentanil: 1 a 2 mg/kg.

Opção de controle de dispneia: morfina: 0,05 a 0,1 mg/kg.

*Presença de familiares durante o procedimento não é aconselhável com equipe das unidades inexperientes em processo de EOT paliativa, apenas caso a equipe sinta-se confortável e a família deseje acompanhar o processo.

IMPORTANTE

Suporte pós-extubação:

- Liberar visita familiar ou religiosa.
- Permitir rituais religiosos.
- Otimizar a privacidade.

BIBLIOGRAFIA RECOMENDADA

1. Barr J, Fraser GL, Puntillo K, Ely EW, Gélinas C, Dasta JF, et al. Clinical practice guidelines for the management of pain, agitation, and delirium in adult patients in the intensive care unit. Crit Care Med. 2013;41(1):263-306.
2. Billings JA. Humane terminal extubation reconsidered: the role for preemptive analgesia and sedation, Crit Care Med. 2012;40(2):625-30.
3. Coelho CB, Yankaskas JR. New concepts in palliative care in the intensive care unit. Rev Bras Ter Intensiva. 2017;29(2): 222-30.
4. Forte DN. Procedimentos sustentadores de vida em UTI. In: Carvalho RT, Parsons HA (orgs.). Manual de Cuidados Paliativos ANCP. 2.ed. São Paulo: Academia Nacional de Cuidados Paliativos; 2012. p.439-49.
5. Head B, Ritchie CS, Smoot TN. Prognostication in hospice care: can the palliative performance scale help? Journal of Palliative Medicine. 2005;8(3):492-502.
6. Huynh TN, Walling AM, Le TX, Kleerup EC, Liu H, Wenger NS. Factors associated with palliative withdrawal of mechanical ventilation and time to death after withdrawal. J Palliat Med. 2013;16(11):1368-74.
7. Pan CX, Platis D, MawMM, Morris J, Pollack S, Kawai F. How long does (s) he have? Restrospective analysis of outcomes after palliative extubation in elderly, chronically critically III patients. Crit Care Med. 2016;44(6):1138-44.
8. Schag CC, Heinrich RL, Ganz PA. Karnofsky performance status revisited: Reliability, validity, and guidelines. J Clin Oncology. 1984;2:187-93.
9. Victoria Hospice Society. Palliative Performance Scale (PPSv2). Columbia: VHS; 2004. Disponível em: http://www.npcrc.org/files/news/palliative_performance_scale_PPSv2.pdf. Acesso em: 14 fev. 2022.

Fisioterapia no câncer de mama | 25

Ângela Gonçalves Marx
Patrícia Vieira Guedes Figueira
Ana Paula Ribeiro

INTRODUÇÃO

O câncer de mama representa quase 12% de todos os novos casos neoplásicos malignos e quase 25% de todos os cânceres em mulheres. Geralmente, é mais prevalente em mulheres acima de 40 anos, sendo um importante causador de sofrimento humano e mortalidade prematura entre as mulheres. Mundialmente, é considerado uma doença de grande impacto na saúde pública de países desenvolvidos, subdesenvolvidos e em desenvolvimento socioeconômico.

Existe uma constelação de fatores de risco que contribuem para o desenvolvimento do câncer de mama, os quais já foram bem estabelecidos por estudos epidemiológicos, sendo eles: a raça, a etnia, o histórico familiar de câncer e as características genéticas, bem como as exposições modificáveis, como o aumento do consumo de álcool, a inatividade física, os hormônios exógenos e certos fatores reprodutivos femininos. Além desses, destacam-se a idade mais jovem na menarca, a paridade e a idade mais avançada na primeira gravidez a termo, os quais podem influenciar o risco de câncer de mama por meio de efeitos, em longo prazo, nos níveis de hormônios sexuais ou por outros mecanismos biológicos.

Apesar dos avanços na detecção precoce dos fatores de risco e no entendimento das bases moleculares da biologia do câncer de mama, cerca de 30% das pacientes em estágio inicial da doença apresentam histórico recorrente desta. Patologicamente, existem dois tipos de câncer de mama: a) o carcinoma ductal *in situ* (CDIS), considerado não invasivo, o que significa que está limitado aos ductos mamários. No entanto, existem vários tipos de CDIS. Se não forem removidos, alguns tipos podem mudar com o tempo e se desenvolver em sua forma invasiva, e b) o carcinoma lobular *in situ* (CLIS) que é um crescimento não invasivo limitado aos lóbulos. Não é câncer, apenas um sinal de alerta de risco aumentado de desenvolver câncer. Mulheres com CLIS têm cerca de 1% de risco de desenvolver carcinoma lobular invasivo, igualmente em qualquer mama por ano. Aos 20 anos, esse risco é de cerca de 18%.

Uma vez confirmada a suspeita diagnóstica de câncer de mama, evidências da literatura recomendam como primeiro passo a avaliação clínica e física da paciente, estabelecendo o histórico da paciente, o qual inclui hereditariedade genética e presença de comorbidades associadas. Em segundo lugar, o exame físico do corpo, em busca de sinais da doença, procurando irregularidades de contornos e tamanho da mama, presença de sintomatologia álgica, bem como a existência de possíveis linfonodos. Em terceiro lugar, a mamografia diagnóstica e/ou a ultrassonografia, exames de imagem fundamentais para a triagem diagnóstica, com o propósito de confirmar e caracterizar a lesão suspeita, bem como pesquisar a doença bilateralmente. E por fim, a quarta etapa, em que há a necessidade de biópsia para verificar a presença de células anormais.

Tanto o rastreamento como o tratamento do câncer de mama têm melhorado muito nos últimos anos, o que resulta em uma maior taxa de sobrevivência.

Com a finalidade de melhorar a qualidade de vida das pacientes sobreviventes, muitas pesquisas recentes têm seu foco nas complicações relacionadas ao tratamento do câncer de mama. Entre as várias complicações e possíveis sequelas, a qualidade de vida pode estar reduzida por disfunções do membro superior, como dor, mobilidade, diminuição da força e linfedema.

Podem-se dividir o tratamento e as complicações advindas de cada um dos tratamentos em duas fases:

Fase aguda ou precoce

A cirurgia da mama, a abordagem axilar e também a radioterapia podem causar a formação de tecido cicatricial aderente, fibrose e encurtamento de tecidos moles, como do músculo peitoral maior.

A síndrome da rede axilar, complicação bastante prevalente, também estará presente nesta fase.

Fase posterior ou tardia

Após algumas semanas ou meses da cirurgia e da radioterapia, pode-se formar a capsulite adesiva, disfunções miofasciais e mesmo disfunções nervosas.

Posturas compensatórias, como a anteriorização do ombro, induzida pelo encurtamento do músculo peitoral maior e pela diminuição do espaço subacromial, podem também levar a lesões do manguito rotador.

O linfedema é uma complicação mais tardia, com exceção dos que são desenvolvidos durante a quimioterapia neoadjuvante.

O linfedema talvez seja a complicação mais estudada, com foco não apenas no tratamento, mas também na prevenção. Os dados são muito díspares na literatura, mas atualmente considera-se que entre 20 e 30% das pacientes irão desenvolver linfedema após a dissecção axilar. Estudos recentes e revisões sistemáticas mostram que as taxas apresentadas de linfedema encontram-se entre 12 e 51% nos primeiros 3 meses e entre 1,5 e 50% em até 6 anos após a cirurgia. Essa diferença de números pode ser explicada de várias formas, seja pelos momentos ou pelos métodos de mensuração utilizados.

Pelas complicações citadas e por outras diversas que serão aqui expostas, faz-se necessário um programa de fisioterapia efetivo e baseado em evidências.

A literatura mostra que, em geral, são utilizadas algumas técnicas básicas de fisioterapia para essas disfunções e complicações. Entre elas citam-se a mobilização passiva, estiramento manual, técnicas miofasciais e cinesioterapia ativa e ativoassistida. Para outras complicações advindas do tratamento clínico associa-se a eletrofototerapia, a terapia compressiva, a orientação e prescrição de exercício físico.

O momento da intervenção da fisioterapia deve ser o mais precoce possível, preferencialmente no pós-operatório imediato, em qualquer tipo de cirurgia e, de preferência, antes de iniciar outros tratamentos clínicos.

A frequência e intensidade devem ser consideradas de acordo com as características de cada paciente.

A maioria dos tratamentos inclui a cirurgia, a radioterapia, a endocrinoterapia, a quimioterapia, a terapia-alvo e, mais recentemente, a imunoterapia.

FISIOTERAPIA NAS CIRURGIAS DE CÂNCER DE MAMA

A cirurgia para o câncer de mama tem mudado muito nos últimos anos, em decorrência, principalmente, de programas de rastreamento e uso de terapia neoadjuvante sistêmica; assim, a cirurgia conservadora vem sendo utilizada como tratamento cirúrgico padrão. Entretanto, as pacientes que são eleitas para o tratamento cirúrgico conservador também devem ser cuidadosamente avaliadas.

Mastectomias

- **Mastectomia radical/modificada** – retirada de toda a glândula mamária, com retirada do complexo areolopapilar (CAP), pele, gordura, com ou sem linfadenectomia axilar, retirada do músculo peitoral menor e, em alguns casos, a retirada também do músculo peitoral maior (cada vez mais raro).
- **Adenomastectomia** – retirada de toda a glândula mamária, com preservação do CAP ou da pele, ou de ambos.

Cirurgias conservadoras

- **Quadrantectomia** – a mama é dividida em quatro e um quadrante é retirado. Pode envolver a linfadenectomia axilar ou não, assim como a retirada do complexo areolopapilar.
- **Tumorectomia, lumpectomia ou setorectomia** – retirada somente do tumor com margens livres de doença. Pode haver linfadenectomia axilar parcial ou biópsia do linfonodo sentinela.

RECONSTRUÇÃO MAMÁRIA

As reconstruções podem ser classificadas quanto ao momento e quanto ao tipo.

Quanto ao momento

- **Imediata** – realizada no mesmo momento cirúrgico da retirada do tumor.
- **Tardia** – realizada alguns meses ou até anos após a cirurgia para retirada do tumor.

Quanto ao tipo

- **Expansor** – a utilização do expansor em geral é para se obter quantidade suficiente de pele para a colocação posterior da prótese mamária. Ele é inflado periodicamente até que se obtenha o volume desejado. Boa opção quando a radioterapia for necessária.
- **Prótese mamária** – normalmente pode ser colocada junto ao músculo peitoral (anterior ou posterior a ele). Também pode ser utilizada junto aos retalhos miocutâneos.
- **Retalho miocutâneo** – utilizam-se retalhos dos músculos latíssimo do dorso, serrátil anterior e o do músculo reto do abdome (TRAM).

O início da fisioterapia deve ser no pós-operatório imediato, independentemente do tipo de cirurgia. Cuidados específicos devem ser considerados dependendo das condições clínicas das pacientes e na presença de reconstruções mamárias.

FISIOTERAPIA NO PÓS-OPERATÓRIO PRECOCE

Define-se como pós-operatório precoce o momento até a retirada dos pontos e do dreno. Nas reconstruções, independentemente do tipo, as orientações estendem-se até aproximadamente 2 a 6 semanas.

- Movimentação dos membros superiores – a limitação dos movimentos de abdução e flexão até 90 graus é uma conduta de segurança. Deve-se avaliar caso a caso, principalmente em relação ao processo de cicatrização.

Orientações importantes nesta fase
▪ Evitar dormir e levantar apoiando-se sobre o braço do lado operado.
▪ Evitar atividades que envolvam movimentos repetitivos ou pegar peso.
▪ Orientar exercícios para cintura escapular, tórax e membro superior.
▪ Nas cirurgias reconstrutoras com retalho muscular – evitar movimentos que tracionem demasiadamente o sítio doador (seja o músculo latíssimo do dorso, serrátil ou o reto do abdome), orientar posturas adequadas e movimentos restritos de acordo com o local operado.
▪ **Após a retirada do dreno e dos pontos** liberam-se os movimentos do membro superior em todos os eixos de movimento, paulatinamente e dentro dos limites de dor da paciente.
▪ O primeiro objetivo é restaurar a função e em seguida recuperar totalmente a amplitude de movimentos e a força muscular.

COMPLICAÇÕES E EFEITOS ADVERSOS AO TRATAMENTO DO CÂNCER DE MAMA

As complicações e efeitos adversos advêm não só da doença, mas de todo o tratamento para o câncer de mama. A cirurgia, a radioterapia e a quimioterapia neoadjuvante ou adjuvante são os tratamentos que desenvolverão mais complicações, mas a associação da endocrinoterapia, a terapia-alvo e a imunoterapia também pode apresentar toxicidades e efeitos adversos que, por vezes, fazem com que o tratamento deva ser interrompido ou ter a sua dose modificada (Tabela 1).

TABELA 1 Complicações e efeitos adversos ao tratamento do câncer de mama

Complicação	O que é?	Tratamento fisioterapêutico	Observações
Seroma	Coleção de fluidos, que se apresenta como uma flutuação à palpação, que pode se desenvolver no espaço entre a parede torácica, axila e os retalhos de pele após abordagem cirúrgica da mama, seja conservadora, radical ou nas reconstruções, e que envolve a retirada de linfonodos axilares.	Terapia compressiva para prevenção e tratamento fisioterapêutico associada a limitação de ADM de ombro, a depender da localização e condições gerais.	A drenagem linfática manual é contraindicada no local, pois aumenta a linforreia. Em alguns casos, faz-se necessária a punção pela equipe médica. Fator de risco para o surgimento do linfedema.

(continua)

TABELA 1 Complicações e efeitos adversos ao tratamento do câncer de mama *(continuação)*

Complicação	O que é?	Tratamento fisioterapêutico	Observações
Linfocele	Coleção de linfa em uma neocavidade que normalmente tem conexão com o aparecimento secundário do linfedema crônico.	Terapia compressiva associada a limitação de ADM de ombro, a depender da localização e condições gerais.	Em alguns casos, faz-se necessária cirurgia ou punção pela equipe médica.
Síndrome da rede axilar	Rede de cordões tensos e não eritematosos, palpáveis ou visíveis sob a pele, com presença de dor à palpação e durante o movimento do ombro, que se apresenta limitado sobretudo em abdução e flexão.	Mobilização tecidual longitudinal ao cordão, associada a ganho de ADM de ombro, principalmente em abdução e flexão. Podem-se associar *laser* de baixa potência (dor) e drenagem linfática manual.	Avaliação: paciente sentado ou em decúbito dorsal, com extensão, abdução e rotação lateral de ombro, extensão e supinação de cotovelo, extensão de punhos e dedos. Observar cordões visíveis, tensionar e tocar a região para encontrar cordões apenas palpáveis. Respeitar o limite de dor durante a mobilização.

(continua)

TABELA 1 Complicações e efeitos adversos ao tratamento do câncer de mama *(continuação)*

Complicação	O que é?	Tratamento fisioterapêutico	Observações
Náuseas	As náuseas são definidas como uma sensação desagradável, que provoca mal-estar e pode levar ao vômito.	Acupuntura invasiva ou não invasiva – uso de estimulação elétrica nervosa transcutânea (TENS).	Utilizados em pontos específicos, por exemplo, PC6.
Fadiga	É definida como um sintoma persistente e desconfortável, que gera cansaço ou exaustão física, emocional e cognitiva subjetivos, desproporcional à atividade recentemente realizada. A fadiga é constante, não diminui após repouso, presente com ou sem atividade e pode impedir as atividades da vida cotidiana.	Exercícios supervisionados pelo fisioterapeuta (treinamento aeróbico, resistência e alongamento). Aplicação da medicina integrativa como ioga, meditação, musicoterapia, bem como acupuntura.	Está relacionada ao câncer e ao seu tratamento e pode persistir após o término do tratamento. A intensidade, o tipo e a frequência do exercício dependem das taxas de exames laboratoriais, principalmente plaquetas e hematócritos.

(continua)

TABELA 1 Complicações e efeitos adversos ao tratamento do câncer de mama *(continuação)*

Complicação	O que é?	Tratamento fisioterapêutico	Observações
Lesões nervosas	Nervo intercostobraquial (lesão sensitiva – pele da axila e medial do braço). Nervo torácico longo (lesão do músculo serrátil anterior, ocasionando escápula alada). Polineuropatia simétrica distal (lesão mais comum por agentes quimioterápicos).	Dessensibilização ou estimulação sensorial na região acometida. Fortalecimento de músculos para substituir os denervados. Uso de *laser* de baixa potência. Uso de acupuntura, neuroestimulação, massagem e cinesioterapia.	Outras lesões nervosas podem ocorrer: eritrodisestesia palmoplantar, síndrome dolorosa pós-mastectomia, mama fantasma, lesão do nervo peitoral. Os principais agentes quimioterápicos relacionados com o aparecimento da neuropatia periférica são: taxanos (paclitaxel), alcaloides da vinca (vincristina) e derivados da platina.

(continua)

TABELA 1 Complicações e efeitos adversos ao tratamento do câncer de mama *(continuação)*

Complicação	O que é?	Tratamento fisioterapêutico	Observações
Alterações posturais	Alterações ocasionadas principalmente pelo processo cirúrgico e pela dor: hipercifose torácica, rotação ou elevação do ombro, posição assimétrica das escápulas, inclinação do tronco.	Diversas técnicas de fisioterapia, tais como: reeducação postural global, método Rolfing de integracão estrutural, Pilates, liberação miofascial e outras técnicas de terapia manual.	Orientação de prótese externa nos casos de mastectomia, uso de sutiã adequado.
Fibroses e aderências	A fibrose é caracterizada pela deposição excessiva de componentes da matriz extracelular (colágeno). Causa alteração da mobilidade e a flexibilidade do tecido conjuntivo, gera rigidez, dor e, por vezes, alterações estéticas. A aderência caracteriza-se pela redução de mobilidade entre os tecidos.	Mobilizações teciduais para prevenção e tratamento. Gerar forças mecânicas adequadas para melhorar a qualidade dos tecidos cicatriciais (mecanotransdução). Também tem sido realizado o uso de *taping* e *laser* de baixa potência.	A radioterapia, assim como a cirurgia, são os principais tratamentos responsáveis pelo surgimento de fibroses e aderências. No caso da radioterapia diz-se fibrose induzida pela radiação. Próteses podem se apresentar com aderência, sendo necessária mobilização específica.

(continua)

TABELA 1 Complicações e efeitos adversos ao tratamento do câncer de mama *(continuação)*

Complicação	O que é?	Tratamento fisioterapêutico	Observações
Linfedema	Aumento do volume em membro superior ocasionado pela estagnação da linfa, aumento do fluido intravasal e tecidual, após uma combinação de fatores causais.	Terapia física complexa/ linfoterapia (cuidados com a pele, drenagem linfática manual, enfaixamento compressivo multicamadas, exercícios e prescrição de luvas e braçadeiras compressivas). Opções ao tratamento: malhas com velcro, vestimentas noturnas, bombas de compressão pneumática, terapia por ondas de choque, *laser* de baixa potência, *taping* linfático. Eletrotermofototerapia e plataforma vibratória, carecendo de mais evidências.	Principais fatores de risco: linfadenectomia axilar, radioterapia em fossa axilar, índice de massa corpórea elevado, idade, infusão de quimioterápicos no membro superior ipsilateral à cirurgia neo ou adjuvante, presença de edema e seroma até 6 meses após a cirurgia.

(continua)

TABELA 1 Complicações e efeitos adversos ao tratamento do câncer de mama *(continuação)*

Complicação	O que é?	Tratamento fisioterapêutico	Observações
Radiodermite	Apresenta-se com hipersensibilidade local, dor, descamação, eritema e ulceração.	*Laser* de baixa potência. Hidratação adequada.	*Laser* utilizado como prevenção e tratamento. Quase todas as pacientes apresentarão radiodermite em menor ou maior grau.
Artralgia e mialgia	Dores articulares e musculares pela quimioterapia e endocrinoterapia – principalmente pelo uso de inibidores de aromatase.	Massagem, cinesioterapia, *laser* de baixa potência, mobilização miofascial, TENS, atividade física orientada.	Orientar atividade física regular de intensidade moderada por 150 minutos por semana.
Osteopenia e osteoporose	Perda da densidade mineral óssea provocada pela endocrinoterapia – tamoxifeno e inibidores da aromatase.	Conhecer o grau de perda óssea e orientar exercícios com carga.	Orientar atividade física regular de intensidade moderada, 150 minutos por semana.

BIBLIOGRAFIA RECOMENDADA

1. Abe M, Iwase T, Takeuchi T, Murai H, Miura S. A randomized controlled trial on the prevention of seroma after partial or total mastectomy and axillary lymph node dissection. Breast Cancer. 1998;5(1):67-9.
2. Akram M, Iqbal M, Daniyal M, Khan AU. Awareness and current knowledge of breast cancer. Biol Res. 2017 Oct 2;50(1):33.
3. Bertelsen L, Mellemkjaer L, Christensen J, Rawal R, Olsen JH. Age-specific incidence of breast cancer in breast cancer survivors and their first-degree relatives. Epidemiology. 2009;20:175-80.
4. Bevilacqua JL, Kattan MW, Changhong Y, Koifman S, Mattos IE, Koifman RJ, et al. Nomograms for predicting the risk of arm lymphedema after axillary dissection in breast cancer. Ann Surg Oncol. 2012 Aug;19(8):2580-9.
5. Box RC, Reul-Hirche HM, Bullock-Saxton JE, Furnival CM. Shoulder movement after breast cancer surgery: results of a randomized controlled study of postoperative physiotherapy. Breast Cancer Res Treat. 2002;75(1):35-50.
6. Coughlin SS. Epidemiology of Breast Cancer in Women. Adv Exp Med Biol. 2019;1152:9-29.
7. Downing A, Prakash K, Gilthorpe MS, Mikeljevic JS, Forman D. Socioeconomic background in relation to stage at diagnosis, treatment and survival in women with breast cancer. British Journal of Cancer. 2007;96(5):836-40.
8. Duncan M, Moschopoulou E, Herrington E, Deane J, Roylance R, Jones L, et al. Review of systematic reviews of non-pharmacological interventions to improve quality of life in cancer survivors. BMJ Open. 2017 Nov 28;7(11): e015860.
9. Fahad Ullah M. Breast Cancer: Current Perspectives on the Disease Status. Adv Exp Med Biol. 2019;1152:51-64.
10. Figueira PVG, Haddad CAS, de Almeida Rizzi SKL, Facina G, Nazario ACP. Diagnosis of Axillary Web Syndrome in Patients After Breast Cancer Surgery: Epidemiology, Risk Factors, and Clinical Aspects: A Prospective Study. Am J Clin Oncol. 2018 Oct;41(10):992-6.
11. Harris SR, Schmitz KH, Campbell KL, McNeely ML. Clinical practice guidelines for breast cancer rehabilitation: syntheses of guideline recommendations and qualitative appraisals. Cancer. 2012;118(8 Suppl): 2312-24.
12. Homsy A, Rüegg E, Montandon D, Vlastos G, Modarressi A, Pittet B. Breast Reconstruction: A Century of Controversies and Progress. Ann Plast Surg. 2018 Apr;80(4):457-63.
13. Hu E, Alderman AK. Breast Reconstruction. Surg Clin N Am. 2007;87:453-67.

14. Johansen S, Fosså K, Nesvold IL, Malinen E, Fosså SD. Arm and shoulder morbidity following surgery and radiotherapy for breast cancer. Acta Oncol. 2014;53(4):521-9.
15. Lauridsen MC, Christiansen P, Hessov I. The effect of physiotherapy on shoulder function in patients surgically treated for breast cancer: a randomized study. Acta Oncol. 2005;44(5):449-57.
16. Liu CQ, Guo Y, Shi JY, Sheng Y. Late morbidity associated with a tumour-negative sentinel lymph node biopsy in primary breast cancer patients: a systematic review. Eur J Cancer. 2009;45(9):1560-8.
17. Martin RM, Fish DE. Scapular winging: anatomical review, diagnosis, and treatments. Curr Rev Musculoskelet Med. 2008 Mar;1(1):1-11.
18. Marx A, Figueira P. Fisioterapia no Câncer de Mama. Barueri: Manole; 2017.
19. McNeely ML, Binkley JM, Pusic AL, Campbell KL, Gabram S, Soballe PW. A prospective model of care for breast cancer rehabilitation: postoperative and postreconstructive issues. Cancer. 2012 Apr 15;118(8 Suppl):2226-36.
20. Mijwel S, Backman M, Bolam KA, Olofsson E, Norrbom J, Bergh J, et al. Highly favorable physiological responses to concurrent resistance and high-intensity interval training during chemotherapy: the OptiTrain breast cancer trial. Breast Cancer Res Treat. 2018;169(1):93-103.
21. Mijwel S, Cardinale DA, Norrbom J, Chapman M, Ivarsson N, Wengström Y, et al. Exercise training during chemotherapy preserves skeletal muscle fiber area, capillarization, and mitochondrial content in patients with breast cancer. FASEB J. 2018;32(10):5495-505.
22. Mullaney MJ, McHugh MP, Johnson CP, Tyler TF. Reliability of shoulder range of motion comparing a goniometer to a digital level. Physiother Theory Pract. 2010;26(5):327-33.
23. Murphy CC, Bartholomew LK, Carpentier MY, Bluethmann SM, Vernon SW. Adherence to adjuvant hormonal therapy among breast cancer survivors in clinical practice: a systematic review. Breast Cancer Res Treat. 2012 Jul;134(2): 459-78.
24. Petit J, Rietjens M, Garusi C. Breast reconstructive techniques in cancer patients: which ones, when to apply, which immediate and long term risks? Critical Reviews in Oncology/Hematology. 2001;38(3):231-9.
25. Plesca M, Bordea C, Houcheimi B, Ichim E, Blidaru A. Evolution of radical mastectomy for breast cancer. J Med and Life. 2016;9(2):183-6.
26. Posner MC, Wolmark N. Non-invasive breast carcinoma. Breast Cancer Res Treat. 1992;21(3):155-64.

27. Rizzi SKLA, Haddad CAS, Giron PSG, Figueira PVG, Estevão A, Elias S, et al. Early free range-of-motion upper limb exercises after mastectomy and immediate implant-based reconstruction are safe and beneficial: a randomized trial. Ann Surg Oncol. 2020 Nov;27(12):4750-9.
28. Todd J, Scally A, Dodwell D, Horgan K, Topping A. A randomized controlled trial of two programs of shoulder exercise following axillary node dissection for invasive breast cancer. Physiotherapy. 2008;94(4):265-73.
29. Van Waart H, Stuiver MM, van Harten WH, Sonke GS, Aaronson NK. Design of the Physical exercise during Adjuvant Chemotherapy Effectiveness Study (PACES): a randomized controlled trial to evaluate effectiveness and cost-effectiveness of physical exercise in improving physical fitness and reducing fatigue. BMC Cancer. 2010 Dec 7;10:673.
30. Walker-Smith TL, Peck J. Genetic and Genomic Advances in Breast Cancer Diagnosis and Treatment. Nurs Womens Health. 2019 Dec;23(6):518-25.
31. West A, Wullkopf L, Christensen A, Leijnse N, Tarp JM, Mathiesen J, et al. Division induced dynamics in non-Invasive and invasive breast cancer. Biophys J. 2017;112:123-5.
32. Wiskemann J, Schmidt ME, Klassen O, Debus J, Ulrich CM, Potthoff K, et al. Effects of 12-week resistance training during radiotherapy in breast cancer patients. Scand J Med Sci Sports. 2017 Nov;27(11):1500-10.
33. Xie X, Liu Z, Qu S, Guo F, Zheng Z, Liu Y, et al. 169 patients with postoperative breast cancer on exercising the function of limbs and investigating quality of life: a clinical study. Chin-Ger J Clin Oncol. 2010;9(10):590-3.

26 O efeito da cirurgia do câncer de mama sobre o sistema musculoesquelético e os parâmetros biomecânicos da postura, equilíbrio e marcha e a telerreabilitação

Ana Paula Ribeiro
Thalissa Maniaes

INTRODUÇÃO

Após a realização dos exames para o diagnóstico preciso e confiável do câncer de mama, os tratamentos podem ser direcionados à lumpectomia ou mastectomia, a qual pode ser combinada a radioterapia e/ou quimioterapia. A lumpectomia/setorectomia ou tumorectomia (ver Capítulo 25) inclui a excisão da lesão e do tecido mamário normal ao redor, bem como os linfonodos existentes sob o braço. Esse procedimento visa remover o câncer, deixando a mama da mesma forma que antes da cirurgia. Essa prática cirúrgica, geralmente, ocorre em mulheres que estão na fase inicial do câncer, porém, muitas vezes a paciente também necessita de outro tipo de tratamento, como radioterapia, quimioterapia ou terapia de reposição hormonal em conjunto com esse procedimento. Os efeitos adversos da lumpectomia/setorectomia ou tumorectomia podem incluir: alterações da sensibilidade, inflamação temporária, aparência alterada da mama, entre outros.

O tratamento cirúrgico do câncer de mama tem sido marcado por uma evolução constante, desde a mastectomia radical de Halsted, descrita no final do século XIX, até os atuais procedimentos, na tentativa de tornar a técnica cirúrgica a menos invasiva e mutiladora possível.

A mastectomia inclui a retirada da mama e é necessária quando o câncer é encontrado em várias áreas. A mastectomia radical modificada consiste na retirada de toda a glândula mamária, com retirada do complexo areolopapilar (CAP), pele, gordura, com ou sem linfadenectomia axilar e retirada do músculo peitoral menor (ver Capítulo 25).

Apesar da cirurgia ser considerada o método mais eficaz para lidar com o câncer de mama, a perda da mama leva à sensação de assexualidade e perda da autoimagem das mulheres acometidas, e, consequentemente, à presença de sintomas depressivos e diminuição da qualidade de vida; porém, esses efeitos adversos podem ser diminuídos graças à técnica cirúrgica de reconstrução mamária imediata ou tardia.

A reconstrução mamária foi criada inicialmente para reduzir as complicações da mastectomia e diminuir as deformidades da parede torácica. No entanto, sabe-se que atualmente a reconstrução mamária também pode melhorar o bem-estar psicossocial e a qualidade de vida das pacientes. Seu objetivo principal é recriar a forma e a simetria mamária, corrigindo o defeito anatômico da mama, mas preservando a segurança do risco de desenvolvimento do câncer. As opções reconstrutivas primárias envolvem o uso de um implante (geralmente com um expansor primeiro), o próprio tecido da paciente (tecido autógeno), ou ambos.

O processo reconstrutivo pode iniciar no momento da mastectomia (reconstrução imediata) ou em qualquer momento posterior (reconstrução tardia). Em 60 a 70% dos casos, a reconstrução pode ser realizada com um implante inserido atrás do músculo peitoral maior. Os expansores são inflados progressivamente no pós-operatório, graças a um reservatório localizado no tecido subcutâneo, para proporcionar distensão progressiva dos tegumentos e uma forma mais natural após a substituição por um implante definitivo. A simetria geralmente é obtida por meio de cirurgia plástica contralateral, a qual permite, ao mesmo tempo, a verificação histológica do tecido glandular. O complexo areolar mamilar é reconstruído em um segundo estágio sob anestesia local, utilizando-se retalhos locais para o mamilo e tatuagem para colorir a aréola. Já em 30% dos casos, após tratamento com a radioterapia, quando é necessária uma mastectomia de resgate, a reconstrução com retalho é preferida. Músculo, gordura e pele de outra parte do corpo podem ser movidos para a área do peito, onde são moldados na forma de um seio. Esse tecido pode ser retirado da região inferior do estômago (retalho do músculo reto do abdome), do dorso (retalho do músculo latíssimo do dorso) ou das nádegas (retalho do músculo glúteo), conforme decisão médica.

A reconstrução do tecido autólogo com o retalho miocutâneo do músculo reto do abdome proporciona excelentes resultados estéticos, promovendo a forma mais natural da mama, mas é uma técnica que exige uma boa experiência do cirurgião. Em algumas ocasiões, a reconstrução com retalho de latíssimo do dorso também pode ser autóloga, mas geralmente requer a adição da prótese. Na maioria dos casos, a reconstrução pode ser realizada imediatamente. A reconstrução tardia, geralmente, é preferida quando a quimioterapia adjuvante deve ser administrada o mais rápido possível após a mastectomia. Complicações do procedimento de reconstrução mamária, como a necrose local ou infecções, podem levar à remoção do implante ou revisão do retalho, podendo prejudicar a paciente, por retardar o início da quimioterapia. Em casos de câncer de mama localmente avançado e progressivo, evidências científicas ressaltam que não é recomendado reconstruir a mama imediatamente à mastectomia.

A reconstrução parcial da mama com procedimentos de cirurgia plástica também pode ser realizada em caso de quadrantectomia (cirurgia de retirada de um quadrante da mama) para obter um melhor resultado estético.

Neste capítulo será estabelecida uma melhor compreensão dos efeitos cirúrgicos da mastectomia e da reconstrução mamária das mulheres acometidas pelo câncer de mama sobre o sistema musculoesquelético e os parâmetros biomecânicos da postura, equilíbrio e marcha, bem como das possíveis inovações na assistência fisioterapêutica no atendimento por telerreabilitação.

EFEITOS DA CIRURGIA DO CÂNCER DE MAMA PARA AS MUDANÇAS DO SISTEMA MUSCULOESQUELÉTICO

A cirurgia de mastectomia ou reconstrução mamária, bem como as terapias adjuvantes, realizadas após o diagnóstico do câncer de mama, podem resultar em complicações pós-operatórias importantes sobre o sistema musculoesquelético das mulheres. De forma geral, destacam-se as complicações direcionadas a infecção, necrose de pele, presença de seroma, aderências e deiscência cicatricial, bem como a dor, linfedema e limitações do movimento de ombro e cintura escapular, fraqueza muscular com alterações sensoriais dos membros superiores, que podem estar associadas ou não a lesão de nervo motor e/ou sensitivo. Tais mudanças musculoesqueléticas acabam por influenciar a prática de atividade física das mulheres acometidas pelo câncer de mama.

Entre as alterações musculoesqueléticas mais comumente encontradas na literatura, estimativas são observadas entre os estudos, com considerada variabilidade de intervalos percentuais após cirurgia do câncer de mama, correspondendo de 9 a 68% para a presença da dor e/ou déficit sensorial; 2 a 17% para o linfedema e de 3,8 a 73% para a redução na amplitude de movimento do ombro. Além desses déficits físicos, a influência dessas morbidades no bem-estar psicossocial também tem sido documentada, com evidências empíricas mostrando que as mulheres que possuem tais morbidades no braço em comparação com aquelas que não a têm, relatam índices significativamente mais baixos na qualidade de vida e mais altos estresses psicológicos.

Evidência da literatura infere que mulheres com câncer de mama, que realizaram cirurgia com dissecção axilar, apresentaram incidência de morbidades do braço nos três meses seguintes à cirurgia, e as principais mudanças musculoesqueléticas direcionadas foram: presença do linfedema em 25%, dor no ombro em 55%, sensação de dormência em 58%, fraqueza muscular do membro superior em 26% e rigidez articular limitando a mobilidade do ombro em 40%, com impacto significativo para a realização das atividades da vida diária. De acordo com estudo descritivo, prospectivo e de abordagem quantitativa, mulheres submetidas à cirurgia unilateral por câncer de mama apresentaram 64,7% de limitação da amplitude de movimento da articulação glenoumeral e do membro superior acometido pela doença. Quanto mais extensa for a cirurgia, maiores serão as chances de morbidades e alterações musculoesqueléticas bilaterais do ombro, bem como a presença de alterações emocionais, as quais resultam em quadros de depressão e ansiedade.

Outra disfunção musculoesquelética frequente, de grande importância clínica, além da percepção da dor, é a mudança sensitiva do membro superior advinda de lesão do nervo intercostobraquial, atingindo um percentual de 44% das mulheres que realizaram a linfadenectomia axilar. A justificativa para o seu surgimento advém de dificuldades técnicas do procedimento cirúrgico ou por falta de opção de preservar os benefícios desse nervo no pós-cirúrgico.

Estudos direcionados para as mudanças musculoesqueléticas após reconstrução mamária também foram realizados. Segundo Yang et al. (2015), ao avaliarem, prospectivamente, a função do braço e ombro, bem como a funcionalidade, após reconstrução mamária com retalho do latíssimo do dorso em cinco momentos distintos do pós-

-operatório (2 semanas, 6 semanas, 3 meses, 6 meses e 12 meses), encontraram as seguintes alterações: redução dos testes musculares dos membros superiores na segunda semana do pós-operatório e diminuição dos movimentos articulares do ombro (flexão, abdução e rotações) na sexta semana do pós-operatório, permanecendo limitantes os movimentos de flexão e abdução do ombro após 3 meses da cirurgia. A incapacidade funcional, verificada por meio de questionário, foi significativamente elevada ao 3º, 6º e 12º meses do monitoramento pós-operatório. Esses resultados estão de acordo com outros estudos, os quais também demonstraram que no pós-operatório imediato são esperados déficits significativos na mobilidade do ombro, com a ressalva de que os escores de incapacidade funcional podem começar a retornar à linha de base após 12 meses do pós-cirúrgico; no entanto, algumas mulheres não atingem os valores pré-operatórios iniciais, mesmo até 3 anos após a cirurgia.

A reconstrução mamária, em especial do retalho do latíssimo do dorso, pode promover mudanças importantes sobre o sistema muscular da extremidade superior, a qual foi verificada, em longo prazo, pelo estudo de Van Huizum et al. (2016) em relação às mulheres do grupo controle. De acordo com os autores, a força isométrica foi medida em vários braços de orientações e direções de torque para determinar os perfis de força das pacientes, e os resultados revelaram uma perda estatisticamente significativa de torque sinérgico de força do latíssimo do dorso que resultou em elevada incapacidade funcional das mulheres após cirurgia. Outras evidências da literatura ressaltam que essas mudanças da força muscular podem dificultar a prática de atividade física e de esportes nas mulheres acometidas.

Estudo de revisão sistemática, realizado por Blackburn et al. (2018), sobre as consequências musculoesqueléticas da reconstrução mamária do latíssimo do dorso em 22 estudos observacionais revelou que os tamanhos amostrais são bem variados nos estudos, entre 6 e 206 participantes, sendo a maioria com amostras e *design* de estudos retrospectivos. Segundo os autores, os estudos demonstraram que há considerável morbidade no pós-operatório com recuperação funcional variando entre os estudos, portanto, uma investigação mais aprofundada ainda é necessária para determinar os fatores subjacentes que contribuem para uma redução na função e nas atividades da vida diária das mulheres submetidas a reconstrução mamária, visto que muitas dessas mudanças musculoesqueléticas acarretam perturbações do alinhamento e controle postural com consequências importantes para mudanças no andar, considerado uma atividade da vida diária precípua para manutenção das atividades físicas das mulheres após cirurgia do câncer de mama.

EFEITOS DA CIRURGIA DO CÂNCER DE MAMA SOBRE AS MUDANÇAS DOS PARÂMETROS BIOMECÂNICOS DIRECIONADOS A POSTURA, CONTROLE DO EQUILÍBRIO E MARCHA

Atualmente, além dessas mudanças musculoesqueléticas após o tratamento cirúrgico do câncer de mama (mastectomia e reconstrução), alguns estudos têm focado a importância clínica do entendimento dos aspectos biomecânicos direcionados ao alinhamento postural, ao equilíbrio corporal e à marcha das mulheres após procedimento cirúrgico da doença.

Evidências da literatura revelam várias mudanças sobre o alinhamento postural após procedimentos cirúrgicos do câncer de mama, cujas principais mudanças se direcionam para a rotação da cabeça para a direita, aumento da cifose torácica, protrusão do ombro com maior inclinação do tronco do lado operado, além de uma maior elevação da cintura escapular e do ombro. Para Crosbie et al. (2010), os padrões motores da cintura escapular estão significativamente alterados do lado da mastectomia em relação ao lado contralateral.

Apesar da mastectomia causar grandes mudanças posturais, estudo recente, realizado por Mangone et al. (2019), revelou que as mulheres com mastectomia sobreviventes ao câncer de mama, que realizaram a reconstrução mamária (colocação de próteses ou expansores), mostraram-se em melhor ajuste do alinhamento postural da coluna, mas apresentaram compensações importantes aos movimentos anteroposterior do tronco e inclinações laterais, que resultaram em aumento do gasto energético para o controle do equilíbrio corporal quando comparadas às mulheres saudáveis, ou seja, não acometidas pelo câncer de mama.

Como visto anteriormente, existem diferentes opções para a cirurgia de reconstrução mamária e o impacto das diferentes técnicas na postura corporal tem sido estudado. Um estudo demonstrou que a reconstrução mamária imediata com prótese Beker-25 poderia ajudar a preservar a postura corporal nos diferentes planos, coronal, sagital e transverso, comparando com mulheres após mastectomia radical sem reconstrução (18 e 24 meses pós-cirúrgicos). As evidências sobre o efeito da cirurgia na postura corporal de mulheres após reconstrução mamária com uso de tecido autólogo constituem outro aspecto importante. Peres et al. (2017) observaram que mulheres submetidas à mastectomia isolada comparadas com mulheres submetidas à reconstrução mamária imediata com retalho apresentaram diferenças no alinhamento vertical do tronco, com assimetrias entre os acrômios e trocanteres maiores do fêmur, favorecendo compensações do tronco (inclinação).

Em longo prazo, Głowacka et al. (2016) realizaram acompanhamento de mulheres com mastectomia associada à radioterapia durante o período de um ano, e os resultados observados pelos autores foram as assimetrias posturais dos ombros associadas ao aumento da inclinação pélvica do lado operado. Outras evidências científicas revelaram que a presença do linfedema após a mastectomia aumenta as assimetrias posturais, em especial da cabeça, pescoço e ombros, combinadas ao aumento da inclinação de tronco. Para Oh et al. (2021), a reconstrução tardia da mama não resultou em melhora clínica significativa no alinhamento e controle posturais induzida pela mastectomia, sendo uma decisão importante a ser considerada pelas pacientes entre reconstrução mamária imediata ou tardia.

De acordo com Ribeiro et al. (2016; 2018), as assimetrias da coluna aumentam pós-reconstrução mamária imediata com retalho do músculo abdominal, destacando-se: o desalinhamento vertical do tronco para o lado operado, bem como a elevação da articulação coxofemoral, o que pode favorecer a mudanças na estabilidade do tronco e, consequentemente, no equilíbrio. Segundo os autores, o peso da prótese mamária externa também pode contribuir para alterações posturais em mulheres pós-mastectomia, ressaltando a assimetria da cabeça em decorrência do desequilíbrio da atividade muscular do eretor da espinha dessas mulheres. Hojana et al. (2016) avaliaram e determinaram se o peso de uma prótese externa de mama pode contribuir para alterações posturais em mulheres após procedimento da mastectomia. Os principais achados foram: (1) se a cirurgia foi feita no lado esquerdo ou direito, as atividades dos músculos eretores da espinha no lado ipsilateral e contralateral foram significativamente diferentes; (2) em geral, para as pacientes operadas do lado esquerdo, o desequilíbrio da atividade do músculo eretor da espinha foi menor quando comparado ao desequilíbrio entre as pacientes operadas do lado direito; (3) o peso da prótese externa de mama não influenciou nas diferenças de atividade dos músculos eretores da espinha no lado operado e no lado não operado. Juntamente com as alterações posturais, ocorrem também alterações musculoesqueléticas adaptativas, as quais podem interferir na manutenção do equilíbrio vertical. Para Głowacka-Mrotek et al. (2021), o desequilíbrio postural ocorre independentemente do tipo de intervenção axilar. Distúrbios na parte superior do tronco (assimetrias dos ombros e elevação do ângulo inferior da escápula) são mais pronunciados em pacientes após dissecção de linfonodo axilar.

Estudos de equilíbrio corporal e da marcha, após cirurgia de câncer de mama, mostraram aumento da área de oscilação lateral do eixo-X e da oscilação total com os olhos abertos e fechados, bem como das alterações nos parâmetros da marcha direcionados para a velocidade, a cadência, o tempo e o comprimento do passo, com e sem reconstrução mamária. Para Altas e Demirdal (2021), existe uma correlação entre o estágio do linfedema e as mudanças do equilíbrio corporal, presença de cinesiofobia e o medo de cair. Proporcionalmente ao seu estágio e gravidade, o linfedema causa distúrbios do equilíbrio corporal, levando ao aumento das sensações de cinesiofobia que influenciam o medo de quedas. De acordo com Sahin et al. (2013), essas mudanças do equilíbrio também favorecem ajustes durante a marcha e devem ser verificadas e trabalhadas com os exercícios de reabilitação, visto que avaliações cinemáticas revelaram redução dos movimentos dos membros inferiores após mastectomia, mas com melhoras positivas após seguimento de dois meses da cirurgia combinado aos exercícios de fisioterapia.

A importância da assistência fisioterapêutica da marcha e equilíbrio também pode se pautar no estudo de revisão sistemática com metanálise, realizado por Hsieh et al. (2019), ao revelarem que as pacientes sobreviventes de câncer de mama, após procedimento cirúrgico, apresentam comprometimento importante de declínio do equilíbrio corporal com significativa diminuição da velocidade da marcha. A metanálise entre os estudos mostrou que os escores de alcance funcional, a velocidade do centro de oscilação de pressão (COP), a velocidade da marcha e os tempos do teste de *Timed Up and Go* (TUG) foram todos reduzidos quando comparados aos valores normativos, indicando potenciais prejuízos no equilíbrio e na marcha após cirurgia. Especificamente, verificou-se entre os estudos pior estabilidade postural das pacientes para as tarefas de equilíbrio estático. Segundo Hojan et al. (2014), ao avaliarem os parâmetros espaço-temporais da marcha de 40 mulheres após mastectomia com reconstrução com prótese externa, foram encontradas diferenças significativas nos parâmetros da marcha – velocidade, cadência, tempo do passo (direito e esquerdo) e comprimento do passo – do grupo "menor idade", com e sem prótese. Não foram encontradas diferenças significativas nas mulheres do "grupo mais velho", com e sem prótese. Os parâmetros de marcha do grupo "menor idade" foram mais próximos aos do grupo controle saudável quando usavam prótese externa, em comparação com quando não usavam. Isso sugere uma influência positiva do uso de prótese mamária no estado funcional das mulheres após a mastectomia.

Diante desse contexto, independentemente do tipo de cirurgia para o câncer de mama, são evidentes as disfunções do equilíbrio corporal e dos parâmetros da marcha após mastectomia e reconstrução da mama. Assim, parte fundamental do tratamento clínico das pacientes é a fisioterapia, cujo propósito é estabelecer exercícios de reabilitação que reduzam as complicações musculoesqueléticas, diminuindo as assimetrias posturais e aumentando o controle do equilíbrio, bem como restabelecendo os parâmetros da marcha.

TRATAMENTO POR TELERREABILITAÇÃO APÓS CIRURGIA DE CÂNCER DE MAMA: MASTECTOMIA E RECONSTRUÇÃO MAMÁRIA

A telerreabilitação é uma área em evolução da telessaúde que envolve o fornecimento de exercícios de reabilitação para pacientes em localidades rurais e geograficamente remotas usando tecnologias de informação e comunicação. A telerreabilitação fornece acesso a cuidados físicos-funcionais dos pacientes no conforto de suas casas ou outros ambientes de vida, reduzindo a necessidade de reabilitação face a face, particularmente onde o acesso é limitado aos pacientes ou os recursos financeiros são escassos. A prestação de serviços de telerreabilitação baseada na internet (*on-line*) pode aumentar o acesso de assistência aos pacientes e permite que o fisioterapeuta otimize e adapte o tratamento de forma personalizada, resultando em melhor adesão e resultados promissores aos pacientes.

O uso da telessaúde é uma abordagem promissora para fornecer suporte a pacientes com câncer de mama e há evidências de um ensaio clínico randomizado envolvendo o uso de um sistema de telerreabilitação chamado e-CUIDATE para melhorar a qualidade de vida das pacientes sobreviventes da doença. Os mesmos autores conduziram um estudo controlado randomizado composto por 81 pacientes com câncer de mama que haviam terminado a terapia adjuvante para doença em estágio I a IIIA. Usando um programa de 8 semanas de exercícios baseado na internet, sendo eles personalizados em um programa específico, os autores observaram melhoras significativas na função física das mulheres com redução da intensidade da dor e aumento do estado geral de saúde. Além disso, em ensaio clínico randomizado de três braços, composto por 516 pacientes com câncer de mama avançado, descobriram que a telerreabilitação colaborativa aumentou a função física e a qualidade de vida dessas mulheres, reduzindo a dor e o tempo de internação.

Durante a pandemia da Covid-19, as unidades de saúde vêm adotando, cada vez mais, a telerreabilitação em detrimento da reabilitação fisioterapêutica presencial, podendo ser implementada como uma opção inicial para cuidados continuados das pacientes com câncer de mama, pois há diminuição do risco de SARS-CoV-2. O programa de telerreabilitação propõe uma gama de movimentos com exercícios multicomponentes e aeróbicos que podem ser realizados em casa. Nessa mesma direção, em outro estudo, relataram um modelo de telerreabilitação implementado em um hospital chileno para as pacientes sobreviventes ao câncer de mama. O modelo envolve o uso de telefone ou videochamada para avaliação inicial e consultas remotas subsequentes. O telemonitoramento foi realizado de forma síncrona com a paciente e as informações compartilhadas de forma assíncrona, por meio de uma página da *web*. Notavelmente, os autores do estudo indicaram que havia um alto nível de aprovação e satisfação das pacientes, bem como dos profissionais de saúde envolvidos na assistência, sendo eles médicos e fisioterapeutas. Apesar de evidências dos promissores efeitos da telerreabilitação para as pacientes com câncer de mama, as informações sobre os modelos mais efetivos para a sua aplicação ainda são limitadas, necessitando de estudos para maiores esclarecimentos, porém, têm sido grandes os benefícios e avanços na área, com promissores efeitos, em especial para as pacientes com câncer de mama em tempos da pandemia advinda da Covid-19.

BIBLIOGRAFIA RECOMENDADA

1. Akram M, Iqbal M, Daniyal M, Khan AU. Awareness and current knowledge of breast cancer. Biol Res. 2017 Oct 2;50(1):33.
2. Altas EU, Demirdal ÜS. The effects of post-mastectomy lymphedema on balance, Kinesiophobia and fear of falling. J Community Health Nurs. 2021; 38(2):130-8.
3. Archangelo SC, Sabino Neto M, Veiga DF, Garcia EB, Ferreira LM. Sexuality, depression and body image after breast reconstruction. Clinics. 2019;74:e883.
4. Blackburn NE, Mc Veigh JG, Mc Caughan E, Wilson IM. The musculoskeletal consequences of breast reconstruction using the latissimus dorsi muscle for women following mastectomy for breast cancer: A critical review. Eur J Cancer Care. 2018;27(2):e12664.
5. Brennan DM, Mawson S, Brownsell S. Telerehabilitation: enabling the remote delivery of healthcare, rehabilitation, and self management. Stud Health Technol Inform. 2009;145:231-48.
6. Button J, Scott J, Taghizadeh R, Weiler-Mithoff E, Hart AM. Shoulder function following autologous latissimus dorsi breast reconstruction. A prospective three year observational study comparing quilting and non-quilting donor site techniques. J Plast Reconstr Aesthet Surg. 2010 Sep;63(9):1505-12.

7. Cheville AL, Moynihan T, Herrin J, Loprinzi C, Kroenke K. Effect of collaborative telerehabilitation on functional impairment and pain among patients with advanced-stage cancer: A randomized clinical trial. JAMA Oncol. 2019; 5:644-52.
8. Ciesla S, Polom K. The effect of immediate breast reconstruction with Becker-25 pros-thesis on the preservation of proper body posture in patients after mastectomy. EJSO. 2010;36:625e-631.
9. Crosbie J, Kilbreath SL, Dylke E, Refshauge KM, Nicholson LL, Beith JM, et al. Effects of mastectomy on shoulder and spinal kinematics during bilateral upper-limb movement. Phys Ther. 2010 May;90(5):679-92.
10. Crosible J, Kilbreath SL, Dylke E, Refshauge KM, Nicholson L, Beith JM, et al. Effects of mastectomy on shoulder and spinal kinematics during bilateral upper-limb movement. Phys Ther. 2010; 90(5):679-92.
11. de Rezende LF, Francisco VE, Franco RL. Telerehabilitation for patients with breast cancer through the Covid-19 pandemic. Breast Cancer Res Treat. 2021;185(1):257-9.
12. Devoogdt N, Van Kampen M, Christiaens MR, Troosters T, Piot W, Beets N, et al. Short and long-term recovery of upper limb function after axillary lymph node dissection. Eur J Cancer Care. 2011;20(1):77-86.
13. Erturhan Türk K, Yılmaz M. The Effect on Quality of Life and Body Image of Mastectomy Among Breast Cancer Survivors. Eur J Breast Health. 2018; 14(14):205-10.
14. Galiano-Castillo N, Cantarero-Villanueva I, Fernández-Lao C, Ariza-García A, Díaz-Rodríguez L, Del-Moral-Ávila R, et al. Telehealth system: A randomized controlled trial evaluating the impact of an internet-based exercise intervention on quality of life, pain, muscle strength, and fatigue in breast cancer survivors. Cancer. 2016;122:3166-74.
15. Garusi C, Manconi A, Lanni G, Lomeo G, Loschi P, Simoncini MC, et al. Shoulder function after breast reconstruction with the latissimus dorsi flap: A prospective cohort study – Combining DASH score and objective evaluation. Breast. 2016;27:78-86.
16. Glassey N, Perks GB, McCulley SJ. A prospective assessment of shoulder morbidity and recovery time scales following latissimus dorsi breast reconstruction. Plast Reconstr Surg. 2008 Nov;122(5):1334-40.
17. Glowacka I, Nowikiewicz T, Siedlecki Z, Hagner W, Nowacka K, Zegarski W. The assessment of the magnitude of frontal plane postural changes in breast cancer patients after breast-conserving therapy or mastectomy – Follow-up

results 1 year after the surgical procedure. Pathol Oncol Res. 2016;22(1):203-8.

18. Głowacka-Mrotek I, Tarkowska M, Leksowski L, Nowikiewicz T, Zegarski W. Evaluation of Late Postural Complications in Breast Cancer Patients Undergoing Breast-Conserving Therapy in Relation to the Type of Axillary Intervention--Cross-Sectional Study. J Clin Med. 2021 Apr 1;10(7):1432.
19. Góis MC, Trindade KMO, Cobucci RNO, Micussi MTABC, Revoredo MMP. Prevalence of postoperative complications resulting from the modified radical mastectomy with axillary lymphadenectomy. Rev Bras Mastologia. 2011; 21(4):157-60.
20. Gomide LB, Matheus JPC, Reis FJC. Morbidity after breast cancer treatment and physiotherapeutic performance. Int J Clin Pract. 2007;61(6):972-82.
21. González-Fernández S, Fernández-Rodríguez C, Mota-Alonso MJ, García--Teijido P, Pedrosa I, Pérez-Álvarez M. Emotional state and psychological flexibility in breast cancer survivors. Eur J Oncol Nurs. 2017;30:75-83.
22. Haddad CAS, Saad M, Perez MDCJ, Miranda Jr F. Assessment of posture and joint movements of the upper limbs of patients after mastectomy and lymphadenectomy. Einstein. 2013;11(4):426-34.
23. Hojan K, Manikowska F, Molinska-Glura M, Chen PJ, Jozwiak M. The impact of an external breast prosthesis on the gait parameters of women after mastectomy. Cancer Nurs. 2014;37(2):E30-6.
24. Hojana K, Manikowskab F, Chenb BP, Linc C. The influence of an external breast prosthesis on the posture of women after mastectomy. J Back and Musc Rehab. 2016;29(2):337-42.
25. Homsy A, Rüegg E, Montandon D, Vlastos G, Modarressi A, Pittet B. Breast Reconstruction: A Century of Controversies and Progress. Ann Plast Surg. 2018 Apr;80(4):457-63.
26. Hsieh KL, Wood TA, An R, Trinh L, Sosnoff JJ. Gait and Balance Impairments in Breast Cancer Survivors: A Systematic Review and Meta-analysis of Observational Studies. Arch Rehabil Res Clin Transl. 2019;20;1(1-2):100001.
27. Hu E, Alderman AK. Breast Reconstruction. Surg Clin N Am. 2007;87:453-67.
28. Keskin G, Gumus A. Turkish hysterectomy and mastectomy patients depression, body image, sexual problems and spouse relationships. Asian Pac J Cancer Prev. 2011;12:425-32.
29. Koh CE, Morrison WA. Functional impairment after latissimus dorsi flap. ANZ J Surg. 2009 Jan-Feb;79(1-2):42-7.

30. Malicka I, Hanuszkiewicz J, Stefan'ska M, Barczyk K, Woz'niewski M. Relation be-tween trunk muscle activity and posture type in women following treatment for breast cancer. J Back Musculoskelet Rehabil. 2010;23(1):11-9.
31. Malliaras P, Cridland K, Hopmans R, Ashton S, Littlewood C, Page R, et al. Internet and telerehabilitation-delivered management of rotator cuff-related shoulder pain (INTEL Trial): Randomized controlled pilot and feasibility trial. JMIR MHealth Uhealth. 2020 Nov 18;8(11):e24311.
32. Mangone M, Bernetti A, Agostini F, Paoloni M, De Cicco FA, Capobianco SV, et al. Changes in Spine Alignment and Postural Balance After Breast Cancer Surgery: A Rehabilitative Point of View. Biores Open Access. 2019,30;8(1):121-8.
33. Maunsell E, Brisson J, Deschenes L. Arm problems and psychological distress after surgery for breast cancer. Can J Surg. 1993;36(4):315-20.
34. McCue M, Fairman A, Pramuka M. Enhancing quality of life through telerehabilitation. Phys Med Rehabil Clin N Am. 2010;21(1):195-205.
35. Mella-Abarca W, Barraza-Sánchez V, Ramírez-Parada K. Telerehabilitation for people with breast cancer through the Covid-19 pandemic in Chile. Ecancermedicalscience. 2020 Aug 5;14:1085.
36. Montezuma T, Guirro ECO, Vaz MMOLL, Vernal S. Changes in Postural Control in Mastectomized Women. J Cancer Therapy. 2104;5:493-9.
37. Nogueira EA, Bergmann A, Paixão E, Thuler LCS. Alterações sensitivas, tratamento cirúrgico do câncer de mama e nervo intercostobraquial: revisão da literatura. Rev Bras Cancerol. 2010;56(1):85-91.
38. Oh JS, Kim H, Jin US. The effect of delayed breast reconstruction after unilateral mastectomy on spine alignment. Gland Surg. 2021 Aug;10(8):2368-77.
39. Panobianco MS, Mamede V. Complicações e intercorrências associadas ao edema de braço nos três primeiros meses pós-mastectomia. Rev Latino-Am Enfermagem 2002;10(4):544-51.
40. Peres ACAM, Latorre MRDO, Maesaka JY, Filassi JR, Baracat EC, Ferreira EAG. Body posture after mastectomy: comparison between immediate breast reconstruction versus mastectomy alone. Physiother Res Int. 2017 Jan;22(1).
41. Petit J, Rietjens M, Garusi C. Breast reconstructive techniques in cancer patients: which ones, when to apply, which immediate and long term risks? Critical Reviews in Oncology/Hematology 2001;38(3):231-9.
42. Pimentel MD, Santos LC, Gobbi H. Avaliação clínica da dor e sensibilidade cutânea de pacientes submetidas à dissecção axilar com preservação do nervo intercostobraquial para tratamento cirúrgico do câncer de mama. Rev Bras Ginecol Obstet. 2007;29(6):291-6.

43. Plesca M, Bordea C, Houcheimi B, Ichim E, Blidaru A. Evolution of radical mastectomy for breast cancer. J Med and Life. 2016;9(2):183-6.
44. Rachwal M, Drzał-Grabiec J, Walicka-Cupryś K, Truszczyńska A. Control of static balance among women after mastectomy. Vision impact on the quality of the equilibri-um response. Postępy rehabilitacji. 2013;1(3):13-20.
45. Rangel J, Tomás MT, Fernandes B. Physical activity and physiotherapy: perception of women breast cancer survivors. Breast Cancer. 2019 May;26(3): 333-8.
46. Rebbeck T, Friebel T, Lynch H, Neuhausen S, Veer L, Garber J, et al. Bilateral prophylactic mastectomy reduces breast cancer risk in BRCA1 and BRCA2 mutation carriers: the PROSE Study Group. J Clin Oncol. 2004;22:1055-62.
47. Ribeiro AP, Maniaes T, Hamamoto AN. The effect of late mastectomy with and without breast reconstruction on balance and body posture. Bio Med Women. 2016;2.
48. Ribeiro AP, Maniaes T, Hamamoto AN. The effects of mastectomy and breast reconstruction on body posture and biomechanical aspects. In: Brandão S, Da Roza T, Ramos I, Mascarenhas T (eds). Women's health and biomechanics. lecture notes in computational vision and biomechanics, vol 29. Springer, Cham; 2018. p.57-69.
49. Rostkowska E, Bąk M, Samborski W. Body posture in women after mastectomy and its changes as a result of rehabilitation. Adv Med Sci. 2006;51:287-97.
50. Sahin I, Iskender S, Ozturk S, Balaban B, Isik S. Evaluation of breast reduction surgery effect on body posture and gait pattern using three-dimensional gait analysis. Aesthetic Plast Surg. 2013;37(3):549-53.
51. Stubblefield MD, Custodio CM. Upper-extremity pain disorders in breast cancer. Arch Phys Med Rehabil. 2006;87(3 Suppl 1):S96-9.
52. Sun L, Ang E, Ang WHD, Lopez V. Losing the breast: A meta-synthesis of the impact in women breast cancer survivors. Psychooncology. 2018;27(2):376-85.
53. van Huizum MA, Hoornweg MJ, de Ruiter N, Oudenhoven E, Hage JJ, Veeger DJ. Effect of latissimus dorsi flap breast reconstruction on the strength profile of the upper extremity. J Plast Surg Hand Surg. 2016 Aug;50(4):202-7.
54. Velloso FSB, Barra AA, Dias RC. Morbidade de membros superiores e qualidade de vida após a biópsia de linfonodo sentinela para o tratamento do câncer de mama. Rev Bras Cancerol. 2009;55(1):75-85.
55. Voogd A, Nielsen M, Peterse JL, Blichert-Toft M, Bartelink H, Overgaard M, et al. Differences in risk factors for local and distant recurrence after breast-conserving therapy or mastectomy for stage I and II breast cancer: pooled

results of two large European randomized trials. J Clin Oncol. 2001 Mar 15;19(6):1688-97.

56. Yang JD, Huh JS, Min YS, Kim HJ, Park HY, Jung TD. Physical and Functional Ability Recovery Patterns and Quality of Life after Immediate Autologous Latissimus Dorsi Breast Reconstruction: A 1-Year Prospective Observational Study. Plast Reconstr Surg. 2015 Dec;136(6):1146-54.
57. Yarnold J, Ashton A, Bliss J, Homewood J, Harper C, Hanson J. Fractionation sensitivity and dose response of late adverse efects in the breast after radiotherapy for early breast cancer: long-term results of a randomised trial. Radiother Oncol. 2005;75:9-17.

Fisioterapia pós-tratamento do câncer ginecológico

27

Jaqueline Munaretto Timm Baiocchi

INTRODUÇÃO

Câncer de endométrio

O câncer do endométrio é a sétima causa de câncer no mundo, sendo diagnosticados cerca de 200.000 casos novos por ano. Usualmente acomete mulheres na pós-menopausa e com idade mediana de 60 anos.

O principal fator de risco é a exposição contínua do endométrio ao hormônio estrogênio sem oposição da progesterona. Outros fatores incluem obesidade, menopausa tardia, menarca precoce, o uso do estrógeno (terapia hormonal) sem antagonismo da progesterona, o diabetes, a síndrome dos ovários policísticos, a nuliparidade e o uso de tamoxifeno. A maioria está relacionada com a exposição cumulativa ao estrógeno.

O ultrassom pélvico transvaginal é a principal ferramenta de avaliação do endométrio. A mulher na pós-menopausa e sem uso de terapia hormonal deve ter a espessura endometrial de até 5 mm.

A histerectomia total com salpingo-oforectomia bilateral é o tratamento fundamental do câncer de endométrio. A radioterapia e a quimioterapia têm papel principalmente adjuvante ou complementar à cirurgia.

Câncer de ovário

O câncer de ovário corresponde a 23% dos tumores malignos ginecológicos, porém é responsável por 47% das mortes por câncer ginecológico. O risco de uma mulher desenvolver câncer de ovário durante a vida é de cerca de 1,4%.

Os fatores de risco são história de infertilidade, menarca precoce, menopausa tardia, nuliparidade, obesidade, endometriose e terapia hormonal na pós-menopausa.

Cerca de 10% dos casos têm predisposição genética ou componente hereditário. A síndrome genética mais frequente é a síndrome do câncer de mama-ovário hereditário. Está relacionada com os genes BRCA 1 e BRCA 2. As mulheres com mutação germinativa do gene BRCA1 têm 16-60% de risco de desenvolver câncer de ovário, e no caso da mutação do gene BRCA 2 têm risco de 16-27% durante a vida.

Dentre os fatores protetores, é bem estabelecido que o uso de contraceptivos orais reduz o risco de desenvolver câncer de ovário. Mulheres que usaram contraceptivos orais por 5 anos apresentam redução de 50% do risco em relação às que não nunca usaram.

Não há exame de rastreamento adequado para o diagnóstico precoce do câncer de ovário, sendo o diagnóstico geralmente tardio, com a maioria das pacientes diagnosticada nos estádios III e IV.

No caso do diagnóstico de doença inicial e aparentemente confinada aos ovários, o tratamento é a histerectomia total, salpingooforectomia bilateral, omentectomia, lavado peritoneal para citologia oncótica, biópsias de peritônio e retirada dos linfonodos pélvicos e retroperitoneal.

O tratamento padrão atual da doença avançada (quando há carcinomatose – disseminação por implantes no peritônio) consiste na cirurgia citorredutora. O tratamento adjuvante ou complementar do câncer de ovário é realizado com quimioterapia.

Câncer de vulva

O câncer de vulva é uma neoplasia maligna pouco frequente, com incidência de 2-3/100.000 mulheres. Corresponde a cerca de 3-5% dos cânceres ginecológicos e afeta principalmente pacientes idosas, com idade média entre 65 e 70 anos.

Os principais fatores de risco são: idade, tabagismo, infecção pelo HPV, doença imunossupressora e presença de distrofias vulvares ou líquen escleroso.

A principal modalidade de tratamento do câncer de vulva é a cirurgia. Os procedimentos cirúrgicos incluem a ressecção do tumor primário (vulvectomia), assim como os linfonodos inguinofemorais correspondentes. A radioterapia adjuvante tem impacto na melhora da sobrevida no caso de linfonodos comprometidos.

Câncer do colo de útero

O câncer do colo do útero é a segunda neoplasia mais comum entre mulheres no mundo, sendo responsável, anualmente, por cerca de 500 mil casos novos e pelo óbito de aproximadamente 230 mil mulheres. Quase 80% dos casos novos ocorrem em países subdesenvolvidos e em desenvolvimento devido principalmente à falta de um programa de rastreamento adequado.

O câncer do colo do útero é uma doença sexualmente transmissível associada à infecção persistente pelo papilomavírus humano (HPV) do tipo alto risco. O tabagismo e a imunossupressão também são fatores de risco.

A prevenção do câncer do colo do útero é realizada através do exame ginecológico Papanicolau (citopatológico do colo do útero). O objetivo principal é diagnosticar as lesões pré-malignas do câncer do colo do útero.

O tratamento inicial é realizado com cirurgia ou radioterapia. Tumores iniciais passam pela conização e os avançados passam por histerectomia radical e linfonodectomia pélvica bilateral. Radioterapia e quimioterapia são utilizadas nos tumores mais avançados.

TRATAMENTO CLÍNICO DOS TUMORES GINECOLÓGICOS

O tratamento do câncer ginecológico é multimodal, podendo ser cirúrgico, radioterapêutico (teleterapia ou braquiterapia), quimioterapia, hormonioterapia (terapia endócrina) ou terapia-alvo.

Cirurgias

Os tipos de cirurgias ginecológicas para retirada dos tumores são:

- Vulvectomia: consiste na ressecção cirúrgica da vulva.
- Colpectomia: consiste na ressecção da vagina.
- Conização ou traquelectomia: consiste na retirada de parte do colo do útero. Tem o objetivo de diagnosticar e tratar lesões pré-malignas e malignas do colo uterino.
- Histerectomia total: retirada completa do útero (corpo e colo do útero).
- Histerectomia radical ou cirurgia de Wertheim-Meigs: consiste na retirada do útero (colo e corpo) em conjunto com a parte superior da vagina, parte dos ligamentos ao lado do útero (paramétrios) e linfonodos da pelve.
- Traquelectomia radical: a diferença da histerectomia radical é a manutenção do corpo do útero com o objetivo de preservar a fertilidade.
- Ooforectomia: retirada dos ovários unilateral ou bilateral.
- Salpingectomia: retirada das trompas de Falópio.
- Anexectomia: retirada dos ovários e das trompas de Falópio.
- Linfonodectomia pélvica: retirada dos linfonodos (gânglios) e tecido gorduroso situados junto aos vasos e nervos da pelve.

- Linfonodectomia retroperitoneal ou para-aórtica: retirada dos linfonodos (gânglios) e tecido gorduroso situados junto à artéria aorta e veia cava que estão localizados atrás dos intestinos.
- Reconstrução vulvovaginal: após o procedimento cirúrgico radical vulvar ou vaginal, poderão ser necessários procedimentos cirúrgicos adicionais plásticos de reconstrução com o objetivo de corrigir o defeito anatômico gerado pelo procedimento.

O tratamento cirúrgico do câncer ginecológico pode resultar em alterações da anatomia feminina, menopausa precoce, levando a complicações como estenose vaginal, encurtamento do canal vaginal, atrofia da mucosa vaginal, fibrose, aderências, incontinência urinária, incontinência fecal, dispareunia (dor na relação sexual), diminuição da lubrificação vaginal, dor pélvica, linfedema pélvico, de vulva e de membros inferiores.

Avanços recentes no mapeamento dos linfonodos comprometidos por metástase pela biópsia do linfonodo sentinela, cirurgias menos radicais e o uso de cirurgias por videolaparoscopia ou cirurgia robótica diminuíram a morbidade e as complicações pós-operatórias.

Radioterapia

Em ginecologia, a radioterapia pode ser aplicada externamente (teleterapia) ou internamente (braquiterapia). Apesar dos avanços, os efeitos adversos ainda são observados durante e após o tratamento radioterápico e podem manifestar-se até anos após o término da radioterapia. As principais complicações são as radiodermites, as mucosites vaginais e as fibroses radioinduzidas.

Quimioterapia, hormonioterapia e terapia-alvo

A quimioterapia é o método que utiliza compostos químicos no tratamento dos tumores e afeta tanto as células normais como as neoplásicas. Os efeitos terapêuticos e tóxicos dos quimioterápicos dependem do tempo de exposição e da concentração plasmática da droga. A toxicidade é variável para os diversos tecidos e depende da droga utilizada. Cada droga tem um perfil de toxicidade e gera diferentes efeitos colaterais. Os efeitos mais comuns são náuseas, vômito, alopecia, neurotoxicidade, cardiotoxicidade, mielotoxicidade, mucosite, obstipação intestinal ou diarreia e fadiga oncológica.

A hormonioterapia leva à supressão da produção de hormônios, com a finalidade de privar as células malignas dos estímulos necessários para entrar em divisão; desse modo, as pacientes sofrerão um bloqueio dos hormônios femininos, que as levará à menopausa. Os efeitos observados são os decorrentes da privação do hormônio no corpo do paciente. Todos os sintomas da menopausa, como fogachos, alterações tegumentares, atrofia de mucosas, diminuição da autoestima e libido, artralgia, fenômenos tromboembólicos, osteopenias e osteoartrose, são comuns.

A terapia-alvo consiste em compostos de substâncias desenvolvidas para identificar e atacar características específicas das células cancerígenas, alvos moleculares, bloqueando assim o crescimento e a disseminação do câncer. O princípio básico da utilização da terapia-alvo consiste na identificação de um bom alvo molecular. Os efeitos colaterais variam conforme a via molecular a ser bloqueada, mas de uma forma geral são diferentes dos observados durante o tratamento com quimioterápicos convencionais, variando entre alterações cutâneas, hipertensão arterial, alterações na coagulação e cicatrização ou mesmo complicações mais graves, como a formação de fístula entre a vagina e o intestino.

AVALIAÇÃO FISIOTERAPÊUTICA

Os músculos pélvicos controlam o fluxo de urina, a contração do períneo e o bom fechamento do ânus. Tanto a uretra quanto o ânus têm o esfíncter externo, de musculatura estriada, que auxiliam em torno de 70% na continência miccional e anal. Os outros 30% são de responsabilidade do esfíncter interno, sendo que este é de musculatura lisa com controle realizado pelo sistema nervoso autônomo (simpático e parassimpático) e pelo sistema nervoso central.

A avaliação fisioterapêutica é composta por uma completa anamnese e pela avaliação funcional do assoalho pélvico. O exame físico deverá contemplar os seguintes itens:

- Tônus muscular.
- Controle e coordenação motora.
- Força muscular.
- Reflexos (cutâneo-anal, bulbocavernoso, isqueocavernoso e pudendo-anal).
- Inspeção da vulva, vagina, períneo e ânus.
- Palpação para observar pontos de dor, aderências, fibroses, encurtamentos e estenose vaginal.
- Avaliação de pontos-gatilho.
- Alterações de trofismo e coloração da pele.
- Testes de diário funcional miccional e/ou *pad test*.

Disfunções oncológicas e atuação fisioterapêutica

As ferramentas de tratamento disponíveis são de caráter educacional, cognitivo-comportamental e funcional. O tratamento fisioterapêutico consiste na utilização de cinesioterapia, terapia manual, eletroterapia, *biofeedback* e terapia comportamental. Uma mesma paciente pode apresentar várias disfunções concomitantemente, e muitas das terapêuticas aplicadas na reabilitação do assoalho pélvico tratam diferentes patologias. Por exemplo, uma paciente submetida a uma colpectomia por câncer de colo de útero pode apresentar estenose do canal vaginal, com dor pélvica e disfunção sexual.

A cinesioterapia para o assoalho pélvico é composta por exercícios para a normalização do tônus e ganho de força muscular. É utilizada tanto com o objetivo de fortalecimento como de relaxamento muscular.

A terapia manual ou a massoterapia deve ser empregada para tratar pontos-gatilho, aderências teciduais e fibroses pós-cirúrgicas ou pós-radioterapia.

A eletroestimulação tem como objetivo fortalecer, relaxar e normalizar o tônus, melhorando as complicações pós-tratamento do câncer ginecológico. O uso da eletroterapia em pacientes oncológicos foi controverso durante muitos anos. Hoje, novas evidências apontam ser um recurso seguro nesse tipo de paciente. A seguir veremos a atuação da fisioterapia em cada uma das principais complicações pós-tratamento oncológico.

Radiodermite e mucosite vaginal

A radiodermite e a mucosite vaginal são queimaduras complexas e localizadas, resultantes do excesso de exposição à radiação ionizante. Desenvolvem-se em poucos dias ou até semanas após a irradiação com quadro clínico de hiperemia, eritema bolhoso e, por último, necrose. A intensidade das lesões causadas pela toxicidade da radiação está na dependência do volume tecidual irradiado, da dose por fração, da dose total, do esquema de fracionamento de dose, da distribuição de dose no tecido a ser irradiado, entre outros (Figura 1). A prevenção e o tratamento da radiodermite deverão ser feitos em conjunto com o médico e a equipe de enfermagem.

A fisioterapia dispõe de recursos valiosos no manejo das queimaduras da radioterapia. A literatura traz o uso do equipamento de alta frequência, que tem função vasodilatadora, sedante e antisséptica; e da fotobiomodulação de baixa potência (660 nm) com doses de 2-4 joules por ponto, a serem aplicados sobre a região irradiada. Estudos recentes têm demonstrado segurança no uso desses recursos nos

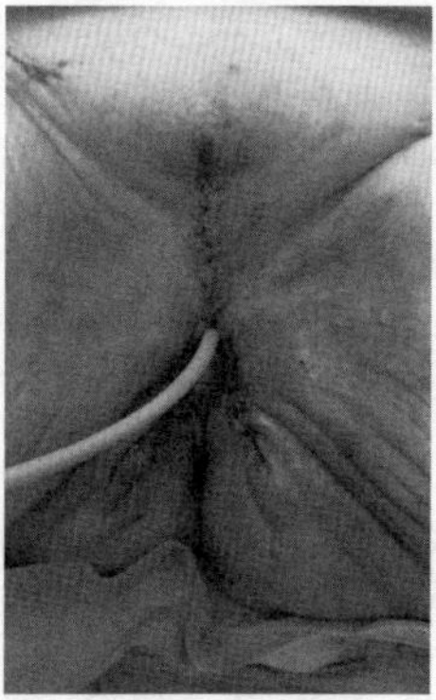

FIGURA 1 Radiodermite e mucosite vaginal em paciente com vulvectomia total.
Fonte: Dra. Jaqueline Munaretto Timm Baiocchi.

pacientes oncológicos. Cremes tópicos específicos para radioterapia devem ser utilizados e cremes que contenham minerais e derivados de petróleo são proibidos.

Síndrome da fibrose radioinduzida

A radioterapia causa obliteração da microcirculação tecidual, propiciando lesões inflamatórias na pele que podem ser substituídas por tecido fibroso por meio do processo de reparo tecidual. Esse processo acarreta má nutrição tecidual, com prejuízo à elasticidade e à contratilidade tecidual e muscular, levando a retrações teciduais e encurtamentos musculares muitas vezes graves. Podem afetar nervos, músculos, tendões, ligamentos, pele, ossos e tecido linfático. Esse processo todo pode levar de 6 meses a 2 anos.

As principais sequelas associada a fibrose são: cicatrizes hipertróficas, rigidez articular, contraturas de tecidos moles e/ou articulares, aderência dos tecidos vizinhos, retração e contratura do tecido cicatricial, amplitude de movimento diminuída, áreas avermelhadas e elevadas e desconforto da pele esticada (Figura 2). Isso se deve à tendência do colágeno a se contrair e a reter seu menor comprimento possível, o que pode acontecer sobre o assoalho pélvico, trazendo estenose vaginal, dispareunia e dor pélvica crônica.

A queimadura sobre o plexo nervoso sacral pode acarretar alterações no controle esfincteriano e na musculatura detrusora da bexiga.

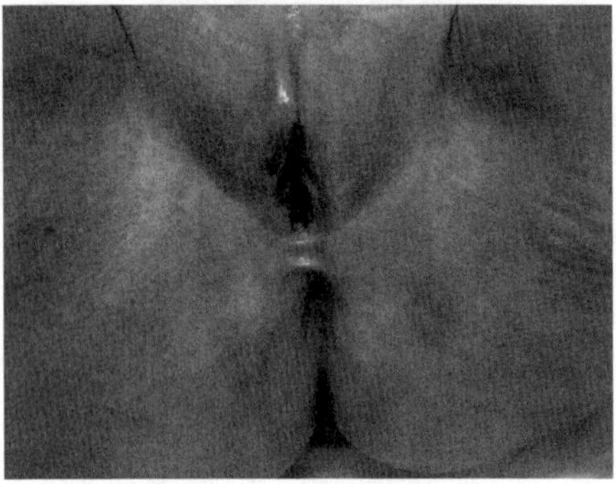

FIGURA 2 Presença de fibroses e aderências em região perineal.
Fonte: Dra. Jaqueline Munaretto Timm Baiocchi.

Estenose vaginal e disfunção sexual

A estenose vaginal é definida como o encurtamento da vagina, com valor inferior a 8 cm de comprimento e perda e/ou diminuição do seu diâmetro. Isso se dá pela retirada cirúrgica da vagina, ou do colo do útero, ou por acometimento da mucosa vaginal, dos tecidos conectivos e dos pequenos vasos sanguíneos, devido à interrupção hormonal ou por efeito tardio da radioterapia. Esses processos levam à diminuição da espessura da mucosa vaginal, ausência de lubrificação, formação de aderências e fibroses, resultando na perda da elasticidade vaginal, podendo levar à disfunção sexual e à dificuldade na realização de exames ginecológicos de rotina da mulher (Figura 3).

A dispareunia (dor na relação sexual) é a queixa sexual mais comum entre mulheres pós-tratamento de câncer ginecológico. Isso ocorre pela atrofia vulvovaginal, resultante do hipoestrogenismo em função da menopausa induzida por cirurgia, por quimioterapia ou por terapia endócrina ou ainda pela alteração tecidual decorrente da radioterapia ou por cicatrizes cirúrgicas.

A fisioterapia tem atuação satisfatória nesses casos, utilizando técnicas de massoterapia, terapia manual, dilatadores vaginais, eletroterapia, fotobiomodulação, exercícios pélvicos, dentre outros recursos.

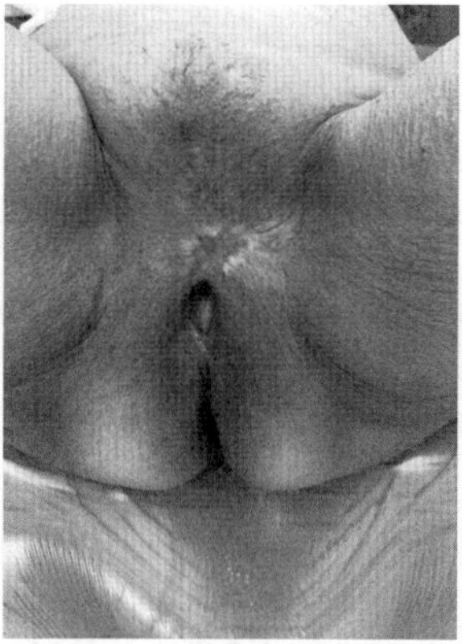

FIGURA 3 Presença de estenose vaginal, aderências e fibroses teciduais em paciente com vulvectomia total.

Fonte: Dra. Jaqueline Munaretto Timm Baiocchi.

O uso do ultrassom (US) terapêutico no tratamento pós-câncer ginecológico é controverso. Alguns estudos apontam o US com alto potencial de proliferação celular e outros o trazem como um recurso seguro. Ele pode ser usado em alguns casos de estenose vaginal, dor, aderências, fibroses e pontos-gatilho, desde que não seja sobre a área tumoral.

Incontinência urinária

Os tumores malignos podem afetar a micção de variadas maneiras. Como o bom funcionamento da bexiga, da uretra e do sistema nervoso central resultam no controle da micção, a presença de tumores na bexiga, na uretra, no útero e de tumores que afetam o cérebro, a medula espinal ou os nervos periféricos, assim como a manipulação cirúrgica ou radioterapia sobre essas estruturas, poderão afetar o controle da micção. Podem existir ainda fístulas, que podem ocorrer devido a processos traumáticos, irradiação ou cirurgias realizadas na região pélvica. Nesse caso, a paciente padece de um gotejamento ininterrupto sobre o qual ela não tem controle, e o tratamento deverá ser cirúrgico.

A radioterapia pélvica, a braquiterapia ou implantes tumorais podem ser responsáveis pela presença de incontinência urinária, mais do que o próprio procedimento cirúrgico.

A incontinência urinária pode ser por esforço, urgência ou mista.

- Incontinência urinária de esforço: ocorre perda de urina aos esforços, como ao espirrar, tossir, rir, fazer atividades físicas, mudar de posição ou fazer algo que coloque a bexiga sob pressão ou estresse.
- Incontinência urinária de urgência: ocorre uma vontade forte e repentina de urinar, ocasionada por espasmos ou contrações na musculatura detrusora da bexiga e com eventuais perdas urinárias.

- Incontinência urinária mista: associam-se os dois tipos de incontinência urinária, de esforço e urgência.

O tratamento fisioterapêutico da incontinência urinária varia de acordo com o tipo desta, podendo utilizar a eletrotermofototerapia, a cinesioterapia, o *biofeedback* e a terapia comportamental.

Os exercícios para o assoalho pélvico são iniciados em decúbito dorsal, evoluindo para o ortostatismo, com aumento progressivo de carga através de marcha, subir e descer degraus e agachamentos, associados ao treino de tosse e à manobra de Valsalva. Os exercícios englobam contrações musculares rápidas e lentas, sustentadas, exercícios de relaxamento e mobilidade pélvica.

A eletroterapia tem como objetivo fortalecer, relaxar e normalizar o tônus e também pode ser utilizada como terapia analgésica e neuromodulação. Pode ser realizada com eletrodos de superfície ou intracavitário. Para contração muscular são usadas sondas intravaginais ou anais ou eletrodos de superfície sobre a região perineal, para o tratamento das contrações involuntárias do músculo detrusor da bexiga que deve ser aplicado sobre a região sacral ou sobre o nervo tibial posterior (neuromodulação) (Tabela 1).

TABELA 1

Parâmetros de eletroterapia para fortalecimento muscular	Parâmetros de eletroterapia para neuromodulação
Corrente bifásica simétrica Pulso: 500-700 μs Frequência: 20-50 Hz Intensidade: a mais alta tolerada pelo paciente Tempo *on/off*: variável; iniciar com tempo de repouso maior que o de contração	Corrente bifásica alternada (TENS) Pulso: 200 μs Frequência: 10 Hz Intensidade: a mais alta tolerada pelo paciente abaixo do limiar motor Tempo: 30 minutos

O *biofeedback* perineal é um recurso utilizado para a reeducação da musculatura do assoalho pélvico. Pode ser realizado por meio de exame eletromiográfico ou manométrico. Essa modalidade de tratamento destina-se à conscientização e ao controle das funções musculares do assoalho pélvico.

A terapia comportamental consiste em orientações sobre uma dieta equilibrada e ingestão hídrica adequada, para controle do peso e melhora das funções intestinal e urinária. O paciente recebe um diário em que relata sua ingesta e perdas urinárias.

Incontinência fecal

A incontinência fecal é o termo utilizado para englobar tanto a perda involuntária de material fecal quanto de gases, sendo caracterizada como a incapacidade de manter o controle fisiológico do conteúdo intestinal em local e tempo socialmente adequados, levando à perda involuntária de fezes líquidas, pastosas ou sólidas.

Os tumores malignos podem afetar a função anal de variadas maneiras. A presença de tumores pélvicos ou até mesmo no sistema nervoso central (SNC) e no sistema nervoso autônomo (SNA) pode ser responsável pela alteração da fisiologia da micção e da evacuação. Outras causas que também podem afetar essa função são a própria manipulação cirúrgica, a manipulação de nervos periféricos, a radioterapia e a braquiterapia.

O tratamento é parecido com o da incontinência urinária, exposto anteriormente, composto por exercícios do assoalho pélvico, eletroestimulação intracavitária anal e neuromodulação sacral.

Dor pélvica crônica

A dor pélvica crônica refere-se a dores com pelo menos 6 meses de duração que ocorrem na região inferior do abdome, interferindo nas atividades da vida diária. Sua etiologia é multifatorial, podendo ocorrer em decorrência de alterações gastrointestinais, urológicas, musculoesqueléticas ou neurológicas.

O fisioterapeuta deve estar atento a essa condição, pois a dor pélvica pode ser sinal de recidiva tumoral, ou pode ocorrer devido à presença de linfoceles pélvicas, fibroses, aderências cirúrgicas ou por carcinomatose.

Linfedema pélvico e de membros inferiores

O linfedema secundário oncológico é uma condição clínica de edema rico em proteínas decorrente de procedimentos cirúrgicos ou radiação, que acabam por danificar ou tornar ineficaz o sistema linfático. A ausência dos linfonodos gera uma obstrução do sistema linfático, levando-o a uma sobrecarga funcional, que por sua vez provoca um desequilíbrio entre a demanda linfática e a capacidade do sistema de drenar a linfa. Isso causa um aumento progressivo do volume do membro (Figura 4).

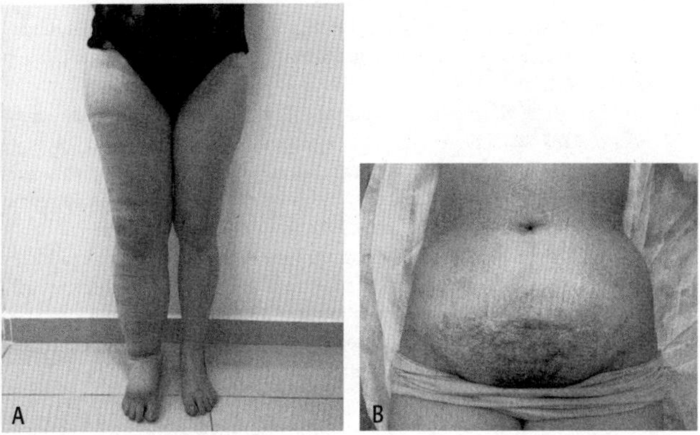

FIGURA 4 Linfedema de membro inferior direito (A) e linfedema pélvico (B).
Fonte: Dra. Jaqueline Munaretto Timm Baiocchi.

A forma de tratamento com os resultados mais consistentes é a terapia física complexa (TFC) ou fisioterapia complexa descongestiva. É composta por cuidados com a pele, drenagem linfática manual, enfaixamento compressivo multicamadas e exercícios miolinfocinéticos.

A terapia linfática vem evoluindo nos últimos anos, e novas técnicas de tratamento vêm sendo associadas à TFC, como pressoterapia (botas pneumáticas), fotobiomodulação, *kinesiotaping*, endermoterapia, terapia por ondas de choque e uso de vestimentas compressivas especiais.

BIBLIOGRAFIA RECOMENDADA

1. Baiocchi JMT. Fisioterapia no linfedema secundário oncológico. Fisioterapia em Oncologia. Curitiba: Apris; 2016. p. 238-78.
2. Bray F, Ferlay J, Soerjomataram I, Siegel RL, Torre LA, Jemal A. Global cancerstatistics 2018: GLOBOCAN estimates of incidence and mortality worldwide for 36 cancers in 185 countries. CA Cancer J Clin. 2018;68:394-424.
3. Brasil. Ministério da Saúde. Coordenação de Prevenção e Vigilância. Estimativa 2018: Incidência de Câncer no Brasil. Rio de Janeiro: Inca; 2015.
4. Denton AS, Maher J. Interventions for the physical aspects of sexual dysfunction in women following pelvic radiotherapy (review). The Cochrane Library. 2015(2):1-31.
5. Ferreira CHJ, et al. Does pelvic floor muscle training improve female sexual function? A systematic review. Int Urogynecol J. 2015;1-16.
6. Hareyama H, Hada K, Goto K, et al. Prevalence, classification, and risk factors for postoperative lower extremity lymphedema in women with gynecologic malignancies: a retrospective study. Int J Gynecol Cancer. 2015;25:751-7.
7. Iwersen LF, Sperandio FF, Toriy AM, Palú M, Medeiros da Luz C. Evidence-based practice in the management of lower limb lymphedema after gynecological cancer. Physiother Theory Pract. 2017;33:1-8.
8. Ministério da Saúde. Instituto Nacional do Cancer. Estimativa 2018 Incidência de câncer no Brasil. Rio de Janeiro: Inca; 2018.
9. Peters WA 3rd, Liu PY, Barrett RJ 2nd, et al. Concurrent chemotherapy and pelvic radiation therapy compared with pelvic radiation therapy alone as adjuvant therapy after radical surgery in high-risk early-stage cancer of the cervix. J Clin Oncol. 2000;18:1606-13.

10. Randall M. Uterine cervix. In: Barakat R, Markman M, Randall M, eds. Principles and practice of gynecologic oncology. 5.ed. Baltimore: Lippincott Williams & Wilkins; 2009. p.623-82.
11. Ricci MD, et al. Oncologia Ginecológica: aspectos atuais do diagnóstico e do tratamento. São Paulo: Manole; 2008.
12. Silva MPP, et al. Métodos Avaliativos para estenose vaginal pós-radioterapia. Revista Brasileira de Cancerologia. 2010;56(1):71-83.
13. Vaz AF, Conde DM, Costa-Paiva L, Morais SS, Esteves SB, Pinto-Neto AM. Quality of life and adverse events after radiotherapy in gynecologic cancer survivors: a cohort study. Arch Gynecol Obstet. 2011; 284:1523-31.
14. Volpi L, Sozzi G, Capozzi VA, et al. Long term complications following pelvic and para-aortic lymphadenectomy for endometrial cancer, incidence and potential risk factors: a single institution experience. Int J Gynecol Cancer. 2019;29:312-9.
15. Yang EJ, Lim JY, Rah UW, Kim YB. Effect of a pelvic floor muscle training program on gynecologic cancer survivors with pelvic floor dysfunction: a randomized controlled trial. Gynecologic Oncology. 2012;125:705-11.

28 Fisioterapia nos tumores urológicos masculinos

Jaqueline Munaretto Timm Baiocchi
Priscila Barros Capeleiro

INTRODUÇÃO

Os principais tumores urológicos masculinos são de bexiga, testículo, rim, pênis e próstata. Essas localizações correspondem a mais da metade dos casos de câncer no homem. Atualmente, com medidas adequadas de prevenção e detecção precoce, esses tumores em fases iniciais atingem um índice de cura de cerca de 90% dos casos. O tratamento clínico para esses tumores inclui cirurgias, radioterapia, quimioterapia e hormonioterapia. É comum durante ou após o tratamento oncológico que os homens experimentem queixas relacionadas ao assoalho pélvico ou a disfunções sexuais.

CÂNCER DE BEXIGA

O câncer de bexiga representa a segunda neoplasia mais comum do trato geniturinário no Brasil, sendo inferior apenas ao adenocarcinoma de próstata.

Essa doença corresponde a aproximadamente 95% dos carcinomas de células uroteliais ou carcinomas de células de transição – neoplasias que se desenvolvem no interior da bexiga, ureteres e uretra.

A incidência é maior em homens com idade superior a 55 anos, e o tabagismo é o mais importante fator de risco para o câncer de bexiga. A prevalência é 2-4 vezes maior nos fumantes em comparação com os não fumantes.

O diagnóstico é realizado por meio de ultrassonografia, tomografia computadorizada de abdome e pelve, ressonância magnética, cistoscopia (avalição endoscópica da bexiga), que permite analisar com precisão o número de lesões, seu aspecto, localização e tamanho.

O tratamento cirúrgico é a ressecção transuretral (RTU), quando a lesão não infiltra o músculo detrusor da bexiga, ou a cistectomia radical, que consiste na retirada de toda a bexiga com a gordura perivesical, peritônio adjacente e os linfonodos pélvicos, além da próstata e das vesículas seminais. Após a cistectomia é realizada a reconstrução do trato urinário através de uma neobexiga ou com o conduto ileal (cirurgia de Bricker).

Outras alternativas terapêuticas adjuvantes são a quimioterapia, que pode ser sistêmica ou intravesical, e a BCG intravesical (imunoterapia intravesical).

CÂNCER DE TESTÍCULO

O câncer de testículo é raro, representando apenas 5% dos casos de câncer em homens, e ocorre com mais frequência em jovens.

O diagnóstico é feito por exame físico, ultrassonografia e marcadores tumorais séricos.

O tratamento inicial é cirúrgico, por meio da orquiectomia radical via inguinal, podendo ser realizada a linfadenectomia retroperitoneal, além de tratamentos adjuvantes, como a quimioterapia e a vigilância ativa. Em alguns casos pode ser implantada cirurgicamente a prótese testicular no lugar do testículo removido.

CÂNCER DE RIM

O câncer de rim está entre os 10 tipos de cânceres mais comuns entre os homens, e o risco de desenvolver câncer de rim é de 1 a cada 48 pessoas, atingindo mais homens acima de 65 anos.

O tipo mais comum de câncer de rim é o carcinoma de células renais (CCR), também conhecido como câncer de células renais ou adenocarcinoma de células renais; e o tabagismo é o principal fator de risco.

É assintomático em grande parte dos pacientes, porém em estágios avançados apresenta uma tríade clássica de manifestações clínicas, como hematúria, dor no flanco e abdominal e massa abdominal palpável.

O tratamento do câncer renal geralmente é cirúrgico, por meio de nefrectomia radical ou parcial, adrenalectomia e amostragem de linfonodos retroperitoneais. A escolha da cirurgia dependerá das características do tumor e poderá ser associada à imunoterapia.

As disfunções nesse tipo de tumor podem ser dor importante, alterações miccionais, se a cirurgia for estendida para a bexiga, e linfedema pélvico e de membros inferiores, por conta da retirada ganglionar retroperitoneal.

CÂNCER DE PÊNIS

O câncer de pênis é uma neoplasia rara, que atinge aproximadamente 1/100.000 homens nos países desenvolvidos, principalmente na terceira idade. No Brasil, a incidência é maior nas regiões Norte e Nordeste, chegando a 7 a cada 100.000.

A doença está associada à má higiene íntima, à infecção pelo papiloma vírus humano (HPV) e a homens que não se submeteram à circuncisão do prepúcio.

Quando diagnosticado em estágio inicial, o câncer de pênis tem alta taxa de cura. O diagnóstico precoce é fundamental para evitar a evolução do tumor e a posterior amputação total do pênis, que traz consequências físicas, sexuais e psicológicas ao homem.

O tratamento cirúrgico do câncer de pênis é a glandectomia, ou a penectomia parcial ou total associada à linfanedectomia inguinal e à uretrostomia perineal. A radioterapia pode levar a estenose uretral, necrose da glande e fibrose tardia do corpo cavernoso, assim como ser o fator de risco para desenvolver linfedema.

CÂNCER DE PRÓSTATA

O câncer de próstata é o tumor mais comum entre homens com mais de 50 anos. De acordo com estatísticas americanas, 1 em cada 6 homens desenvolverá câncer de próstata no decorrer da vida. No Brasil estimam-se quase 70.000 casos novos para cada ano.

O diagnóstico é realizado no momento do rastreamento da doença com o antígeno prostático específico (PSA) no sangue ou durante o exame de toque retal. O câncer de próstata em estágio inicial geralmente não provoca sintomas, tornando mais difícil o diagnóstico. A biópsia é o exame de confirmação diagnóstica.

O tratamento é cirúrgico, por meio de prostatectomia radical (PR) ou de ressecção transuretral (RTU). A PR pode ser feita pelas vias retropúbica aberta ou perineal, por videolaparoscopia ou robótica. Em pacientes mais idosos o tratamento é endócrino, com bloqueio hormonal. As cirurgias de resseção de próstata podem lesionar os feixes vasculonervosos, trazendo disfunções como a incontinência urinária e a disfunção erétil.

TRATAMENTO CLÍNICO DOS TUMORES UROLÓGICOS

Cirurgias

Os tipos de cirurgias urológicas para retirada dos tumores são:

- Nefrectomia radical ou parcial: envolve a retirada total do rim, gordura perirrenal, suprarrenal e linfadenectomia regional.
- Adrenalectomia: ressecção da glândula suprarrenal, geralmente realizada em tumores renais avançados.
- Uretrectomia: remoção cirúrgica da uretra.
- Cistectomia: remoção parcial ou completa da bexiga.
- Reconstrução com neobexiga: consiste na confecção de novo reservatório de urina, utilizando-se um segmento de 20-30 cm de alças intestinais, geralmente do intestino delgado. Propicia ao paciente a oportunidade de manter a micção pela uretra.
- Reconstrução com conduto ileal (cirurgia de Bricker): reconstrução de conduto de saída para urina, utilizando-se o trajeto do intestino ileoterminal, que é exteriorizado na pele da barriga através de um estoma (não ortotópica) ou diretamente na uretra (ortotópica).
- Glandectomia: técnica de retirada da glande do pênis.
- Penectomia parcial ou total: retirada parcial ou total do pênis.
- Orquiectomia: remoção cirúrgica dos testículos.
- Ressecção transuretral: inserção de um tipo especial de endoscópio, chamado ressectoscópio, através da uretra. Um instrumento cortante ou uma alça metálica aquecida são usados para remover o máximo de tecido prostático possível. A porção externa próxima à cápsula prostática é preservada, mantendo a comunicação entre a bexiga e a uretra.
- Prostatectomia: retirada da próstata, que pode ser feita por três abordagens principais: a céu aberto, laparoscópica e robótica.

- Linfadenectomia inguinal, pélvica ou para-aórtica: retirada dos gânglios linfáticos localizados na região pélvica e do tecido junto à aorta para controlar a invasão do tumor.
- Linfadenectomia retroperitoneal: retirada de gânglios linfáticos do retroperitônio.

Radioterapia

Em urologia, a radioterapia pode ser aplicada no pré-operatório, no pós-operatório, exclusiva, combinada com quimioterapia ou hormonioterapia. A escolha do método vai depender principalmente do tipo histológico, da história natural da doença e dos resultados de protocolos desenvolvidos para avaliar a conduta que oferece o maior índice de cura com a menor morbidade possível. Utiliza-se irradiação externa (teleterapia) ou braquiterapia (irradiação interna) com "semente" de iodo-125 (para próstata).

- Efeitos colaterais agudos: enteroproctite transitória, cistouretrite, eritema e descamação seca ou úmida na região do períneo e na prega interglútea.
- Efeitos tardios: linfedemas nos membros inferiores e na bolsa escrotal, proctite crônica, cistite crônica, estenose uretral, disfunção da ereção e incontinência urinária.

Quimioterapia

Os tumores geniturinários são biologicamente heterogêneos quando se consideram as variadas respostas obtidas com a quimioterapia. A introdução da combinação cisplatina, bleomicina e vimblastina revolucionou o manejo dos tumores avançados de testículo; entretanto, ensaios clínicos não conseguiram mostrar benefício em quimioterapia isolada ou combinada nos tumores renais e de próstata. Os avanços nas áreas de biologia molecular e de manipulação genética, o surgimento de novas drogas e o desenvolvimento de técnicas mais apuradas de diagnóstico vêm mudando alguns dos conceitos citados.

Hormonioterapia

É denominada terapia de privação de andrógeno ou terapia de supressão androgênica, e tem o objetivo de reduzir o nível dos hormônios masculinos (andrógenos) circulantes no corpo.

Trata-se de um método de tratamento para o câncer de próstata que é impulsionado, em parte pelos hormônios sexuais masculinos. Reduzir os níveis de andrógenos ou impedi-los de atuar nas células cancerígenas da próstata faz com que os tumores diminuam de tamanho ou cresçam mais lentamente por um tempo. A terapia hormonal está associada a complicações agudas e crônicas, como sintomas vasomotores, impotência e prejuízo da função cognitiva, além de aumentar o risco de osteoporose.

Em pacientes com câncer de próstata localizado ou localmente avançado, o uso de terapias hormonais neoadjuvantes e adjuvantes, combinadas com a prostatectomia e a radioterapia, está associado a importantes benefícios clínicos.

AVALIAÇÃO FISIOTERAPÊUTICA

A avaliação do assoalho pélvico é composta de uma boa anamnese, inspeção e exame físico. É necessário realizar a avaliação funcional do assoalho pélvico, coletar informações sobre a situação da perda e frequência urinária, intestinal, vida sexual e hábitos alimentares.

A avaliação do assoalho pélvico é realizada com a introdução do dedo no ânus do paciente. Uma avaliação completa deverá incluir:

- tônus muscular;
- controle e coordenação motora;

- força muscular;
- reflexos (cremastérico, bulbocavernoso e anal);
- inspeção do pênis, saco escrotal, períneo e ânus;
- palpação para observar pontos de dor, aderências e fibroses;
- avaliação de pontos-gatilhos;
- alterações de trofismo e coloração da pele;
- testes de diário funcional miccional e/ou *pad test*.

DISFUNÇÕES ONCOLÓGICAS E ATUAÇÃO FISIOTERAPÊUTICA

Incontinência urinária

A incontinência urinária é definida como qualquer queixa de perda involuntária de urina. Trata-se de uma condição debilitante que pode gerar afastamento social, afetivo e abstinência sexual, com significativo prejuízo à qualidade de vida.

Os tumores malignos podem afetar a micção de variadas maneiras, por incompetência esfincteriana, disfunção vesical, transbordamento urinário devido à retenção ou obstrução urinária. Tumores que afetam o cérebro, a medula espinal ou os nervos periféricos, assim como manipulação cirúrgica ou radioterapia sobre essas estruturas, poderão também afetar o controle da micção.

Incontinência urinária por esforço

A incontinência urinária por esforço é definida como a perda involuntária de urina aos esforços e pode ocorrer por trauma direto no esfíncter uretral, pela retirada da uretra prostática na ressecção transuretral da próstata ou na prostatectomia radical.

A fisioterapia é a primeira linha de tratamento conservador e atua nos pacientes com incompetência esfincteriana por meio de exercícios do assoalho pélvico, estimulação elétrica e *biofeedback*. O tratamento cirúrgico deve ser indicado somente após 12 meses de pós-

-operatório e na falha do tratamento conservador com fisioterapia. As cirurgias podem ser o *sling* uretral masculino ou a colocação de esfíncter artificial, que atualmente é o padrão ouro para tratamento.

Incontinência urinária por transbordamento

Em geral, a incontinência por transbordamento urinário pós-prostatectomia está relacionada com a presença de obstrução uretral, devido à presença de tumor residual, estenose de uretra ou pela esclerose do colo vesical. O tratamento cirúrgico é a ressecção transuretral, uretrotomia, dilatação uretral ou colocação de endoprótese uretral. Se necessário, pode ser instituído o cateterismo intermitente para esvaziamento periódico da bexiga, evitando-se o transbordamento.

Incontinência urinária por urgência

A urge-incontinência é caracterizada pela perda involuntária de urina acompanhada ou imediatamente precedida de uma urgência miccional e faz parte do quadro denominado síndrome da bexiga hiperativa.

Após a realização de ressecção transuretral ou da prostatectomia radical, a grande maioria dos pacientes demora 3-12 meses para recuperar a função vesical adequada.

O tratamento pode ser medicamentoso, com anticolinérgicos, aplicação de toxina botulínica tipo A, neuromodulação sacral ou pelo nervo tibial posterior, e terapia comportamental, com medidas de restrição hídrica, micção programada e mudança de hábitos alimentares.

Disfunção erétil

A disfunção erétil é definida como a inabilidade persistente em obter e manter uma ereção suficiente para permitir um ato sexual de forma satisfatória.

Tanto fatores orgânicos como psicogênicos podem desencadear a disfunção erétil, e a prevalência é maior com o aumento da idade.

As principais disfunções orgânicas são alterações vasculogênicas, neurogênicas, anatômicas, hormonais e medicamentosas.

O tratamento clínico abrange opções farmacológicas orais, injeção intracavernosa de drogas vasoativas, vacuoterapia (*pump*) e o implante de prótese peniana. O tratamento comportamental engloba orientações sobre controle de peso, redução do etilismo, abandono do tabagismo, prática de atividade física e controle rigoroso de algumas doenças de risco cardiovascular.

Os implantes de próteses penianas podem ser indicados para homens com disfunção erétil grave de origem orgânica.

Linfedema pélvico, genital e de membros inferiores

A realização de linfadenectomia inguinal, pélvica ou para-aórtica provoca danos irreversíveis no sistema linfático, trazendo um grande prejuízo na absorção do líquido intersticial. A radioterapia pode agravar o quadro. O linfedema genital ou pélvico é uma condição que causa dificuldade na higiene íntima, dor pelo peso e tracionamento imposto na pele, além de interferir diretamente no ato sexual (Figuras 1 e 2).

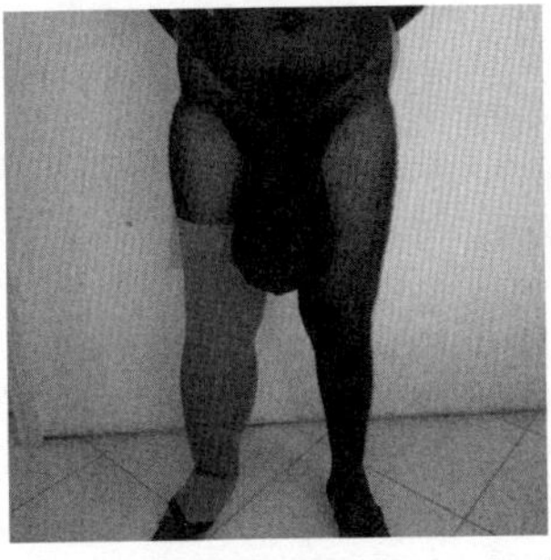

FIGURA 1 Presença de linfedema escrotal e de membro inferior direito.

Fonte: Dra. Jaqueline Munaretto Timm Baiocchi.

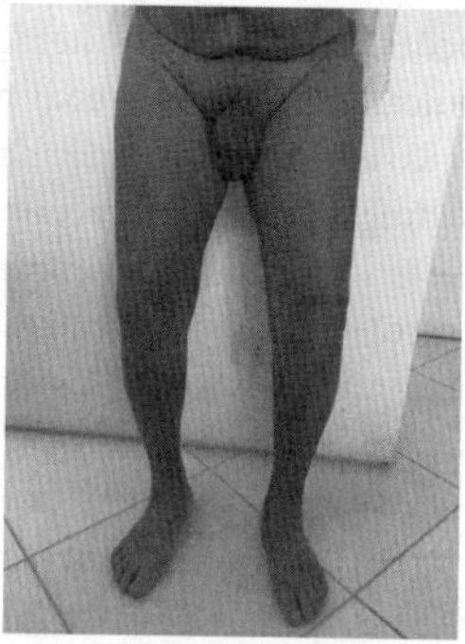

FIGURA 2 Presença de linfedema pélvico e de pênis.
Fonte: Dra. Jaqueline Munaretto Timm Baiocchi

A forma de tratamento com os resultados mais consistentes é a terapia física complexa (TFC) ou fisioterapia complexa descongestiva. É composta por cuidados com a pele, drenagem linfática manual, enfaixamento compressivo multicamadas e exercícios miolinfocinéticos. O enfaixamento do pênis e do escroto é necessário para o sucesso do tratamento.

Atualmente existem vestimentas especiais, como suspensórios escrotais e *pads* de espuma, para ajudar no manejo do linfedema pélvico.

FISIOTERAPIA EM URO-ONCOLOGIA

Atualmente, uma parcela considerável dos tratamentos é realizada por meio de técnicas cirúrgicas minimamente invasivas, que acarretam menores sequelas aos pacientes. Diversos são os recursos utilizados na fisioterapia, como eletrotermofototerapia, cinesioterapia, *biofeedback* e terapia comportamental.

Na cinesioterapia do assoalho pélvico o objetivo é ativar os músculos deste e melhorar a função e o tônus muscular, além de proporcionar uma contração consciente e efetiva. O ideal é associar contrações rápidas, lentas e sustentadas com o repouso.

A eletroestimulação é outra técnica muito utilizada. Pode ser empregada com o intuito de promover analgesia, fortalecimento muscular ou neuromodulação (Tabela 1). Sua aplicação pode ser realizada por via anal ou com eletrodos de superfície na coluna sacral, no períneo e na região do nervo tibial.

TABELA 1 Parâmetros recomendados pela literatura

Parâmetros de eletroterapia para fortalecimento muscular	Parâmetros de eletroterapia para neuromodulação
Corrente bifásica simétrica Pulso: 500-700 μs Frequência: 20-50 Hz Intensidade: a mais alta tolerada pelo paciente Tempo *on/off*: variável; iniciar com tempo de repouso maior que o de contração.	Corrente bifásica alternada (TENS) Pulso: 200 μs Frequência: 10 Hz Intensidade: a mais alta tolerada pelo paciente abaixo do limiar motor Tempo: 30 minutos

O *biofeedback* é um recurso terapêutico que permite que o processo fisiológico inconsciente seja apresentado ao paciente por meio de sinal visual, auditivo ou tátil. Pode ser recomendado para aumentar a atividade muscular, diminuir a ativação de músculos hipertônicos, aprimorar a propriocepção e o relaxamento dos músculos do assoalho pélvico.

A terapia comportamental visa instruir os pacientes sobre a importância de uma dieta equilibrada, evitando bebidas e alimentos irritativos, que pioram a função urinária; ingestão hídrica adequada e posicionamento adequado para urinar e evacuar.

A terapia por ondas de choque é uma modalidade nova de abordagem da disfunção erétil que promove a angiogênese, de modo a melhorar o suprimento sanguíneo e a ereção peniana. Também pode ser utilizada para tratar a dor pélvica crônica e a prostatite crônica.

A fisioterapia também atua na prevenção e no tratamento de disfunções miccionais em pacientes internados nas UTI e nas unidades de internação.

A infecção do trato urinário (ITU) é uma das causas mais comuns de infecção entre idosos e em indivíduos hospitalizados e está relacionada diretamente ao uso do cateter vesical de demora (CVD). O risco de desenvolver essa infecção é proporcional ao tempo de permanência do cateter vesical.

A fisioterapia em pacientes internados tem como objetivo prevenir e reduzir fatores de risco para ITU e complicações vesicais relacionadas ao uso do CVD, por meio de orientações, manobras e recursos para estímulos vesicais.

BIBLIOGRAFIA RECOMENDADA

1. Aoun F, Bourgi A, Ayoub E, El Rassy E, Van Velthoven R, Peltier A. Androgen deprivation therapy in the treatment of locally advanced, nonmetastatic prostate cancer: practical experience and a review of the clinical trial evidence. Ther Adv Urol. 2017;9:73-80.
2. Babjuk M, Bohle A, Burger M, et al. EAU Guidelines on non-muscle-invasive urothelial carcinoma of the bladder: update 2016. Eur Urol. 2017; 71:447-61.
3. Baiocchi JMT. Fisioterapia em oncologia. Curitiba: Apris; 2016. Fisioterapia no linfedema secundário oncológico; p. 238-78.
4. Benson CR, Serefoglu EC, Hellstrom JG. Sexual dysfunction following radical prostatectomy. Journal of Andrology. 2012;33(6):1143-54.
5. Brasil. Ministério da Saúde. Coordenação de Prevenção e Vigilância. Estimativa 2018: Incidência de Câncer no Brasil. Rio de Janeiro: Inca; 2018.
6. Cornel EB, de Wit R, Witjes JA. Evaluation of early pelvic floor physiotherapy on the duration and degree of urinary incontinence after radical retropubic prostatectomy in a non-teaching hospital. World Journal Urology. 2005;23:353-5.

7. Dall'Oglio M, Crippa A, Srougi. Câncer de próstata. Ed. Santos; 2013.
8. Dijkstra EJ, Van den Bos TWL, Splinter R, et al. Effect of preoperative pelvic floor muscle therapy with biofeedback versus standard care on stress urinary incontinence and quality of life in men undergoing laparoscopic radical prostatectomy: a randomized control trial. Neurourology and Urodynamics. 2013;19:1-7
9. Girão MJBC, Sartori MGF, Ribeiro RM, Castro RA, Di Bella ZLKJ. Tratado de uroginecologia e disfunções do assoalho pélvico; 2015.
10. Kumar S, Shelley M, Harrison C, Coles B, Wilt TJ, Mason MD. Neo-adjuvant and adjuvant hormone therapy for localised and locally advanced prostate cancer. Cochrane Database Syst Rev. 2006; CD006019.
11. Laycock J, Jerwood D. Pelvic floor muscle assessment: The PERFECT Scheme. Physiotherapy. 2001;87:631-42.
12. Mariotti G, Sciarra A, Gentilucci A, et al. Early recovery of urinary continence after radical prostatectomy using early pelvic floor electrical stimulation and biofeedback associated treatment. J Urol. 2009;181:1788-93.
13. Minhas S, Manseck A, Watya S, Hegarty PK. Penile cancer: prevention and premalignant conditions. Urology. 2010;76:S24-35.
14. Shelley MD, Kumar S, Wilt T, Staffurth J, Coles B, Mason MD. A systematic review and meta-analysis of randomised trials of neo-adjuvant hormone therapy for localised and locally advanced prostate carcinoma. Cancer Treat Rev. 2009;35:9-17.
15. Yoshida T, Kates M, Fujita K, Bivalacqua TJ, McConkey DJ. Predictive biomarkers for drug response in bladder cancer. Int J Urol. 2019.
16. Zhu YP, Yao XD, Zhang SL, et al. Pelvic floor stimulation for postprostatectomy urinary incontinence: a meta-analysis. Urology. 2012;79(3):552-55.

29 Fisioterapia nos tumores ósseos

Liliana Yu Tsai
Emília Cardoso Martinez

INTRODUÇÃO

Os tumores ósseos são um grupo de tumores heterogêneos bastante raro, tendo uma frequência menor que 1% de todos os tumores dos adultos e de 15% das neoplasias malignas pediátricas (Tabelas 1 e 2).

TABELA 1 Incidência dos tumores ósseos

Tumores ósseos	Adultos	%	Crianças	%
	Condrossarcomas	40	Osteossarcoma	56
	Osteossarcomas	28	Tumores de Ewing	34
	Cordomas	10	Condrossarcomas	6
	Tumores de Ewing	8		
	Fibrossarcomas (fibro-histiocitoma maligno)	4		

TABELA 2 Sobrevida em 5 anos – estatística da ASCO

	Tumor local		Tumor metastático
Osteossarcoma	60-80%		15-30%
Sarcoma de Ewing	70%		15-30%
Condrossarcoma	90% baixo grau	81% grau intermediário	29% alto grau

Fonte: ASCO (American Society of Clinical Oncology), 2019.

Foram durante anos conhecidos pelo tratamento restrito a amputações. Hoje a cirurgia de preservação de membros é uma realidade bastante frequente. Com o aperfeiçoamento da terapia, diagnóstico e estadiamento, as abordagens cirúrgicas se tornaram mais apuradas e precisas, multiplicando as opções terapêuticas. Mais de 90% dos pacientes com câncer ósseo podem ter seus membros preservados, mantendo a imagem corporal intacta, porém as cirurgias são mais complexas e mais longas.

Ao diagnóstico, pacientes com tumor ósseo precisam de treinamento e orientação para fazer uso de dispositivos como muletas ou tipoia (de acordo com a localização do tumor), a fim de prevenir a fratura patológica, bem como orientações quanto a transferências e exercícios a serem realizados nessa fase inicial. O objetivo da fisioterapia será manter ou melhorar a força muscular global, além de prevenir contratura articular à medida que ocorre diminuição do edema e dor devido ao tratamento neoadjuvante.

A fisioterapia vai atuar exatamente nessa situação de complexidade, dando ao paciente condições pós-operatórias adequadas para uma vida com a melhor função possível sem grandes restrições do aparelho locomotor.

TRATAMENTO CIRÚRGICO

O tratamento cirúrgico remove todo o tumor primário com margens adequadas, criando um defeito ósseo total ou parcial, sendo necessária uma solução que mantenha o membro funcional e indolor. Atualmente, grande parte dos pacientes com câncer ósseo pode ter seus membros poupados (Tabela 3).

TABELA 3 Técnicas mais utilizadas na cirurgia de preservação de membros

Técnicas cirúrgicas utilizadas para cirurgia de preservação	Endoprótese não convencional
	Ressecção sem reconstrução
	Enxerto ósseo ▪ Fíbula ▪ Ilíaco ▪ Banco
	Metilmetacrilato (cimento ósseo)
	Congelamento (*frozen*)

Tão importante como conhecer o tumor e seu prognóstico é saber quais as restrições que o procedimento cirúrgico causou. Muitas vezes o paciente ainda necessita de tratamento adjuvante. Por exemplo, a quimioterapia é interrompida para realizar a cirurgia e precisa ser retomada sem grandes intervalos.

Deve-se observar o hemograma no período de 4-14 dias pós-quimioterapia e suspender a fisioterapia quando o valor das plaquetas estiver abaixo de $20.000/m^3$; sódio < 130 mmol/L; potássio < 3 mmol/L; cálcio < 6 mmol/L.

Embora a preservação dos membros possa melhorar a qualidade de vida, provoca uma variedade de deficiências, e cria a necessidade de intervenção reabilitativa com objetivo de maximizar a função e diminuir a dor, a curto e médio prazos.

Temos disponíveis na literatura protocolos com metas e restrições para reconstruções com endopróteses não convencionais, mas os demais procedimentos precisam ser discutidos com a equipe cirúrgica. A Tabela 4 organiza de maneira simples as questões que devem ser levantadas junto à equipe de cirurgia para a adoção de conduta fisioterapêutica.

TABELA 4 Questões a serem consideradas para a conduta fisioterapêutica

Questões a serem consideradas
Ressecção e reconstrução
Qual a amplitude de movimento (ADM) segura?
Quais foram as suturas musculares/capsulares?
Podemos realizar descarga de peso? ▪ total ▪ parcial ▪ proprioceptiva
Podemos realizar movimentação ativa?

ENDOPRÓTESES NÃO CONVENCIONAIS

A literatura disponibiliza alguns protocolos com metas e restrições das reconstruções articulares mais comuns (Tabela 5). Isso não garante que o procedimento foi realizado exatamente como o planejado, lembrando sempre que as questões da Tabela 4 valem para todas as cirurgias ortopédicas.

TABELA 5 Protocolos com metas e restrições nas reconstruções mais comuns

Fêmur distal e joelho total	1-3 dias
	Manter o membro elevado para controle de edema Iniciar isometria do quadríceps Fletir o joelho Marcha com carga parcial para total
	6 semanas
	Ganhar flexão ADM de joelho > 60° até a flexão máxima permitida pela ENCJ
Tíbia proximal ou endoprótese parcial de joelho	1-5 dias
	Manter o membro elevado para controle de edema Imobilizado com *brace* longo Marcha com carga parcial (tolerável) Mobilização ativa de tornozelo
	5 dias – 6 semanas
	NÃO fletir joelho (ATIVO E PASSIVO) Fortalecimento muscular isométrico de quadríceps
	5-6 semanas
	Iniciar flexão de joelho 90° até a flexão máxima permitida pela ENCJ Usar o *brace* só para marcha
Fêmur proximal	PO 1-3 dias
	Manter abdução de 30° com triângulo Controlar rotação interna Não fletir o quadril mais que 90° Encorajar mobilização de tornozelo e joelho Sentar no leito (dia 2) Encorajar marcha com andador ou muletas com carga parcial para total (dia 3)
	PO 4 dias – 6 semanas
	Marcha com carga total Fortalecimento muscular gradual (4-6 semanas para iniciar o fortalecimento de abdutores)

(continua)

TABELA 5 Protocolos com metas e restrições nas reconstruções mais comuns *(continuação)*

Úmero proximal e ressecções da cintura escapular	1-10 dias
	Manter imobilizado com tipoia Iniciar exercícios para mão e cotovelo Evitar a extensão total de cotovelo para proteger as suturas do bíceps e coracobraquial
	10 dias – 6 semanas
	Iniciar exercícios pendulares de Codman Fortalecimento muscular do cotovelo e extensão completa depois da 4ª semana
	6ª semana
	Iniciar flexão, rotação externa e abdução do ombro Objetivo final: ADM passiva completa e ADM ativa a 60° (depende de haver ressecção do manguito rotador)

RECONSTRUÇÕES BIOLÓGICAS

Quando o esqueleto é imaturo e existe a possibilidade de crescimento, as reconstruções biológicas são soluções muitas vezes escolhidas pelo cirurgião. Elas envolvem diversas técnicas com a utilização de vários tipos de enxerto ósseo.

Um ponto importante em destaque é o fato de que essas cirurgias dependem da integração óssea do enxerto, ou seja, o cirurgião e o radiologista estarão aptos a avaliar os exames de imagem; a progressão da carga e do ganho de força será totalmente dependente da liberação desses profissionais (Figura 1).

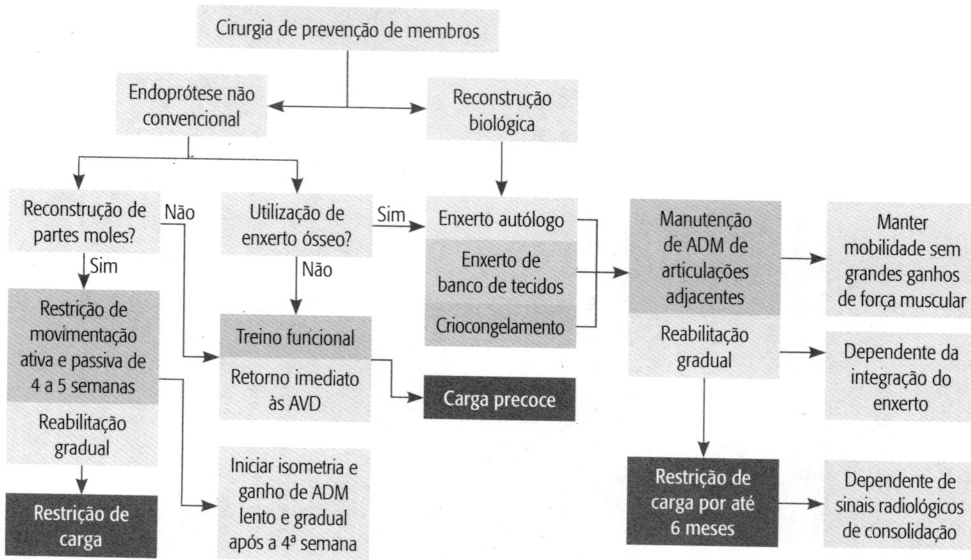

FIGURA 1 O algoritmo demonstra as possibilidades terapêuticas e as restrições de carga e mobilidade, lembrando sempre que cada caso deve ser avaliado individualmente, pois podem existir restrições maiores de carga e mobilidade do que as esperadas.

HEMIPELVECTOMIA INTERNA

Os ossos da região da pelve constituem 5% dos tumores ósseos malignos. Ao realizar a hemipelvectomia interna, o cirurgião tem como objetivo a ressecção do tumor com margens livres e, se possível, a restauração da estabilidade pélvica e a preservação da função articular do quadril. Existem diferentes tipos de ressecção que irão comprometer em maior ou menor grau a função.

1. A ressecção da asa do ilíaco é um procedimento que mantém a continuidade entre o acetábulo e o esqueleto axial, sem comprometimento funcional.
2. A remoção completa do ílio desconecta a articulação sacroilíaca do acetábulo e pode provocar a desestabilização do restante do segmento, que se torna dependente da sínfise púbica.
3. Pacientes submetidos à ressecção do acetábulo apresentam maior alteração física e funcional devido ao procedimento cirúrgico propriamente dito, pois ele pode envolver a remoção da cabeça do fêmur. Portanto, a função biomecânica da hemipelve está relacionada com a ressecção do tumor.

A fisioterapia inicia-se ao diagnóstico, com orientações e treino de uso de muletas (Tabela 6).

TABELA 6 Recomendações no pós-operatório de hemipelvectomia

Pós-operatório (PO)
Primeiro dia
▪ Exercícios isométricos de quadríceps ▪ Ativo-livres de tornozelo no membro operado ▪ Fortalecimento global de acordo com o grau de força muscular e a condição clínica do paciente

(continua)

TABELA 6 Recomendações no pós-operatório de hemipelvectomia *(continuação)*

Pós-operatório (PO)
Segundo dia
▪ O paciente pode ser posicionado sentado ▪ Realizar exercícios ativo-livres de fortalecimento de quadríceps e isquiotibiais
Terceiro dia
▪ Treino de marcha com muletas sem apoio do membro operado

O apoio parcial sobre o membro operado inicia-se após 6-8 semanas de PO, mediante autorização do cirurgião oncológico ortopédico responsável. Geralmente o apoio total ocorre quando há formação de fibrose tecidual e força muscular grau 3 de quadríceps.

A reabilitação visa ao fortalecimento de toda a musculatura do membro comprometido. A ressecção do acetábulo permite a movimentação total do quadril, mas na fase de apoio da marcha o membro inferior "pistona" para se acomodar nas partes moles.

AMPUTAÇÃO

Na cirurgia de amputação do membro, é imprescindível a orientação pré-operatória para o paciente e familiares quanto à possibilidade de ocorrer dor e sensação do membro fantasma e dor no coto.

Algumas recomendações:

1. O enfaixamento com atadura elástica inicia-se após a cicatrização e a retirada dos pontos. No período que antecede esse processo, o coto deverá ser enfaixado com ataduras simples.
2. Na fase de pré-protetização será realizado fortalecimento global, dessensibilização do coto, diminuição da dor fantasma.
3. Na fase de pós-protetização: treino de colocação e retirada da prótese, treino de equilíbrio, passada, marcha, subida e descida

de rampas, degraus e, por fim, treino de marcha em terreno irregular.

4. O objetivo final da fisioterapia para com o paciente amputado não é somente o uso da prótese. Ele tem o direito de ser reabilitado para esse fim, mas tem a opção de fazer uso ou não, desse dispositivo.
5. A amputação de membro superior tem difícil adesão ao uso da prótese. Geralmente são amputações altas por acometimento de úmero proximal, e as próteses para esse nível de amputação são pouco funcionais.

BIBLIOGRAFIA RECOMENDADA

1. Albergo JI, Gaston CL, Aponte-Tinao LA, Ayerza MA, Muscolo DL, Farfalli GL, et al. Proximal tibia reconstruction after bone tumor resection: are survivorship and outcomes of endoprosthetic replacement and osteoarticular allograft similar? Clin Orthop Relat Res. 2017 Mar 21;475(3):676-82.
2. Gosheger G, Gebert C, Ahrens H, Streitbuerger A, Winkelmann W, Hardes J. Endoprosthetic reconstruction in 250 patients with sarcoma. Clin Orthop Relat Res. 2006;450(450):164-71.
3. Houdek MT, Watts CD, Wyles CC, Rose PS, Taunton MJ, Sim FH. Functional and oncologic outcome of cemented endoprosthesis for malignant proximal femoral tumors. J Surg Oncol. 2016;114(4).
4. Hwang JS, Mehta AD, Yoon RS, Beebe KS. From amputation to limb salvage reconstruction: evolution and role of the endoprosthesis in musculoskeletal oncology. Journal of Ortho-paedics and Traumatology. 2014; p.81-6.
5. Ieguchi M, Hoshi M, Aono M, Takada J, Ohebisu N, Kudawara I, et al. Knee reconstruction with endoprosthesis after extra-articular and intra-articular resection of osteosarcoma. Jpn J Clin Oncol. 2014;44(9).
6. Kim LD, Bueno FT, Yonamine ES, Próspero JD de, Pozzan G. Bone metastasis as the first symptom of tumors: role of an immunohistochemistry study in establishing primary tumor. Rev Bras Ortop. Sociedade Brasileira de Ortopedia e Traumatologia; 2018;53(4):467-71. Disponível em: https://doi.org/10.1016/j.rboe.2018.05.015.
7. Lewis VO. Limb salvage in the skeletally immature patient. Curr Oncol Rep. 2005;7(4):285-92. Disponível em: http://www.ncbi.nlm.nih.gov/pubmed/15946588.

8. Lopresti M, Rancati J, Farina E, Bastoni S, Bernabè B, Succetti T, et al. Il percorso riabilitativo del paziente sottoposto a intervento di protesi da grandi resezioni di ginocchio per neoplasia scheletrica. Recenti Prog Med. 2015;106(8):385-92.
9. Maltser S, Cristian A, Silver JK, Morris GS, Stout NL. A focused review of safety considerations in cancer rehabilitation. PM R 2017;9(9 Suppl 2):S415-S428. Disponível em: doi:10.1016/j.pmrj.2017.08.403.
10. Pala E, Trovarelli G, Calabrò T, Angelini A, Abati CN, Ruggieri P. Survival of modern knee tumor megaprostheses: failures, functional results, and a comparative statistical analysis. Clin Orthop Relat Res. 2015;473(3).
11. Penna V, Toller EA, Becker RG, Pinheiro C. Uma nova abordagem para as endopróteses parciais de joelho em sarcomas primários ósseos TT – A new approach to partial knee endoprosthesis in primary bone sarcomas. Rev Bras Ortop. 2009;44(1):46-51. Disponível em: http://www.scielo.br/scielo.php?script=sci_arttext&pid=S0102-36162009000100007.
12. Shehadeh A, Dahleh M El, Salem A, Sarhan Y, Sultan I, Henshaw RM, et al. Standardization of rehabilitation after limb salvage surgery for sarcomas improves patients' outcome. Hematol Oncol Stem Cell Ther. King Faisal Specialist Centre & Research Hospital; 2013 Sep;6(3-4):105-11.
13. Tanaka MH, Penna V, Chung WUTU, Lopes A. Artigo original. Tumores malignos primários dos ossos. 1994;26:18-21.
14. Thai DM, Katigawa Y, Choong PFM. Outcome of surgical management of bony metastases to the humerus and shoulder girdle: a retrospective analysis of 93 patients. Int Semin Surg Oncol. 2006;3:1-7.
15. Tobias K, Gillis T. Rehabilitation of the sarcoma patient-enhancing the recovery and functioning of patients undergoing management for extremity soft tissue sarcomas. J Surg Oncol. 2015 Apr;111(5):615-21. Disponível em: http://doi.wiley.com/10.1002/jso.23830.
16. Tsai LY, Godoy FAC, Petrilli M de T, Viola DCM, Korukian M, Jesus-Garcia Filho R, et al. Protocolo fisioterapêutico em pacientes submetidos à endoprótese não convencional de joelho por osteossarcoma: estudo prospectivo TT – Physiotherapy protocol in patients submitted to non-conventional endoprosthesis of the knee due to osteosarcoma. Rev Bras Ortop. 2007;42(3):64-70.
17. Tsai LY. Fisioterapia após a amputação do membro. In: Baiocchi JMT. Fisioterapia em oncologia. Appris; 2017; p.182-5.
18. Tsai LY. Fisioterapia nos tumores ortopédicos. In: Vital FMR. Fisioterapia em oncologia: protocolos assistenciais. Atheneu; 2017. p.341-5.

Fisioterapia nas metástases ósseas

30

Emília Cardoso Martinez

INTRODUÇÃO

A metástase óssea é uma condição devastadora que pode ter impacto negativo nas vidas das pacientes com doença avançada de diversas maneiras. Podem surgir grandes limitações nas atividades de vida diária com consequente diminuição da qualidade de vida, aumento substancial nas despesas médicas e risco iminente de óbito. A medula óssea fornece um microambiente único que favorece a colonização e o crescimento de células tumorais metastáticas. Apesar da alta incidência de metástases ósseas em pacientes com câncer de mama e próstata, muitos dos mecanismos moleculares de progressão permanecem incertos (Tabela 1).

- As metástases de carcinoma representam a neoplasia mais frequente no tecido ósseo.
- Acometem principalmente o esqueleto axial (crânio, costelas, coluna vertebral e pelve) e parte proximal dos membros (úmero e fêmur), raramente acomete, além do cotovelo ou do joelho.

- A presença de metástase sintomática na coluna vertebral é a apresentação inicial em mais de 10% de todos os pacientes portadores de neoplasia maligna.
- A compressão nervosa é a principal complicação das metástases toracolombares, sendo evidenciada em cerca de 20% dos pacientes.
- O paciente pode ter metástase óssea sem o diagnóstico prévio de câncer; nesses casos a presença de eventos esqueléticos tende a ser maior.
- Com o aumento da sobrevida e a precocidade na detecção das metástases, observamos uma incidência crescente de metástases e de suas complicações.
- Clinicamente, a dor é o principal sintoma; em vários casos, a primeira manifestação é uma fratura do osso patológico.

TABELA 1 Localização por ordem de incidência dos sítios de tumores primários com capacidade de produzir metástases ósseas

Sítios primários das metástases ósseas
Mama
Pulmão
Próstata
Tireoide
Rim

A incidência das metástases ósseas cresceu nos últimos anos devido ao aumento do envelhecimento da população pós-diagnóstico. O tecido ósseo é o terceiro sítio mais comum de metástase, antecedido por pulmão e fígado.

O tecido ósseo é o local no qual a doença produz maior morbidade, pois, dependendo da localização, as metástases ósseas podem ter um impacto negativo muito grande na qualidade de vida do indivíduo, podendo causar restrições importantes na capacidade de realizar as atividades de vida diárias.

FRATURAS PATOLÓGICAS

As fraturas patológicas ocorrem geralmente em estágios avançados de metástases ósseas, o que torna ainda mais importante a avaliação da escolha ideal para o tratamento desse paciente. Os pacientes que recebem o tratamento não cirúrgico em fraturas patológicas precisam de um longo período de repouso no leito, o que geralmente leva a complicações como pneumonia, escaras, infecções e trombose venosa profunda, piorando o prognóstico desses pacientes. As fraturas patológicas raramente se curam de maneira conservadora, e abordagens cirúrgicas são necessárias nesses casos.

Um terço de todas as lesões metastáticas ósseas situa-se no fêmur proximal, e, embora a taxa de sobrevida dos pacientes com metástases ósseas após o tratamento cirúrgico seja baixa, cerca de 17% em 1 ano, estima-se que esse número aumente com o decorrer dos anos, ou seja, com a modernização dos tratamentos adjuvantes e cirúrgicos os pacientes sobrevivem por mais tempo e as opções reconstrutivas precisam acompanhar esse aumento de sobrevida.

TRATAMENTO

A quimioterapia e a radioterapia são indicadas para o tratamento da metástase óssea e variam de acordo com a histologia do tumor primário.

A cirurgia é indicada para pacientes que enfrentam dores intratáveis mesmo após o tratamento, e para fraturas patológicas estabelecidas ou iminentes. Para classificar as fraturas como iminentes, atualmente o critério de Mirels (Tabela 2) é o mais utilizado. Ele irá direcionar o tratamento de metástases ósseas e os riscos iminentes de fraturas. O escore baseia-se na natureza da lesão, localização anatômica da lesão, tamanho da lesão, avaliação de dor e atividade funcional do paciente. Quanto maior o escore no critério Mirels, maior é o risco de fraturas. Em lesões com escore baixo, opta-se como tratamento pela radioterapia; já em lesões que apresentam escore 8 ou mais é indicado o tratamento com fixação interna ou substituição protética.

TABELA 2 Escore para indicação cirúrgica das fraturas patológicas iminentes

Pontos variáveis	1	2	3
Local	Membros superiores	Membros inferiores	Região peritrocantérica
Dor	Leve	Moderada	Funcional
Lesão	Blástica	Mista	Lítica
Tamanho	< 1/3	1/3 a 1/2	> 2/3

Fonte: Mirels.

Para o tratamento cirúrgico da metástase óssea é importante estudar o prognóstico de sobrevida do paciente, visto que a recuperação da cirurgia deve ser menor do que a expectativa de sobrevida. Pode-se observar também se o paciente tem limitações na deambulação, assim ele ou ela pode ter melhor funcionalidade mesmo com a expectativa de vida limitada.

O tratamento para lesões metastáticas no quadril evoluiu nos últimos 60 anos, visto que os primeiros tratamentos descritos foram bem primitivos, utilizando tração esquelética. Atualmente, para o tratamento dessas lesões causadas por metástases ósseas é realizada inicialmente, mediante uma avaliação minuciosa, a intervenção cirúrgica, tendo como objetivo a reabilitação rápida, visando ter estratégia reconstrutiva bem-sucedida em longo prazo.

Nos pacientes tratados cirurgicamente para metástases proximais de fêmur, estudos relatam uma sobrevida de 1 ano de 17 a 63%, alguns estudos mostram sobrevida que chega a 5 anos a 23,1%. Sendo assim, pacientes de metástase óssea que foram tratados cirurgicamente podem viver tempo suficiente para que sua estabilização cirúrgica falhe. A escolha do material cirúrgico deve ser cuidadosa e planejada segundo o prognóstico de paciente, evitando gastos exagerados, falhas do implante e materiais que apresentem taxas de complicações altas.

Antes de qualquer procedimento cirúrgico, é estudada a possibilidade de tratamentos adjuvantes para aumentar o sucesso da cirurgia. A radioterapia apresenta resultados muito bons em redução de dor e na prevenção da progressão da doença de metástase óssea. Estudos mostram que a radioterapia, se utilizada em doses baixas, não impede a cicatrização óssea ou de tecidos moles, desde que seja iniciada entre 10-14 dias de pós-operatório.

Os bisfosfonatos, potentes inibidores da função dos osteoclastos, são utilizados para prevenção da progressão da metástase óssea. Podendo ser usados em combinação com os outros tratamentos adjuvantes, mostrando ainda mais o aumento da sobrevida dos pacientes com câncer, reduzindo o risco de fraturas em 15% e demonstrando ser eficazes no alívio da dor em pacientes com metástase.

As modalidades mais utilizadas para fraturas metastáticas são: reconstrução endoprotética, haste intramedular e redução aberta e fixação interna.

As fraturas de quadril patológicas extracapsulares são tratadas cirurgicamente por estabilização com hastes cefalomedulares e redução aberta com fixação interna, podendo também ser tratadas com artroplastia ou substituição endoprotética. A redução aberta com fixação interna é escolhida quando a lesão metastática foi eliminada, pois o risco de falha devido à não união é grande.

A haste cefalomedular é indicada quando a fratura patológica é no terço proximal do fêmur, sendo eficaz no alívio da dor e apresentando bons resultados em relação à mobilização no pós-operatório. Esse tipo de abordagem cirúrgica apresenta uma taxa muito baixa de complicações cardiopulmonares quando comparada à substituição endoprotética. A principal preocupação em optar pelo material de estabilização, em vez da substituição, é a progressão da doença.

Na abordagem cirúrgica com haste cefalomedular, a musculatura é totalmente preservada, o que mantém boa mobilização ativa precoce no pós-operatório se comparada aos pacientes que são submetidos à substituição protética do quadril que têm a ressecção do glúteo máximo e médio, vasto lateral e cápsula articular do quadril. Mesmo que os músculos sejam reinseridos e a cápsula reconstruída, a função inicial do quadril não é preservada. Sendo assim, conclui-se que talvez seja mais indicada a abordagem com haste cefalomedular para pacientes com tempo de sobrevida limitado, visto que a recuperação precoce e a funcionalidade é de extrema importância.

Quando se tem uma perda óssea grande próximo à cabeça ou ao colo do fêmur, é necessário fazer a substituição endoprotética (Figura 1). Acredita-se que a substituição endoprotética tem melhor resultado em longo prazo.

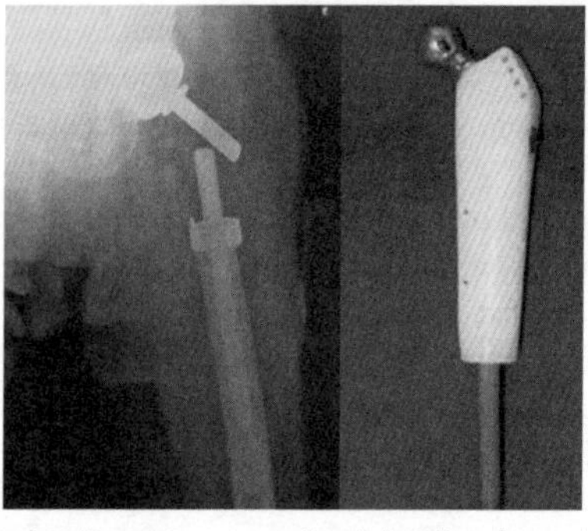

FIGURA 1 A endoprótese não convencional de Fabroni, para lesão em fêmur proximal, é composta por liga de cromo e cobalto na parte metálica e polietileno (plástico branco leitoso). Ao exame de imagem, as conexões das partes metálicas parecem distantes, mas estão conectadas pelo polietileno.

Um dos maiores benefícios dessa técnica cirúrgica é a possibilidade de descarga de peso imediato e a capacidade quase total da funcionalidade do membro. A luxação é uma complicação alarmante nesse grupo de pacientes, que ocorre com mais frequência devido à diminuição da capacidade de cicatrização e à perda de massa muscular dessa região. Pode ser diminuída quando não há acometimento do acetábulo, visto que em uma hemiartroplastia a cabeça é maior; entretanto, está associada à dor residual e ao desgaste acetabular.

DESCARGA DE PESO E REABILITAÇÃO

A grande pergunta do pós-operatório é saber se o paciente pode receber descarga de peso nos membros inferiores ou realizar apoio nos superiores.

Todas as lesões ósseas são fraturas em potencial. Muitas são tratadas de maneira não cirúgica e durante o tratamento apenas se restringe um pouco a carga. A substituição por endoprótese não convecional (cimentada) é a única intervenção que permite carga total precoce, sempre respeitando o limite álgico do paciente. As demais demandam certa cautela até que o tecido ósseo se recupere (Figura 2).

Após a substituição protética do fêmur proximal, seguimos com as recomendações pós-operatórias (PO) semelhantes às artroplastias convencionais:

- PO 1-3 dias:
  - Manter a abdução de 30° com triângulo.
  - Controlar a rotação interna.
  - Não fletir o quadril mais que 90°.
  - Encorajar a mobilização de tornozelo e joelho.
  - Sentar no leito (dia 2).
  - Encorajar marcha com andador (dia 3).

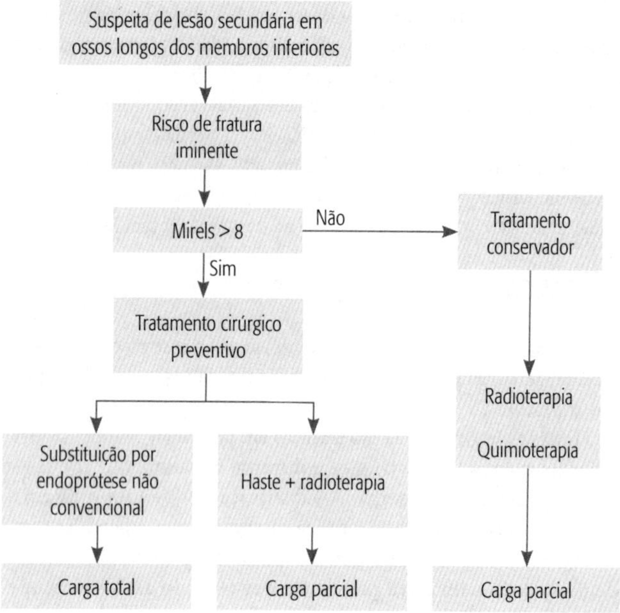

FIGURA 2 O algoritmo demonstra as possibilidades terapêuticas e as restrições de carga em membros inferiores, lembrando sempre que cada caso deve ser avaliado individualmente, pois podem existir restrições maiores de carga do que as esperadas.

- PO 4 dias – 6 semanas:
  - Marcha com carga total.
  - Fortalecimento muscular gradual (4-6 semanas para abdutores).

Existe na literatura uma recomendação para pacientes com mieloma múltiplo, na qual conseguimos visualizar de maneira bastante simples nossas possibilidades terapêuticas. A Tabela 3 demonstra as possibilidades e restrições relacionadas aos exercícios e à descarga de peso para pacientes com lesões ósseas secundárias.

TABELA 3 Demonstrativo de restrições de exercícios de acordo com o comprometimento circunferencial da cortical óssea. Deve-se lembrar que só é possível mensurar essa porcentagem de acometimento ósseo por meio de exames de raio X ou tomografia computadorizada devidamente avaliados pelo médico radiologista ou ortopedista

Comprometimento cortical	Exercícios	Descarga de peso
50%	Não	Não
25-50%	Ativos no limite da ADM (sem alongamento ou tração)	Parcial
0-25%	Aeróbio leve	Total

ADM: amplitude de movimento.

As atividades de baixo impacto, como exercícios ativos livres ou exercícios aquáticos (se existir a possibilidade), são sempre benéficas se bem indicadas. O fortalecimento muscular deve respeitar algumas regras para garantirmos a segurança em sua realização:

- Intensidade, tipo e frequência dependem da condição física prévia do paciente e do estado da doença.
- O uso de peso excessivo em estruturas ósseas que estão mais enfraquecidas pela presença de tumores pode predispor a fraturas.

Precisamos ter extremo cuidado ao manusear o paciente com suspeita de lesão óssea, pois muitas vezes ela pode não ser única. O melhor exame para detectar lesões ósseas múltiplas ainda é a cintilografia óssea (Figura 3).

Quando for necessária a restrição total ou parcial de carga nos membros inferiores, o uso de muletas ou andadores é indicado. A

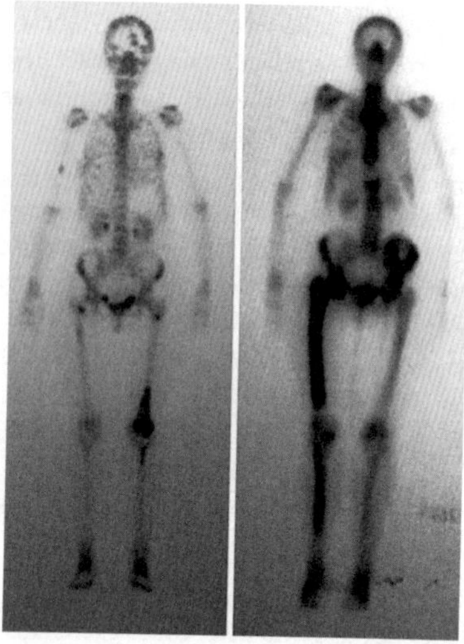

FIGURA 3 Cintilografia óssea demonstrando múltiplas lesões ósseas. Em ambas imagens são perceptíveis áreas de maior captação nos membros e coluna vertebral.

prescrição é realizada de acordo com a demanda necessária e capacidade funcional do paciente. Deve-se salientar que, especialmente nas pacientes com câncer de mama, a utilização das muletas axilares não é recomendada; salvo raras exceções, deve ser dada preferência para a prescrição de muletas canadenses com apoio no antebraço; nos casos de capacidade funcional reduzida utilizam-se andadores.

No caso de lesões na coluna toracolombar, a imobilização com órteses toracolombossacrais (TLSO) pode ser indicada para uma abordagem conservadora. O uso de coletes apresenta bons resultados em melhora da dor para a coluna torácica e lombar quando não existem sintomas de comprometimento neurológico.

CONSIDERAÇÕES FINAIS

Os fisioterapeutas desempenham um papel central na abordagem multidisciplinar das metástases ósseas. Seu papel é maximizar a qualidade de vida, mantendo a mobilidade do paciente e facilitando sua capacidade de realizar atividades de vida diária. Ter contato com toda a equipe é de fundamental importância para ter uma visão global do panorama de tratamento e expectativas. Não podemos esquecer que toda lesão óssea é uma fratura em potencial, por isso devemos restringir carga, força muscular e utilização de grandes alavancas e extremas amplitudes de movimento. Ao passar por um procedimento cirúrgico ortopédico, é imprescindível o contato com o cirurgião antes mesmo de mobilizar o paciente no leito.

BIBLIOGRAFIA RECOMENDADA

1. D'Oronzo S, Coleman R, Brown J, Silvestris F. Metastatic bone disease: Pathogenesis and therapeutic options. J Bone Oncol. Elsevier GmbH; 2019 Apr;15(August 2018):100205. Disponível em: https://doi.org/10.1016/j.jbo.2018.10.004.
2. Jonas SC, Mehendale SM, Bick SM, Baker RP. Current orthopaedic management of bony metastases in the proximal third of the femur. HIP Int. 2017 Jan 25;27(1):1-7.
3. Khattak MJ, Ashraf U, Nawaz Z, Noordin S, Umer M. Surgical management of metastatic lesions of proximal femur and the hip. Ann Med Surg. Elsevier; 2018;36(September):90-5.
4. Kim LD, Bueno FT, Yonamine ES, Próspero JD de, Pozzan G. Bone metastasis as the first symptom of tumors: role of an immunohistochemistry study in establishing primary tumor. Rev Bras Ortop [Internet]. Sociedade Brasileira de Ortopedia e Traumatologia; 2018;53(4):467-71. Disponível em: https://doi.org/10.1016/j.rboe.2018.05.015.
5. Meohas W, Probstner D, André R, Vasconcellos T, Cristina A, Lopes DS, et al. Metástase óssea: revisão da literatura Bone metastases: literature review. 51(1):43-7.
6. Oren R, Zagury A, Katzir O, Kollender Y, Meller I. Principles and rehabilitation after limb-sparing surgery for cancer. Musculoskeletal cancer surgery

treatment of sarcomas and allied diseases – Martin Malawer MD, Paul H Sugarbaker. Dordrecht: Kluwer Academic Publishers; 2001. p.581-92.

7. Shibata H, Kato S, Sekine I, Abe K, Araki N, Iguchi H, et al. Diagnosis and treatment of bone metastasis: comprehensive guideline of the Japanese Society of Medical Oncology, Japanese Orthopedic Association, Japanese Urological Association, and Japanese Society for Radiation Oncology. ESMO Open. 2016 Mar 16;1(2):e000037.
8. Sowder ME, Johnson RW. Bone as a preferential site for metastasis. JBMR Plus. 2019 Mar;3(3):e10126. Disponível em: http://doi.wiley.com/10.1002/jbm4.10126.
9. Talbot M, Turcotte RE, Isler M, Normandin D, Iannuzzi D, Downer P. Function and health status in surgically treated bone metastases. Clin Orthop Relat Res. 2005 Sep;438(438):215-20.
10. Yu Z, Xiong YAN, Shi RUI, Min LI, Zhang W, Liu H. Surgical management of metastatic lesions of the proximal femur with pathological fractures using intramedullary nailing or endoprosthetic replacement. 2018;107-14.

Fisioterapia no câncer de pulmão

31

Vinícius Cavalheri

INTRODUÇÃO

O câncer primário de pulmão é definido como um tumor maligno que começa no tecido de um ou de ambos os pulmões. Os carcinomas pulmonares podem ter origem em qualquer parte dos pulmões, incluindo a traqueia, os brônquios, os bronquíolos e os alvéolos.

O tabagismo (incluindo a exposição passiva ao tabaco) é o fator de risco mais importante no desenvolvimento do câncer de pulmão. A duração e o número de cigarros que uma pessoa fuma estão fortemente associados ao risco de desenvolvimento da doença. Outros fatores de risco são: exposição ocupacional, consumo de álcool, doença pulmonar subjacente e história familiar de câncer de pulmão.

Dados mundiais de 2018 indicam que o câncer de pulmão é o câncer mais comumente diagnosticado em homens e o terceiro mais comumente diagnosticado em mulheres. No Brasil, o câncer de pulmão é o segundo mais comum em homens e mulheres.

A mortalidade por câncer de pulmão é alta. A sobrevida em 5 anos é em torno de 11-19%, o que torna essa doença a principal causa de morte por câncer no mundo.

A alta taxa de mortalidade é resultado tanto da rápida disseminação do câncer de pulmão para vários órgãos, comparado à disseminação de outros cânceres, quanto do diagnóstico tardio. Atrasos de pacientes para procurar assistência médica e atrasos do sistema de saúde para diagnosticar e iniciar o tratamento são comuns.

CLASSIFICAÇÃO E ESTADIAMENTO

Existem dois grupos principais de câncer de pulmão: o carcinoma de células pequenas (*small cell lung cancer*) e o carcinoma de células não pequenas (*non-small cell lung cancer*). O carcinoma de células não pequenas é o grupo mais comum, representando cerca de 85% de todos os casos de câncer de pulmão. Esse grupo inclui 3 tipos de carcinomas: o adenocarcinoma, o carcinoma de células escamosas e o carcinoma de grandes células. Comparada com o carcinoma de células pequenas, a sobrevida de pacientes com carcinoma de células não pequenas é maior.

O estadiamento do carcinoma de células pequenas classifica a doença em dois estágios: doença limitada e doença extensa. A doença limitada é caracterizada por:

(i) doença confinada a um hemitórax, embora a extensão local possa estar presente;
(ii) nenhuma metástase extratorácica exceto, para linfonodos supraclaviculares ipsilaterais;
(iii) tumor primário e linfonodos regionais, que podem ser englobados adequadamente em uma região de radiação razoavelmente segura.

O estadiamento do carcinoma de células não pequenas é determinado utilizando o sistema TNM da American Joint Committee on Cancer, que está atualmente na sua 8ª edição.

O sistema é explicado nas Tabelas 1 e 2 e leva em consideração:

(i) o tamanho do **T**umor primário e se o tecido adjacente foi invadido (**T**);
(ii) o envolvimento dos linfo**N**odos regionais (**N**);
(iii) se ocorreu **M**etástase (**M**).

TABELA 1 Descrição dos itens do sistema TNM

T – Tumor primário	
T1	Tumor ≤ 3 cm no maior diâmetro, circundado por pulmão e pleura visceral
T1a	Tumor ≤ 1 cm
T1b	Tumor > 1 cm, mas ≤ 2 cm
T1c	Tumor > 2 cm, mas ≤ 3 cm
T2	Tumor > 3 cm, mas ≤ 5 cm ou qualquer destes achados: ▪ envolvimento do brônquio principal ▪ invasão da pleura visceral ▪ associação com atelectasia ou pneumonite obstrutiva envolvendo parte ou todo o pulmão
T2a	Tumor > 3 cm, mas ≤ 4 cm no maior diâmetro
T2b	Tumor > 4 cm, mas ≤ 5 cm no maior diâmetro
T3	Tumor > 5 cm, mas ≤ 7 cm ou associado a nódulo tumoral no mesmo lobo do tumor primário ou que invada diretamente qualquer uma das seguintes estruturas: parede torácica (incluindo a pleura parietal e os tumores do sulco superior), nervo frênico e pericárdio parietal
T4	Tumor > 7 cm ou associado a nódulo tumoral um lobo ipsilateral diferente daquele do tumor primário ou que invada qualquer uma das seguintes estruturas: diafragma, mediastino, coração, grandes vasos, traqueia, nervo laríngeo recorrente, esôfago, corpo vertebral e carina

(continua)

TABELA 1 Descrição dos itens do sistema TNM *(continuação)*

N – Linfonodos	
N1	Metástase em linfonodos hilares e/ou peribrônquicos ipsilaterais e linfonodos intrapulmonares, incluindo envolvimento por extensão direta
N2	Metástase em linfonodo(s) mediastinal e/ou subcarinal ipsilateral
N3	Metástase em linfonodo mediastinal contralateral, hilar contralateral, escaleno ipsilateral ou contralateral, ou linfonodo(s) supraclavicular(es)
M – Metástase	
M0	Metástase a distância não presente
M1	Metástase a distância presente
M1a	Nódulo tumoral em lobo contralateral; tumor com nódulo(s) pleural ou pericárdico, ou derrame pleural ou pericárdico maligno
M1b	Metástase extratorácica única
M1c	Múltiplas metástases extratorácicas em um ou mais órgãos

TABELA 2 Estadiamento de acordo com o sistema TNM

	N0	N1	N2	N3
T1a	IA1	IIB	IIIA	IIIB
T1b	IA2	IIB	IIIA	IIIB
T1c	IA3	IIB	IIIA	IIIB
T2a	IB	IIB	IIIA	IIIB
T2b	IIA	IIB	IIIA	IIIB
T3	IIB	IIIA	IIIB	IIIC
T4	IIIA	IIIA	IIIB	IIIC
M1a	IVA	IVA	IVA	IVA
M1b	IVA	IVA	IVA	IVA
M1c	IVB	IVB	IVB	IVB

* O estágio inicial está representado por células mais claras e fonte preta; o estágio avançado está representado por células mais escuras e fonte branca.

Existem 8 principais estágios de carcinoma de células não pequenas: IA, IB, IIA, IIB, IIIA, IIIB, IIIC e IV. O estágio IA é ainda subdividido em IA1, IA2 e IA3, e o estágio IV, em IVA e IVB. Estágios IA a IIIA são considerados estágios iniciais e estágios IIIB a IVB são considerados estágios avançados.

TRATAMENTO

O tratamento do câncer de pulmão evoluiu consideravelmente nas últimas décadas e requer a participação de um grupo multidisciplinar formado por oncologista, cirurgião torácico, pneumologista, radioterapeuta, radiologista intervencionista, médico nuclear, enfermeiro, fisioterapeuta, nutricionista e assistente social. As principais modalidades de tratamento incluem: ressecção cirúrgica, quimioterapia, radioterapia e terapia-alvo, cada um dos quais associado a vários efeitos colaterais ou complicações (Tabela 3). A escolha da combinação de tratamento depende do tipo histológico, da localização do tumor, do estágio do câncer e do grau de fragilidade do paciente.

TABELA 3 Efeitos colaterais ou complicações

Cirurgia	Quimioterapia	Radioterapia	Terapia-alvo
▪ Dor torácica ▪ Tosse ▪ Fadiga ▪ Complicações pulmonares ▪ Dor no ombro	▪ Fadiga ▪ Náusea ▪ Infecção ▪ Vômito ▪ Anemia ▪ Diarreia ▪ Constipação ▪ Perda de apetite ▪ Perda de cabelo ▪ Úlceras orais ▪ Ganho/perda de peso	▪ Fadiga ▪ Tosse ▪ Esofagite ▪ Náusea ▪ Vômito ▪ Eritema cutâneo ▪ Diarreia ▪ Perda de apetite ▪ Perda de cabelo ▪ Sintomas similares aos de gripe	▪ Fadiga ▪ Náusea ▪ Vômito ▪ Perda de apetite ▪ Diarreia ▪ Constipação ▪ Mudanças capilares/cutâneas

Ressecção cirúrgica

A ressecção cirúrgica é o tratamento de escolha para pacientes diagnosticados com carcinoma de células não pequenas no estágio inicial, e é o tratamento que fornece a melhor chance de cura. No entanto, aproximadamente 70% dos pacientes diagnosticados com câncer de pulmão são diagnosticados com estágio avançado; e 25% dos pacientes com estágio inicial apresentam alto risco de complicação pós-operatória devido à função cardiorrespiratória comprometida.

Para pacientes considerados elegíveis para ressecção cirúrgica, as principais opções incluem: pneumonectomia, lobectomia ou segmentectomia.

Comparada com a segmentectomia, a lobectomia é a abordagem cirúrgica de preferência para pacientes com carcinoma de células não pequenas no estágio inicial, pois está associada a taxas mais baixas de recorrência locorregional e melhora da sobrevida. Entretanto, a segmentectomia é vantajosa em termos de preservação de uma quantidade maior do volume pulmonar, limitando o comprometimento fisiológico pós-operatório e, consequentemente, reduzindo a taxa de complicação pós-operatória e o tempo de internação hospitalar.

Com relação à técnica cirúrgica, a cirurgia toracoscópica videoassistida resulta em um pós-operatório com menos dor, melhor amplitude de movimento do ombro, melhor capacidade funcional, menos complicações, menor risco de readmissão em UTI e menor tempo de internação hospitalar comparada com a toracotomia.

Após a ressecção pulmonar, as complicações pulmonares pós-operatórias clinicamente importantes incluem insuficiência respiratória (ou seja, ventilação mecânica prolongada, reintubação ou síndrome do desconforto respiratório agudo), pneumonia e atelectasia, que requer broncoscopia. As taxas relatadas de complicações pulmonares pós-operatórias variam de 3-15%. Complicações pulmonares pós-operatórias estão associadas ao aumento do tempo de internação hospitalar, cuidados intensivos, readmissão hospitalar e mortalidade.

Quimioterapia

Os agentes quimioterápicos inibem a divisão celular em células cancerígenas e não cancerígenas, e isso resulta em efeitos colaterais devido aos danos causados às células normais (não cancerosas). Esses efeitos colaterais incluem supressão da medula óssea e subsequente imunossupressão, assim como a diminuição da função respiratória, particularmente da capacidade de difusão pulmonar.

Radioterapia

A radioterapia com feixe externo (radioterapia convencional) funciona produzindo radiação, que é direcionada ao tumor, e resulta em apoptose das células cancerígenas. Os efeitos colaterais da radioterapia ocorrem devido à formação de radicais livres associados, ampla resposta inflamatória e liberação de citocinas. A função respiratória, particularmente a capacidade de difusão pulmonar, é prejudicada após o tratamento.

Terapia-alvo

Os tumores ocorrem devido a mutações genômicas, e cada vez mais os diferentes genomas do carcinoma de células não pequenas estão sendo reconhecidos e se tornando alvo do tratamento da doença. Os agentes usados em terapia-alvo incluem substâncias desenvolvidas para identificar e atacar características específicas das células cancerígenas, bloqueando o crescimento e a disseminação do câncer. Alguns exemplos de agentes usados na terapia-alvo são: anticorpos monoclonais, inibidores de angiogênese e inibidores da enzima tirosina-quinase.

EFEITOS DO CÂNCER DE PULMÃO NA FUNÇÃO FÍSICA E CAPACIDADE FUNCIONAL DOS PACIENTES

O câncer de pulmão está associado a um maior fardo de doença, mais dificuldades físicas e mais sintomas do que outros tipos de câncer. Além da presença do tumor pulmonar maligno, que afeta a mecânica ventilatória e as trocas gasosas, aproximadamente 50% dos pacientes diagnosticados com câncer de pulmão apresentam algum tipo de doença pulmonar crônica. A mais comum é a doença pulmonar obstrutiva crônica (DPOC), caracterizada por sintomas respiratórios persistentes, limitação ao fluxo expiratório e efeitos extrapulmonares devastadores, incluindo perda de massa muscular e descondicionamento físico.

Dispneia, fadiga, tosse, dor e insônia estão entre os principais sintomas reportados por pacientes com câncer de pulmão. Em busca de evitar o principal fator desencadeante dos sintomas (ou seja, atividade física), os pacientes adentram um ciclo de inatividade física, sedentarismo e declínio da capacidade funcional. A consequência é uma constante piora dos sintomas e um profundo descondicionamento físico.

O PAPEL DA FISIOTERAPIA

O papel da fisioterapia varia de acordo com o estágio da doença e o tratamento médico planejado para o paciente. Historicamente, o papel da fisioterapia no paciente com câncer de pulmão focou principalmente em intervenções intra-hospitalares pós-operatórias com o objetivo de prevenir complicações pulmonares.

O treinamento físico, como parte do tratamento fisioterapêutico de rotina, é utilizado com menor frequência. Contudo, as evidências literárias que sugerem treinamento físico como parte do tratamento de pacientes com câncer de pulmão têm crescido rapidamente na última década.

Tendo em vista o estágio da doença, o tratamento médico planejado para o paciente e a evidência científica, o papel da fisioterapia no paciente com estágio inicial pode ser dividido em: pré-reabilitação, tratamento pós-operatório imediato (intra-hospitalar) e treinamento físico pós-operatório. Em pacientes com estágio avançado, o papel da fisioterapia é tentar prevenir a deterioração física e psicológica e maximizar a independência do paciente.

CARACTERÍSTICAS DO TRATAMENTO FISIOTERAPÊUTICO E PROTOCOLOS ASSISTENCIAIS

Câncer de pulmão – estágio inicial

Pré-reabilitação

O treinamento físico pré-operatório tem como objetivo diminuir o risco de complicações pulmonares pós-operatórias e o tempo de internação hospitalar, por meio da melhora da capacidade aeróbica pré-operatória. Algumas características do treinamento pré-operatório são: curta duração (geralmente durante o período no qual o paciente está esperando o agendamento da cirurgia, ou seja, de 1-4 semanas), alta frequência (5 vezes por semana no mínimo) e foco no treinamento aeróbico (pois o objetivo é a melhora na capacidade aeróbica pré-cirúrgica).

Tratamento pós-operatório imediato (intra-hospitalar)

O tratamento fisioterapêutico no pós-operatório imediato tem o objetivo de tratar complicações pulmonares pós-operatórias, prevenir sequelas musculoesqueléticas e facilitar ou acelerar a alta hospitalar.

Técnicas fisioterapêuticas incluem a deambulação precoce iniciada no primeiro dia pós-operatório, encorajamento para que o paciente gaste mais tempo sentado do que deitado e realização de tosse autoassistida. Exercícios de mobilização de ombro e caixa torácica devem ser prescritos após a remoção do dreno torácico com o objetivo de reduzir a dor e manter/melhorar a função do ombro. Um exemplo de protocolo fisioterapêutico no pós-operatório imediato é apresentado na Tabela 4.

TABELA 4 Exemplo de protocolo fisioterapêutico no pós-operatório imediato

Dia 1 pós-operatório
▪ Sentar o paciente em uma cadeira ao lado da cama ▪ Deambulação (≥ 20 m) na enfermaria – Oxigênio suplementar (se necessário), para manter $SpO_2 \geq 95\%$ – Assistência de uma segunda pessoa, se necessário – Utilização de um "rolator" ou outro dispositivo auxiliar de marcha, se o paciente não puder se movimentar apesar da assistência de uma segunda pessoa ▪ Ensinar tosse autoassistida com envoltório de toalha ▪ Iniciar fisioterapia respiratória, se indicada (pacientes com altas complicações pulmonares ou que apresentaram complicação pulmonar pós-operatória)
Dia 2 pós-operatório
▪ Deambulação (≥ 50 m) na enfermaria – Oxigênio suplementar (se necessário), para manter $SpO_2 \geq 95\%$ – Assistência de uma segunda pessoa, se necessário – Utilização de um "rolator" ou outro dispositivo auxiliar de marcha, se o paciente não puder se movimentar apesar da assistência de uma segunda pessoa ▪ Encorajar tosse autoassistida ▪ Iniciar ou continuar fisioterapia respiratória, se indicada (pacientes com altas complicações pulmonares ou que apresentaram complicação pulmonar pós-operatória)
Dia 3 pós-operatório
▪ Revisão pelo fisioterapeuta somente se o paciente necessitar de assistência para deambulação ou fisioterapia respiratória
Após a remoção do dreno torácico
▪ Ensinar exercícios de amplitude de movimento para ombro/membro superior e exercício de mobilidade torácica ▪ Conduzir avaliação funcional (ombro e caixa torácica) antes da alta hospitalar e fornecer orientações para exercícios domiciliares, se necessário

Treinamento físico pós-operatório

O treinamento físico pós-operatório (ou após o término do tratamento) visa restaurar o estado físico do paciente (com foco na perda de capacidade funcional e força muscular que pode ocorrer durante o tratamento) e maximizar a funcionalidade, atividade física, estado psicológico e qualidade de vida a longo prazo.

O programa de treinamento físico pós-operatório pode ser realizado como parte de um programa de reabilitação pulmonar, que tem como características: duração entre 8-12 semanas; frequência de 2-3 vezes por semana no mínimo; treinamento aeróbico e resistido (força). A Tabela 5 compara as características de protocolos de pré-reabilitação e treinamento pós-operatório.

TABELA 5 Comparação das características de protocolos de pré-reabilitação e treinamento pós-operatório

	Pré-reabilitação	Treinamento pós-operatório
▪ Objetivos	Diminuir o risco de complicações pulmonares pós-operatórias e o tempo de internação hospitalar pós-operatório, por meio da melhora da capacidade aeróbica pré-operatória	Restaurar a capacidade funcional e de exercício. Restaurar a força muscular Promover atividade física Melhorar o estado psicológico e a qualidade de vida a longo prazo
▪ Duração	Período no qual o paciente está esperando o agendamento da cirurgia (1-4 semanas)	8-12 semanas (com orientação para a manutenção de uma vida ativa após o término do treinamento)
▪ Frequência	5 vezes por semana no mínimo	2-3 vezes por semana no mínimo
▪ Tipos de exercício	Aeróbico (principal) * *Exercícios resistidos e alongamentos adicionados quando necessário*	Aeróbico Resistido * *Alongamentos adicionados quando necessário*

(continua)

TABELA 5 Comparação das características de protocolos de pré-reabilitação e treinamento pós-operatório *(continuação)*

	Pré-reabilitação	Treinamento pós-operatório
▪ Prescrição inicial	60% do VO_2pico; ou 70-80% da Wmáx; e BORG* dispneia e/ou fadiga entre 4-6	70-80% da velocidade média durante o TC6; ou 60% do VO_2pico; ou 70-80% da Wmáx 8-2 RM (resistido) BORG* dispneia e/ou fadiga entre 4-6
▪ Progressão	De acordo com sintomas (dispneia e/ou fadiga) Progredir quando BORG* dispneia e/ou fadiga < 4	De acordo com sintomas (dispneia e/ou fadiga) Progredir quando BORG* dispneia e/ou fadiga < 4

* Escala de BORG modificada (ou seja, pontuação entre 0-10).

RM: repetição máxima; TC6: teste de caminhada de 6 minutos; VO_2pico: pico de consumo de oxigênio; Wmáx: carga máxima.

Câncer de pulmão – estágio avançado

Em pacientes com estágio avançado, o papel da fisioterapia é tentar prevenir a deterioração física e psicológica e maximizar a independência do paciente.

O programa de treinamento físico no estágio avançado pode ser realizado como parte de um programa de reabilitação pulmonar. Contudo, tal programa deve ser individualizado, levando em consideração precauções específicas. Dado o fato de a natureza dos sintomas do câncer de pulmão em estágio avançado ser altamente variável, a avaliação de sintomas deve ser realizada antes de cada sessão de treinamento, e se necessário a sessão deve ser adiada.

Contraindicações e precauções durante o treinamento físico

Contraindicações gerais e precauções durante o treinamento físico em pacientes com câncer de pulmão estão descritos na Tabela 6.

TABELA 6 Contraindicações gerais e precauções

Tipo de exercício	Tipo de paciente	Decisão
Todos	Todos	Evitar treinamento se: ▪ hemoglobina < 8 g/L* ▪ neutrófilos ≤ 0,5 × 109/µL ▪ plaquetas < 50 × 109/µL* ▪ febre > 38 °C ▪ fadiga extrema ou náusea grave
Aeróbico	Linfedema de membro superior ou inferior	Usar métodos de compressão durante o exercício
	Limitação periférica como caquexia grave ou atrofia muscular	Começar com o treinamento resistido e depois progredir para incorporar o treinamento aeróbico, uma vez que o volume/força muscular aumentarem
Resistido	Metástase óssea ou alto risco de metástase óssea	Prescrever com cautela (buscar autorização médica, especialmente nos casos de metástases espinhais/fraturas)
	Alto risco de osteoporose	Prescrever com cautela
	Limitação cardiorrespiratória (disfunção ventricular esquerda induzida por quimioterapia) ou anemia grave	Prescrever com cautela
	Pós-operatório	Observar a cicatrização cirúrgica. Aguardar entre 6-8 semanas (pós-operatório) para iniciar exercícios resistidos (autorização médica é recomendada)
Alongamento	Pós-operatório imediato (intra-hospitalar)	Evitar o alongamento de membros superiores até a remoção do dreno torácico

* Levar em consideração a clínica do paciente para a tomada de decisão.

BIBLIOGRAFIA RECOMENDADA

1. Cavalheri V, Granger C. Preoperative exercise training for patients with non--small cell lung cancer. Cochrane Database Syst Rev. 2017 Jun 7;6:CD012020.
2. Goldstraw P, Chansky K, Crowley J, Rami-Porta R, Asamura H, Eberhardt WEE, et al. The IASLC Lung Cancer Staging Project: proposals for revision of the TNM stage groupings in the forthcoming (Eigth) edition of the TNM classification for lung cancer. J Thor Oncol. 2015;11(1):39-51
3. Cavalheri V, Tahirah F, Nonoyama M, Jenkins S, Hill K. Exercise training for people following lung resection for non-small cell lung cancer: a Cochrane systematic review. Cancer Treat Rev. 2014;40(4):585-94.
4. Granger CL, McDonald CF, Parry SM, Oliveira CC, Denehy L. Functional capacity, physical activity and muscle strength assessment of individuals with non-small cell lung cancer: a systematic review of instruments and their measurement properties. BMC Cancer. 2013;13:135.
5. Granger CL. Physiotherapy management of lung cancer. J Physiother. 2016;62(2):60-7.
6. Peddle-McIntyre CJ, Singh F, Thomas R, Newton RU, Galvão DA, Cavalheri V. Exercise training for advanced lung cancer. Cochrane Database Syst Rev. 2019 Feb 11;2:CD012685.

32 Fisioterapia nos tumores de sistema nervoso central

Luciana Nakaya

INTRODUÇÃO

Tumores de sistema nervoso central (SNC) representam 1,8% de todos os tumores malignos no mundo. No Brasil, aproximadamente 5.500 casos novos são diagnosticados por ano.

Em pediatria (0-14 anos) é a segunda neoplasia mais frequente, representando 20% de todas as doenças malignas da infância, com idade média ao diagnóstico de 8 anos e com taxa de sobrevida em 5 anos de 75%.

Tumores primários de SNC se originam do cérebro ou da medula espinal e raramente se espalham para outros locais do corpo, mas podem se infiltrar em tecidos adjacentes.

Como em outros tipos de tumores, existem lesões de características benignas e malignas; porém, quando se trata de tumores em SNC, deve-se atentar para o fato da localização tumoral, pois lesões benignas podem crescer em estruturas nobres do cérebro, tornando o tratamento e o prognóstico mais reservados. Há outra característica importante, a saber: tumores de adultos e crianças geralmente se desenvolvem a partir de células e áreas diferentes, resultando em terapêuticas distintas.

Geralmente ocorrem de forma idiopática, porém há alguns fatores de risco que predispõem à aparição desses tumores, como:

- exposição à radiação ionizante ou a alguns agentes químicos como o cloreto de vinil (predispõem ao surgimento de gliomas);
- síndromes genéticas como a neurofibromatose tipos 1 e 2 e síndrome de Li-Fraumeni.

LOCALIZAÇÃO

Pode-se dividir o cérebro em duas grandes áreas, separados pela tenda do cerebelo:

- supratentorial: abrange hemisférios cerebrais, ventrículos, plexo coroide, hipotálamo, glândula pineal, glândula pituitária e nervo óptico;
- infratentorial: cerebelo e tronco encefálico.

SINAIS E SINTOMAS

Os sinais e sintomas são variados, pois estão relacionados com a localização da lesão, porém sintomas gerais incluem: dor de cabeça, convulsão, déficits visuais, sintomas de perda de apetite, náusea e vômito, mudanças de personalidade, humor, capacidade mental e concentração.

A sintomatologia do paciente pode evoluir gradualmente durante semanas a meses, dependendo do tipo de tumor; por isso, muitas vezes o paciente somente é diagnosticado devido a um estado crítico de hipertensão intracraniana (tríade: náuseas pela manhã, letargia, vômito em jato), e dependendo da situação é necessário realizar uma neurocirurgia de urgência para descompressão. Pode-se optar por cirurgias de ventriculostomia ou colocações de derivações ventriculares (externas, peritoneais ou atriais).

O diagnóstico é realizado por meio de exames de imagem, tomografia computadorizada (TC) e/ou ressonância magnética (RNM), sendo que a RNM consegue fornecer mais detalhes acerca da lesão. Analisando a clínica do paciente combinada ao exame de imagem, pode-se iniciar hipóteses diagnósticas do tipo de tumor e até diferenciá-las de alguma outra lesão não tumoral, como malformações vasculares ou infecções.

Inicia-se então o estadiamento do paciente, com exames complementares laboratoriais, bem como coleta de liquor para verificar possível disseminação para a cavidade leptomeníngea. Em relação à biópsia, existem dois tipos utilizados nesses tumores:

- Biópsia cirúrgica: quanto o paciente já foi submetido à retirada total ou parcial do tumor, e a análise patológica é feita dentro de alguns dias após a cirurgia.
- Biópsia estereotáxica: quando a ressecção do tumor é inviável devido à localização (tumores em estruturas nobres do cérebro ou muito profundos), retira-se uma pequena amostra da lesão por meio de técnicas cirúrgicas para definição do melhor tratamento.

TRATAMENTO

O tratamento dos tumores de SNC é multimodal, porém na grande maioria dos casos a cirurgia de ressecção é o tratamento de primeira linha, sendo depois complementado com quimioterapia e/ou radioterapia, se necessário. Além disso, a utilização do transplante de medula óssea autólogo surgiu como grande aliada no tratamento de alguns tumores sólidos, incluindo tumores de SNC.

A quimioterapia passou a ter um papel importante no tratamento de tumores de SNC na última década. Esse tratamento era pouco utilizado, pois seu efeito era mínimo devido à dificuldade de a droga ultrapassar a barreira hematoencefálica e de fato atingir a lesão. Atualmente, estão sendo estudadas as possibilidades de agregar as moléculas das drogas quimioterápicas a lipossomos ou outras moléculas que facilmente transitam entre a barreira hematoencefálica, de forma a permitir que as drogas atinjam o tumor. Também aumentou a utilização de drogas antiangiogênicas (p. ex., Avastin®) que interferem na neoformação vascular dos tumores, reduzindo sua velocidade de crescimento.

O transplante de células-tronco hematopoiéticas (TCTH) autólogo tem sido empregado como complemento ao tratamento de diversos tumores sólidos, incluindo os de SNC. Baseia-se no princípio de que altas doses de quimioterapia facilitam a passagem das drogas pela barreira hematoencefálica, ocasionando, assim, melhor resposta. Em seguida, o paciente é submetido a infusão de células-tronco hematopoiéticas previamente coletadas dele mesmo. A indicação para esse tratamento é reservada a alguns tipos e estadiamentos específicos de tumores de SNC.

A terapia-alvo, assim como em outros tumores, está em desenvolvimento e necessita dos estudos biomoleculares para seus resultados. A biologia molecular está em evidência e em constante atualização em tumores de SNC. Sabe-se que em alguns tipos já se pode verificar diferentes vias de ativação das células tumorais e dessa forma fornecer um tratamento mais individualizado.

TUMORES PRIMÁRIOS DE SNC

Serão discutidos a seguir os tumores primários de SNC mais frequentes.

Meningeomas

Tumores com origem nas meninges, geralmente benignos e de crescimento lento, podem aparecer no cérebro ou na medula espinal, ocorrendo com maior frequência em adultos. Os meningeomas podem levar ao aumento da pressão intracraniana, causando sinais e sintomas de hipertensão intracraniana (HIC). Seu tratamento consiste em observação (em casos de tumores pequenos e sem clínica nos pacientes), cirurgia e radioterapia.

Gliomas

Abrangendo uma família de tumores de origem glial, que são células que protegem, nutrem e sustentam os neurônios, são descritos a seguir:

1. **Astrocitomas:** originam-se dos astrócitos; podem infiltrar-se em tecidos adjacentes sadios e são prevalentes em crianças. Os sinais e sintomas são dependentes da localização, sendo os mais comuns: dor de cabeça, náusea, aumento da pressão intracraniana (PIC), alterações motoras e/ou sensitivas, cognitivos de mudanças de personalidade. O tratamento consiste em ressecção ampla e acompanhamento, se ressecção parcial complementar com quimioterapia adjuvante. Se pobre a resposta à quimioterapia, inicia-se a radioterapia. Os astrocitomas são classificados em três tipos: alto grau – glioblastoma multiforme (GBM) –, grau intermediário (astrocitoma anaplásico) e baixo grau (astrocitoma pilocítico).
2. **Oligodendrogliomas:** originam-se dos oligodendrócitos, mais comuns em adultos (40-50 anos); podem metastizar e se infiltrar em tecidos adjacentes. O principal sintoma é a convulsão, e o tratamento indicado é a cirurgia de ressecção, seguida de complementação com quimioterapia e radioterapia.
3. **Ependimomas:** originam-se das células ependimárias. Em crianças, 90% dos casos apresentam localização intracraniana; em

adultos, 75% se localizam no em canal espinhal. Os sinais e sintomas são dependentes da localização, e o tratamento consiste em máxima ressecção, seguida de radioterapia; e a quimioterapia pode ser utilizada em caso de doença recidivante. São divididos de acordo com sua localização e classificados em subtipos, conforme com sua via de ativação.

4. **Gliomas de tronco cerebral:** originam-se do tronco encefálico, apresentando maior frequência em crianças. Os sinais e sintomas geralmente envolvem alteração de pares de nervos cranianos, alterações respiratórias e de personalidade. Geralmente são de difícil acesso cirúrgico devido à localização em estruturas nobres do cérebro, por isso o tratamento fica restrito à radioterapia, porém o prognóstico é muito ruim, com sobrevida de 12 meses após o término da radioterapia.
5. **Gliomas de vias ópticas:** originam-se das vias ópticas, podendo infiltrar-se no nervo óptico, quiasma e hipotálamo. Apresenta baixo grau de malignidade, porém, devido a sua localização, por vezes não pode ser ressecado totalmente. O tratamento consiste em cirurgia visando à máxima ressecção. Se ressecção parcial, é realizada quimioterapia adjuvante para tentar diminuir ou desacelerar o crescimento do tumor, evitando-se assim a utilização da radioterapia devido a suas sequelas, como amaurose do paciente.

Meduloblastoma

São tumores embrionários, isto é, originam-se de células fetais; dessa forma, são mais comuns em crianças e raros em adultos. Surgem no cerebelo e podem disseminar-se para a medula espinal e a meninges. Devido a essa localização, os sintomas geralmente aparecem com questões de alteração de equilíbrio e marcha. O tratamento é cirúrgico, com o objetivo de ressecção completa, posteriormente complementado com radioterapia e/ou quimioterapia.

Em crianças menores de 4 anos evita-se a realização da radioterapia devido aos efeitos deletérios tardios, optando-se portanto pela cirurgia, quimioterapia em altas doses e TCTH autólogo. O meduloblastoma já apresenta estudos de biologia molecular, com a classificação demonstrada na Tabela 1.

TABELA 1 Classificação molecular do meduloblastoma

Tipo	Descrição
WNT	▪ 10% ▪ Frequentemente cresce do tronco encefálico ▪ Maiores de 10 anos ▪ Não metastáticos com bom prognóstico
SHH	▪ 25% ▪ Crescem do hemisfério cerebelar/histologia cerebelar desmoplásica
Grupo 3	▪ 25% ▪ Tipo anaplásico ▪ Doença metastática
Grupo 4	▪ 35% ▪ Prognóstico ruim ▪ Doença recidivante

Tumores pituitários

Mais comuns em adultos, na sua maioria de características benignas, porém podem acarretar problemas de saúde significativos por conta de sua localização.

- Adenoma pituitário: cresce da sela túrcica, podendo ocasionar sintomas de alteração visual e dor de cabeça, além de endocrinopatias. Pode ser classificado em microadenoma ou macroadenoma, dependendo do tamanho.

- Teratomas, germinomas e coriocarcinomas: ocorrem em crianças e adolescentes e crescem ao redor da glândula pituitária, podendo danificá-la.
- Craniofaringeomas: são comuns em crianças e crescem acima da glândula pituitária. Podem comprimir hipófise e hipotálamo, ocasionando alterações hormonais.

O tratamento dos tumores pituitários consiste em ressecção cirúrgica, quando possível, seguido de tratamento medicamentoso para as endocrinopatias. Se o tumor for inacessível cirurgicamente ou multifocal, é realizada a radioterapia.

REABILITAÇÃO DO PACIENTE COM TUMOR DE SNC

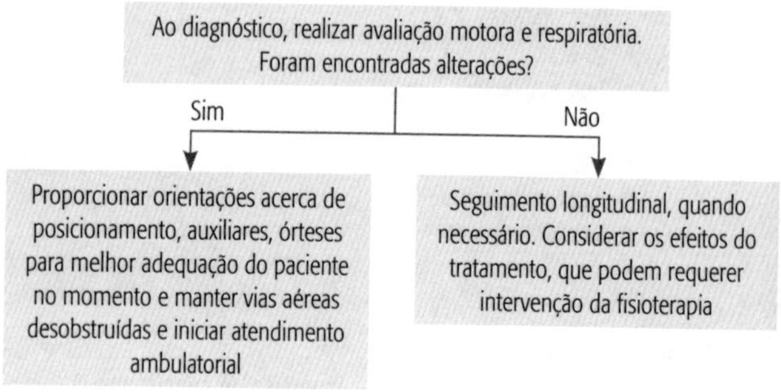

Pós-operatório de derivações:

- Seguir sempre orientações médicas.
- Geralmente decúbito zero durante 48 horas, sem mobilizações.
- A partir da liberação médica, inicia-se a mobilização passiva e a elevação de decúbito progressivamente.

- Em casos de derivação ventricular externa, a partir da liberação médica, quando elevar o decúbito do paciente e realizar mobilizações, fecha-se o circuito, reabrindo-o após a finalização do atendimento.

Pós-operatório de ressecção cirúrgica:

- Avaliação diária do *status* motor e respiratório em enfermaria, pois podem variar em um curto período.
- Comparação com a avaliação pré-operatória.
- Nível de consciência/cognitivo.
- Posicionamento.
- Mobilização precoce para prevenção de síndrome do imobilismo.
- Utilização de posicionadores e órteses para evitar deformidades e encurtamentos a longo prazo.
- Ofertar oxigenioterapia sempre que necessário.
- Manter vias aéreas desobstruídas.
- Proporcionar assistência ventilatória adequada com o auxílio de aparelhos de ventilação mecânica invasiva ou não invasiva, dependendo da necessidade do paciente.
- Na alta: verificar a rede necessária de apoio para o paciente ir para casa: auxiliares, órteses, locomoção, manejo de aspiração, entre outros, e encaminhamento para fisioterapia ambulatorial, se necessário.

Atendimento ambulatorial:

- Avaliação inicial – traçar objetivos e condutas.
- São pacientes que apresentarão sequelas e alterações motoras similares a outras lesões cerebrais. Por exemplo, hemiparesias, ataxia, atraso no desenvolvimento neuropsicomotor etc.

- O paciente pode vir a tornar-se crônico ou não dependendo das comorbidades e sequelas advindas do tratamento e/ou do tumor.
- Apresentam tratamentos longos e necessidades diferentes de acordo com o tempo; dessa forma, o fisioterapeuta deve observar o paciente em relação a sua mobilidade e locomoção, bem como o retorno às atividades sociais e comunitárias, de forma a adequar seus objetivos e condutas, buscando qualidade de vida com mínimo de sequelas.

BIBLIOGRAFIA RECOMENDADA

1. Gajjar A, Bowers DC, Karajannis MA, et al. Pediatric brain tumors: innovative genomic information is transforming the diagnostic and clinical landscape. J Clin Oncol. 2015;33:2986-8.
2. Khan F, Amatya B, Ng L, et al. Multidisciplinary rehabilitation after primary brain tumour treatment. Cochrane Database Syst Rev. 2013;1.
3. Main C, Wilson JS, Stevens SP, et al. The role of high-dose myeloablative chemotherapy with hematopoietic stem cell transplantation (HSCT) in children with central nervous system (CNS) tumors: protocol for a systematic review and meta-analysis. Systematic Reviews. 2015;4:168.
4. Perkins A, Liu G. Primary brain tumors in adults: diagnosis and treatment. Am Fam Physician. 2016;93(3):211-17.
5. Pollack IF, Agnihotri S, Broniscer A. Childhood brain tumors: current management, biological insights, and future direction. J Neurosurg Pediatr. 2019;23:261-73.
6. Uhm JH, Porter AB. Treatment of glioma in the 21st century: an exciting decade of postsurgical treatment advances in the molecular era. Mayo Clin Proc. 2017;6:995:1004.
7. Wilson CL, Gawade PL, Ness KK. Impairments that influence physical function among survivors of childhood cancer. Children. 2015;2(1):1-36.

33 Fisioterapia no câncer de cabeça e pescoço

Telma Ribeiro Rodrigues
Thalissa Maniaes

INTRODUÇÃO

O câncer de cabeça e pescoço (CCP) envolve as neoplasias malignas das vias aerodigestivas superiores: cavidade oral, laringe, faringe e seios paranasais. É uma doença com alta prevalência principalmente em países de baixo nível socioeconômico, sendo mais incidente em homens que em mulheres entre a quarta e a quinta décadas de vida. No Brasil, segundo os dados do Instituto Nacional do Câncer (INCA), os tumores de boca e laringe, se somadas suas incidências, correspondem ao segundo tipo de câncer mais comum no sexo masculino, com cerca de 11.180 casos e 6.470 casos, respectivamente.

O tipo histológico mais comum é o carcinoma epidermoide (cerca de 90% dos casos), que apresenta alta mortalidade associada, sendo a sexta maior causa de morte por câncer no Brasil. O câncer papilífero de tireoide também é o mais frequente entre todas as neoplasias malignas da tireoide (aproximadamente 90%). Esse aumento recente na incidência do câncer papilífero de tireoide está relacionado ao aumento do diagnóstico de pequenos nódulos (< 1 cm).

Entre os fatores de risco para o desenvolvimento do carcinoma epidermoide, estão o uso de tabaco e o consumo excessivo de álcool, com risco aumentado em 30 vezes para os indivíduos que fumam e bebem muito; já para o câncer de tireoide incluem: sexo feminino, ter história de bócio (tireoide aumentada), nódulos tireoidianos, história familiar de câncer de tireoide, exposição à radiação no início da vida e obesidade.

Com maior sobrevida alcançada pelos avanços do tratamento e diagnóstico, os pacientes com câncer necessitam de intervenções que melhorem sua capacidade funcional e qualidade de vida. Em especial, os pacientes com câncer de cabeça e pescoço apresentam diversas alterações funcionais, devido à complexidade da topografia e do tratamento, como lesões em nervos cranianos, edemas, dificuldade para comunicação e alimentação, que interferem diretamente nas suas atividades de vida diária (AVD).

Para manter uma posição adequada da cabeça, todas as estruturas devem estar em equilíbrio (principalmente o sistema muscular). Qualquer alteração (lesão e/ou disfunção) nessas estruturas pode modificar o posicionamento da cabeça.

A fisioterapia desempenha papel importante junto à equipe multiprofissional na reabilitação desses pacientes.

DISFUNÇÃO DE OMBRO E PESCOÇO

O esvaziamento cervical é a abordagem do pescoço para controle locorregional da doença e pode causar alteração funcional do ombro e do pescoço. A morbidade do ombro se deve à lesão do nervo espinhal acessório. O grau de disfunção, o risco de lesão do nervo e o tempo para recuperação dependerão do tipo de esvaziamento cervical. Mesmo quando há preservação do nervo, o trauma durante a cirurgia ou complicações no pós-operatório podem causar a lesão nervosa.

O nervo espinhal acessório inerva o músculo trapézio, que é responsável pelo posicionamento da escápula, pelos movimentos de elevação, depressão, estabilização e pela rotação da escápula, que promove o movimento de abdução do ombro. A fraqueza ou paralisia desse músculo gera uma condição conhecida como síndrome do ombro, que apresenta como característica ombro caído, discinesia escapular, dor e dificuldade para realizar o movimento de abdução do ombro. A dor pode ser neuropática, articular ou miofascial.

Em relação ao pescoço, as causas prováveis de diminuição de movimento cervical são a aderência cicatricial no pós-operatório, fibrose secundária a radioterapia e dor, além da perda da sensibilidade.

Tanto dados subjetivos como as queixas dos pacientes e a dificuldade na realização das atividades de vida diária, assim como uma avaliação criteriosa de todos os aspectos que envolvem os movimentos do ombro e do pescoço, por exemplo, força muscular, sensibilidade, intensidade e local da dor, guiarão o objetivo do tratamento. Para a avaliação é importante realizar o exame de goniometria de ombro e de pescoço e o teste de força muscular, tanto de grupos musculares ou de músculos específicos como do músculo trapézio. Já para a avaliação da intensidade da dor a escala visual analógica é de fácil aplicação e facilita o acompanhamento e a evolução durante as sessões. A palpação, a movimentação articular e o teste de sensibilidade são essenciais para investigar o tipo de dor.

A fisioterapia deve ser iniciada assim que possível. Os exercícios passivos mantêm a mobilidade articular, prevenindo os efeitos secundários ao imobilismo. Já os exercícios ativos e ativoassistido ajudam na recuperação do controle neuromuscular, ou seja, o fortalecimento com resistência progressiva tem se mostrado um recurso valioso na recuperação dos movimentos e no alívio da dor. Outros recursos utilizados são as técnicas manuais, facilitação neuromuscular proprioceptiva, massagem para alívio da dor e tensão muscular.

Os questionários de qualidade de vida são ferramentas importantes para compreender o impacto do tratamento, principalmente quando se trata de tumores de cabeça e pescoço, sendo uma ferramenta valiosa para melhor planejamento de estratégias de tratamento e reabilitação, devendo ser parte da avaliação clínica do paciente.

O *Neck Dissection Impairment Index* (NDII), por exemplo, é um instrumento multidimensional, desenvolvido e validado originalmente em língua inglesa e utilizado para avaliar a qualidade de vida relacionada à função do ombro de forma abrangente e detalhada após o esvaziamento cervical e foi recentemente traduzido para a língua portuguesa do Brasil. Uma análise de itens individuais do NDII mostra diferenças significativas de qualidade de vida dependendo do nível de esvaziamento cervical ao desempenhar funções como: levantar objetos leves e nas atividades de lazer e recreação. O NDII demonstra que o uso de radiação em pacientes submetidos a esvaziamento cervical é um fator prognóstico independente e negativo da função do ombro. Sendo assim, o objetivo do NDII é determinar de forma específica as dificuldades que os pacientes apresentam após o esvaziamento cervical e avaliar o seu impacto na qualidade de vida. Os itens do questionário foram definidos por profissionais como: otorrinolaringologistas, fisioterapeutas especializados em reabilitação de pacientes oncológicos pós-cirúrgicos e especialistas em pesquisa da Escola de Saúde Pública da Universidade de Michigan – Estados Unidos da América (EUA).

LINFEDEMA DE FACE E PESCOÇO

O linfedema secundário ao tratamento do câncer de cabeça e pescoço pode ser interno ou externo, gerando desconforto, déficit funcional e alteração estética, com mudança na autoimagem, além de impacto negativo na qualidade de vida. Sensação de tensão, dificuldade para engolir e falar, além da redução dos movimentos cervicais, são alguns dos problemas apresentados.

Os fatores de risco para o linfedema craniofacial são a retirada dos linfonodos e a radioterapia. O acúmulo de líquido no espaço intersticial, causado pela obstrução do sistema linfático, promove inflamação e formação de fibrose; além disso, a aderência cicatricial pós-operatória diminui o fluxo linfático.

Como ponto de partida, é realizada a avaliação com palpação e a mensuração das medidas entre pontos anatômicos da face, circunferência do pescoço. Também se pode realizar a fotografia digital para melhor comparação. Após o exame, orientações de autocuidado, juntamente com informações sobre a anatomia e a função do sistema linfático, podem ajudar a melhorar a compreensão e a adesão do paciente ao tratamento.

O tratamento baseia-se:

- Nos cuidados com a pele, mantendo boa hidratação, evitando lesões e prevenindo infecções.
- Na drenagem linfática manual para aumentar o fluxo linfático, com manobras lentas, suaves e rítmicas.
- Em exercícios ativos do pescoço, como rotação, inclinação, flexão e extensão.
- Em exercícios respiratórios e de mímica facial. A indicação da máscara compressiva deve ser analisada a cada caso e feita sob medida; deve respeitar a tolerância do paciente e a compreensão sobre a utilização, para não comprometer a circulação sanguínea da região.

As condições da pele do paciente são observadas para proceder com o tratamento, principalmente aqueles que estão em vigência de radioterapia e que apresentam radiodermite.

TRISMO

Uma das piores sequelas para portadores de câncer de cabeça e pescoço é a restrição de abertura de boca, também conhecida como trismo, responsável por diversas dificuldades funcionais e pela redução da qualidade de vida. As causas são a invasão tumoral próximo ao espaço mastigatório, a fibrose cicatricial pós-cirúrgica ou a fibrose secundária a radioterapia. A fibrose induzida por radioterapia é caracterizada por uma matriz extracelular desorganizada, excesso de miofibroblastos e desregulação na síntese de colágeno relacionado ao aumento dos níveis de TGF-beta, que causam a contratura e a lesão dos vasos linfáticos, podendo coexistir com o linfedema, que contribui para o endurecimento tecidual e consequências funcionais. Os sintomas da fibrose são localizados e causam sensação de repuxamento, rigidez, tensão, dor e limitação da amplitude de movimento (ADM) da cervical e da ATM.

Vale lembrar que os músculos responsáveis pelo fechamento da boca são os músculos temporais, masseter e pterigoideo medial, exercendo um poder 10 vezes maior que o dos músculos antagonistas (pterigoideo lateral, digástrico, milo-hioidea, geno-hioidea e os músculos hioides inferiores). Limitações na abertura da boca foram relatadas em 6-86% dos pacientes que receberam radioterapia na articulação temporomandibular e/ou masseter e músculos pterigoideos, com frequência e gravidade imprevisíveis.

Independentemente da causa imediata, a hipomobilidade mandibular acabará por resultar em degeneração da articulação temporomandibular. Estudos têm demonstrado que os músculos que não conseguem atingir sua amplitude de movimento em 3 dias começam a mostrar sinais de atrofia, e os ligamentos que estão imobilizados rapidamente começam a mostrar alterações degenerativas na articulação, incluindo espessamento do líquido sinovial e afinamento da cartilagem. Por isso, uma intervenção precoce nesses pacientes é de extrema necessidade.

Na presença de trismo, a alimentação é prejudicada pela dificuldade de colocar o alimento na boca, morder e mastigar. Outra função afetada é a fala. Além disso, existe dificuldade para higiene oral, tratamento odontológico e intubação orotraqueal. Boa parte dos pacientes necessita de sonda nasoenteral para se alimentar em algum momento do tratamento, ou se alimenta com dieta pastosa, o que pode diminuir ainda mais a função e a mobilidade articular.

Avaliação do trismo

A avaliação tem como objetivo detectar se há restrição da abertura de boca ou perda da função. Um questionário sobre as atividades comuns a esses movimentos, como função mastigatória, tipos de alimentos, alteração na fala, sorrir (gargalhar) e bocejar, ajuda a entender quais as principais dificuldades e se há presença de dor em repouso ou durante os movimentos. Na sequência, deve-se realizar a:

1. Inspeção intraoral (utilizar abaixador de língua) para observar a presença de lesões, cicatrizes, coloração, mucosite, infecções e xerostomia.
2. Palpação da região facial e cervical para verificar presença de linfonodos faciais, cervicais e supraclaviculares, cicatrizes locais, temperatura, consistência e espessura dos tecidos em busca de aderências, fibroses, edema e linfedema.
3. Mobilidade da língua.
4. Avaliação da movimentação ativa com a finalidade de verificar a mobilidade junto de testes de resistência para avaliar a força muscular.
5. Postura.

Para mensuração da abertura de boca, um dos instrumentos utilizados é o paquímetro, e a referência são os incisivos centrais; já nos casos de edêntulos, o rebordo gengival. Para a avaliação, o paciente deve estar sentado com o corpo relaxado. Medidas iguais ou inferiores a 35 mm caracterizam diminuição da abertura de boca.

Tratamento do trismo

O tratamento do trismo tem o objetivo de quebrar o espasmo tônico, com a finalidade de desestimular a formação da fibrose em torno da articulação temporomandibular. A intervenção precoce no trismo tem o potencial para prevenir ou minimizar muitas das consequências dessa condição.

Geralmente considerada a base do tratamento do trismo, a fisioterapia é usada sozinha ou em combinação com outras intervenções (utilização de analgésicos, relaxantes musculares ou toxina botulínica) e tem o objetivo de:

- melhorar a amplitude de movimento da articulação temporomandibular;
- reduzir a dor;
- prevenir a hipomobilidade;
- evitar a formação de fibrose;
- fortalecer a musculatura; e
- melhorar a flexibilidade, a elasticidade do tecido e a circulação sanguínea.

O tratamento precisa dispor de várias técnicas, como massagem intraoral, exercícios e dispositivos mecânicos, com início rápido quando identificados fatores associados ao desenvolvimento do trismo. Além disso, durante a radioterapia o acompanhamento da fisioterapia é imprescindível, sendo que orientações sobre o autocuidado, mesmo para indivíduos que apresentam abertura de boca preservada e funcional, é de extrema importância, pois alguns efeitos da radiação aparecem tardiamente (recomenda-se acompanhamento semestral da fisioterapia durante 5 anos após o término do tratamento).

Técnicas manuais como massagem proporcionam aumento da circulação local, diminuição da dor e promovem o relaxamento muscular, facilitando a execução de exercícios. A liberação de pontos-gatilho e de tensão da musculatura mastigatória e cervical ajuda na diminuição dos sintomas e ganho na abertura de boca. Manter a mobilidade articular é fundamental por isso os exercícios de lateralização, protusão, retração, abertura e fechamento de boca são indicados. Outro recurso é o dispositivo mecânico para treino de abertura de boca, o Therabite®.

BIBLIOGRAFIA RECOMENDADA

1. Ackerstaff AH, Rasch CRN, Balm AJM, et al. Five-year quality of life results of the randomized clinical phase III (RADPLAT) trial, comparing concomitant intra-arterial versus intravenous chemoradiotherapy in locally advanced head and neck cancer. Head Neck 2012; 34:974-80.
2. Ahlberg A, Engström T, Nikolaidis P, Gunnarsson K, Johansson H, Sharp L, et al. Early self-care rehabilitation of head and neck cancer patients. 2011;(Oct 2010):552-61.
3. Alvarenga L de M, Ruiz MT, Pavarino-Bertelli ÉC, Ruback MJC, Maniglia JV, Goloni-Bertollo M. Avaliação epidemiológica de pacientes com câncer de cabeça e pescoço em um hospital universitário do noroeste do estado de São Paulo. Rev Bras Otorrinolaringol. 2008 Feb;74(1):68-73. Disponível em: http://www.scielo.br/scielo.php?script=sci_arttext&pid=S0034-72992008000100011&lng=pt&tlng=pt.
4. Antunes JL, Biazevic MG, de Araujo ME, Tomita NE, Chinellato LE, Narvai PC. Trends and spatial distribution of oral cancer mortality in São Paulo, Brazil, 1980-1998. Oral Oncol. 2001 Jun;37(4):345-50. Disponível em: http://www.ncbi.nlm.nih.gov/pubmed/11337266.
5. Beekhuis JG, Harrington EB. Trismus: etiology and management of inability to open the mouth. Laryngoscope. 1965.
6. Bensadoun R, Riesenbeck D. A systematic review of trismus induced by cancer therapies in head and neck cancer patients. 2010;1033-8.
7. Biasotto-Gonzales DA. Abordagem interdisciplinar das disfunções temporomandibulares. Avaliação e tratamento fisioterápico: massoterapia. Barueri: Manole, 2005; p.176.
8. Bradley PJ, Ferlito A, Silver CE, Takes RP, Woolgar JA, Strojan P, et al. Neck treatment and shoulder morbidity: still a challenge. Head Neck. 2011; 33:1060-7.

9. Bragante KC, Nascimento DM, Motta NW. Evaluation of acute radiation effects on mandibular movements of patients with head and neck cancer. Rev Bras Fisioter. 2012;16:141-7.
10. Buchbinder D, Currivan RB, Kaplan AJ, Urken ML. Mobilization regimens for the prevention of jaw hypomobility in the radiated patient: a comparison of three techniques. J Oral Maxillofac Surg. 1993;51:863-67.
11. Camargo A, Marx M. Reabilitação física no câncer de mama. São Paulo: Rocca; 2000. Linfoterapia. p.89-112.
12. Cancer Facts & Figures 2018. American Cancer Society. 2018. Disponível em: https://www.cancer.org/research/cancer-facts-statistics/all-cancer-facts-figures/cancer-facts-figures-2018.html.
13. Cappiello J, Piazza C, Giudice M, De Maria G, Nicolai P. Shoulder disability after different selective neck dissections (levels II-IV versus levels II-V): a comparative study. Laryngoscope. 2005; 115:259-63.
14. Carvalho APV, Vital FMR, Soares BGO. Exercise interventions for shoulder dysfunction in patients treated for head and neck cancer. Cochrane Database Syst Rev. 2012;4:CD008693.
15. Davies L, Welch HG. Current thyroid cancer trends in the United States. JAMA Otolaryngol Head Neck Surg. 2014 Apr;140(4):317-22. Disponível em: http://www.ncbi.nlm.nih.gov/pubmed/24557566.
16. Deng J, Ridner SH, Aulino JM, Murphy BA. Assessment and measurement of head and neck lymphedema: state-of-the-science and future directions. Oral Oncol. 2015;51:431-7.
17. Deng J, Ridner SH, Dietrich MS, Wells N, Wallston KA, Sinard RJ, et al. Prevalence of secondary lymphedema in patients with head and neck cancer. J Pain Symptom Manage. 2012;43:244-52.
18. Deng J, Ridner SH, Dietrich MS, Wells N, Wallston KA, Sinard RJ, et al. Factors associated with external and internal lymphedema in patients with head-and-neck cancer. Int J Radiat Oncol Biol Phys. 2012;84:e319-28.
19. Dijkstra PU, Huisman PM, Roodenburg JL. Criteria for trismus in head and neck oncology. Int J Oral Maxillofac Surg. 2006;35:337-42.
20. Fialka-Moser V, Crevenna R, Korpan M, Quittan M. Cancer rehabilitation: particularly with aspects on physical impairments. J Rehabil Med. 2003;35:153-62.
21. Georgopoulos R, Liu JC. Examination of the patient with head and neck cancer oral cavity larynx nasopharynx oropharynx neck salivary malignancies. Surg Oncol Clin NA. 2015;24(3):409-21. Disponível em: http://dx.doi.org/10.1016/j.soc.2015.03.003.
22. Høgdal N, Juhl C, Aadahl M, Gluud C, Gdal NHØ, Juhl C, et al. Early preventive exercises versus usual care does not seem to reduce trismus in patients

treated with radiotherapy for cancer in the oral cavity or oropharynx: a randomised clinical trial trismus in patients treated with radiotherapy for cancer in the oral. 2015.

23. Ichimura K TT. Trismus in patients with malignant tumours in the head and neck. J Laryngol Otol. 1993;107(11):1017-20.
24. Instituto Nacional de Câncer José Alencar Gomes da Silva. Estimativa 2020: incidência de câncer no Brasil/Instituto Nacional de Câncer José Alencar Gomes da Silva. Rio de Janeiro: INCA; 2019.
25. Justina LBD, Dias M. Head and neck lymphedema: what is the physical therapy approach? A literature review. Fisioter Mov. 2016;29:411-9.
26. Kamstra JI, Jager-Wittenaar H, Dijkstra PU, Huisman PM, van Oort RP, van der Laan BF, et al. Oral symptoms and functional outcome related to oral and oropharyngeal cancer. Support Care Cancer. 2011;19:1327-33.
27. Loorents V, Rosell J, Karlsson C, Lidbäck M, Börjeson S. Prophylactic training for the prevention of radiotherapy-induced trismus: a randomised study. 2014.
28. Lymphoedema framework: best practice for the management of lymphoedema. International consensus. London: MEP Ltd; 2006. Disponível em: https://bit.ly/2FHSJAK. Acesso em: 25 ago. 2019.
29. Magee DJ, Sueki D. Articulação temporomandibular. In: Manual para avaliação musculoesquelética. Rio de Janeiro: Elsevier; 2012. p.57-62.
30. McGarvey AC, Chiarelli PE, Osmotherly PG, Hoffman GR. Physiotherapy for accessory nerve shoulder dysfunction following neck dissection surgery: a literature review. Head Neck. 2011;33:274-80.
31. McNeely ML, Parliament MB, Seikaly H, Jha N, Magee DJ, Haykowsky MJ, et al. Effect of exercise on upper extremity pain and dysfunction in head and neck cancer survivors: a randomized controlled trial. Cancer. 2008;113:214-22.
32. Mücke T, Koschinski J, Wolff K, Kanatas A, Mitchell DA, Loeffelbein DJ, et al. Quality of life after different oncologic interventions in head and neck cancer patients. J Cranio-Maxillofacial Surg. 2015;43(9):1895-8. Disponível em: http://dx.doi.org/10.1016/j.jcms.2015.08.005.
33. Neumann DA. Complexo do ombro: In: Cinesiologia do aparelho musculoesquelético: fundamentos para reabilitação. 3.ed. Rio de Janeiro: Elsevier; 2018. p.117-52.
34. Piso DU, Eckardt A, Liebermann A. GCSPGA. Early rehabilitation of head-neck. Am J Phys Med Rehabil. 2001;80:261-9.
35. Salerno G, Cavaliere M, Foglia A, Pellicoro DP, Mottola G, Nardone M, et al. The 11th nerve syndrome in functional neck dissection. Laryngoscope. 2002;112:1299-307.

36. Scott B, Butterworth C, Lowe D, Rogers SN. Factors associated with restricted mouth opening and its relationship to health-related quality of life in patients attending a maxillofacial oncology clinic. Oral Oncol. 2008;44:430-8.
37. Smith BG, Lewin JS. Lymphedema management in head and neck cancer. Curr Opin Otolaryngol Head Neck Surg. 2010;18:153-8.
38. Stubblefield A, Manfield L, A RER. A preliminary report on the efficacy of a dynamic jaw opening device (dynasplint trismus system) as part of the multimodal treatment of trismus in patients with head and neck cancer. YAPMR. 2010;91(8):1278-82. Disponível em: http://dx.doi.org/10.1016/j.apmr.2010.05.010.
39. Stubblefield MD. Radiation fibrosis syndrome. In: Stubblefield MD, O'Dell MW. Cancer rehabilitation: principles and practice. New York: DemosMedical; 2009. p.723-45.
40. Tacani RE, Machado AFP, Goes JCGS, Marx AG, Franceschini JP, Tacani PM. Physiotherapy on the complications of head and neck cancer: retrospective study. Int J Head Neck Surg. 2014;5:112-8.
41. Taylor RJ, Chepeha JC, Teknos TN, et al. Development and validation of the neck dissection impairment index. Arch Otolaryngol Head Neck Surg 2007; 128:44-9.
42. Tang Y, Shen Q, Wang Y, Lu K, Wang Y, Peng Y. A Randomized prospective study of rehabilitation therapy in the treatment of radiation-induced dysphagia and trismus. 2011;(1):39-44.
43. Teguh DN, Levendag PC, Voet P, Est H Van Der, Noever I, Kruijf W De, et al. Trismus in patients with oropharyngeal cancer: relationship with dose in structures of mastication apparatus. 2008;(May):622-30.
44. Tveteras K, Krtstensen S. The aetiology and pathogenesis of trismus. 1986;383-7.
45. van der Molen L, Heemsbergen WD, de Jong R, de Jong R, van Rossum MA, Smeele LE, Rasch CR, et al. Dysphagia and trismus after concomitant chemo--Intensity-Modulated Radiation Therapy (chemo-IMRT) in advanced head and neck cancer; dose-effect relationships for swallowing and mastication structures. Radiother Oncol. 2013;106:364-9.
46. van Wilgen CP, Dijkstra PU, van der Laan BF, Plukker JT, Roodenburg JL. Morbidity of the neck after head and neck cancer therapy. Head Neck. 2004;26:785-91.
47. Wiltshire JJ, Drake TM, Uttley L, Balasubramanian SP. Systematic review of trends in the incidence rates of thyroid cancer. Thyroid. 2016;26(11):1541-52. Disponível em: http://www.ncbi.nlm.nih.gov/pubmed/27571228.

Terapia nutricional e atuação fonoaudiológica em oncologia

34

Thais Manfrinato Miola
Giesse Albeche Duarte

TERAPIA NUTRICIONAL EM ONCOLOGIA

O papel do nutricionista em oncologia contempla desde a detecção do risco nutricional até o acompanhamento pós-tratamento. Os objetivos da terapia nutricional incluem recuperação ou manutenção do estado nutricional, adaptação da alimentação de acordo com os efeitos colaterais dos tratamentos e acompanhamento em todos os períodos. Os pacientes hospitalizados devem ser submetidos a uma triagem nutricional, possibilitando a identificação do risco nutricional e posteriormente, a uma avaliação nutricional. Já os pacientes ambulatoriais devem realizar a avaliação nutricional diretamente. Após o diagnóstico nutricional são realizados os cálculos para determinar as necessidades nutricionais e é selecionada a via de alimentação.

O diagnóstico nutricional de desnutrição é altamente prevalente em oncologia, uma vez que a baixa aceitação alimentar e a perda de massa muscular podem ocorrer devido aos efeitos colaterais dos tratamentos, alterações metabólicas do tumor e alterações funcionais decorrentes da localização do tumor. Pacientes que apresentam diagnóstico de câncer de cabeça e pescoço e trato gastrintestinal alto apresentam risco nutricional pela localização da doença e normalmente já se apresentam desnutridos no momento do diagnóstico.

Outra condição importante e de alta prevalência é a sarcopenia, caracterizada pela perda de massa magra com perda da força e/ou função muscular. É uma condição comum em pacientes oncológicos, em que há necessidade de suplementação nutricional, principalmente de proteína, em conjunto com exercício físico para sua recuperação. Assim, tanto a desnutrição como a sarcopenia reduzem a tolerância e a resposta ao tratamento, aumentando a morbimortalidade e o tempo de hospitalização.

A quimioterapia pode causar sintomas como inapetência, xerostomia, disgeusia, náuseas e vômito, mucosite oral, diarreia ou obstipação. Já na radioterapia, por ser um tratamento localizado, os efeitos colaterais dependerão da região tratada (Tabela 1). A Tabela 2 descreve as recomendações nutricionais para os efeitos colaterais desses tratamentos.

TABELA 1 Efeitos colaterais da radioterapia de acordo com a região irradiada

Região tratada	Efeitos colaterais possíveis
Sistema nervoso central	Náuseas, vômito, inapetência
Cabeça e pescoço	Mucosite oral, xerostomia, disgeusia, disfagia, odinofagia
Tórax	Disfagia, odinofagia, esofagite
Abdome	Náuseas, vômito, inapetência, obstipação
Pelve	Náuseas, vômito, inapetência, diarreia

É importante ressaltar que pacientes que realizam radioterapia na região pélvica podem realizar uma dieta sem alimentos laxativos e que fermentam, de acordo com o serviço, visando reduzir a formação de flatos, que podem prejudicar o campo de radiação e reduzir a enterite actínica durante e após o tratamento.

TABELA 2 Recomendações nutricionais para melhorar os sintomas causados pelos tratamentos

Sintomas	Recomendações nutricionais
Inapetência	Comer pequenas porções em intervalos curtos Comer devagar e mastigar bem os alimentos Aumentar o valor calórico das preparações com azeite, queijo, farinha láctea, leite condensado, creme de leite Adequar a dieta às preferências do paciente Fazer uso de terapia nutricional oral
Náuseas	Evitar frituras, alimentos gordurosos e doces concentrados Preferir alimentos mais frescos e preparações sem molhos Aumentar o consumo de alimentos cítricos e de gengibre Evitar jejuns prolongados Comer pequenas porções em intervalos curtos Permanecer longe do preparo das refeições e se alimentar em locais arejados
Disgeusia	Manter a temperatura das refeições conforme melhor aceitar Acrescentar ervas e especiarias às preparações para acentuar o sabor dos alimentos Introduzir alimentos ácidos, caso não apresente mucosite
Xerostomia	Ingerir pequenas quantidades de líquidos frequentemente Estimular o consumo de balas de limão ou hortelã e gomas sem açúcar Introduzir mais molhos, caldos e sopas na dieta Utilizar gotas de limão antes de se alimentar, caso não apresente mucosite oral Mastigar e chupar gelo feito de água, sucos naturais ou água de coco
Mucosite oral e odinofagia	Antes das refeições, providenciar alívio da dor Evitar os alimentos irritantes (especiarias, secos, duros, ácidos etc.) Modificar a consistência da dieta para pastosa ou semissólida Reduzir o sal das preparações Crioterapia, quando indicado pelo nutricionista Fazer uso de terapia nutricional oral

(continua)

TABELA 2 Recomendações nutricionais para melhorar os sintomas causados pelos tratamentos *(continuação)*

Sintomas	Recomendações nutricionais
Esofagite	Alterar a consistência conforme a dor Mastigar bem os alimentos, evitando a aerofagia Evitar frituras e alimentos gordurosos Evitar se deitar logo após as refeições Consumir alimentos em temperatura ambiente Diminuir o consumo de chocolate, cafeína, frutas cítricas, refrigerantes e condimentos irritantes da mucosa
Diarreia	Aumentar a ingestão de líquidos Utilizar temperos como cebola, alho, sal e óleo com moderação Suspender os alimentos laxativos e introduzir os obstipantes Utilizar probióticos, prebióticos ou simbióticos (exceto casos de neutropenia)
Obstipação	Aumentar o consumo de sucos laxativos Aumentar o consumo de alimentos ricos em fibras (legumes, frutas, verduras cruas e cozidas, cereais) Utilizar probióticos, prebióticos ou simbióticos (exceto em casos de neutropenia)

Para os pacientes candidatos à cirurgia para ressecção de tumores de cabeça e pescoço e trato gastrointestinal, a terapia nutricional imunomoduladora previne a desnutrição ou reduz seus efeitos, melhora o estresse oxidativo e a resposta no pós-operatório, reduzindo complicações, principalmente infecciosas, e o tempo de internação. O uso de suplemento nutricional enriquecido com nutrientes imunomoduladores, como arginina, ácidos graxos, ômega 3 e nucleotídeos, tanto no pré quanto no pós-operatório, é indicado para esses pacientes. Pacientes bem nutridos têm a indicação de consumo dessas fórmulas de 5-7 dias no pré-operatório, e pacientes desnutridos têm a indicação de 7-10 dias. No pós-operatório, o consumo dessa fórmula deve ser de 5-7 dias, tanto para os pacientes bem nutridos como para os pacientes desnutridos.

Os pacientes que realizam cirurgia do trato gastrointestinal alto devem evitar alimentos fermentescíveis, como leite integral, feijões, ovos, cascas de frutas e legumes, nos primeiros dias de pós-operatório, sendo reintroduzidos lentamente de acordo com a tolerância de cada indivíduo. A consistência da dieta deve ser evoluída gradativamente, conforme a tolerância. O retorno da dieta deve ser o mais precoce possível, sendo seguro e tolerável pelos pacientes, com introdução de alimentos líquidos nas primeiras 24 horas após a cirurgia. Em pacientes que realizam a confecção da bolsa de ileostomia ou colectomia total, a dieta deve ser restrita em resíduos, com o objetivo de evitar a formação excessiva do bolo fecal em consistência líquida.

Para as cirurgias do trato gastrintestinal baixo, existe a recomendação do uso de goma de mascar no período de jejum pré-operatório e pós-operatório com o objetivo de estimular o peristaltismo e auxiliar no retorno mais precoce da dieta.

Ainda, pacientes que realizam cirurgias do trato gastrointestinal baixo têm indicação de utilizar simbióticos no pré e no pós-operatório, com o objetivo de auxiliar na restauração da diversidade da microbiota intestinal, aumento da resposta imunológica, redução da resposta inflamatória sistêmica, redução do tempo total de internação hospitalar, número de dias de suporte ventilatório, dias na UTI e complicações infecciosas.

A abreviação do jejum no pré-operatório também é benéfica para o paciente oncológico cirúrgico, independentemente da cirurgia e de seu porte. A ingestão de líquidos claros com carboidrato do tipo maltodextrina até 2 horas antes da cirurgia diminui o tempo de jejum. O jejum prolongado leva ao aumento da resistência à insulina, proteólise muscular, lipólise e resposta inflamatória sistêmica, trazendo prejuízos ao paciente. Porém, essa prática não deve ser realizada em pacientes que apresentem retardo do esvaziamento gástrico, como obesos mórbidos e indivíduos com refluxo gastroesofágico.

A terapia nutricional oral, por meio da administração de suplementos nutricionais, estará indicada para pacientes que apresentem risco nutricional, desnutrição ou aceitação alimentar < 70% de suas necessidades nutricionais. No caso de pacientes com aceitação alimentar < 60% de suas necessidades nutricionais e que apresentem bom prognóstico, o uso da terapia nutricional enteral será mais adequado. A escolha da terapia nutricional enteral sempre será superior, pois é a segunda via mais fisiológica. Porém, se o paciente necessitar de repouso intestinal, a nutrição parenteral deverá ser a via escolhida.

O acompanhamento nutricional é de fundamental importância no tratamento do paciente oncológico, pois a terapia nutricional adequada e individualizada promove benefícios como maior tolerância ao tratamento, redução de complicações e melhor qualidade de vida.

ATUAÇÃO FONOAUDIOLÓGICA EM ONCOLOGIA

O paciente oncológico pode apresentar diversas alterações de sua funcionalidade decorrentes do câncer e/ou de seu tratamento, a depender do tipo de câncer, localização e progressão da doença. Neste capítulo, abordaremos a atuação do profissional fonoaudiólogo em casos oncológicos com alterações de deglutição (disfagia) e de fala (denominaremos alterações de fala abrangendo linguagem e voz a fim de simplificar o entendimento).

Disfagia

Os distúrbios de deglutição decorrentes de alterações neoplásicas estão frequentemente associados ao comprometimento do tronco cerebral ou dos nervos cranianos responsáveis pela deglutição e aos tumores de cabeça e pescoço que configuram alterações na mecânica da deglutição. Além dos tumores diretamente, o tratamento, seja quimioterápico, radioterápico ou cirúrgico, pode estar associado a alterações de deglutição.

A disfagia pode ter como consequências mais graves o isolamento social, a desnutrição e a desidratação, a pneumonia aspirativa e o óbito. Os sinais e sintomas da disfagia podem ser reconhecidos por toda a equipe multidisciplinar de assistência ao paciente. É preciso ficar atento a sinais e sintomas como: tempo prolongado para se alimentar, dificuldade para mastigar ou deglutir, necessidade de deglutir diversas vezes o alimento, odinofagia (dor para deglutir), resíduo de alimento em cavidade oral após a deglutição, tosse ou pigarro durante ou logo após a alimentação, engasgo, qualidade vocal "molhada", sensação de alimento "parado no garganta", escape nasal de alimento ou líquido, palidez/cianose durante ou após a alimentação, falta de ar, queda na saturação de oxigênio durante ou após a alimentação, perda de peso, necessidade de alteração de consistência alimentar e pneumonias de repetição.

Ao identificar fatores de risco para disfagia, o paciente deve ser encaminhado para uma avaliação fonoaudiológica em que o profissional identificará as alterações e poderá orientar o paciente e a família, assim como traçar o planejamento para reabilitação e/ou adaptações necessárias a esse indivíduo, que podem incluir terapia miofuncional orofacial, adaptações de consistência alimentar e, em alguns casos, uso de espessante para líquidos, alterações posturais e uso de manobras para alimentação, entre outros recursos, a depender do processo e da necessidade do paciente. A atenção à disfagia é multidisciplinar, sendo fundamental a atuação conjunta entre fonoaudiólogo, nutricionista, fisioterapeuta, médico, enfermeiro, psicólogo e farmacêutico.

Alterações da fala

Os tumores podem causar alterações de fala/linguagem por diferentes mecanismos. Primeiramente, em casos de tumores cerebrais que invadem e destroem ou comprimem as estruturas cerebrais de controle da fala (área de Broca e área de Wernicke). Essas alterações podem gerar as afasias do tipo motor, ou de expressão, decorrentes do comprometimento da área de Broca, localizada no lobo frontal inferior, afasia do tipo sensitiva ou de compreensão, quando há comprometimento da área de Wernicke, localizada na junção posterior do lobo temporal superior com o lobo parietal.

Além dos tumores cerebrais, os tumores na região de cabeça e pescoço, assim como seu tratamento radioterápico ou cirúrgico, podem representar alterações articulatórias da fala, como nos casos de glossectomizados, ou mesmo impossibilidade na produção da voz, nos casos de laringectomizados. Essas alterações estruturais podem comprometer a inteligibilidade da fala ou mesmo a capacidade de produzir voz e consequentemente a qualidade de vida.

O fonoaudiólogo poderá contribuir na assistência a esses pacientes desde a descoberta do câncer, orientando sobre as possíveis alterações decorrentes da doença e seu tratamento e no desenvolvimento de estratégias para minimizar as sequelas. Após a radioterapia e/ou o procedimento cirúrgico, o fonoaudiólogo será fundamental na reabilitação desses pacientes, auxiliando-os na recuperação da capacidade de comunicação oral, na adaptação de estruturas remanescentes para a função da fala e voz, ou mesmo, em alguns casos, na utilização de métodos de comunicação alternativa, sempre visando à autonomia e à qualidade de vida do indivíduo.

BIBLIOGRAFIA RECOMENDADA

1. Arends J, Bachmann P, Baracos V, et al. ESPEN guidelines on nutrition in cancer patients. Clinical Nutrition. 2016;11-48.
2. August DA, Huhmann MB and the American Society for Parenteral and Enteral Nutrition (A.S.P.E.N.) Board of Directors. ASPEN Clinical guidelines: nutrition support therapy during adult anticancer treatment and in hematopoietic cell transplantation. Journal of Parenteral and Enteral Nutrition. 2009;472-500.

3. Baiocchi O, Sachs A, Magalhães LP. Aspectos nutricionais em oncologia. São Paulo: Atheneu; 2017.
4. Bozzetti F. Nutritional support of the oncology patient. Oncology Hematology. 2013.
5. Cabre M, et al. Prevalence of oropharyngeal dysphagia and impaired safety and efficacy of swallow in independent living older persons. Journal of American Geriatrics Society. 2011;59(1):186-7.
6. Campos RJDS, Leite ICG. Qualidade de vida e voz pós-radioterapia: repercussões para a fonoaudiologia. Rev. Cefac. 2010;12(4):671-7.
7. Govender R, Smith CH, Taylor SA, Barratt H, Gardner B. Swallowing interventions for the treatment of dysphagia after head and neck cancer: a systematic review of behavioural strategies used to promote patient adherence to swallowing exercises. BMC Cancer. 2017;17(1):43.
8. King SN, Dunlap NE, Tennant PA, Pitts T. Pathophysiology of radiation-induced dysphagia in head and neck cancer. Dysphagia. 2016;31(3):339-51.
9. Ministério da Saúde. Instituto Nacional do Câncer. Consenso Nacional de Nutrição Oncológica. Rio de Janeiro: Inca; 2015.
10. Pinho NB, Oliveira GBC, Correia MITD, Oliveira AGL, Souza CM, Cukier C. Terapia nutricional na oncologia. Projeto Diretrizes/AMB-CFM; 2011.

35 Atuação de enfermagem em oncologia

Suzan Alves de Oliveira

INTRODUÇÃO

A enfermagem é uma profissão que ao longo dos tempos vem desconstruindo e construindo sua história, buscando libertar-se de paradigmas, introduzindo outros mais coerentes com as necessidades de cuidados atuais e se posicionando como formadora de opiniões. A relação da enfermagem com a sociedade é permeada pelos conceitos estabelecidos durante sua trajetória histórica, que influenciam até hoje a concepção do que é e qual o seu significado enquanto profissão de saúde.

Ao longo de sua trajetória, a atuação da enfermagem esteve associada ao modelo de gestão tradicional, baseada em contradições geradas por uma estrutura rígida e especializada, com funções rotineiras e centradas na técnica para o cuidado. Percebe-se que o profissional de enfermagem necessita cada vez mais de conhecimentos associados a resultados sociais, políticos, econômicos e, por outro lado, de habilidades para a relação/interação enfermagem-paciente e enfermagem-profissionais da saúde.

Dessa forma, o trabalho em saúde é amplo e de múltiplas dimensões, constituído por uma rede de relações e interações na qual o ser humano se encontra inserido, sendo essencial que se considerem a objetividade e a subjetividade inerentes ao trabalho em saúde, tendo-se em vista que os seres humanos são o objeto que o constitui, e cujas intervenções técnicas são sempre permeadas por relações interpessoais.

O trabalho em saúde atende, portanto, a dois aspectos básicos: primeiro, como preservar, respeitar e reconhecer a particularidade, a individualidade e a variabilidade das situações e necessidades dos usuários; o segundo, por sua vez, é o de estar em conformidade com determinadas regras, regulamentos e valores gerais, além de inserir/integrar, permanentemente, as atividades da equipe multiprofissional.

Para dar conta desse trabalho, o enfermeiro necessita inserir-se nos mais variados espaços relacionais e interacionais, seja junto ao paciente ou junto à equipe de saúde, de forma consciente e direcionada às necessidades específicas de cada indivíduo para que sejam cuidados de forma humana e integral. Por esse motivo, a enfermagem está inserida nas diversas áreas de atuação no ramo da saúde, sendo a oncologia uma área em constante crescimento para atuação dos enfermeiros.

A oncologia é considerada uma especialidade médica complexa, pois para a eficácia do tratamento e assistência ao paciente necessita de uma equipe multidisciplinar completa e especializada, estando a enfermagem envolvida em pesquisas na busca por soluções mais efetivas para o cuidado ao paciente.

No cuidado ao paciente com câncer, a enfermagem desempenha seu papel de maneira holística, estendendo o cuidado na relação com os familiares do paciente, nas diferentes fases do tratamento da doença, seja ele curativo ou paliativo. Entretanto, reconhece-se que sozinha a enfermagem não é capaz de prestar o cuidado integral ao paciente, tendo em vista a necessidade de manter a equipe multidisciplinar inserida nesse cuidado, compartilhando os ganhos obtidos com as estratégias de cuidado, as possibilidades de obter melhores resultados para o paciente e, consequentemente, para a equipe.

Nesse cenário, observa-se que a oncologia tem crescido exponencialmente, necessitando cada vez mais de profissionais especializados e capacitados para desenvolver a prática nas diferentes áreas de atuação. Contudo, em nossa realidade, ainda percebemos uma dificuldade de encontrar profissionais com esse conhecimento, o que torna imprescindível uma boa interação entre as equipes, propiciando a troca contínua de conhecimento e aprendizado.

A assistência ao paciente oncológico requer cuidados especializados nas diversas etapas que integram o diagnóstico, tratamento e reabilitação que podem ser enfrentados pelo paciente nessa trajetória. Além disso, devem estar qualificados para proporcionar um cuidado efetivo e afetivo simultaneamente. Portanto, o enfermeiro deve estar constantemente envolvido no seu processo de aprendizado, ter habilidades de relação interpessoal para disseminar o conhecimento com a sua equipe e demais profissionais da equipe de saúde sempre que necessário, para que as ações sugeridas para o cuidado sejam integrais, participativas e resolutivas.

A atuação da enfermagem oncológica ocorre nos diversos setores do hospital, como unidade de terapia intensiva (UTI), transplante de células-tronco hematopoiéticas (TCTH), unidade de internação clínica e cirúrgica, ambulatório de quimioterapia e outras especialidades, navegação etc. Nesse contexto, é de extrema importância que a enfermagem possua o conhecimento e qualificações para prestar assistência segura e de qualidade ao paciente, preservando o seu direito à informação e respeitando a particularidade de cada paciente.

No planejamento da assistência, a enfermagem utiliza ferramentas como a sistematização da assistência de enfermagem (SAE) e cada vez mais vem sendo utilizada a reunião multidisciplinar para direcionar a assistência, contribuindo para a valorização da individualidade do paciente, estratégias estas que são úteis e de extrema importância, não só para a enfermagem como também para o planejamento do cuidado realizado pela equipe multidisciplinar.

SISTEMATIZAÇÃO DA ASSISTÊNCIA DE ENFERMAGEM (SAE)

Uma ferramenta valiosa para a atuação de enfermagem é a SAE, também conhecida em algumas instituições como sistematização da assistência ao paciente (SAP), pois permite organizar métodos e tarefas que auxiliam no cuidado ao paciente e proporciona ao enfermeiro colocar em prática o conhecimento científico adquirido ao longo do tempo, assim como utilizar-se do pensamento crítico para a elaboração da SAE, direcionar e supervisionar os cuidados prestados pela equipe de enfermagem. Para a elaboração da SAE, o enfermeiro deve realizar uma consulta de enfermagem em que deverá realizar o exame físico, acolher, ouvir, valorizar os relatos do paciente e desenvolver o raciocínio clínico; e é nesse momento que o vínculo enfermeiro-paciente deve ser fortalecido. Durante a elaboração da SAE é primordial que o enfermeiro faça a análise dos dados obtidos de maneira que respeite a individualidade de cada paciente, seguindo as etapas do processo de enfermagem conforme Quadro 1. A SAE pode ser utilizada em todos os setores que prestam assistência ao paciente e que possuem equipe de enfermagem, tanto no ambiente hospitalar como no ambulatorial. Uma estratégia excelente para auxiliar na elaboração da SAE, além da avaliação de enfermagem e os cuidados realizados, é a reunião multidisciplinar.

QUADRO 1 Processo de enfermagem

Processo de enfermagem
Histórico
▪ Compreende fazer o levantamento de informações sobre o paciente, anamnese e exame físico.
Diagnóstico
▪ Consiste em identificar as necessidades do paciente com base na avaliação, raciocínio clínico e pensamento crítico.
Planejamento
▪ Definir prioridades e traçar o plano de cuidados a ser realizado para cada paciente.
Implementação
▪ Também é conhecida como prescrição de enfermagem e trata-se de definir o cuidado que será realizado pela equipe de enfermagem para o paciente.
Evolução
▪ Consiste em analisar a resposta do paciente às ações implementadas pela enfermagem e ao tratamento realizado.

Fonte: própria autora.

REUNIÃO MULTIDISCIPLINAR

A reunião multidisciplinar tem sido amplamente utilizada como ferramenta para melhora da *performance* da equipe, como estratégia para a transição do cuidado, como a transferência da UTI para a unidade de internação (UI), por exemplo, bem como para a desospitalização segura do paciente. A reunião multidisciplinar consiste em um encontro breve e sistematizado conforme descrito no Quadro 2, que reúne todos os membros da equipe de saúde, como assistente social, enfermagem, fisioterapeutas, fonoaudiólogos, médicos, nutricionistas, entre outros profissionais envolvidos no cuidado ao paciente para definição do plano terapêutico, incluindo a preparação para a alta. A reunião multidisciplinar é mais efetiva quando realizada diariamente e todos os profissionais envolvidos na assistência participam, entretanto, muitas vezes pode ser difícil reunir todos os profissionais e, neste caso, é imprescindível que tenha ao menos um representante de cada profissão e que este esteja ciente de cada caso e das contribuições que seu colega sugeriu para que não se percam informações valiosas para o cuidado. É de extrema importância que haja o registro da discussão e a relação dos profissionais que participaram da reunião. Recomenda-se, ainda, eleger um responsável por assegurar a realização das reuniões e sugere-se o enfermeiro como responsável por ser o profissional que está em contato com todos os membros da equipe e, principalmente, o paciente.

QUADRO 2 Etapas para a reunião multidisciplinar

Etapa	Justificativa
Estabelecer data, hora e local	É imprescindível que todos os profissionais de saúde sejam comunicados sobre o horário e o local em que serão realizadas as reuniões.
Orientar a equipe	Explicar o objetivo da reunião e a importância de cada profissional estar presente.
Organização	Realizar levantamento de dados para embasar as discussões.
Resumo	O profissional deve fazer um breve resumo da história do paciente, resultado de exames e achados clínicos.
Problema/causa	Fazer levantamento dos possíveis problemas/causas.
Analisar	Realizar análise com base nos dados trazidos pela equipe.
Intervenções	Propor as intervenções a serem realizadas para resolução do problema; responsáveis pela execução da intervenção; prazo para o início da intervenção.
Lições aprendidas	Fazer o levantamento das lições aprendidas com os sucessos e oportunidades de melhoria. Comemorar as conquistas.

Fonte: própria autora.

Ressalta-se que a implementação de reunião multidisciplinar, seja diária ou semanal, não extingue a necessidade da troca de informações entre os profissionais fora do âmbito da reunião, uma vez que a assistência ao paciente deve ser dinâmica, a fim de atender as necessidades de cada indivíduo.

ENFERMAGEM E SUAS ÁREAS DE ATUAÇÃO

O cenário atual exige que os profissionais busquem aperfeiçoamento de suas técnicas, habilidades e conhecimento a todo instante, assim como o mercado traz a setorização e especializações como critérios essenciais para atingir metas e desenvolver times de alta *performance*, aproveitando-se da cascata de habilidades difundidas quando são reunidos especialistas no mesmo setor, possibilitando, além da alta *performance*, a excelência no cuidado.

Com base nas propostas do mercado de trabalho para especialistas nos diversos segmentos da saúde, observa-se uma crescente demanda por enfermeiros especialistas em oncologia somados ao vasto conhecimento em outras especialidades, como UTI, urgência e emergência (UE) e experiência com os protocolos de quimioterapia, que torna o profissional com esse conhecimento valioso e bem requisitado no mercado.

Aqui citaremos algumas das áreas em que a enfermagem está presente e como pode atuar em cada uma delas, lembrando que as instituições possuem procedimentos operacionais, protocolos e instruções de trabalho para cada profissional na área de atuação e de acordo com suas normas e políticas.

Atuação de enfermagem na unidade de urgência e emergência oncológica

Na unidade de UE, a equipe de enfermagem precisa estar alinhada às boas práticas, ter habilidade técnica para reconhecer adversidades e ter autocontrole, a fim de não cometer erros nos momentos em que é preciso tomar decisões ou executar as tarefas, ainda que as demandas não possuam planejamento prévio e ocorram simultaneamente.

As emergências oncológicas implicam risco iminente de vida e exigem tratamento imediato. Podem ser metabólicas, neurológicas, vasculares, hematológicas, respiratórias e urológicas. Além disso, podem estar relacionadas a eventos adversos referentes ao tratamento. Portanto, o enfermeiro que atua em UE precisa saber reconhecer os sinais e sintomas dessas emergências oncológicas e de outra intercorrência que o paciente possa apresentar. Para isso é extremamente importante que o enfermeiro tenha raciocínio clínico a fim de direcionar a equipe para o cuidado mais assertivo. Saber avaliar exames laboratoriais, por exemplo, pode contribuir na tomada de decisão mais segura para o paciente e também para a agilidade no atendimento, uma vez que em muitos hospitais o enfermeiro é o responsável por receber as notificações de resultados alterados de exames, reportar ao médico para a conduta e designar a equipe para a assistência.

Atuação de enfermagem na unidade de terapia intensiva

O enfermeiro que atua em UTI precisa ter qualificações específicas durante a sua jornada de trabalho que, alinhadas ao conhecimento técnico-científico, humanização e individualização do cuidado, proporcionam uma assistência com qualidade e segurança aos pacientes críticos. A UTI é uma área em que o enfermeiro tem grande espaço para atuação em virtude da alta complexidade do paciente, sendo assim, cabe ao enfermeiro desenvolver suas habilidades e buscar conhecimentos acerca do desempenho de assistência segura, humanizada e de excelência ao paciente.

De acordo com a Lei do Exercício Profissional n. 7.498/86, uma das atividades privativas do enfermeiro é prestar cuidados de maior complexidade técnica, que exijam conhecimentos científicos e capacidade para tomada de decisão imediata. Portanto, na UTI o enfermeiro necessita prestar cuidados de alta complexidade, além de supervisionar a equipe de enfermagem e gerenciar o cuidado do paciente, interagindo com a equipe multidisciplinar para garantir a melhor assistência ao paciente.

Na UTI o enfermeiro deve obter a história do paciente, realizar exame físico, procedimentos privativos ao enfermeiro, prestar cuidados de alta complexidade, supervisionar a equipe de enfermagem e interagir com a equipe multidisciplinar, assegurando o cumprimento do plano terapêutico estabelecido durante as reuniões de equipe.

O trabalho em equipe é fundamental para agregar valor ao paciente e inserir a equipe multiprofissional no planejamento do cuidado, promovendo grandes oportunidades com a troca de conhecimento e experiência dos profissionais, assim como elevando a *performance* da equipe e agregando valor ao cliente.

Atuação da enfermagem na unidade de internação oncológica

A unidade de internação (UI) oncológica é possivelmente a área que grande parte dos pacientes poderá utilizar em algum momento do seu tratamento em razão da sua capacidade de atender o paciente, desde as suas demandas eletivas até as urgentes, podendo estas serem clínicas ou cirúrgicas.

Entendem-se como demandas eletivas todas aquelas em que é realizada uma programação prévia, como cirurgias em diferentes níveis de complexidade e terapia antineoplásica. As demandas urgentes são todas aquelas que derivaram de um atendimento na UE e que necessitam de um período de internação para compensação clínica e resolução do quadro do paciente.

Atualmente, alguns hospitais possuem a perfilização de unidades, que seria a separação dos pacientes por perfil de atendimento, ou seja, pacientes cirúrgicos em uma unidade e clínicos em outra com a finalidade de prestar assistência cada vez mais personalizada ao paciente, com equipes especializadas e de alta *performance*. As vantagens da perfilização são inúmeras e vão desde a melhora da qualidade da assistência e segurança ao paciente até o melhor desempenho dos indicadores de média de permanência de internação e, consequentemente, aumento do giro de leito. Entretanto, ainda é um desafio para algumas instituições que não possuem um setor de gerenciamento de leitos efetivo com equipe capacitada para a internação do paciente na unidade correspondente ao seu perfil. Portanto, o enfermeiro e a equipe multidisciplinar devem buscar o conhecimento para prestar assistência ao paciente independentemente da sua necessidade de cuidado durante a internação.

A UI é um dos setores mais ricos e com oportunidades para a atuação da enfermagem e equipe multidisciplinar, pois propicia maior interação entre os membros da equipe. O que torna a assistência do paciente mais eficiente e uma ferramenta poderosa para ser utilizada é a reunião multidisciplinar.

Na UI é imprescindível que o enfermeiro realize a coordenação do cuidado e engaje a equipe nas estratégias para assistência ao paciente, desde a sua admissão até a alta hospitalar, lembrando que o planejamento da alta hospitalar inicia juntamente com o plano terapêutico nas primeiras 24 horas da internação do paciente. E atenção, se vocês, enfermeiro e equipe multidisciplinar, iniciam o planejamento da alta nas primeiras 24 horas de admissão do paciente, certamente terão os melhores resultados, e juntos! O mercado de trabalho está em busca de profissionais com visão de que o planejamento da alta é essencial para a excelência no cuidado.

Mas como fazer isso?

No momento da admissão o enfermeiro deve realizar o histórico de enfermagem, identificando o cuidador e barreiras que possam interferir na reabilitação do paciente após a alta. A partir desses dados, levar as necessidades identificadas para a reunião multidisciplinar, na qual serão definidos o plano terapêutico e o planejamento de alta, a fim de estabelecer as melhores estratégias para o cuidado, incluindo o processo educativo que será primordial para a recuperação do paciente e capacitação do cuidador/familiar em atividades em que este precisará auxiliar o paciente ou até mesmo prestar o cuidado. Ressalta-se que é de extrema importância nomear os responsáveis pelas ações para que as entregas sejam acompanhadas e não se percam ao longo do período de internação do paciente.

Uma boa estratégia para realizar o planejamento de alta é criar um *checklist* para ser preenchido no momento da admissão, incluir as ações a serem executadas, os responsáveis por cada ação e o prazo para a execução das tarefas. Dessa forma, o acompanhamento ocorre de maneira mais efetiva e traz as evidências do processo de cuidado realizado no período de internação.

Lembre-se de que todo esse processo deve sempre ser realizado em equipe e caberá a cada um propor e executar estratégias para o cuidado durante a internação e no período pós-alta.

Atuação da enfermagem na unidade de transplante de células-tronco hematopoiéticas (TCTH)

Na unidade de TCTH o enfermeiro desempenha papel fundamental durante todo o processo, desde as orientações ao paciente e familiares/cuidador pré-transplante, durante o tratamento e até o monitoramento pós-alta.

O enfermeiro que deseja atuar na unidade de TCTH deve possuir experiência assistencial e amplo conhecimento sobre o tratamento, suas complicações e como preveni-las, incluem-se também habilidades de comunicação para educar o paciente, familiares/cuidador para esse processo e, principalmente, empatia, pois trata-se de um paciente que permanecerá sob seus cuidados por um longo período.

Na unidade de TCTH o enfermeiro pode atuar em duas frentes, administrativa e/ou gerencial, em que será responsável por monitorar o paciente desde a indicação do tratamento, participar da seleção do doador, orientação sobre a coleta do HLA (antígeno leucocitário humano) do paciente e dos possíveis doadores, acompanhar o processo documental, como autorizações para a realização do procedimento, supervisão da equipe assistencial e participação em reuniões de equipe. Já o enfermeiro assistencial, presta os cuidados ao paciente da admissão na unidade até a alta hospitalar, portanto, esse profissional deve possuir conhecimento e habilidades técnicas de baixa a alta complexidades, assim como pensamento crítico e raciocínio clínico para identificar rapidamente alterações clínicas no paciente e realizar intervenções assertivas.

Como em outras unidades assistenciais, faz-se extremamente necessária a atuação da equipe multidisciplinar e, com isso, o enfermeiro pode contribuir para desmistificar alguns temas como a mobilização de pacientes plaquetopênicos, acerca do melhor cuidado ao paciente. Para isso, o enfermeiro e a equipe multidisciplinar que desejam atuar em unidades de TCTH necessitam estar em constante aprendizado e interagir com todos os membros da equipe, fomentando o conhecimento sobre as melhores práticas relativas aos cuidados em TCTH.

Importante salientar que cada instituição possui os seus protocolos sempre alinhados às boas práticas e aqui destacamos apenas algumas atividades essenciais desempenhadas pelo enfermeiro que atua em TCTH no dia a dia, cabendo ao enfermeiro exercer as suas atividades conforme estabelecidas nesses protocolos institucionais (Quadro 3).

QUADRO 3 Atuação do enfermeiro no TCTH

Etapa	Atividades
Fase pré-TCTH	Participar da seleção do doador. Orientar sobre a coleta do HLA do paciente e dos possíveis doadores. Acompanhar o processo documental. Acompanhar o processo de mobilização. Acompanhar a coleta de células. Indicar o cateter mais adequado. Supervisionar a equipe assistencial. Participar de reuniões de equipe.
Fase pré-TCTH internado	Acolher o paciente na unidade. Realizar admissão, histórico de enfermagem, anamnese e exame físico. Orientar paciente e acompanhante sobre as rotinas da unidade. Realizar a sistematização de enfermagem. Avaliar permeabilidade e trocar o curativo do cateter. Acionar a equipe multidisciplinar. Administrar protocolo de condicionamento prescrito. Coletar exames laboratoriais.
Fase TCTH-D0 (dia do transplante)	Monitorar o paciente antes e durante a infusão das células. Infundir as células. Coletar hemoculturas e/ou exames laboratoriais conforme protocolo. Atentar para eventos adversos.
Fase pós-TCTH	Realizar o monitoramento de toxicidades ao tratamento. Orientar e esclarecer dúvidas. Incentivar o autocuidado e as precauções-padrão. Monitorar intercorrências como sangramentos, febre, entre outras. Supervisionar a equipe de enfermagem nos cuidados. Engajar e envolver a equipe multidisciplinar no cuidado. Participar das discussões clínicas de cada caso.

(continua)

QUADRO 3 Atuação do enfermeiro no TCTH *(continuação)*

Etapa	Atividades
Fase pós-alta	Reforçar as orientações sobre os cuidados pós-alta. Orientar sobre as possíveis intercorrências. A equipe multidisciplinar deverá reforçar as orientações a serem seguidas em domicílio. Realizar acompanhamento ambulatorial.

Fonte: própria autora.

Atuação da enfermagem no ambulatório de quimioterapia

O ambulatório de quimioterapia propicia um ambiente com grandes oportunidades para atuação do enfermeiro pela demanda de atividades que devem ser realizadas somente por esse profissional.

Atividades como: consulta de enfermagem, avaliação de riscos, SAE, administração de quimioterápicos, punção de cateter port-a--cath® e supervisão dos técnicos de enfermagem que realizam controle de sinais vitais, aferição de dados antropométricos e auxílio no monitoramento de reações adversas aos medicamentos. Algumas instituições também preconizam que curativos de cateter central de longa permanência sejam realizados pelo enfermeiro no ambulatório de quimioterapia. Para atuar nessa unidade, o enfermeiro deve conhecer os protocolos quimioterápicos, ter habilidade técnica para punção de cateter totalmente implantado (port-a-cath®) e buscar atualização constantemente, pois novos quimioterápicos são disponibilizados a todo o momento e é imprescindível conhecer o mecanismo de ação do medicamento, resultado esperado e efeitos adversos com o seu uso.

No ambulatório de quimioterapia é imprescindível que, além dos protocolos de tratamento, sejam implementados protocolos assistenciais gerenciados, como o protocolo de prevenção de quedas, prevenção de extravasamento de quimioterápicos e reação adversa.

O protocolo de quedas se faz essencial, uma vez que os pacientes com quadro de neuropatia periférica induzida por quimioterapia são mais suscetíveis a quedas e lesões, sendo necessárias a adoção de medidas de prevenção de quedas e orientação sobre esses cuidados aos pacientes e cuidadores. O enfermeiro deve identificar e monitorar os pacientes em uso de medicamentos que podem desencadear a neuropatia periférica, questionando sobre a sensibilidade e realizando exame físico para avaliação e conduta mais assertiva, comunicando ao médico responsável sempre que houver alterações no quadro para intervenção.

Enfermeiro navegador

Atualmente, a necessidade de proporcionar a melhor experiência para o paciente vem mobilizando as instituições para que busquem novas estratégias que engajem o cliente-paciente no tratamento da doença, e, com isso, fidelizar o hospital na obtenção dos seus cuidados, assegurando a sustentabilidade do sistema de saúde.

Idealizado em 1990 pelo médico americano Harold Freeman, a navegação de pacientes tem como objetivo agilizar a confirmação do diagnóstico e garantir a continuidade do tratamento de pessoas com doenças crônicas, comprovadas ou não. O propósito do navegador é eliminar as barreiras no cuidado do paciente sempre que possível, e, quando não for possível, auxiliar a ultrapassar as barreiras, sejam socioeconômicas, culturais, burocráticas ou psicológicas que possam dificultar o acesso ao sistema de saúde, gerando impactos no diagnóstico e na condução do tratamento do paciente.

O enfermeiro navegador vem conquistando espaço dentro dos serviços de saúde, pois tem como papel coordenar e acompanhar a jornada do paciente, organizando seu plano de cuidado e interagindo com a equipe multidisciplinar, além de fortalecer o vínculo do paciente e familiares com o hospital e equipe.

Para atingir o resultado esperado, o enfermeiro navegador necessita de amplo conhecimento em oncologia, experiência na assistência ao paciente, liderança, conhecer os fluxos e os processos internos e externos, conhecer sobre os direitos do paciente, possuir grande habilidade de comunicação, ser comprometido, ser empático e ter a capacidade de trabalhar em equipe e de maneira autônoma.

Algumas instituições possuem como estratégia o enfermeiro navegador que atua em equipes de referência que são especializadas em sítios específicos, como tumores de mama, tumores ginecológicos, tumores urológicos, entre outros. Entretanto, é imprescindível que o enfermeiro possua conhecimento sobre oncologia e outras patologias de forma mais abrangente, ainda que esse não seja o seu foco de atuação, para que consiga realizar a avaliação e acompanhamento do paciente de maneira mais assertiva.

Considera-se que os serviços de saúde que dispõem do enfermeiro navegador no seu quadro de colaboradores buscam sempre por resultados de equipes de alta *performance*, com melhores resultados obtidos no tratamento e engajamento do paciente no cuidado, com as barreiras ultrapassadas e direitos respeitados, pois muitos pacientes e familiares não conseguem transpor as dificuldades sozinhos, seja por questões socioeconômicas, culturais e/ou emocionais. Permite ainda o melhor uso dos recursos, fideliza o cliente e assegura a sustentabilidade do sistema de saúde em virtude do emprego de soluções que reduzem desperdícios com utilização demasiada de recursos do sistema de saúde e acompanhamento próximo ao paciente com estratégias de cuidado mais efetivas.

Os benefícios do enfermeiro navegador estendem-se não somente para o paciente, mas também para o serviço de saúde e a comunidade como um todo, pois incluem redução do tempo do início dos sintomas/diagnóstico ao tratamento, redução do índice de atendimentos de urgência e internações, aumento da satisfação do paciente/familiar e/ou cuidador, melhoria de processo contínua, melhor custo-efetividade e fomentação do conhecimento com os novos estudos desenvolvidos sobre o tema.

Observa-se, também, que pacientes que são acompanhados pelo enfermeiro navegador possuem maior adesão ao tratamento e nas estratégias de cuidados instituídas pela equipe multiprofissional, assim como há redução nos atendimentos em unidades de urgência e emergência.

Essa redução no volume de atendimentos em unidades de urgência e emergência, descritas por instituições no mundo todo, reforça a perspectiva de negócio de que o enfermeiro navegador é um profissional que chegou para ficar e ganhar o seu espaço, contudo, sugere-se que os enfermeiros que pretendem desenvolver essa atividade busquem o conhecimento mais aprofundado sobre a prática clínica e a oncologia como um todo, somando-o à experiência assistencial para que consigam exercer com excelência sua atividade.

CONSIDERAÇÕES FINAIS

A enfermagem está inserida no cuidado ao paciente em todas as fases do processo saúde-doença, podendo atuar nas mais diversas áreas da saúde e de forma a garantir a informação, incentivar o autocuidado e preservar a integridade do ser humano, assim como assegurar o seu direito à assistência segura e humanizada, ampliando os caminhos para a reabilitação do paciente de acordo com o planejamento realizado pela equipe. Compreender que engajar, não somente a equipe de enfermagem mas também a equipe multiprofissional, tem se tornado o meio mais eficaz de alcançar os objetivos propostos para a excelência no cuidado ao paciente, assim como de atingir as metas estabelecidas tanto de *performance* da equipe como dos resultados financeiros dos serviços de saúde. Estabelecer os vínculos e a troca de experiência e conhecimento entre as equipes de saúde pode contribuir não só para o sucesso profissional como também para a vida pessoal, lembrando sempre que o conhecimento adquirido sempre será a sua melhor bagagem e trará ganhos imensos para o seu paciente hoje e no futuro. Conclui-se que o enfermeiro, no seu papel de líder da equipe de enfermagem e coordenador do cuidado, possui um grande desafio que é manter os profissionais de saúde engajados no propósito e cooperantes para o melhor resultado, fortalecendo o trabalho em equipe, que é a ferramenta essencial para o tratamento e reabilitação do paciente com qualidade e segurança. E para isso, não somente o enfermeiro, mas todos os membros da equipe devem aprimorar-se para contribuir com novas estratégias, abordagens inovadoras e compartilhamento do conhecimento.

BIBLIOGRAFIA RECOMENDADA

1. Amâncio NAM, Campos LNM. O papel do enfermeiro na assistência ao paciente oncológico. Revista Tecer, Belo Horizonte. 2009 nov;2(3):95-104.
2. Autissier E. Chemoterapy-induced peripheral neuropathy: association with increased risk of all injuries. Clin J Oncol Nurs. 2019 Aug 1;23(4):405-10.
3. Backes DS, Backes MS, Sousa FGM, Erdmann AL. O papel do enfermeiro no contesto hospitalar: a visão de profissionais de saúde. Cienc Cuid Saúde. 2008 Jul/Set; 7(3):319-26.
4. Benicá TOS, Nascimento SCT, Pereira GC, Ramos LCA. O papel do enfermeiro no transplante de células-tronco hematopoiéticas. Research, Society and Development. 2021;10(9):e48810918171.
5. Camelo SHH. Competência profissional do enfermeiro para atuar em unidades de terapia intensiva: uma revisão integrativa. Rev Latino-Am Enferm. 2012 jan-fev;20(1):[09 telas].
6. Corbellini B, Costa AEK, Pissaia LF. Sistematização da assistência de enfermagem em pacientes com câncer de mama: a atuação do enfermeiro Research, Society and Development. 2019;8(9):1-14.
7. Costa R, Padilha MI, Amante LN, Costa E, Bock LF. O legado de Florence Nightingale: uma viagem no tempo. Texto Contexto Enferm, Florianópolis. 2009 Out-Dez;18(4):661-9.

8. Fernandes SEM, Leite MT, Maschio G. Vivências de uma equipe de enfermagem no cuidado a pacientes com câncer. Cogitare Enfermagem. 2008;13(1):75-82.
9. Lima K, Bernardino E. O cuidado de enfermagem em unidade de células-tronco hematopoiéticas. Texto Contexto Enferm, Florianópolis. 2014 out-dez;23(4):845-53.
10. Muñoz R, Farshidpour L, Chaudhary UB, Fathi AH. Multidisciplinary Cancer Care Model: A positive association between oncology nurse navigation and improved outcomes for patients with cancer. Clin J Oncol Nurs. 2018 Oct 1;22(5):E141-E145.
11. Padilha MICS, Borenstein MS. História de enfermagem: ensino, pesquisa e interdisciplinaridade. Esc Anna Nery R Enferm. 2006 dez;10(3):532-8.
12. Pautasso FF, Lobo TC, Flores CD, Caregnato RCA. Nurse Navigator: desenvolvimento de um programa para o Brasil. Rev Latino-Am Enfermagem. 2020;28:e3275.
13. Pautasso FF, Zelmanowicz AM, Flores CD, Caregnato RCA. Atuação do Nurse Naviagtor: revisão integrativa. Rev Gaúcha Enferm. 2018;39:e2017-0102.
14. Pokorski S, Moraes MA, Chiarelli R, Costanzi AP, Rabelo ER. Processo de enfermagem: da literatura à prática. O que de fato nós estamos fazendo? Rev Latino-Am Enfermagem. 2009 Jun;17(3):302-7.
15. Silva VSF, Sousa JL, Santo FHE. A atuação do enfermeiro nos serviços de transplante de medula óssea. Enfermagem Brasil. 2012 out;11(5).

Prática baseada em evidências *versus* oncologia: principais desafios

36

Flaviany Custódio Faria

INTRODUÇÃO

A história nos ensina que muitos tratamentos médicos foram instituídos e amplamente usados sem que antes se soubesse a sua real eficácia e segurança. Embora alguns se mostrassem úteis – e por isso persistem no receituário atual, como os digitálicos e o ácido acetilsalicílico –, para outros o contrário acontecia. Suas eficácias eram desconhecidas e muitos desses produtos ou procedimentos revelaram ser inócuos e até mesmo prejudiciais em avaliações posteriores.

Quais foram os argumentos usados para convencer as pessoas a seguirem tratamentos hoje considerados ineficazes ou nocivos? Os argumentos eram basicamente de dois tipos. De um lado, crenças e suposições, e, de outro, recomendações de pessoas respeitáveis, as autoridades de então. À parte conflitos de interesses, que indubitavelmente existiam, as autoridades no assunto estavam convencidas de que os produtos ou procedimentos podiam fazer bem e os recomendavam para uso.

A divulgação das tecnologias médicas, mesmo na maior parte do século XX, era feita por critérios pouco científicos. Um argumento usado como prova de qualidade consistia em realçar sua adoção em hospitais de capitais europeias. Tal afirmação conferia credibilidade e estimulava o consumo. As poções para tratamento da sífilis e da gripe eram apregoadas dessa maneira. Hoje, sabemos, não têm nenhuma influência na evolução dessas doenças. Os livros e sites sobre a história da medicina trazem exemplos.

Reações a esse estado de coisas se fizeram sentir. Passou-se de uma posição de credulidade e aceitação irrestrita da opinião das autoridades e do *marketing* de então para a demanda crescente por provas que sustentassem as afirmações. Adotou-se de forma progressiva a postura de que, para instituir tratamento, é preciso inteirar-se previamente do grau de eficácia e de segurança desse tratamento. Quando se solicita um exame diagnóstico, requerem-se de antemão informações sobre sua utilidade. Em outros campos das ciências da saúde ocorre o mesmo. As pessoas estão, em número crescente, adotando comportamento cético e procurando as evidências científicas que possam fundamentar as recomendações e as tomadas de decisão.

Como se sabe que algo funciona? Como se determina se um produto deve ou não ser utilizado? São questões como essas que motivaram a comunidade científica a refletir sobre o assunto, a organizar-se e a divulgar informações para auxiliar os profissionais de saúde e a população de maneira geral a tomarem decisões. Hoje, um contingente maior de pessoas está apto a questionar condutas pouco científicas – as que são adotadas sem provas ou com argumentos débeis para estimular o consumo. Embora essa sistemática de contestação não seja nova, nas últimas décadas houve incremento na conscientização das pessoas para a busca por melhores evidências. A expressão recente mais palpável desse movimento na área da saúde é a medicina baseada em evidências.

A prática baseada em evidências (PBE) foi impulsionada desde a década de 1990 e alertou para a necessidade de os profissionais de saúde tomarem decisões clínicas informadas pela melhor evidência disponível, considerando simultaneamente a sua experiência clínica enquanto profissionais, as crenças, os valores e as preocupações das pessoas, bem como o contexto onde os cuidados são prestados.

O uso de PBE nos contextos da prática clínica permite melhorar os resultados em saúde, as experiências das pessoas e, ainda, diminuir os custos em saúde. Essa conscientização, que tem ocorrido mais intensamente nos últimos 25 a 30 anos, deriva de diversos fatores, como: a enorme produção de estudos primários; a lacuna existente entre a geração de conhecimento e a sua incorporação na prática clínica; a qualidade e segurança dos cuidados de saúde; e a pressão dos cidadãos que detêm, cada vez mais, um acesso rápido ao conhecimento científico produzido na área da saúde.

No entanto, a implementação da prática baseada em evidências ainda é um desafio, derivado das barreiras existentes, nomeadamente a falta de tempo e a sobrecarga de trabalho, a cultura organizacional, o déficit de conhecimento sobre a PBE, a falta de acesso e conhecimento na utilização de bases de dados científicas, a resistência dos líderes e clínicos, além da falta de mentores de práticas baseada em evidências.

A presença dessas barreiras diminui a prestação de cuidados de saúde informados pela melhor evidência disponível, o que, consequentemente, leva a um impacto negativo nos resultados em saúde, nos custos associados aos cuidados de saúde e na experiência da pessoa cuidada.

Um movimento denominado medicina baseada em evidências (MBE) tem ajudado a ampliar a discussão sobre o ensino e a prática da medicina. Embora a introdução do termo medicina baseada em evidências tenha sido recente, os métodos didáticos que lhe servem de alicerce não são totalmente novos.

Não se pode negar, no entanto, que a MBE, sendo um movimento voltado para a formação de profissionais com espírito crítico aguçado e aptos a manter o processo de educação continuada, tem ajudado a definir novas estratégias e métodos didático-pedagógicos, além de divulgar outros anteriormente desenvolvidos.

SIGNIFICADO DE MEDICINA BASEADA EM EVIDÊNCIAS

Entende-se por medicina baseada em evidências o uso criterioso, explícito e meticuloso das melhores evidências atuais na tomada de decisões relativas à assistência a cada paciente.

Esta definição contém três componentes:

- Uso criterioso, explícito e meticuloso: subentende-se, por essa afirmativa, que haja aprendizado, conhecimento e reflexão crítica sobre o uso dos produtos e dos procedimentos.
- Melhores evidências atuais: significa atualização e capacidade de escolher as melhores provas disponíveis na literatura científica para lidar com cada situação.
- Tomada de decisões relativas à assistência a cada paciente: a afirmação reforça que, embora o movimento seja de natureza intelectual, vai mais além. A finalidade é beneficiar pacientes. O essencial consiste em somente utilizar as melhores evidências para influenciar positivamente a saúde das pessoas.

A MBE se traduz pela prática da medicina em um contexto em que a experiência clínica é integrada com a capacidade de analisar criticamente e aplicar de forma racional a informação científica de modo a melhorar a qualidade da assistência médica. Na MBE as dúvidas que surgem ao resolver problemas de pacientes são os principais estímulos para que se procure atualizar os conhecimentos. A filosofia da MBE guarda similaridades e pode ser integrada com a metodologia de ensino-aprendizagem denominada aprendizado baseado em problemas.

A aquisição de conhecimentos de epidemiologia clínica, o desenvolvimento do raciocínio científico, atitudes de autoaprendizagem e capacidade de integrar conhecimentos de diversas áreas são fundamentais para a prática da MBE. Alguém pode ser considerado possuidor das competências necessárias para a prática da MBE quando for capaz de:

1. Identificar os problemas relevantes do paciente.
2. Converter os problemas em questões que conduzam às respostas necessárias.
3. Pesquisar eficientemente as fontes de informação.
4. Avaliar a qualidade da informação e a força da evidência, favorecendo ou negando o valor de uma determinada conduta.
5. Chegar a uma conclusão correta quanto ao significado da informação.
6. Aplicar as conclusões dessa avaliação na melhoria dos cuidados prestados aos pacientes.

A oncologia integrativa (OI) é um ramo da medicina integrativa (MI), a qual usa práticas baseadas em evidências de forma integrada com a medicina convencional, a partir da aplicação de cinco categorias de medicinas alternativas e complementares (MAC) no acompanhamento dos tratamentos convencionais, como quimioterapia, cirurgia, radioterapia e terapia molecular, a saber:

1. Práticas baseadas na biologia: vitaminas, remédios à base de ervas e outros suplementos dietéticos.
2. Técnicas mente-corpo: ioga, meditação, visualização; artes expressivas (arteterapia, musicoterapia, dança).
3. Práticas de manipulação corporal: reflexologia, massagem, exercícios.
4. Terapias energéticas: reiki, toque terapêutico, qigong.

5. Sistemas médicos tradicionais: medicina tradicional chinesa e medicina ayurvédica.

HABILIDADES NECESSÁRIAS PARA A PRÁTICA BASEADA EM EVIDÊNCIAS CIENTÍFICAS EM ONCOLOGIA

A medicina baseada em evidências exige habilidades que se apoiam na formação básica e na educação continuada de cada profissional da saúde.

Quatro habilidades são aqui realçadas. Desenvolvê-las e bem utilizá-las requer um misto de ciência e arte:

- Destreza em transformar os problemas da prática clínica em perguntas que possam servir de orientação para pesquisar a literatura científica.
- Facilidade para efetuar buscas sistemáticas em bases de dados, de modo a reunir informações científicas adequadas sobre o assunto.
- Capacidade para efetuar avaliação crítica da literatura científica e, dessa maneira, separar e utilizar apenas o material que forneça as melhores evidências.
- Desenvoltura para aplicar os resultados da avaliação crítica nas tomadas de decisões.

EVIDÊNCIAS CIENTÍFICAS

A ênfase da oncologia baseada em evidências encontra-se na necessidade das decisões clínicas estarem fundamentadas em fatos, o enfoque comum da ciência, e não simplesmente em opiniões. O movimento em seu início estava restrito a médicos. Expandiu-se para abarcar outros aspectos da prática, sendo exemplos a gestão e o planejamento baseados em evidências. A expansão para alcançar diferentes situações, problemas e profissionais fez com que o movimento passasse a ser denominado "prática baseada em evidências" ou "saúde baseada em evidências". Independentemente da denominação adotada, o movimento reforçou o método científico como a fonte de provas para fundamentar as decisões, ações e recomendações em saúde. Os fatos que são utilizados como provas são aqueles encontrados em publicações científicas confiáveis.

No seio da oncologia baseada em evidências – que tem entre seus alicerces os princípios da epidemiologia e da estatística – organizou-se um corpo de conhecimentos e hierarquias dos instrumentos utilizados para produzir informações científicas. O desafio dos que adotam a prática baseada em evidências será sistematicamente avaliar as situações do dia a dia e usar a melhor evidência científica disponível para a tomada de decisões.

TIPOS DE ESTUDO

Organizar as evidências sobre oncologia em hierarquias tem como base o conhecimento dos diversos tipos de estudo, em seu potencial, suas vantagens e limitações. Entende-se por tipo de estudo (delineamento ou desenho; *design* ou *research design*, em inglês) a estratégia empregada para alcançar os resultados da pesquisa. O pesquisador tende a usar a melhor estratégia possível para neutralizar situações que dificultariam a interpretação dos achados.

Algumas situações podem influenciar a qualidade de uma investigação. Elas serão exploradas nos capítulos deste livro e estão listadas a seguir:

- Os estudos experimentais do tipo ensaio clínico randomizado oferecem melhores evidências do que os não experimentais (estudos não randomizados ou observacionais).
- Um estudo randomizado, que inclua centenas de participantes, produz melhor evidência científica do que outro, de igual qualidade técnica, mas com amostra menor do que cem indivíduos.
- As pequenas amostras fornecem resultados inconsistentes, que devem ser interpretados com cautela.
- As aferições do tipo duplo-cego são superiores às coletas de dados em que não há preocupação com mascaramento de observadores e observados.
- A qualidade e a quantidade de perdas de sujeitos diferenciam os estudos. Poucas perdas estão associadas à melhor qualidade da investigação.
- Os estudos observacionais de base populacional são melhores que os institucionais.
- Os estudos prospectivos tendem a ser superiores aos retrospectivos em termos de qualidade da informação.

QUALIDADE DA PESQUISA

A qualidade da pesquisa depende da combinação de uma boa pergunta e um delineamento adequado para respondê-la. Mas isso só não basta. Depende também de como a investigação foi conduzida. Para averiguar essa questão, os leitores experientes verificam como o pesquisador lidou com aspectos cruciais desse trabalho.

NOVO PARADIGMA

A MBE representa um novo paradigma na oncologia e visa decidir o tratamento segundo as melhores e mais consistentes evidências científicas - não pelo que o médico acredita, mas pelo que está demonstrado. Deseja-se saber o que é mais seguro, eficiente, efetivo e o que pode trazer mais benefício para o tomador de decisão, para o sistema de saúde, o paciente e o hospital. Nos últimos anos, a expressão foi ampliada para saúde baseada em evidências. O objetivo é mostrar que o recurso pode dar suporte não só aos médicos, mas aos enfermeiros, psicólogos, fisioterapeutas e demais profissionais ligados à área da saúde, como também aos pacientes, que passam a ter acesso às evidências obtidas.

DESAFIOS ATUAIS

Os desafios atuais na oncologia e da atenção em saúde, de modo geral, consistem em lidar com problemas como:

- Grande quantidade de informações científicas disponíveis nos periódicos e banco de dados eletrônicos ("avalanche" de informação científica - 21 milhões de citações no PubMed).
- Qualidade das informações disponíveis (nem todas as informações têm a mesma qualidade).
- Viés de publicação (maior chance de publicação de resultados positivos e menor chance de publicação de pesquisas provenientes de centros menos famosos, pesquisas financiadas pela indústria; falta de acesso às bases de dados para fazer consulta).
- Práticas e *performances* clínicas muito diversas (grande variação na realização de tratamentos por médicos das mesmas instituições, cidades e países).
- Deterioração da *performance* com o tempo. Enquanto a prática adquirida é adequada para algumas situações clínicas, o conhecimento e a *performance* dos médicos podem declinar com a passagem do tempo. Avanços médicos ocorrem com frequência, e

o conhecimento científico do médico facilmente se torna desatualizado.

- Carga de trabalho do médico e equipe multiprofissional, como jornadas dupla e tripla de trabalho, fazendo com que o excesso de trabalho leve à competição com horas de sono, lazer e estudo.
- A oncologia tornou-se um campo de múltiplos interesses: a indústria da tecnologia, a indústria farmacêutica e a indústria de órteses e próteses têm seus próprios interesses. O lucro é a prioridade em detrimento da melhoria da saúde humana.

O grande número de opções (possibilidades) diagnósticas, terapêuticas e preventivas exige do médico, equipe multiprofissional e do paciente uma escolha criteriosa, visando obter o máximo de benefício com o mínimo de risco.

O ELO ENTRE A PESQUISA CIENTÍFICA EM ONCOLOGIA E A PRÁTICA CLÍNICA

A MBE é uma abordagem para a prática de cuidados em saúde na qual o profissional está ciente da evidência que apoia sua prática clínica e da força dessa evidência. Consiste no uso consciencioso, explícito e judicioso da melhor evidência disponível na tomada de decisão acerca dos cuidados clínicos para os pacientes individuais. A prática da MBE significa integrar a *expertise* clínica individual à melhor evidência clínica externa a partir da pesquisa sistemática. A MBE é o elo entre a boa pesquisa científica e a prática clínica. Em outras palavras, a MBE se utiliza das provas científicas existentes e disponíveis no momento, com boa validade interna e externa, para a aplicação de seus resultados na prática clínica.

Existe grande variação no modo como as especialidades médicas são aplicadas. As práticas e *performances* são muito diversas e até 40% das decisões clínicas não são corroboradas por evidências de pesquisas. Dois tipos de problemas relacionados com a informação contribuem para os pacientes receberem menos cuidados do que o ideal: em primeiro lugar, a sobrecarga de informações e, em segundo, a aceitação das informações disponíveis sem uma avaliação crítica.

A prática baseada em evidências procura responder a alguns desafios que estão presentes no exercício da prática clínica:

- Como se manter atualizado diante da crescente disponibilidade de informações em saúde.
- Como selecionar eficientemente as melhores fontes de informação.
- Como avaliar criticamente as informações científicas disponíveis: os artigos originais, as revisões sistemáticas (metanálises), as diretrizes (*guidelines*).
- Como ler um artigo científico.
- Como sintetizar as evidências encontradas.
- Como integrar as evidências selecionadas e a experiência clínica no manejo dos problemas dos pacientes.
- Como reduzir a utilização de procedimentos que podem ser danosos à saúde dos pacientes.
- Como dimensionar o caráter científico da prática clínica.
- Quais as evidências para melhores decisões clínicas.

CONSIDERAÇÕES FINAIS

A decisão clínica em oncologia baseada nos resultados das pesquisas é importante e deve levar em conta os desejos dos pacientes oncológicos e as circunstâncias do atendimento, devendo a conduta resultar em mais benefícios do que malefícios. Podemos concluir dizendo que a prática baseada em evidências em oncologia tem como objetivo:

- Melhorar a prática clínica e a pesquisa científica.
- Oferecer os melhores testes diagnósticos, tratamentos e informações acuradas sobre prognóstico, riscos e prevenção.
- Causar mais benefícios do que malefícios ao paciente com a investigação e o tratamento.
- Respeitar medos, angústias, valores culturais e preferências dos pacientes.

BIBLIOGRAFIA RECOMENDADA

1. Allahwala UK, Nadkarni A, Sebaratnam DF. Wikipedia use amongst medical students – new insights into the digital revolution. Med Teach. 2013;35(4):337.
2. Aronson D. Subgroup analyses with special reference to the effect of antiplatelet agents in acute coronary syndromes. Thromb Haemost. 2014;112(1):16-25.
3. Assmann SF, Pocock SJ, Enos LE, Kasten LE. Subgroup analysis and other (mis)uses of baseline data in clinical trials. Lancet. 2000;355:1064.
4. Downing NS, Aminawung JA, Shah ND, Krumholz HM, Ross JS. Clinical trial evidence supporting FDA approval of novel therapeutic agents, 2005-2012. JAMA. 2014;311(4):368-77.
5. Fletcher J. Subgroup analyses: how to avoid being misled. BMJ. 2007;335(7610):96-7.
6. Garcia EF, Nguyen H, Duan N, Gabler NB, Kravitz R. Assessing Heterogeneity of Treatment Effects: Are Authors Misinterpreting Their Results? Health Serv Res. 2010;45(1):283-301.
7. Head SJ, Kaul S, Tijssen JGP, Serruys PW, Kappetein AP. Subgroup analyses in trial reports comparing percutaneous coronary intervention with coronary artery bypass surgery. JAMA. 2013;310(19):2097-8.
8. Institute of Medicine (US) Committee on Qualification of Biomarkers and Surrogate Endpoints in Chronic Disease; Editors Micheel CM and Ball JR. National Academies Press, Washington, DC. 2010. Disponível em: https://www.ncbi.nlm.nih.gov/pubmedhealth/PMH0079490/. Acesso em: 26 set. 2016.
9. Ioannidis JP. Why most published research findings are false. PLoS Med. 2005;2(8):e124.

10. Kasenda B, Schandelmaier S, Sun X, von Elm E, Blümle A, Tomonaga Y, et al. Subgroup analyses in randomised controlled trials: cohort study on trial protocols and journal publications. BMJ. 2014;349:g4921.
11. Richardson WS, Wilson MC, Nishikawa J, Hayward RS. The well-built clinical question: a key to evidence-based decisions. ACP J Club. 1995;123:A12.
12. Rothwell PM. Treating individuals 2. Subgroup analysis in randomised controlled trials: importance, indications, and interpretation. Lancet. 2005; 365(9454):176-8.
13. Sackett DL, Rosenberg WMC, Gray JAM, Haynes RB, Richardson WS. Evidence based medicine: what it is and what it isn't. BMJ. 1996;312:71.
14. Sackett DL, Straus SE, Richardson WS, Rosenberg W, Haynes B. Evidence-based medicine: How to practice and teach EBM. 2.ed. Edinburgh: Churchill Livingstone; 2000.
15. Serruys PW, Morice MC, Kappetein AP, Colombo A, Holmes DR, Mack MJ, et al. Percutaneous coronary intervention versus coronary-artery bypass grafting for severe coronary artery disease. N Engl J Med. 2009;360(10):961-72.
16. Sun X, Briel M, Busse JW, You JJ, Akl EA, Mejza F, et al. Credibility of claims of subgroup effects in randomised controlled trials: systematic review. BMJ. 2012;344:e1553.
17. Sun X, Ioannidis JPA, Agoritsas T, Alba AC, Guyatt G. How to use a subgroup analysis: users' guide to the medical literature. JAMA. 2014;311(4):405-11.
18. Vickers AJ, de Craen AJ. Why use placebos in clinical trials? A narrative review of the methodological literature. J Clin Epidemiol. 2000;53(2):157-61.
19. Yudkin JS, Lipska KJ, Montori VM. The idolatry of the surrogate. BMJ. 2011; 343:d7995.
20. Zhang S, Liang F, Li W, Hu X. Subgroup Analyses in Reporting of Phase III Clinical Trials in Solid Tumors. J Clin Oncol. 2015;33:1697.

Índice remissivo

C

D

G

H

I

K

L

M

Q

R

S

T

U

V

X